“物联牧场”理论方法与关键技术

刘继芳　张建华　吴建寨 等　著

科 学 出 版 社

北　京

内 容 简 介

本书全面阐述了"物联牧场"的理论、方法、技术、设备与应用情况。从"物联牧场"构建的理论和架构方面入手，介绍了"物联牧场"的关键技术、主要内容和应用进展；分析了"物联牧场"关键技术的研究进展，预测了农业物联网技术发展方向，构建了"物联牧场"在农业全产业链中应用水平评估指标体系及模型，从感知、传输、处理控制 3 个方面详细介绍"物联牧场"共性关键技术；并围绕家禽、生猪和奶牛 3 个品种展开了"物联牧场"技术集成与装备设计，涉及畜牧生产中的饲喂、环控、疫病、动物福利、繁育等环节控制，以及生产环境控制模型和大数据的架构设计与处理研究；涵盖了家禽、生猪、肉牛和奶牛等品种的"物联牧场"示范与推广，全面阐述了未来发展面临的机遇挑战与对策建议。

本书适合从事畜牧养殖及农业信息化建设工作的各级行政人员、科研工作者和相关企业人员阅读，也可供在校学生和对物联牧场感兴趣的人员阅读参考。

图书在版编目（CIP）数据

"物联牧场"理论方法与关键技术/ 刘继芳等著. —北京：科学出版社，2018.3

ISBN 978-7-03-056792-5

Ⅰ. ①物… Ⅱ. ①刘… Ⅲ. ①互联网络-应用-牧场管理 ②智能技术-应用-牧场管理 Ⅳ. ①S812.95-39

中国版本图书馆 CIP 数据核字（2018）第 048775 号

责任编辑：王 倩 / 责任校对：彭 涛

责任印制：张 伟 / 封面设计：无极书装

科学出版社出版

北京东黄城根北街 16 号

邮政编码：100717

http://www.sciencep.com

北京京华虎彩印刷有限公司 印刷

科学出版社发行 各地新华书店经销

*

2018 年 3 月第 一 版 开本：787×1092 1/16

2018 年 3 月第一次印刷 印张：16 1/4

字数：380 000

定价：150.00 元

（如有印刷质量问题，我社负责调换）

编写委员会

主　　笔　刘继芳　张建华　吴建寨

副 主 笔　韩书庆　张　晶　孔繁涛

编写成员　曹姗姗　彭　华　沈　辰　周向阳

朱孟帅　李俊杰　王雍涵　张宏宇

孙　伟　李　凯　李斐斐　丁娇娇

赵益祯　葛章明　阮怀军　尚明华

熊本海

序

畜牧业从远古走来，带着历史的烙印，和农业的分离便成就了人类的第一次社会大分工。恩格斯认为，“有些最先进的部落——雅利安人、闪米特人，也许还有图兰人——，其主要的劳动部门起初就是驯养牲畜，只是到后来才是繁殖和看管牲畜。游牧部落从其余的野蛮人群中分离出来——这是第一次社会大分工。”第一次社会大分工有力地促进了生产力的发展，带来了更多的劳动产品，并由此产生了第二次、第三次社会大分工，进而形成城乡分工、脑体分工，加速了人类社会从原始到现代、从野蛮到文明的发展历程。畜牧业从原始畜牧业，发展到传统畜牧业，直到目前的现代畜牧业，一直是农业生产力，甚至是社会生产力发展水平的重要标志，代表着生产力发展的方向。近年来，我国畜牧业持续稳定健康发展，2016 年肉类、禽蛋、牛奶产量分别为 8540 万 t、3095 万 t、3602 万 t，分别位居世界的第一、第一、第三位，畜牧业占农业总产值的 28.3%，逐渐成为农业经济发展的支柱产业，成为农民增加收入的重要渠道，成为乡村振兴战略的永续动力。

当古老的畜牧业一路走来，历经沧桑岁月的洗礼，与摩尔定律效应下的现代信息技术不期而遇，必将淬火成钢，不断焕发出新活力、新驱动、新机遇。当今世界，信息技术日新月异、突飞猛进，在自觉与不自觉的过程中正在改变着、颠覆着人类生活、生产和思维方式，正在引发新一轮科技革命和产业变革，彰显出强大动力和无限生机。物联网、云计算、大数据、人工智能、机器深度学习等新技术驱动网络空间从人人互联向万物互联演进，人、机、物将融为一体，数字化、网络化、智能化服务将无处不在。从社会发展史看，人类经历了农业革命、工业革命，正在经历信息革命，对信息化发展的迫切需求达到前所未有的程度。信息化代表新的生产力和新的发展方向，已经成为引领创新和驱动转型的先导力量。

习近平总书记强调：“网信事业要发展，必须贯彻以人民为中心的发展思想。”“要适应人民期待和需求，加快信息化服务普及，降低应用成本，为老百姓提供用得上、用得起、用得好的信息服务，让亿万人民在共享互联网发展成果上有更多获得感。”以物联网为代表的现代信息技术，运用于畜牧生产实际，产生了良好的融合效应，形成了畜牧业与物联网的交叉学科研究方向。伴随着物联网技术的迅猛发展，物联网在畜牧业中的应用持续深入，正在融入畜牧业生产、市场流通与畜禽产品消费的各个环节，成为畜牧业发展新的增长点和催化剂，不断推动畜牧业由传统向现代的转变，不断提高畜牧业资源利用率和劳动生产率，不断催生畜牧业提质增效的新动能。加快畜牧业物联网技术研究，是建设畜牧业现代化发展的必然选择，是加快畜牧业供给侧结构性改革的重大课题，是实现创新、协调、绿色、开放、共享五大发展理念的基本路径。

信息化建设永远在路上，畜牧业物联网技术研究永无止境。在畜牧业信息化建设进程中，我们欣喜地看到，中国农业科学院农业物联网创新团队，面向世界农业科技前沿、面向国家重大需求、面向现代农业建设主战场，以建设“双一流”为导向，将物联网技术等信息技术与畜牧业现代化发展有机地结合起来，不断开拓创新，坚持有决心、有恒心、有重心，创新性地提出了“物联牧场”理论方法和技术体系。该书系统阐述了“物联牧场”的基本理论与技术架构，深入分析了“物联牧场”的传感技术、传输技术、处理技术以及集成技术，重点研究了基于“物联牧场”家禽、生猪和奶牛的关键技术、装备设计与示范应用，并分析预测了“物联牧场”的未来发展趋势。

读罢书稿，掩卷深思，感悟颇多，惟愿作者学术研究百尺竿头更进一步，为我国畜牧业现代化、信息化建设做出新的更大的贡献，遂欣然提笔作序。

2018年1月

前 言

物联网被誉为继计算机、互联网之后的第三次信息技术科技革命，已成为世界各国竞相聚焦的战略性高地。在人类史上，没有一个时代曾经见证物联网对科技民生、城市发展、节能环保、农业生产等方面产生爆炸性的影响和作用，万物互联有力地把人与周围的物相互有机连接，实现对物品与过程的感知、识别与控制，助推着“信息随心至，万物触手及”时代的到来，使得人们生活、生产更加智慧化与智能化。当今，物联网蕴育着巨大的创新潜力，正以强大的驱动力引领着世界的变革，推动着人类社会创新发展。

农业物联网作为物联网领域的重要分支，它是物联网与农业生产实际紧密结合的技术产物，也是物联网与农业相融合的创新表达。党的十八大以来，我国早以确定了农业物联网在农业领域的战略性地位，国家《物联网“十二五”发展规划》将农业列为物联网重点应用领域，进一步明确提出要在农业领域实现物联网的试点示范应用。农业部在农业领域物联网应用总体设想中明确指出，物联网技术是发展现代农业的重要支撑。2014 年中央 1 号文件、农业部印发的《农业物联网区域试验工程工作方案》和《全国农业农村信息化发展“十二五”规划》均对农业物联网产业的发展提出指导和规划，为农业物联网技术研发与应用提供政策保障，要让农业物联网更好促进农业生产、改造传统生产、发展现代农业。

畜牧业是农业的重要支撑，是人类获得动物性食物的主要来源，在国民经济发展中占有重要地位，畜牧业产值占农业总产值的比例可以作为衡量一个国家人民生活水平高低的重要指标。伴随我国社会经济发展新常态化，在市场拉动和政策引导下，畜牧业综合生产能力持续上升，生产方式加快转变，产业地位不断提升，整体趋向规模化、集约化、标准化，我国畜牧业正处在从传统养殖方式向现代养殖方式过渡的关键阶段。物联网技术为传统畜牧业改造提供了新路径，将物联网技术应用于畜牧生产、经营、管理和服务各环节，对牧场产前、产中、产后全过程进行实时监控，实现牧场的人、机、物一体化互联，是发展标准化、规模化养殖，建成现代畜牧业的基本走向。

发达国家于 20 世纪 90 年代开始在设施养殖场广泛应用物联网技术，起步早、发展迅速，形成了“畜牧业工厂化生产+自动化、智能化物联网技术发达+农民文化程度高”的集约化模式。在一批致力于畜牧业物联网技术基础研究的科研院所、创新型研发企业的推动下，我国“物联牧场”技术的理论研究与应用实践也取得了一定成果，从家畜个体的编码与标识，生产过程的数据采集与传输，家畜个体的精细饲养控制，到畜产品全程质量安全溯源等环节，制定了相应的标准与规范，研发了相应技术产品与网络控制智能平台，这些技术在具有一定信息化基础的畜牧企业得到了示范应用。“物联牧场”技术引领我国畜牧业发展走向精细化、智能化。

本书全面阐述“物联牧场”的研究进展、核心技术、应用系统、集成框架、应用示范等内容。主要反映了近5年来本研究团队承担国家重大研发计划、国家科技支撑计划、国家自然科学基金、北京市自然基金、农业部软科学等项目取得的科研成果，主要有国家重大研发计划"畜禽现代化饲养关键技术研发"（编号：2017YFD0502006）、国家科技支撑计划课题"基于物联网技术的农业智能信息系统与服务平台"（编号：2012BAH20B00）、国家自然科学基金项目"蔬菜价格时空传导机理及异地关联预警研究"（编号：71573263）、农业部农业信息监测预警研究任务等相关研究成果。

全书共10章，分别从"物联牧场"的理论、技术和实践等方面进行阐述。第一章从"物联牧场"构建的理论和架构方面入手，介绍"物联牧场"构建的关键技术、主要内容和应用进展；第二章全面介绍"物联牧场"关键技术的研究进展，分析预测农业物联网技术发展方向，介绍"物联牧场"在农业全产业链中应用水平评估指标体系及模型构建；第三章从感知、传输、处理控制3个方面详细介绍"物联牧场"共性关键技术，阐述物联牧场技术集成与装备设计；第四～六章分别介绍了"物联牧场"家禽、生猪和奶牛关键技术与装备设计；第七章分别介绍"物联牧场"家禽、生猪和奶牛生产环境控制模型；第八章详细介绍"物联牧场"大数据架构、数据标准化处理方法，物联牧场信息平台、信息管理系统和移动终端程序；第九章分别介绍家禽、生猪、肉牛和奶牛"物联牧场"示范与推广；第十章全面介绍"物联牧场"发展面临的机遇与挑战、发展需求与趋势以及发展对策与建议。

"物联牧场"建设是复杂的系统工程，涉及电子、信息通信、计算机、畜牧兽医等若干学科和领域的交叉和集成，信息感知、信息传输、处理和控制技术飞速发展，限于作者的视野与经验上的限制，书中难免存在不足之处，我们很高兴听到读者提出的任何批评与建议。

作　者
2018年1月

目　　录

第一章　“物联牧场”理论与架构

畜牧业是农业的重要组成部分、农民就业增收的重要途径。将物联网技术应用于畜牧养殖，建立“物联牧场”，对牧场的生产、经营、管理、服务的全要素、全过程和全系统进行实时监测和智能管理，改善畜禽生长环境、健康状态、动物福利，提高畜禽产品产量，减轻畜禽养殖对环境的影响，促进畜禽养殖产业现代化发展，是我国农业现代化建设的重要内容。

一、“物联牧场”研究背景

20 世纪中后期以来，信息技术取得了迅猛的发展，并广泛应用于人类经济和社会的各个领域，其中，农业是主要的应用领域之一。作为新一代信息技术的重要内容，物联网表现出强劲的发展势头，并深入渗透到农业领域的各个方面。“物联牧场”就是物联网技术在牧场生产、经营、管理和服务中的集中应用，它的发展对促进传统畜牧业转型及建设现代农业具有重要意义。

（一）“四化同步”为发展“物联牧场”提供了历史机遇

党的十八大报告指出，要“促进工业化、信息化、城镇化、农业现代化同步发展”。其中，信息化是推进其他“三化”的关键技术手段。积极促进现代信息技术与农业的融合，将成为实现农业现代化的必然选择。国家对信息化的高度重视将为信息化发展打开新的空间，为物联网技术发展增添新的活力。因此，作为物联网技术在现代畜禽生产和管理领域中的应用，“物联牧场”面临难得的历史机遇。

（二）物联网已经成为我国新兴的战略支柱产业

当前，物联网受到世界各国的高度重视，我国政府也将物联网确定为加快培育和发展的新兴战略性支柱产业。在国家《物联网“十二五”发展规划》中，农业被列为物联网重点应用的领域；国务院进一步明确提出，要在农业领域实现物联网的试点示范应用，做好典型应用示范工程。畜牧业是农业的主要组成部分，“物联牧场”具有广阔的发展前景。

（三）物联网技术为传统畜牧业改造提供了新路径

当前，我国畜牧业正处在从传统养殖方式向现代养殖方式过渡的关键阶段，传统畜牧业改造对物联网技术存在重大需求。“物联牧场”综合运用各种先进感知设备，实时采集畜禽的饲养环境及生长体征等信息，科学分析各类信息，实现对牧场生产的全程监控、实时服务与科学决策。它的发展将为畜牧业良种繁育、饲养管理、质量控制、疫病防治和生长环境监测等方面带来重大变革，为传统畜牧业的转型升级提供新的手段和路径。

二、“物联牧场”基本内涵

（一）物联网

物联网是通过智能传感器、无线射频识别（radio frequency identification，RFID）、激光扫描仪、全球定位系统（global positioning system，GPS）和遥感等信息传感设备及系统与其他基于机器对机器通信模式（machine to machine，M2M）的短距无线自组织网络，按照约定的协议，把任何物品与互联网连接起来，进行信息交换和通信，以实现智能化识别、定位、跟踪、监控和管理的一种巨大智能网络[1]。

物联网的概念于 1999 年由美国麻省理工学院自动标识中心提出，旨在把所有物品通过 RFID 标签等信息传感设备与互联网连接，实现物品的智能化识别和管理。随着技术和应用的不断发展，物联网的内涵也不断拓展，已不局限于 RFID 技术，而是泛指通过 RFID 红外感应器、GPS 和激光扫描器等信息传感设备，按约定的协议，把任何物品与互联网相连接，进行信息交换和通信，以实现对物品的智能化识别、定位、跟踪、监控和管理的一种网络。物联网为畜牧全产业链的转型升级提供了机遇。

（二）农业物联网

经过十几年的发展，物联网技术与农业领域应用逐渐紧密结合，形成了农业物联网的具体应用。农业物联网是物联网技术在农业生产、经营、管理和服务中的具体应用。首先，运用各类传感器、RFID 和视觉采集终端等感知设备，广泛地采集大田种植、设施园艺、畜禽养殖、水产养殖及农产品物流等领域的现场信息；其次，通过建立数据传输和格式转换方法，充分利用无线传感器网络、电信网和互联网等多种现代信息传输通道，实现农业信息的多尺度的可靠传输；最后，将获取的海量农业信息进行融合、处理，并通过智能化操作终端实现农业的自动化生产、最优化控制、智能化管理、系统化物流、电子化交易，进而实现农业集约、高产、优质、高效、生态和安全的目标[2]。

（三）物联牧场

牧场是经营畜牧业的生产单位，也是包含畜牧、自然、经济和人类活动的复杂系统。因此，“物联牧场”必须遵循农业物联网中的全要素、全过程和全系统的“三全”化发展理念，才能确保其科学持续性发展。

“物联牧场”是将物联网技术应用在牧场的生产、经营、管理和服务中，运用养殖环境监测传感器、生理体征监测传感器和视频信息采集传感器等设备感知饲料、水、生命体、生产器械、能源动力、运输及劳动力等生产要素，通过无线传感网络、互联网与智能化处理等现代技术，构建包含牧场正常运转所涉及的自然、社会、生产和人力资源等的复杂系统，形成人机物一体化的闭环系统及畜牧养殖的智慧管理技术体系，实现牧场产前、产中、产后的过程监控、科学决策和实时服务，达到牧场人机牧一体化，进而实现畜牧养殖的高产、优质、集约化和精细化的目标。

三、“物联牧场”研究价值

畜牧业现代化可以简单地概括为养殖方式集约化、饲养管理自动化、质量控制追溯化、疫病防治即时化、养殖环境清洁化和畜禽品种良种化，而养殖方式的转变、饲养管理的科学、质量控制的监管、疫病防治的即时、养殖环境的清洁、品种改良的先进都需要现代“物联牧场”技术的支撑。

（一）“物联牧场”研究与应用，能够促进畜禽养殖产业现代化发展水平

改革开放以来，我国畜禽养殖方式发生了根本性的改变，即由分散饲养向规模化饲养转变，由家庭副业向支柱产业转变，由粗放饲养向集约饲养转变，由劳动密集型向技术、资金密集型转变，由传统畜牧业向现代畜牧业转变。根据国家统计局统计，生猪年出栏 50 头以下养殖户比重由 2003 年的 71.60%下降至 2012 年的 32.08%，而年出栏 500 头以上养殖户比重由 2003 年的 10.60%增加至 2012 年的 38.00%；肉牛年出栏 10 头以下养殖户比重由 2003 年的 68.50%下降至 2012 年的 56.24%；羊年出栏 30 头以下养殖户比重由 2003 年的 56.60%下降至 2012 年的 45.04%。养殖方式的根本性转变，迫切需要“物联牧场”技术进行实时监测，减少人力物力的投入，提高生产的规模效益。

（二）“物联牧场”研究与应用，能够加快畜牧业的提质增效和转型升级

适应养殖方式规模化、集约化的发展，单纯地依靠传统的人力饲养，很难满足精准饲喂、自动喂养、科学管理的需要。在“物联牧场”中，通过畜禽个体传感器（如压力传感器和红外传感器等），实时传输畜禽个体生理状态数据，监测畜禽个体数据异常情况，并将数据及时反馈生产者，同时，通过对不同个体生理状态的监测，结合专家系统，对畜禽饲料进行科学配比、精细饲喂，既能保证畜禽生长所需能量，又能节约生产成本，是自动化饲养的核心内容。目前，我国肉鸡、蛋鸡、规模养猪的自动化程度相对比较高，而肉牛、肉羊、绵羊的自动化程度和国外相比仍有较大的差距。根据国家统计局，2010 年我国奶牛养殖量为 1258 万头，产奶量为 3600 万 t，而美国奶牛养殖量仅为 910 万头，产奶量却高达 8750 万 t，是中国的 2.43 倍，按每头奶牛年产奶量计算，美国是中国的 3.36 倍。澳大利亚和新西兰的奶牛单产分别是中国奶牛单产的 2.02 倍和 1.26 倍。世界发达国家普遍使用了奶牛群体改良（dairy herd improvement，DHI）技术，实施奶牛牛群改良，而我国只是在个别地方才应用。DHI 是以物联网技术为基础，测定奶牛个体单产数据、牛群基础资料，综合评定奶牛生产性能和遗传性能，是世界公认的饲养管理的科学手段。

（三）“物联牧场”研究与应用，能够保障畜牧养殖质量安全可追溯

畜禽及产品质量安全，涉及畜牧业的持续、稳定、健康发展，涉及人民群众的身体健

康和生命安全，已经成为国家安全的重要组成部分；但目前，畜产品质量安全事件频频发生，成为社会和人民群众关注的焦点问题。畜禽产品质量安全问题主要包括动物疫病、兽药残留、加工流通过程中的二次污染，是覆盖从“牧场到餐桌”的关键问题。近年来，随着信息技术的迅猛发展，利用物联网的RFID、条形码和电子“药丸”等技术，对畜禽生产、加工、流通和消费实施全过程监管，对发现的问题产品进行追踪溯源，实现全过程、全环节、全方位的可追溯，是有效防止畜禽产品安全事件发生的重要手段。在“物联牧场”中，畜产品物联网溯源平台已经基本完善，每一种产品都可以通过标识在“物联牧场”的溯源平台中查到其产地、销地，并通过溯源系统对其质量进行严格把关。

（四）“物联牧场”研究与应用，能够提升畜牧重大疫病预警与防治水平

重大动物疫病（如高致病性禽流感、口蹄疫、新城疫、猪瘟，以及其他流行性动物疫病）不仅关系到畜牧业的发展，而且关系到农民增收和人民群众健康。近年来，世界各地多次发生动物疫情失控事件，对畜牧业的发展产生了灾难性的影响，造成了严重的经济损失，如何及时有效地开展监测预警工作、进行动物疫病防治，是一直以来困扰畜牧业发展的难题。将以物联网技术为代表的信息化运用于畜禽生产实际，为动物疫病防治工作提供了广阔的空间。物联网技术可以感知畜禽个体及群体的生理变化和行为特征（如温度、采食量、活动量等数据），结合历史数据，及时监测畜禽个体的差异性，见微知著、防患未然，进而有效防控动物疫病的产生、发展和蔓延。

（五）“物联牧场”研究与应用，能够促进畜牧业健康养殖和绿色发展

用循环经济的理念发展现代畜牧业，通过资源利用节约化、生产过程清洁化和废物利用再生化等环节，减少畜禽生产污染物排放、控制畜禽养殖环境，以达到改善畜禽产品质量的目标，是实现畜禽清洁化生产的重要途径。畜牧业生长环境是影响畜禽产品产量和质量的关键因素，传统畜禽养殖环境很难做到精确控制，畜禽产品产量和质量都难以保证，物联网技术为畜禽生长环境的自动控制提供了条件。通过传感器采集牧场环境信息（光照、温度、湿度、二氧化碳和硫化氢等），并将信息通过无线传输技术（GPRS[①]与ZigBee[②]等）传输到服务器，应用程序通过将收集到的数据与标准数据库中的数据相比较，结合专家系统，科学准确地计算畜禽养殖环境的数据，并通过自动控制技术（温度控制器、光照强度控制器与二氧化碳发生器等）等对畜禽生长环境进行精确控制，为畜禽提供一个更加良好的生长环境。

（六）“物联牧场”研究与应用，能够带动畜禽品种良种化和精品化

畜禽良种是畜牧业发展的物质基础，是和畜牧业现代化同步发展的生产要素，属于技术密集型产业。正在兴起的生物信息学是研究生物信息的采集、处理、存储、传播、分析和解释等各方面的学科，它通过综合利用生物学、计算机科学和信息技术而揭示大量而复杂的生物数据所赋有的生物学奥秘。在分子水平上，进行畜禽品种的选择、培育，

① 通用分组无线服务（general packet radio service，GPRS）。
② ZigBee（也称紫蜂）是一种低速短距离传输的无线网络协议。

是现代育种的重要方式。利用物联网技术，通过监测发情期母畜生理变化情况和仔畜生长发育情况，对畜禽良种选择具有重要意义。以奶牛为例，发情期的奶牛，其活动量和步行数等都远大于其他奶牛，通过对奶牛行为进行监测，可以实时了解奶牛的发情状况，科学预测奶牛发情时间，及时进行人工授精，保证奶牛产奶质量。

四、“物联牧场”研究目标

“物联牧场”是一个包含畜牧、自然、经济和人类活动的复杂系统，必须找准重点进行系统研究，才能突破发展瓶颈，提升物联牧场发展水平。物联牧场的研究重点包括研究领域和技术研发两个方面。研究领域主要集中在环境、饲养、疫病、繁育等畜牧养殖关键环节方面，通过物联网与现代信息技术，提高畜牧养殖环境的清洁、促进饲料喂养的精细化、降低疫病防治的滞后性、加快畜禽优良品种的推广。技术研发主要集中在传感器技术、传输技术与智能装备上，在“物联牧场”发展中，传感器技术仍然是发展的关键，是否能研发出低成本、高精端、高灵敏度的传感设备，将直接制约“物联牧场”发展的水平，光纤、红外、生物等新型传感器的研发，以及自动化智能化兼具可远程操控装备的研制，将为“物联牧场”的发展奠定技术基础。

在物联网技术快速发展的今天，动物及其产品在繁育、环境、饲养、疫病、质量追溯等各个方面都发生了革命性的变化，以“物联牧场”为代表的现代畜牧业，正向着更智能、更高效的方向发展。“物联牧场”的结构示意图，如图 1.1 所示。

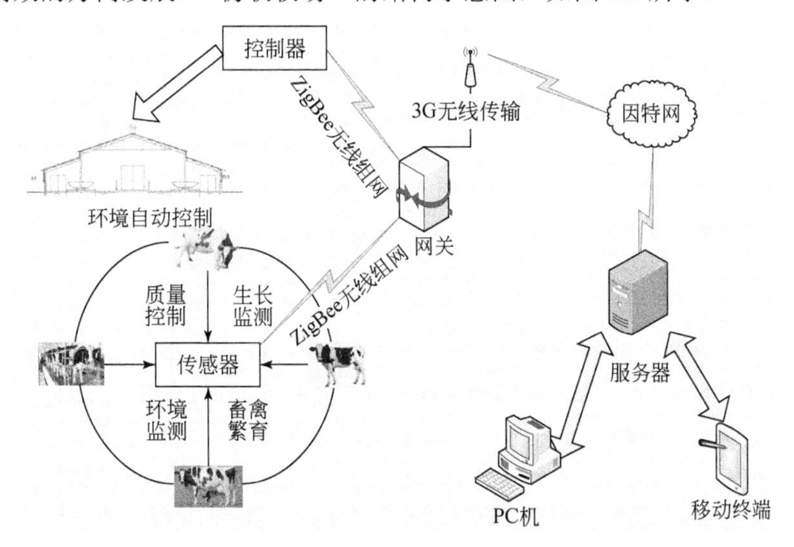

图 1.1　“物联牧场”的结构示意图

（一）光温水气自动控制，生长环境精确模拟

畜禽的生长环境对畜禽产品产量和质量的影响尤为重要。我国现阶段大部分养殖场都无法做到对畜禽养殖环境进行精确控制，因此难以进一步提高畜禽产品的产量和质

量；而物联网技术为畜禽生长环境的自动控制、精确模拟提供了必要的路径。通过光照、温湿度、气体传感器等采集牧场环境信息，将采集到的信息通过无线传输技术（WSN）和移动通信技术，如蓝牙、Wi-Fi、ZigBee、3G技术等传输到服务器，应用程序将收集到的数据与数据库中的标准数据进行对比，集合专家系统、畜禽生长模型等模型系统，科学准确地计算出畜禽养殖环境数据，然后将指令发往终端设备，通过自动控制技术（温度控制器、光照强度控制器、CO_2发生器等）对畜禽生长环境进行精确控制，从而提供一个良好的畜禽生长环境，促进畜产品产量和质量的提高。

（二）生长状态实时反馈，畜禽生长精细饲养

畜禽在生长过程中，其个体的生长状态（如身高、体重、年龄、体温等）会发生巨大的变化，针对不同的个体生长状态，采用适合不同个体生长的饲料配方，对畜禽进行精细化饲养管理，才能更有效地促进畜禽生长，进而提高畜禽产品产量和质量。在物联牧场中，通过畜禽体征指标传感器，如压力传感器、红外传感器，实时搜集畜禽个体生理状态数据，并将数据及时传输到服务器，集合畜禽精细饲喂模型，对畜禽饲料配方进行科学配比，从而保证畜禽生长所需各种营养成分，节约生产成本，提高畜禽产品产量和质量；同时，监测畜禽个体数据异常情况，将数据及时反馈给生产者，做到实时监测、实时反馈、实时处理。

（三）动物疫病实时监测，疫情预警严格控制

动物疫病是影响畜禽产量的重要因素，尤其是传染病，对畜禽养殖是一个极大的威胁。动物疫病在发生前都有征兆，物联网技术的发展为动物疫病的监测与预警提供了技术支撑。通过对畜禽个体情况的实时监测，及时了解个体生长状态，传感器将畜禽个体的生理数据（如体重、体温等）通过传输网络传到数据库，应用程序通过监测数据库中的实时数据，了解畜禽生长的实时信息，并将畜禽生长信息与最新的畜禽疫病数据相对比，及时监测畜禽生长状况，对疫情进行严格控制。

（四）母畜数据实时传输，畜禽繁育动态监测

畜禽繁育是畜牧业养殖的重要方面，在养殖产业环节中，占据着一个相当重要的地位。随着物联网技术的发展，尤其是以RFID、二维码、传感器等采集技术的进步，母畜在发情期的各种生理数据都会发生变化，通过发情期母畜生理变化情况，科学地对畜禽进行配种和生育。以奶牛为例，发情期的奶牛，其活动量、步行数等都远远大于其他奶牛，通过对奶牛行为进行监测，可以实时了解奶牛的发情状况，科学预测奶牛发情时间，及时进行人工授精，提高奶牛受孕率。在奶牛怀孕期，通过对奶牛身体状态进行监测，及时了解奶牛生长状况，保证奶牛顺利产仔。

（五）质量管理精确控制，产品溯源可持续化

随着经济生活的发展，尤其是近几年食品安全事件频发的影响，农产品溯源技术越来越受到重视，物联网技术的进步，极大提高了农产品溯源技术的水平。在物联牧场中，

以二维码和 RFID 技术为主的个体标识技术已经得到了广泛的应用，畜牧业物联网溯源平台已经基本完善。物联牧场生产的每一种产品，都可以通过标识在物联牧场的溯源平台中查到其产地、销地，并通过溯源系统对其质量进行严格把关。

五、“物联牧场”体系架构

“物联牧场”的体系架构可分为感知层、传输层和应用层三个层次，分别用以畜牧养殖场的信息感知、传输与处理，实现牧场现代化管理的一体化物联网技术体系与系统架构（图 1.2）。

一是感知层，即利用 RFID、传感器和二维码等随时随地获取物体的信息。主要是研发不同类型的传感器感知畜禽个体标识、畜禽养殖环境参数、畜禽体型参数、畜禽生命体征和畜禽行为。畜禽个体标识主要是指 RFID 电子标签。畜禽养殖环境参数主要包括气象环境参数（如温度、湿度、风速、风向、降雨量、光照强度）和气体环境参数（如硫化氢、二氧化碳、氨气、甲烷、氧气和一氧化碳等）。畜禽体型参数主要包括体重、身体尺寸和体型得分等。畜禽生命体征主要包括体温、呼吸频率和瞳孔对光反射等。畜禽行为主要包括采食、饮水、排泄、叫声、步态和攻击行为等。

二是传输层，采用无线传输技术（ZigBee）或无线公网（2G/3G/4G 网络[①]）将感知层采集到的畜禽个体标识、畜禽养殖环境参数、畜禽体型参数、畜禽生命体征和畜禽行为等数据远程传输到服务器。对监控视频等数据量比较大的数据则通过以太网传输到服务器。传输层的研究主要侧重在无线传感网络技术在畜禽养殖中的推广应用。

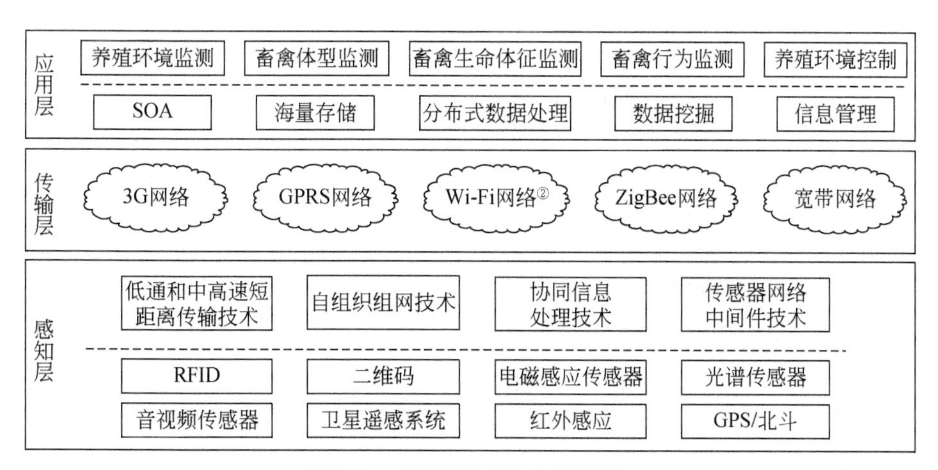

图 1.2 “物联牧场”体系架构

三是应用层，把感知层得到的信息进行处理，实现智能化识别、定位、跟踪、监控和管理等实际应用。典型的应用包括通过开发手机 APP，实现对畜禽养殖环境和畜禽各

① 第二代手机通信技术（2-generation wireless telephone technology，2G），第三代移动通信技术（3-generation wireless telephone technology，3G），第四代手机移动通信技术（4-generation wireless telephone technology，4G）。

② 无线宽带（wireless-fldelity，Wi-Fi）。

参数随时随地的监测，并远程对畜禽舍的设备（风扇、照明灯、水泵、加热器、电机和电磁阀等）进行远程控制。进一步研究的目标是实现畜禽舍环境的智能控制，研发自动与精确饲喂的设备，对畜禽养殖场积累的数据进行大数据分析，进一步平衡饲料、能源消耗和收入之间的矛盾，提升畜禽养殖效率，改善动物福利。

六、“物联牧场”关键技术

要使“物联牧场”健康持续发展，必须综合考虑人机牧的综合配置与协调，实现人机牧一体化发展，才能真正发挥“物联牧场”的作用。其技术体系是通过感知、传输、处理和控制等现代技术，将人机牧三者相互融合，提供更透明、更智能、更泛在、更安全的一体化服务。其中，感知技术包括气象环境类传感器技术、气体类传感器技术、生命本体传感器技术和多媒体传感器技术 4 种；传输技术包括互联网技术、短信通信技术、ZigBee 无线传输技术、GPRS 无线传输技术、3G 无线通信技术和 4G 无线通信传输技术 6 种；处理技术包括数据处理技术、图形图像处理技术、声音处理技术、视频处理技术、多信息融合处理技术和智能信息处理技术 6 种；控制技术包括最优控制技术、自适应控制技术、专家控制技术、模糊控制技术、容错控制技术和智能控制技术 6 种，如图 1.3 所示。

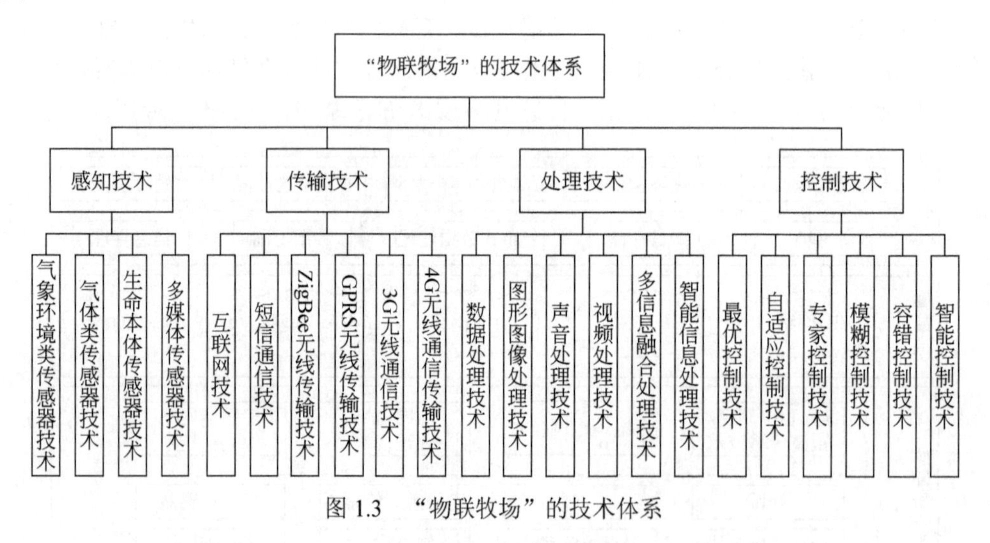

图 1.3 “物联牧场”的技术体系

（一）感知技术

感知技术是指利用传感器、RFID、视频、图像和声音等技术手段对畜禽养殖环境、畜禽健康状态、畜禽生长情况及畜禽行为活动等信息的全面采集。根据感知对象的不同，可以分为气象环境类传感器技术、气体类传感器技术、生命本体传感器技术和多媒体传感器技术 4 类。

气象环境类传感器技术，是指通过采集热电阻、湿敏电容、光电管和继电器等元器件电子信号的波动来感知畜禽生长环境的变化。主要包括温湿度传感器、光照传感器、降雨量传感器、风速传感器。

气体类传感器技术，主要分为电化学传感器技术和光学传感器技术。电化学传感器技术是通过感知被测气体在传感器电极上发生化学反应并产生的电信号来工作。采用电化学传感器技术的传感器主要包括氧气传感器、氨气传感器和硫化氢传感器等。光学传感器技术主要是指利用非分散红外（non-dispersive infrared，NDIR）原理，通过不同气体对特定波长吸收能力的不同，实现对气体浓度的测量。采用光学传感器技术的传感器主要包括二氧化碳传感器、一氧化碳传感器和甲烷传感器等。

生命本体传感器技术是指通过红外测温技术、运动传感器技术和流量传感器技术等测量畜禽生命本体信息。采用这种技术的传感器主要包括非接触式体温传感器、产奶量传感器、运动量传感器、饮水量传感器及饮食量传感器等。

多媒体传感器技术是指利用视频、声音和图像等多媒体传感器技术感知动物的行为和声音特征等信息。采用这种技术的传感器主要包括工业相机、高速摄像头及麦克等。

（二）传输技术

传输技术主要是指将感知到的畜禽生长环境信息和畜禽个体情况信息通过有线或无线的方式传送给用户。传输技术主要包括有线传输技术和无线传输技术。有线传输技术主要是指互联网技术。互联网技术是指以计算机为基础，通过电缆或光缆进行通信的技术。无线传输技术是指利用电磁波信号进行信息传输的技术，主要包括短信通信技术、ZigBee 无线传输技术、GPRS 无线传输技术、3G 无线通信技术（TD-SCDMA、WSCDMA、SCDMA2000）和 4G 无线通信传输技术（TD-LTE、FDD-LTE）。

短信通信技术是指利用移动通信网，以短信的形式传递感知到的“物联牧场”的相关信息。ZigBee 无线传输技术是指利用支持 ZigBee 短距离无线通信协议的传感器节点，进行养殖环境信息的采集、汇总和传输，该协议具有自组网、低成本、低功耗和支持大量节点的优点。GPRS 无线传输技术、3G 无线通信技术和 4G 无线通信传输技术分别代表了第二代、第三代和第四代移动通信技术。GPRS 无线传输技术具有可靠性高、信号覆盖广、费用低的优点，适合在涉及范围广、布局分散的情况下使用。和 GPRS 无线传输技术相比，3G 无线通信技术和 4G 无线通信传输技术具有数据传输率高、通信质量稳定和实时性强的优点。在“物联牧场”应用中，一般利用 GPRS 无线传输技术进行字节型数据的传输，利用 3G 无线通信技术和 4G 无线通信传输技术进行视频等数据量比较大的信息的传输。

（三）处理技术

处理技术主要是指对传感器数据、图像、声音和视频等信息进行处理、加工，提取出指导畜禽养殖生产的信息。常用处理技术主要包括数据处理技术、图形图像处理技术、声音处理技术、视频处理技术、多信息融合处理技术和智能信息处理技术。

数据处理技术是指对传感器数据进行数据编码、数据整理、数据库结构设计、数据清洗、数据压缩、数据存储和数据检索等处理的技术，方便后期管理和查看数据。图形图像处理技术是指对获取的图像进行色彩空间变换、滤波降噪、图像增强、灰度化、二值化、边缘检测、形态学处理、感兴趣区域（region of interest，ROI）提取和特征量测量等处理，分析畜禽的体型参数、健康状况及动物福利情况等。声音处理技术是指通过数字滤波、傅里叶变换、傅里叶频域分析、小波分析、特征提取和模式匹配等方法对畜禽声音进行处理，提取声音信息进行畜禽个体识别及疼痛、饥饿与发情等声音的判别诊断等。视频处理技术主要是利用目标检测技术对动物行为的监控和分析。多信息融合处理技术是指依据一定的准则，将多种来源的信息在时间、空间上进行组合，以获取被测对象的一致性描述或解释。智能信息处理技术是指利用人工神经网络、模糊计算和遗传算法等技术，对海量信息进行智能分析处理。

（四）控制技术

控制技术是指通过对“物联牧场”设备的调控，确保畜禽养殖的最佳环境，同时节约生产成本，减轻劳动力负担，降低能耗，主要包括最优控制技术、自适应控制技术、专家控制技术、模糊控制技术、容错控制技术、智能控制技术。

最优控制技术是在给定条件下，对给定系统确定一种控制方法，使该系统在规定的性能指标下具有最优值。自适应控制技术是指系统在具有不确定性的内部和外部的条件下，通过一段时间的运行，系统逐渐适应将自身调整到一个最佳状态的控制方法。专家控制技术是以专家知识库为基础建立控制规则和程序，在未知环境下，模仿专家的经验，实现系统的控制。模糊控制技术是将输入量模糊化，然后制定模糊控制规则，输出模糊的判决，对输出量进行模糊化并反馈，该技术适合应用在畜牧生产环境这种不需要精确控制，同时需要尽可能节省能耗的情况，具有应对畜牧生产环境影响因素众多、复杂的特点。容错控制技术是指在系统某些部件发生故障时，系统仍然能够保持稳定，并满足一定的性能指标的控制方法。智能控制技术是最高级的自动控制，它是在控制论、人工智能及计算机学科的基础上发展起来的，是非线性的控制，具有自学习能力。

七、“物联牧场”应用进展

（一）畜禽饲养管理

1.环境控制

在畜舍内部安装智能传感器，实时监测畜舍环境参数（空气温度、湿度、光照强度、二氧化碳、氨气和硫化氢浓度等），通过有线或无线传送到手机、掌上电脑（personal digital assistant，PDA）和计算机等信息终端，使饲养员能够实时掌握养殖场环境信息，并可以根据监测结果远程控制畜禽舍相应设备（如风机、风扇和点灯等），净化畜舍环境、减少动物应激，实现畜禽养殖管理自动化、智能化及节能减耗的目标[3]。

目前，我国已有多家养殖企业（如江苏省宜兴市、湖南省嘉禾县等地智能化猪场和湖北武汉黄陂木兰蛋鸡养殖场等）实现了养殖场内环境自动检测、传输、接收、自动调控，满足动物福利和生产需要，提高了生产水平[4]。上海市已全面开展畜牧标准化生态养殖基地建设。生猪养殖基地引入了智能化温度控制和通风系统、高效空气过滤净化系统、全自动喂料系统、全自动喷洗消毒通道、自动清粪和水泡粪集中处理系统、生产管理软件和现代化工艺产房等先进养殖设施；奶牛养殖基地引入了全自动通风采光设施、全混日粮取料搅拌和配送设备、智能挤奶控制系统、转盘式自动挤奶系统、全自动清洗制冷储奶罐、智能计步识别器、粪便自动清理和收集设施及牛场数据管理系统；蛋鸡养殖基地引进了层叠式蛋鸡高密度饲养模式及全套美国乔太自动化养殖设备，实现了蛋鸡养殖全程的精准化、自动化和智能化管理。

2.精细饲养

精细饲养是依托物联网和计算机等技术进行畜禽的自动化定量喂养[5]。该技术起源于以色列、美国和加拿大等国的全混合日粮（total mixed rations，TMR）饲喂监控系统，系统通过记录奶牛的耳号、体重、生理状况数据，并传送到计算机系统，分析计算该牛最佳采食量，指挥喂食机自动配给饲料。我国宁夏回族自治区银川市奥特信息技术股份公司饲喂监控系统针对不同牛群设定配方，查询每次饲喂的时间、装料点装载量、卸载牛圈及卸载量等详细信息，已在陕甘宁等 70 余个牛场使用。

3.智能管理

“物联牧场”智能管理不仅包含对养殖场环境（温度、光照、通风）的自动调整，还包含智能喂养、智能粪便收集和智能清洗等功能，即根据编程流程，智能主机按时间节点或探测器反馈信息定时定量供水配食；当粪便达到一定数量时，智能主机通知清扫设备自动收集粪便；定时启动清洗装置进行清洗，避免细菌感染。新型智能养殖设备的使用，可在办公室完成饲养管理工作，节省劳力，节能减排。北京市大兴区奥天农场采用智能管理技术，年出栏多于 2 万头，每年可节水 5 万 t。

4.视频监控

通过安装在畜禽养殖场的视频监控，可随时调取当前或存储期内任意时刻（储存 15～30d）的声像数据，查看畜禽活动情况和饲养员工作情况等。场内设置门磁、人体感应器、红外双鉴探测器、红外对射、声光报警器和前端探测器等，能对非法人员入场提醒后通过报警主机给场主电话或发信息，对场外人员入境监控，提高牧场安全等级。

（二）繁殖管理

1.奶牛发情监测系统

准确识别奶牛发情期是保证奶牛及时受孕产犊的关键环节，直接关系养殖企业的经济效益[6]。银川奥特信息技术股份公司研发的 UCOWS 奶牛发情监测系统是在牛脖子上佩戴运动量采集器，通过养殖场安装的信号接收设备接收数据并上传到服务器，通过数据分析判定奶牛发情情况，并通过短信方式将奶牛发情时间发送给管理员，系统已在宁夏回族自治区和内蒙古自治区等 12 个省、市、自治区使用，发情监测 Kappa 值为 0.706（育成牛）～0.850（经产牛），产品与国外同类产品相比具有竞争优势[7]。上海市光明奶业、甘肃省临泽雪莲乳品有限责任公司等企业使用以色列阿菲金发情监测系统判断奶牛发情时段。河北农业大学通过传感器和电子器件采集奶牛体温和日常活动量等生理参数进行奶牛发情监测，不仅用于奶牛发情监测，经改进后还可用于其他动物发情监测，有很好的应用前景[8]。

2.母猪发情监测系统

具有代表性的母猪发情监测系统是荷兰 Nedap 公司研发的 Velos 智能化母猪饲养管理系统。该系统基于“公猪效应”原理，应用物联网技术记录耳牌及与公猪的接触次数和持续时间，对母猪发情状况进行 24h 连续监测，当达到系统设置的发情曲线标准时，喷墨自动标记发情母猪，分离器将母猪分离到待处理区域，节省人力，同时避免猪的应激[9]。四川省、重庆市、湖南省和湖北省等二十余家规模猪场（如四川省成都市泰丰畜牧新技术有限公司、泸县天泉牧业有限公司、简阳市五指猪业专业合作社和湖北省沙市通威仙桃猪场等），引进该系统实现自动饲喂、自动分离和发情鉴定。

3.分娩及仔猪管理

采用安装在畜禽养殖舍内的无线高清摄像头进行母猪分娩和仔猪管理[10]，通过安装在产床的母猪分娩报警装置能够在仔猪被顶出产道时，发送检测信号，呼叫饲养员进行分娩管理；仔猪管理模式中，利用机器视觉技术和热红外传感器监测分娩限位栏的仔猪活动区，一旦检测到仔猪出现在活动区，就通过信息发布的方式通知饲养员。

（三）动物疫病监测

1.常规监测

通过植入芯片等智能采集装置的方式收集家畜生理状况指标（如体温、心跳、脉搏、反刍和粪便等），监测数据通过网络传入计算机，用于家畜健康状况分析，进行疫病监测[11]。陕西省卓讯物联科技有限公司自主研发的“家畜智能植入式电子身份健康检测仪”，通过植入在家畜皮下实现家畜生理数据的实时检测。利用“初判主机”和“家畜疫病模型机诊断系统”对检测到的生理数据进行初判分析，对异常数据则通过“感知动康”服务平台对养殖户进行预警提醒。

2.报警监测

采用监测设备对动物生理状况等指标进行监测，当监测指标异常时（例如，患酮血症的奶牛进料时间减少，可能会出现反常步态、具有攻击性或发出吼叫等），阅读器收到标签信号并传送到中心管理系统进行报警。结合 RFID 技术，实现疫情精准定位，采取及时隔离救治措施，进行动物疫病有效防控，防止疫病大规模暴发。

（四）畜牧企业管理

现代畜牧企业大多是畜牧产销一体化，拥有公司+农户的养殖基地。“物联牧场”技术是结合物联网、大数据和云平台等现代信息技术，建立企业数据中心，自动采集养殖、收购、加工、运输和销售等各环节信息，采用数据挖掘技术对数据进行汇总分析，实现企业核心业务管理信息化，推进畜牧企业生产标准化、养殖规模化发展。广东温氏食品集团股份有限公司利用物联网技术对特定养殖户及工厂实时监控、智能检测，实现现代化企业管理，解决分散养殖户的标准化饲养管理问题，实现了 700 万头生猪、7 亿多只家禽的高效生产管理和食品安全的有效保障。“物联牧场”技术能够保证畜牧生产优质、安全、高产、高效的可持续发展。在推进畜牧生产规模化、集约化、标准化、自动化、产业化、市场化、智能化的进程中，不仅需要畜牧兽医技术和工厂化养殖的硬件条件，畜牧业物联网技术的开发应用和配套推广将成为现代畜牧生产的新课题，应当引起畜牧主管部门、科研院所和各级科技人员的高度重视。

八、本章小结

“物联牧场”建设是实现畜禽养殖集约化、饲养管理自动化、质量控制追溯化、疫病防治及时化、养殖环境清洁化和畜禽品种良种化的技术基础。本章首先介绍了“物联牧场”的概念和内涵，“物联牧场”是物联网技术在牧场生产、经营、管理和服务中的集中应用，其发展对促进传统畜牧业转型及建设现代农业具有重要意义。第四节结合物联网的系统结构，将“物联牧场”的体系架构分为感知层、传输层和应用层 3 个层次；第五节分别从感知技术、传输技术、处理技术和控制技术 4 个方面简要概述“物联牧场”建设涉及的关键技术；第六节概述“物联牧场”的主要内容；第七节详细介绍了“物联牧场”技术在畜禽饲养管理、繁殖管理、动物疫病监测和畜牧企业管理 4 个方面的应用进展。

参考文献

[1] ITU Internet Reports. The Internet of Things. Official Launch and Press Conference（webcast）. Tunisia，2005.
[2] 李道亮. 农业物联网导论［M］. 北京：科学出版社，2012.
[3] 张伟，何勇，刘飞，等. 基于物联网的规模化畜禽养殖环境监控系统［J］. 农机化研究，2015，（02）：245-248.
[4] 朱伟兴，戴陈云，黄鹏. 基于物联网的保育猪舍环境监控系统［J］. 农业工程学报，2012，28（11）：177-182.
[5] 熊本海，罗清尧，杨亮. 家畜精细饲养物联网关键技术的研究［J］. 中国农业科技导报，2011，13（05）：19-25.
[6] 田富洋，王冉冉，宋占华，等. 奶牛发情行为的检测研究［J］. 农机化研究，2011，33（12）：223-227.
[7] 马吉锋，王建东，李艳艳，等. UCOWS 奶牛发情监测系统检测奶牛发情效果的研究［J］. 中国草食动物科学，2014，34（02）：17-18.
[8] 贾北平. 奶牛体征检测系统的设计与实现［D］.保定：河北农业大学硕士学位论文，2008.
[9] 叶娜，黄川. 荷兰 Velos 智能化母猪饲养管理系统在国内猪场的应用［J］. 养猪，2009，（02）：41-42.
[10] 吴宗权. 物联网技术在现代畜牧业的应用［J］. 饲料博览，2014，（10）：62-64.
[11] 单静玲. 牛常见消化系统疾病的诊疗［J］. 畜牧与饲料科学，2014，35（06）：110-111.

第二章　研究现状与预测分析

“物联牧场”是指运用物联网技术，以高产高效、优质绿色为目标，通过对动物长势、生长环境、精细喂养和疫病预防等过程进行自动感知和智能控制，构建人机物一体化的闭环系统，形成畜牧养殖的智慧管理技术体系。本章将从“物联牧场”感知技术、“物联牧场”技术发展方向、“物联牧场”技术专利应用、“物联牧场”前沿技术与预测、“物联牧场”在农业全产业链中应用水平评估指标体系及模型构建5方面进行阐述。

一、“物联牧场”感知技术研究进展与性能分析

我国“物联牧场”的推进离不开物联网技术的支持，感知技术作为物联网的首要阶层，在物联网中具有重要作用。当前，市场上大多传感器是通过工业传感器在农业的应用，但其性能参差不齐、应用范围也各有不同、优劣势不容易被人所重视，并且传感器本身工作原理、性能、响应时间、环境适应性、功耗和网络条件等因素将会大大影响运行应用效果。因此，亟须对传感器最新研究进展、工作原理、性能进行分析，找出最适合传感器的配置。

作为物联网源头环节的传感器主要通过对养殖水体溶解氧、pH、电导率、温度、水位、氨氮、浊度、叶绿素信息传递、土壤水分及氮磷钾等养分信息传感，动植物生存环境温度、湿度、光照度、降雨量、风速风向、CO_2、H_2S、NH_3信息传感，以及动植物生理信息感知为“物联牧场”养殖生产自动化控制、智能化决策提供可靠数据源。本节主要从水体信息、土壤信息、气象信息和动植物生理信息等方面论述各类传感器的研究进展。

（一）水体信息类传感器研究进展与分析

1.溶解氧传感器

溶解氧传感器指用来检测溶解在水中的分子态氧的一种仪器，其检测结果是评定农业水产养殖中水质优劣、水体被污染程度的一个重要指标。目前，溶解氧传感器包括有电化学型、化学型、光学型三种类型，其中，光学型传感器由分光光度法原理或荧光猝灭原理构建而成，可长期重复使用，是未来溶解氧传感器研究的方向，具有很强的生命力。溶解氧传感器优缺点比较分析见表2.1。

化学型溶解氧传感器方法简单，成本低，操作方便，但适用范围窄，测量准确度比较差；Clark 型溶解氧传感器电极使用寿命长，但价格昂贵，电极需加外部电压；原电池型溶解氧传感器其电极不需外部提供电压，因此，不需要添加电解液或维护更换电极膜，检测相对简单，易于操作，但该传感器使用寿命短、稳定性差；电位溶解氧传感器

方法简单，准确度高，但响应时间不稳定，适用范围窄；分光光度法溶解氧传感器操作简单，测量快速，准确度高，但寿命短，需要维护；荧光猝灭原理溶解氧传感器灵敏度高，检测精度高，响应时间短，但价格高昂。

表 2.1　溶解氧传感器优缺点比较分析

溶解氧传感器类型	优点	缺点
化学型溶解氧传感器	方法简单，成本低，操作方便	适用范围窄，测量准确度比较差
Clark 型溶解氧传感器	电极使用寿命长	价格昂贵，电极需加外部电压
原电池型溶解氧传感器	操作方便，电极不需外部提供电压，不需添加电解液或维护更换电极膜，测量简单方便	使用寿命短，稳定性差
电位溶解氧传感器	方法简单，准确度高	响应时间不稳定，适用范围窄
分光光度法溶解氧传感器	操作简单，测量快速，准确度高	寿命短，需要维护
荧光猝灭原理溶解氧传感器	灵敏度高，检测精度高，响应时间短	价格高昂

化学型溶解氧传感器的工作原理是利用氯化锰和碱性碘化钾试剂在加入到待测水样中后生成氢氧化锰沉淀，2 价锰被溶解氧氧化成 4 价锰，生成 $MnMnO_3$ 棕色沉淀，随后加入硫酸酸化的 KI 反应生成 I_2，用淀粉作指示剂，利用硫代硫酸钠滴定析出的碘，计算溶解氧的含量。这种传感器测定简单、结果准确、重现性好。但测定时间长、操作烦琐并需要消耗大量的化学药品。针对碘量法的不足，许多研究对其进行了修正与改进，主要有叠氮化钠修正法和高锰酸钾修正法等。

Clark 型溶解氧传感器以铂或金作阴极，银作阳极，KCl 溶液通常作为电解质。当阴阳两极间受到一定外加电压时，溶解氧会透过透氧膜，在阴极上被还原产生的扩散电流与氧浓度成正比例，从而测定溶解氧含量。极谱式溶解氧电极工作时，电解质参与反应，必须隔一段时间添加电解质。极谱型电极使用寿命长，但其价格昂贵。许多学者针对其不足，对其开展研究，郑贵林和徐沾伟采用极谱式溶解氧电极，以低功耗、高稳定性能的 NEC 单片机为核心处理器设计了新型高精度溶解氧传感器，缩短了测量时间，提高了溶解氧测量精度[1]。邱发强等在原有溶解氧传感器的基础上对其进行改进，设计出了由工作电极、辅助电极和参比电极组成的数字式微量溶解氧传感器及其工作系统的硬件电路，提高了溶解氧测量精度[2]。

原电池型溶解氧传感器电极的阴极由对氧具有催化还原活性比较高的贵金属（Pt、Au、Ag）构成，阳极由不能够极化的金属（Pb、Cu、Cd）构成。电解质采用 KOH、KCl 或其缓冲溶液。原电池型溶解氧传感器通过氧化还原反应在电极上产生电流，生成 K_2HPO_3 时向外电路输出电子，这时会有电流产生通过，根据电流的大小就可以求出氧浓度。原电池型溶解氧传感器电极不需要外部提供电压，也不需要添加电解液或维护更换电极膜，测量更加简单方便，但是阳极的消耗会限制其使用寿命，因此，如何延长使用寿命和增强输出稳定性是比较重要的一个研究方向。王艳青借鉴同类氧传感器的研究，重新设计了固体电解质，并通过卡套式方案，使得传感器具有工艺简单、结构紧凑的特点。

电位溶解氧传感器是利用不同的氧气浓度产生的电位建立线性方程，从而对水中溶解氧含量进行测定。一般主要是利用结构中有氧缺陷、对氧敏感的物质作为电极，主要有 IrO_2、RuO_2 和 ZrO_2 等。目前，对其的研究比较少见。

分光光度法溶解氧传感器根据 I_3-与罗丹明 B 在硫酸介质中反应生成离子缔合物在 360 nm 的波长处有最大吸收，然后进行溶解氧的测定，结果发现，该方法具有操作简单、测量快速、准确度高的优点。赵莉等介绍了四对溴苯基铂卟啉的合成及以其为敏感材料，以聚氯乙烯（polyvinyl chloride，PVC）粉为支持体系的光学溶解氧传感器的响应特性。该敏感膜具有较好的稳定性、重现性，提高了光学溶解氧传感器的灵敏度[3]。

荧光猝灭原理溶解氧传感器是基于分子态的氧可以被荧光物质的荧光猝灭效应原理而设计的，具有稳定性、可逆性好，以及响应时间短和使用寿命长的特点。李学胜等设计了一种以荧光寿命为测量方式的新型荧光法溶解氧传感器[4]。此传感器还具有使用寿命长、测量范围广、价格便宜和实现远距离自动化测量等优点。陈强等介绍了一种基于氧分子特异性敏感膜的溶解氧传感器，通过测定荧光强度即可测定水体中溶解氧的浓度[5]，简化了传感器结构，提高了其测定速度、准确性与稳定性，并增加线连续监测和数据发送功能。朱成刚等基于氧传感膜荧光特性研制了一种低成本、小型化的溶解氧传感器，优化了传统氧传感膜的制备，而后，又设计了一种 45°角斜面传感器探头结构，提高了溶解氧的测量精度，有效降低了水中气泡对溶解氧的测量干扰[6]。

2.水体温度传感器

水体温度是水产养殖监测的基本参数，其传感器大致分为 5 种类型，即电阻式、辐射式、PN 结式、热电式、其他（电容式、频率式、表面波式、超声波式等）。水体温度传感器优缺点比较分析见表 2.2。

表 2.2　水体温度传感器优缺点比较分析

水体温度传感器类型	优点	缺点
电阻式	性质稳定、按期可靠、测量精确，体积小、热惯性小、灵敏度高、结构简单，价格便宜	测量的温度范围有限
PN 结式	使用方便，线性度好，精度高，体积小，反应快，校准方便，价格低	成本较高，适用范围有限
热电式	测量温度范围较大（-184～2300℃）	电极寿命短，不耐用
辐射式	自动化测量，精度高	测量的温度范围有限，价格较高
其他	灵敏度高、线性好、性能稳定、可靠性好、可测量变化很快或平均温度	测量的温度范围有限

以上 5 类温度传感器的工作原理各不相同，电阻式水体温度传感器的工作原理是根据不同的热电阻材料与温度间的线性关系设计而成的；PN 结式水体温度传感器以 PN 结的温度特性作为理论基础；热电式水体温度传感器是利用了热电效，根据两个热电极间的电势与温度之间的函数，来对其进行测量的；辐射式水体温度传感器的原理是因不

同物体的受热辐射，其物体表面颜色变化深浅不一；其他水体温度传感器如石英温度计利用石英振子的振荡频率受温度影响的线性关系；表面波式水体温度传感器由表面波振荡器构成；超声波式水体温度传感器，由石英反射波的干涉原理而构成。水体温度是水产养殖监测的基本参数，水体温度传感器是测定水温的必须设备，为保证水体温度更准确、更精确的采集，对水体温度传感器的深入研究日益重要，因此，国内外学者对其进行了大量的研究。

沈阳航空发动机研究所设计出新型薄膜温度传感器，通过真空镀膜将热电偶融合至涡轮叶片，提高了测量准确度。西北工业大学以陶瓷片为基体材料制作出 700nm 的 Ta 薄膜便携式热电偶，很好地解决了绝缘和镀膜牢固的问题，提高了测量参数[7]。大连理工大学制备出 NiCr/NiSi 薄膜热电偶[8]。中北大学研究人员设计出一套动静态一体化标定系统，消除了由于表面热辐射系数差异和位置移动而形成的系统误差[9]。

3.水体酸碱度传感器

酸碱度（简称 pH）指溶液中氢离子浓度，标示了水的最基本性质，对水质的变化、生物繁殖的消长、腐蚀性和水处理效果等均有影响，是评价水质的一个重要参数。目前，水体酸碱度传感器主要分为光学 pH 传感器、电化学 pH 传感器、质谱 pH 传感器、光化学 pH 传感器 4 类；光学 pH 传感器根据其原理不同又可分为荧光 pH 传感器、吸收光谱 pH 传感器、化学发光 pH 传感器 3 种。水体酸碱度传感器优缺点比较分析见表 2.3。

表 2.3　水体酸碱度传感器优缺点比较分析

水体酸碱度传感器类型	优点	缺点
荧光 pH 传感器	选择性好、线性范围宽及灵敏较高	通用性比较差
吸收光谱 pH 传感器	可测物质种类繁多、仪器结构简单	灵敏度相对较低
化学发光 pH 传感器	不需激发光源、结构简单、灵敏度高	通用性差
电化学 pH 传感器	检测限低、灵敏度高、制作简单、易于微型化、通用性好	寿命短，需要维护
质谱 pH 传感器	灵敏度高、通量高、效率高	价格较高，易受损，需要维护
光化学 pH 传感器	平衡时间快，容易标定，测量动态范围宽，信号稳定，便于携带，数据可远距离传输，使用寿命长，不易受损	通用性偏差

不同类型 pH 传感器的工作原理不同，荧光 pH 传感器的工作原理是利用不同 pH 的被测样品发出的荧光经反射后的光路径的不同设计；吸收光谱 pH 传感器的工作原理则是利用不同 pH 被测样品对光谱的吸收程度不同，从而测定样品的 pH；化学发光 pH 传感器的工作原理则是处于基态的分子吸收反应中释放的能量，跃迁至激发态，然后激发态的分子以辐射的方式回到基态，伴有发光现象，通过检测发光的强度来确定被测物质含量的一种分析方式；电化学 pH 传感器的工作原理则是以电极为传感器，将待测物的化学信号直接转变为电信号来完成对待测组分检测的一种方法；质谱 pH 传感器的工作原理则是通过使样品各组分发生电离，不同质荷比的离子经过电场的加速作用形成离子束，在质量分析器中的离子束发生速度色散，再将其聚焦确定质量，从而对样品的结构

与成分进行分析的一种方法；光化学 pH 传感器的工作原理则是利用光学性能随着氢离子浓度的变化发生相应改变，通过光纤或其他光传导方法把白光或某种特定波长下的光导入检测器中，检测模块的反射光、透射光或发出的荧光信号随着离子浓度变化而变化，对变化的光信号进行处理和分析便可得出所测溶液的 pH。

近年来基于光化学 pH 传感器的多种优点，而且各种光学硬件变得廉价，人们对光化学 pH 传感器的研究越来越重视。许多学者对其进行了大量的研究，一些荧光共轭聚合物对溶液的酸碱性会随着 pH 变化，其荧光强度会发生相应的改变。因此，Xu 等[10]利用此原理设计合成出一种 pH 敏感的水溶性聚芴衍生物，荧光强度可以在 3.0～12.0 的 pH 范围变化，提高了测量灵敏度；2013 年，韩国忠南大学 Seo 等[11]首次将由聚二乙炔囊泡构建的荧光共振能量转移（fluorescence resonance energy transfer，FRET）探针用于 pH 检测，开发了 pH 检测的新路径。

4.水体电导率传感器

水体电导率即水的电阻的倒数，通常用它来表示水的纯净度。水体电导率传感器分为电极型、电感型及超声波型。电极型水体电导率传感器采用电阻测量法对电导率实现测量；电感型水体电导率传感器依据电磁感应原理实现检测；超声波型水体电导率传感器根据超声波在水体中的变化进行检测。

目前国内外对新型磁性敏感材料的不断研究，以及集成电路的发展，使感应式电导率传感技术获得飞速发展。兰卉等介绍的新型感应式水体电导率传感器，采用最新的超微晶纳米材料制作感应磁芯，并设计了全新的感应式探头结构，配合高精度、高稳定度的传感器转换电路及高分辨率数据采集电路，大大提高了其测量精度[12]。陆贵荣等设计出了一种结构简单的新型非接触水体电导率传感器，采用 ANSYS 有限元方法，得到了溶液电导率分别与传感器电感和电容之间的关系，提高了测量的冗余度和可靠性，具有很高的应用价值[13]。

5.水体氨氮传感器

氨氮是水产养殖中重要的理化指标，主要来源于水体生物的粪便、残饵及死亡藻类。氨氮升高制约鱼类产业，是造成水体富营养化的主要环境因素。为促进水产养殖业的精准化发展，加强水体指标的检测日益重要，国内外学者针对水体氨氮含量的检测进行了大量研究，不断研究出新型的水体氨氮传感器。目前，水体氨氮传感器主要有金属氧化物半导体传感器、固态电解质传感器和碳纳米管气体传感器。水体氨氮传感器优缺点比较分析见表 2.4。

表 2.4　水体氨氮传感器优缺点比较分析

水体氨氮传感器类型	优点	缺点
金属氧化物半导体传感器	使用寿命长，不需维护	工作时需要较高温度、灵敏度低、通用性差
固态电解质传感器	价格低廉	消耗功率大、抗干扰能力较差、使用不便
碳纳米管气体传感器	灵敏度高、响应速度快、尺寸小、能耗低、室温下工作	价格昂贵

近年来发表了大量的有关水体氨氮传感器的研究报道，特别是碳纳米管气体传感器已获得明显进展。卞贺明等[14]采用MEMS技术制备的微电极芯片，将传统的薄层电解液与腔体融合，省去了腔体结构。刘宏月等[15]将长周期光纤光栅（long period fiber grating，LPFG）技术引入氨氮降解监测领域，提高了其抗干扰性、灵敏性。卞贺明等[14]制备了一种无透气膜的安培型氨气微传感器，构建氨氮检测系统，采用MEMS技术制成该微传感器的微电极芯片，氨敏感材料选用铂黑，加快了传感器的响应时间、提高了灵敏度。吴伟力等设计了一种单片机控制的氨氮在线自动测定装置，采用氧复合电极，大大提高了测量精确性、灵敏度。

6.水体浊度传感器

浊度是水的透明程度的量度，它显示出水中存在大量的细菌、病原体或某些颗粒物。无论在饮用水、工业工程中或产品中，浊度都是一个非常重要的参数。浊度的测量通常采用散射光测量方法，通过测定液体中悬浮粒子的散光强度来确定液体的浊度。

在散射法基础上，Dana和Maffione提出利用后向散射检测来改进浊度测量范围[16]；Ebiea等采用双光束探测来减小光源干扰，提高了浊度检测精度[17]。刘公致等设计了一种变光型浊度传感器，采用变光原理，较好地解决了温度补偿问题及背景光线补偿问题[18]。吴刚等采用光纤传感技术，设计了一种Y形光纤束探头结构的浊度传感器，将传感器灵敏度提高了10倍以上[19]。杨健等设计了散射式水下在线浊度传感器，传感器采用水下散射光测量法，提高了其分辨率与精确度[20]。吴刚等在散射透射比值浊度测量法的基础上，采用光纤传感技术，设计了一种双通道在线浊度传感器，增强了其稳定性和抗干扰能力，降低了成本[21]。

王志丹等提出了一种90°散射法与表面散射法相结合的宽量程浊度测量新方案[22]。基于该思想设计了新型的浊度探测结构，大大拓宽了浊度测量范围，且有效减小了传感器的体积并降低了其成本。胡晓力等设计了一种超低量程浊度传感器，采用独特结构环形的光电转换器，极大地增加了信噪比[23]。

（二）土壤信息类传感器研究进展与分析

1.土壤含水量

土壤含水量是保持在土壤孔隙中的水分，其直接影响着作物生长、农田小气候及土壤的机械性能。在农业、水利、气象研究的许多方面，土壤含水量是一个重要参数。土壤水分传感技术的研究和发展直接关系到精细农业变量灌溉技术的优劣。Garcia-Sanchez等针对多个农田的分散信息，实现了图片信息的采集[24]。Besson等设计了一种利用连续电剖面（multicontinuous electrical profiling，MUCEP）技术测量土壤电阻系数从而监测土壤水分的装置[25]。

在国内，裴素萍和吴必瑞把低功耗单片机MSP430F149作为基础，利用CC2520和CC2591作为ZigBee无线网络节点，成功进行土壤干湿度的信息采集、网络控制和存储[26]。孙彦景等设计了农业信息化系统，该系统以物联网关键技术为基础，实现了农业的智能化和自动化运作[27]。高翔等提出一种将土壤电阻传感器和土壤温度传感器的数据进行融合的方法，并利用多元线性回归和 BP 神经网络①建立了土壤湿度的测定模型，提高了测定土壤湿度的精确度[28]。

2.电导率

电导率是指一种物质传送电流的能力，仪器主要有 EM38、Veris3100，其主要利用电流通过传感器的发射线圈，进而产生原生动态磁场，从而在大地内诱导产生微弱的电涡流及次生磁场。位于仪器前端的信号接收圈，通过接收原生磁场和次生磁场信息，测量两者之间的相对关系从而测量土壤电导率。国外学者 Myers 等利用此原理将土壤表观和土壤剖面的电导率数据结合起来实现了高分辨率土壤表观电导率 ECa 土壤数字制图[29]。在国内，李洪义等在地表不同高度利用 EM38 测量土壤表征电导率 ECa 值，并结合线性响应模型对土壤剖面电导率进行预测[30]。

卢超采用电流电压四端法设计了一种多点无线传输的土壤电导率测量装置，采用主从式结构测量显示平台能够完成数据采集、显示与存储功能，有效解决了多点土壤电导率实时监测的一致性问题[31]。李民赞等开发了一种具有无线通信功能的便携式土壤电导率测试仪，简化了土壤电导率测定的程序[32]。

3.土壤养分

土壤养分测定的主要是氮、磷、钾三种元素，其是作物生长的必须营养元素。目前，测定土壤养分的传感器主要分为以下六大类，即化学分析土壤养分传感器、比色土壤养分传感器、分光光度计土壤养分传感器、离子选择性电极土壤养分传感器、离子敏场效应管土壤养分传感器、近红外光谱分析土壤养分传感器。土壤养分传感器优缺点比较分析见表 2.5。

表 2.5　土壤养分传感器优缺点比较分析

土壤养分传感器类型	优点	缺点
化学分析土壤养分传感器	成本低	操作复杂、准确度低、易受干扰、应用范围小
比色土壤养分传感器	设计简单、成本低	具有重复性、精确度低、应用范围有限
分光光度计土壤养分传感器	灵敏度高、响应速度快、应用范围广	价格昂贵、样本前处理复杂
离子选择性电极土壤养分传感器	结构简单、灵敏度高、响应速度快、样本前处理方法简单、抗干扰能力强	测定组分单一、检测效率低
离子敏场效应管土壤养分传感器	取样少、检测速度快、自动化程度高，操作简单	检测范围比较窄、检测精度低、重复性高、成本太高
近红外光谱分析土壤养分传感器	测试简单、速度快、无污染和应用范围广	难以获得较高的相关系数

化学分析土壤养分传感器的工作原理是利用常规化学滴定法，对待测样品进行测定，从而计算出待测成分的含量；比色土壤养分传感器的工作原理是以生成的有色化合物可产生的显色反应为基础，对物质溶液颜色深度进行比较或测量而确定待测样品含量；分光光度计土壤养分传感器的工作原理是利用溶液颜色的透射光强度与显色溶液的

① BP(back propagation)神经网络，是一种按照误差逆向传播算法训练的多层前馈神经网络。

浓度成比例，通过测定透射光强度测定待测样品组分含量；离子选择性电极土壤养分传感器是将离子选择性电极、参比电极和待测溶液组成二电极体系（化学电池），根据电池电动势与待测离子活度（浓度）之间服从能斯特（Nernst）方程，通过测量电池电动势计算溶液中待测离子的浓度；离子敏场效应管土壤养分传感器的工作原理是通过离子选择膜对溶液中的特定离子产生选择性响应改变栅极电势，控制漏极电流，漏极电流随离子活度（浓度）变化而变化，从而测定待测样品组分含量；近红外光谱分析土壤养分传感器的工作原理是利用田间作物反射光谱分析预测土壤养分含量或利用原始土样反射光谱分析预测土壤养分含量。

土壤养分制约着作物生长发育，土壤养分的实时检测是作物良好生长的先决条件，而土壤养分传感器是获取土壤成分的主要途径，许多学者对土壤养分传感器开展了大量研究，并取得了较大进展。Jae-Seung 等将 DNA①功能化金纳米比色法应用到 Hg^{2+}的检测中，提高了灵敏度、选择性[33]。Tan 等利用浊点萃取并把功能化金纳米作为探针，成功进行了可见比色检测 Hg^{2+}[34]。Jiang 等研发了一种以适配体修饰金纳米为探针和催化剂的共振散射光谱系统，进而检测痕量 Hg^{2+}，强化了测定过程中的稳定性[35]。2012 年，广西师范大学 Zhao 等基于化学发光与荧光三元复合物（荧光素、菲罗啉和 Ag^{+}）之间形成的化学荧光共振能量转移，检测水中 Ag^{+}，大大提高了其灵敏度[36]。

（三）气象信息传感器研究进展与分析

1.空气温湿度传感器

空气温湿度对动植物的生长有着至关重要的作用，通常空气温湿度的测量大多采用集成感知器。SHTLL 是一种具有 12C 总线接口全校准数字式单片温湿度传感器。该传感器采用高端的 CMOSens 技术，实现了数字式输出、免标定、免调试、免外电路和全方位互换等功能。美国达拉斯（Dallas）半导体公司研制出一种最新的智能温度传感器，该传感器为全数字式集成温度传感器，具有测温精度高、转换时间短、传输距离远和分辨率高等优点。

国内学者彭韶华等设计并制备了一个互补金属氧化物半导体（Complementary Metal Oxide Semiconductor，CMOS）工艺兼容的温湿度传感器，提高了传感器的灵敏度[37]。方震等基于 MEMS 技术设计出一种具有重量轻、体积小、成本低和易集成等特点的新型温湿度传感器，大大提升了大规模应用价值[38]。

2.光照强度传感器

光照强度是植物生长必不可少的条件，严重制约着作物的生长势。光照强度传感器，主要利用光线照射到敏感材料使电阻效应等发生变化而引起其他变化的原理制作的光电光敏传感器。

国内学者对其进行大量研究，乔晓军等研发了数字式宽量程光照强度传感器，该传感器通过单片机与自动量程变换电路对“测量灵敏度”选择及“分频输出选择”的控制进行不同组合的改进，从而输出一定频率的频率信号，单片机读取该频率信号并根据当

① DNA（deoxyribonucleic acid），即脱氧核糖核酸。

前的组合状态即可确定当前光照强度，提高了光照强度传感器的灵敏度[39]。

云中华等设计了一种基于光照强度传感器 BH1750FVI 的光照强度测量仪，采用低成本的微控制器进行控制，提高了监测光照强度的准确性，是一种高性能的光照强度监测装置[40]。

3.风速风向传感器

风是作物生长发育的重要生态因子。风速风向传感器属于一种气象应用、测量气流流速和方向的流量传感器。

国内学者张燕波等设计了一种基于惠斯通全桥电路的热式风速风向传感器系统[41]。传感器芯片结构利用 ANSYS 软件进行了热学和电学的耦合仿真，采用恒温差工作原理进行控制，设计在保证灵敏度的同时提高了其测量范围。沈广平等提出了采用低热导率衬底的方法，设计的传感器采用网形结构的加热与测温电阻，提高了灵敏度[42]。杨帆和杜利东提出了一种新型的基于 MEMS 技术的风速风向传感器结构，建立了其内部流体流动的理论模型，并利用该模型进行数值计算得到了这种传感器的最优结构参数[43]。

程海洋等设计了一种同时测量风速风向的硅集成传感器[44]，该传感器基于 CMOS 技术，利用保持芯片和环境温差恒定及二维结构，由于风产生对流而引起温度变化，通过测量芯片上对称区域的温差，从而获得当前的风速风向信息。

4.降雨量传感器

降雨量指从天空降落到地面上的雨水，未经蒸发、渗透、流失而在水面上积聚的水层深度，称为降雨量（以 mm 为单位），它可以直观地表示降雨的多少。目前，降雨量传感器主要有人工雨量筒（SDM6 型）、双翻斗雨量计（SL3-1 型）、称重式降水传感器（DSC2 型）、光学雨量传感器 4 种类型。降雨量传感器优缺点比较分析见表 2.6。

表 2.6 降雨量传感器优缺点比较分析

降雨量传感器类型	优点	缺点
人工雨量筒（SDM6 型）	成本低、结构简单	操作复杂、误差大、易受干扰、应用范围窄
双翻斗雨量计（SL3-1 型）	设计简单、操作方便	准确度低、应用范围有限
称重式降水传感器（DSC2 型）	灵敏度较高、应用范围广	易受外界影响、成本较高
光学雨量传感器	灵敏度高、响应速度快、抗干扰能力强	价格偏高、需要维护

降雨量是影响作物生长的重要因素，开展降雨量传感器研究为实现农业精准化、信息化发展奠定基础。目前，对降雨量传感器的研究主要集中在光学方面，孙浩杰等设计了一种光学雨量传感器，雨滴在穿过采样空间时，由于遮挡激光，接收传感器的光信号及由光信号转变成的电信号发生改变，在雨滴通过采样空间后，电信号立即恢复之前状态[45]。通过对雨滴穿越采样空间接收到的电信号进行处理，就可以获得雨滴穿越采样空间的时间（由此可推算雨滴的速度）、遮挡的幅度（由此可推算雨滴的直径），大大提高了降雨量测量的灵敏度、准确度。

5.二氧化碳传感器

二氧化碳是植物进行光合作用的重要条件之一，二氧化碳可以提高植物光合作用的强度，并有利于作物的早熟丰产，增加含糖量，改善品质。二氧化碳传感器主要有以下 5 种类型，即红外吸收型、电化学型、热导性、表面声波型和金属氧化物半导体型。二氧化碳传感器优缺点比较分析见表 2.7。

表 2.7　二氧化碳传感器优缺点比较分析

二氧化碳传感器类型	优点	缺点
红外吸收型二氧化碳传感器	测量范围宽、灵敏度高、精度高、反应快、有良好选择性、能进行连续分析和自动控制	成本较高、需要维护
电化学型二氧化碳传感器	价格低廉、结构紧凑、携带方便	使用寿命有限、易受外界影响
热导性二氧化碳传感器	结构简单、应用范围广	灵敏度较差
表面声波型二氧化碳传感器	灵敏度高、可无源无线传输、便于集成遥控	价格偏高、需要维护
金属氧化物半导体型二氧化碳传感器	灵敏度高、稳定性好、响应恢复快、体积小	易受损、成本偏高

对二氧化碳传感器的研究，国内外学者进行了大量的研究，Oho 等[46]开发了一种使用聚合合成物，可以在高湿度条件下对二氧化碳含量进行测定，大大提高了测定范围。Cui 等设计了一个以 Pt 作为电极的二氧化碳传感器装置，该传感器可用于水环境中对分解二氧化碳的测量[47]。

国内学者钟亚飞对二氧化碳传感器进行研究[48]，该传感器采用 SH-300-DH 二氧化碳检测模块，设计出一种具有体积小、反应灵敏和检测精度高等优点的新型传感器。

（四）动植物生理信息感知类传感器研究进展与分析

1.植物茎流传感器

植物茎流指在蒸腾作用下植物体内产生的向上升的植物液流，反映了植物生理状态方面的信息。研究植物茎流传感器，实时采集植物生长状态，同时做出相应的管理，促进农业信息化的发展。对植物茎流传感器的研究是农业物联网发展中的重要环节，国内外许多学者对其进行了大量研究。刘安等根据热平衡法，设计了包裹式茎流检测传感器，可用于测定直径较小的草本植物茎秆或其他器官（如小枝、苗木和叶茎等），扩大了传感器的应用范围[49]。

张莲等提出了一种基于 ZigBee 技术的非侵入式无线茎流传感器[50]，通过包裹式的加热探头给茎秆加热，由温度测量探头来确定茎流的热传输量以推算出植物的蒸腾量，实现了具有 ZigBee 网络功能的无线茎流传感器，提高了传感器的灵敏度。

2.植物茎秆直径传感器

植物茎秆测量是利用位移传感器测量植物生长状况，最常用的植物茎秆直径传感器主要有线性可变差动变压器（Linear Variable Differential Transformer，LVDT），属于直线位移传感器。乔晓军和张云鹤[51]研制出了一种新型电容位移传感器，该传感器利用电场屏蔽释放原理，通过测定位移变化引起的电容变化而确定茎秆直径，改进了传统传感器的测量精度。李长缨等应用计算机视觉技术，成功进行了植物温室生长无损监测，获得了叶冠投影面积及株高信息[52]。

3.叶绿素传感器

测定叶绿素含量的传感器主要有分光光度法叶绿素传感器、活体叶绿素仪叶绿素传感器、极谱法叶绿素传感器、光声光谱法叶绿素传感器。叶绿素传感器优缺点比较分析见表 2.8。

表 2.8 叶绿素传感器优缺点比较分析

叶绿素传感器类型	优点	缺点
分光光度法叶绿素传感器	精度高、适用范围广	过程烦琐、费时费力、破坏叶片组织
活体叶绿素仪叶绿素传感器	实时、快速、不破坏叶片	精确度低、价格较高、仪器需要维护
极谱法叶绿素传感器	功耗小、体积小、成本低和电路设计简单	精度较低、应用范围有限
光声光谱法叶绿素传感器	灵敏度高、快速、实时、无损	成本高、需要维护

基于叶绿素传感器的研究，国内学者取得了先进研究成果。封维忠等设计了光纤表面等离子体共振传感器，结合了光纤技术和表面等离子体共振效应技术，具有操作简便、灵敏度高和可用于某些特殊场合等优点[53]。陈楚群和毛庆文介绍了第二代海洋水色传感器，其探测水色的灵敏度更高、精度更好、图像质量更高[54]。

张可可等以荧光诱导叶绿素检测原理为基础，将荧光诱导及微弱信号检测技术相结合，设计了荧光叶绿素 a 传感器[55]。吴宁等设计了基于 STM32 单片机和 FPGA 的数字锁相放大器的叶绿素含传感器，简化了传感器的结构，提高了其精度、稳定性及抗干扰能力[56]。

4.植物叶片厚度传感器

植物叶片厚度的变化与其水分状态有一定的对应的关系。在检测叶片厚度的同时间接计算出植物体内的水分状况，有利于对植物生长进行及时、精确的灌溉控制。李东升等利用电阻应变式微位移传感器，开发了微米级叶片厚度测定传感器，该传感器线性度和分辨率都较高[57]。此后，李东升等又发明了一种差动电感式叶片厚度传感器，提高了测量叶片厚度的灵敏度及分辨率[58]。由于传统的传感器测量精度较低，且容易损伤植物叶片，不便于进行连续监测，一些学者采用图像采集设备，在田间进行带标定物的植物叶片图像采集，此后采用 CAD、Photoshop 或 Matlab 等软件处理图像，顺利获得所测区域叶面积及周长等的参数信息。2010 年，车嘉兴运用相机采集植物叶片区域图像，进行滤噪处理后成功获得叶片倾角与叶片尖端跟踪分析信息[59]。

二、基于文献分析的农业物联网技术发展方向预测研究

物联网是继计算机、互联网后，世界信息产业发展的第三次浪潮，主要技术聚焦在传感器技术、无线传输技术（无线传感网络）、机器视觉、人工智能、远程控制技术和感知技术等领域[60]。我国物联网发展正呈现出一股蓬勃的气势，未来物联网技术将应用于各个行业。物联网技术在农业中应用尤为突出。随着现代信息技术的迅猛发展，加之人工智能、大数据和云计算等新技术融入[61]，农业物联网技术飞速发展，其前沿技术及农业物联网的发展方向不容易掌握、辨别，因此，通过对权威科学文献检索平

台——Web of Science 进行检索，对其发展方向进行了预测。

（一）发展方向分析方法

农业物联网技术发展方向的预测方法主要有词频分析法、专家预测法和问卷调查法等。2015 年，李成渊和蒋勋[62]利用词频分析法对工程文献检索平台（engineering index）进行关键词检索，结果发现，射频识别技术处于众多物联网关键技术的核心位置。利用词频分析法，通过 Web of Science 文献检索平台，进行了关键词检索，并对统计对象进行了关键词和研究国别的统计分析，结果发现，人工智能技术位于农业物联网关键技术的首要位置。

（二）检索的关键词

农业物联网技术研究前沿技术与方向集中，主要技术聚焦在传感器技术、无线传输技术（无线传感网络）、机器视觉、人工智能、远程控制技术和感知技术等领域。本研究对其进行检索的关键词主要包括以下内容。

（1）传感器技术（sensor technology）：包括气象传感器（meteorologica sensor）、土壤传感器（soil sensor）、水质传感器（water quality sensor）、气体传感器（gas sensor）。

（2）无线传输技术（wireless transmission technology）：包括 ZigBee 技术（ZigBee technology）、无线传感网络（wireless sensor networks）、无线通信网络（wireless communication network）、窄带物联网（narrowband internet of things）、无线网桥（wireless bridge）。

（3）远程控制技术（remote control technology）：包括无线远程控制（wireless remote control）、红外控制（infrared control）、智能控制（intelligent control）、模糊控制（fuzzy control）、容错控制（fault-tolerant control）。

（4）机器视觉（machine vision）：包括图像处理（image processing）、图像分析（image analysis）、高光谱图像处理（hyperspectral imagery processing）。

（5）人工智能（artificial intelligence）：包括人工神经网络（artificial neural networks）、模拟（simulation）技术、机器学习（machine learning）、分类（classification）技术、支持向量机（support vector machine）技术、主成分分析（principal component analysis）技术、神经网络计算（neural network computing）、决策支持系统（decision support system）、支持系统（support system）。

（6）感知技术（sensing technology）：包括动植物生命本体感知（sensing of plant and animal life ontology）、动植物生理信息感知（animal and plant physiological information awareness）、动物行为感知（animal behavior perception）、动物体况感知（animal body of perception）。

（三）农业物联网技术预测分析

1.研究领域与前沿技术分析

从文献分析结果来看，农业物联网技术 2007～2016 年发表文献数量呈现逐年增加的趋势，且增加速度较稳定。对农业物联网技术 2007～2016 年其所有文献的所有关键词进行检索并排序，共涉及关键词 18969 个，按照其出现的频次进行排序，排序前 36 位的关键词出现频次分布图如图 2.1 所示。其中，人工智能关键词排序最高（包括排序第 1 位的人工智能、第 2 位的模拟技术、第 5 位的分类技术、第 11 位的神经网络计算、第 12 位的机器学习、第 17 位的支持系统、第 18 位的主成分分析技术、第 19 位的决策支持系统、第 20 位的支持向量机技术、第 21 位的人工神经网络），机器视觉研究紧随其后（包括排序第 3 位的机器视觉、第 6 位的图像处理、第 7 位的图像分析、第 32 位的高光谱图像处理），其后为无线传输技术（包括排序第 4 位的无线传输技术，第 31 位的 ZigBee 技术、第 14 位的无线传感网络、第 9 位的无线通信网络、第 34 位的窄带物联网、第 30 位的无线网桥），除此之外，与传感器技术、远程控制技术、感知技术相关的研究文献也较多（排序第 15 位的气体传感器、排第 16 位的红外控制等）。

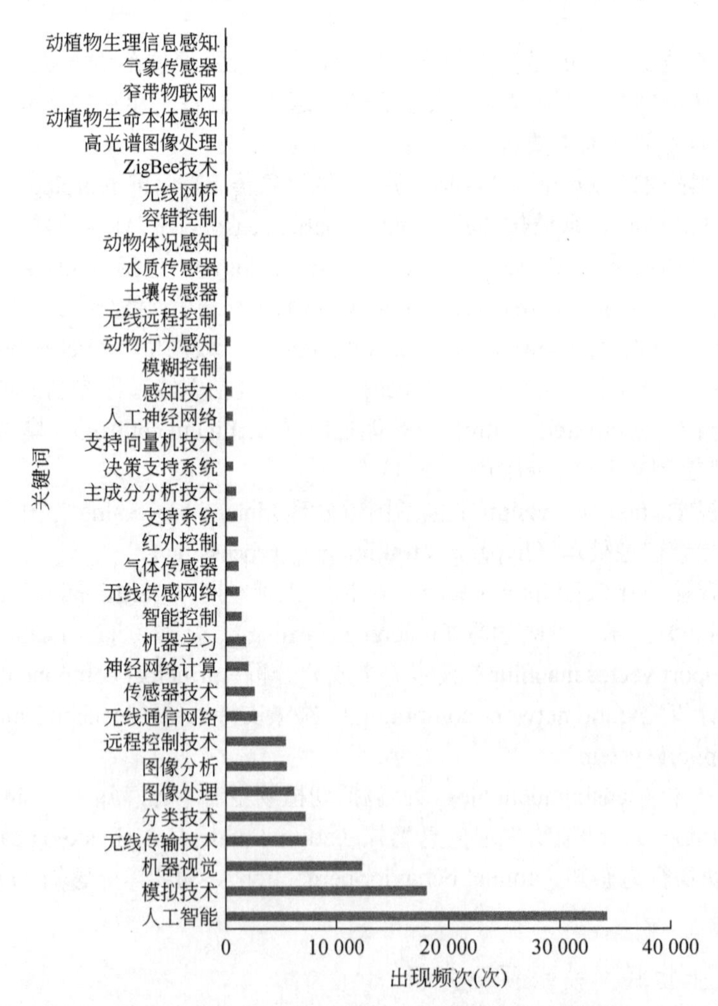

图 2.1　2007～2016 年排序前 36 位的主要关键词出现频次分布图

按照国别进行分析，在 Web of Science 发表文献数量位于前三名的国家包括美国、中国和意大利，研究领域关键词也集中在人工智能、机器视觉、图像处理、无线传输技术和远程控制技术等方面。总体看，2007～2016 年农业物联网技术的主要研究领域和前沿技术的文献集中分布在人工智能、机器视觉、无线传输技术、远程控制技术几个方向。

2.人工智能是农业物联网的主要研究内容

从关键词出现频次排序变化情况来看（图 2.2），人工智能研究近年来始终占据发表文献关键词出现频次前三位的位置，总共涉及人工智能领域的文献为 34 231 篇；从关键词出现次数变化情况来看（图 2.3），人工智能发文数量呈现交替升降的情况，年发文平均数量约为 3240 篇，占 2007～2016 年 Web of Science 发表文献总数量的 7.9%。如果将人工神经网络、模拟技术、机器学习、分类技术、支持向量机技术、主成分分析技术、神经网络计算、决策支持系统、支持系统这些人工智能的具体技术内容文献进行综合计算，发文关键词出现频次排序前 50 位的人工智能类文献总数量为 36 391 余篇，达到 2007～2016 年 Web of Science 发文总数量的 17%。由此可见，在全球的农业物联网前沿技术研究领域，人工智能始终是农业物联网技术领域的最主要研究内容。

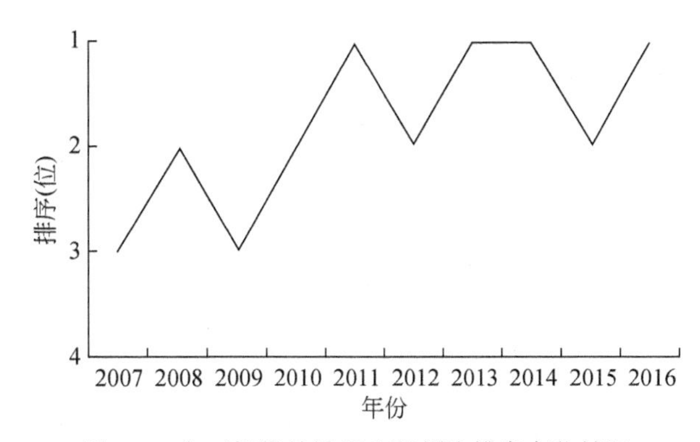

图 2.2　人工智能关键词出现频次排序变化情况

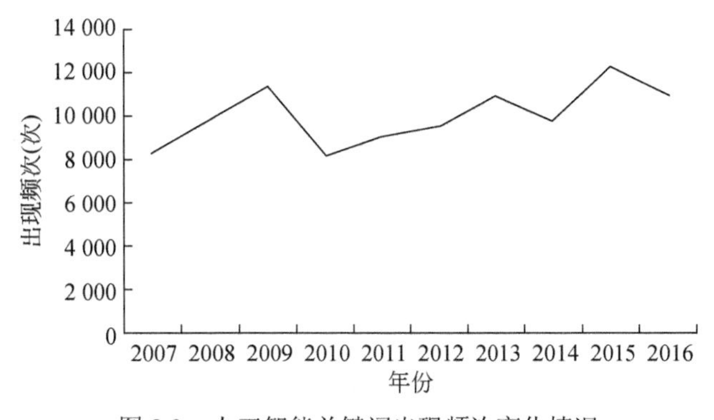

图 2.3　人工智能关键词出现频次变化情况

3.机器视觉领域是当前农业物联网技术的热点研究方向

机器视觉领域包括机器视觉、图像处理、图像分析、高光谱图像处理技术内容。2007～2016 年机器视觉、图像处理与图像分析关键词出现频次及排序情况见表 2.9。关键词出现频次排序前 50 位的机器视觉类文献总数量为 25 690 余篇，达到 2007～2016 年 Web of Science 发文总数量的 13%。近年来随着大数据技术和机器学习等技术的飞速发展，机器视觉领域的研究内容正逐渐成为农业物联网技术的一个热点研究方向。

表 2.9　2007～2016 年机器视觉、图像处理与图像分析关键词出现频次及排序情况

机器视觉			图像处理			图像分析		
年份	排序（位）	出现频次（次）	年份	排序（位）	出现频次（次）	年份	排序（位）	出现频次（次）
2016	3	1325	2016	6	607	2016	7	645
2015	5	1616	2015	3	750	2015	6	793
2014	7	1473	2014	2	670	2014	4	746
2013	16	1536	2013	4	728	2013	8	749
2012	19	1429	2012	12	686	2012	4	689
2011	8	1281	2011	1	619	2011	6	618
2010	6	1176	2010	5	581	2010	9	558
2009	23	1180	2009	3	590	2009	3	550
2008	4	1054	2008	2	531	2008	7	488
2007	12	930	2007	8	478	2007	11	422

4.无线传输技术是农业物联网技术的重要应用支撑

无线传输技术在农业信息技术领域得到广泛的应用，已经成为农业信息技术的重要应用支撑。无线传输技术的具体应用包括 ZigBee 技术、无线传感网络、无线通信网络、窄带物联网、无线网桥技术内容，已经广泛应用于养殖业和种植业等畜牧业各领域中。其中，无线通信网络研究的文献在 2007～2016 年始终占据关键词出现频次排序的前十名，如图 2.4 所示；并且，无线传输技术类关键词出现频次排序前 50 位的文献总数量为 19 620 余篇，达到 2007～2016 年 Web of Science 发文总数量的 11%，也是近年来农业信息技术研究的一个重要研究方向。

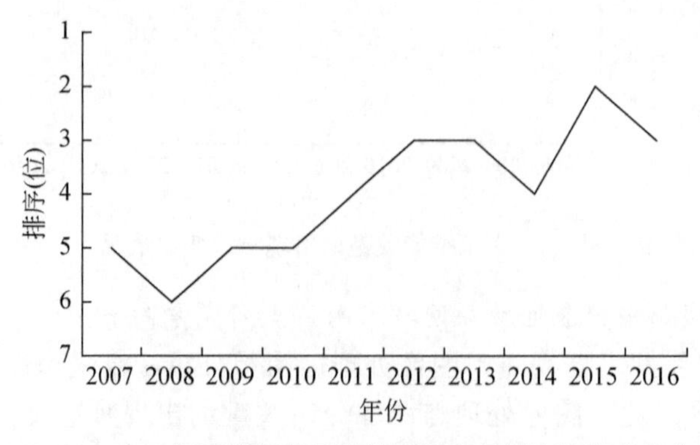

图 2.4　2007～2016 年无线通信网络关键词出现频次排序变化分布情况

5.中国、美国、意大利引领农业物联网技术发展潮流

通过 Web of Science 关键词检索，在农业物联网领域人工智能相关的文献数量共计 120666 篇，分别为中国发文 25148 篇，美国发文 24491 篇，英国发文 8215 篇，德国发文 7156 篇，其他国家则在 5000～7000 余篇。由下图可知，中国发文数量占发文总数的 20.84%，美国占 20.30%，英国占 6.81%，其余国家则在 4%～6%之间。由此可见，在全球的农业物联网前沿技术研究方面，人工智能技术是农业物联网技术领域的主要研究内容。发文数量最多的前三位中国、美国及意大利的发文数量情况如图 2.5 所示。2007～2016 年发表文章最多的前十个国家及其发表论文比例如图 2.6 所示。

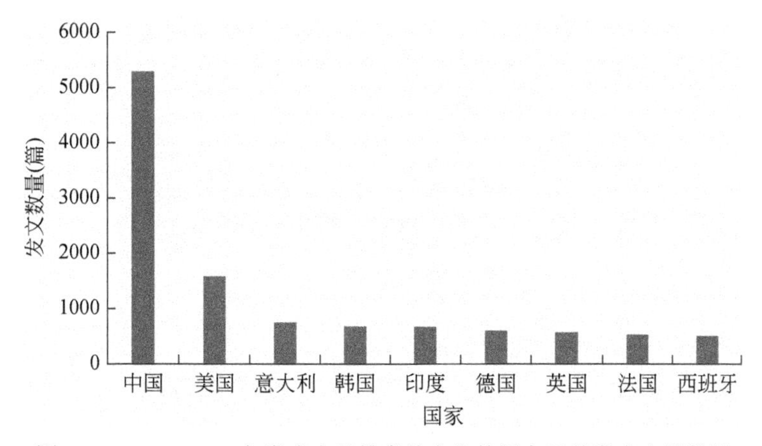

图 2.5 2007～2016 年发表文献排序前十位的国家及其发表文献数量

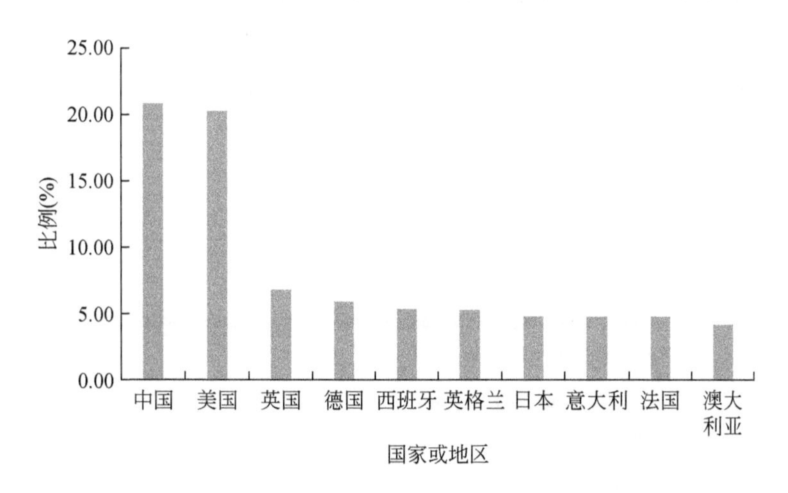

图 2.6 2007～2016 年中国、美国及意大利发表文献数量情况

对中国、美国和意大利 2007～2016 年发表文献进行关键词分析发现，中国、美国和意大利文献基本聚焦在人工智能和机器视觉等方向上。具体分析结果如下：

（1）中国 2007～2016 年发表文献关键词排序靠前的分别为模拟技术、分类技术、神经网络计算、机器学习、支持向量机技术、主成分分析技术和支持系统等内容。对中国发表文献数量最多的年份——2012 年、2013 年、2014 年、2015 年、2016 年逐年进行

分析，结果表明，中国农业物联网技术研究热点内容聚焦在人工智能、机器视觉和图像处理等方向。

（2）美国2007～2016年发表文献关键词排序靠前的分别为机器视觉、图像处理、图像分析和高光谱图像处理等内容，从总体来看，机器视觉成为美国农业物联网化方向最热的一个领域。对美国发表文献数量最多的5个年份——2016年、2015年、2014年、2013年、2012年逐年进行分析，结果表明，无论哪一年，出现频次最高的关键词都含有和机器视觉及图像处理相关的，这更加说明机器视觉方向一直是美国农业物联网领域涉及最多的领域。

（3）意大利2007～2016年发表文献关键词排序靠前的分别为人工智能、模拟技术、图像处理、人工神经网络、图像分析、机器视觉和模拟技术等内容。其中，人工智能的出现频次最高为219，其余均在35左右，可见，意大利的农业物联网技术研究重点在人工智能。对意大利发表文献数量最多的5个年份——2012年、2013年、2014年、2015年、2016年逐年进行分析，结果表明，在上述年份当中，出现频次不小于15次的关键词中，无线传输技术相关的无线通信网络和无线传感网络出现的年份是最多的。从这个角度来看，无线传输技术是意大利发表文献最多的研究领域。

（四）主要农业物联网研究机构分析

1.国外主要农业物联网研究机构分析

国外农业物联网研究机构主要包括：①欧洲农业物联网领域的企业（Delta-T Devices、Capios、Libelium、Vaisala）及美国的Davis；②欧洲农业物联网大学（比利时鲁汶大学、荷兰瓦赫宁根大学、爱尔兰国立都柏林大学、澳大利亚联邦科学与工业研究组织、日本东京农工大学、日本北海道大学）；③加利福尼亚大学洛杉矶分校的CENS、WINS、NESL、LECS和IRL等实验室。2007～2016年，各个研究机构在*Science Direct*上发表了大量文献，通过对其进行检索，发现与农业物联网相关的文献出现次数，其分布如图2.7所示。

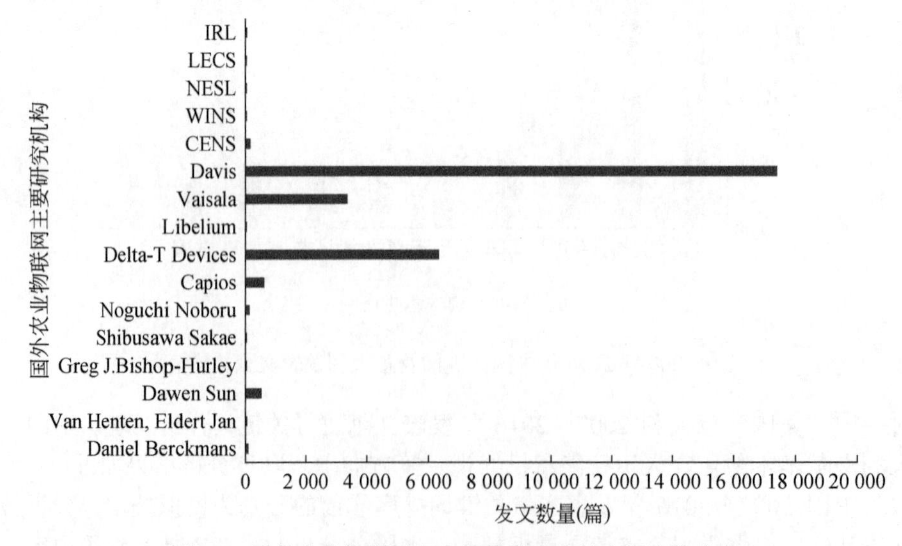

图2.7　国外农业物联网研究机构发表文献出现次数分布

从文献结果分析，美国农业物联网领域企业 Davis 与欧洲的 Delta-T Devices、Vaisala 是发表文献最多的研究机构，在世界范围物联网研究领域的排序位居前三位。其主要研究领域分别为人工智能、传感器技术、远程控制技术、机器视觉和无线传输技术等方面。此外，爱尔兰国立都柏林大学孙大文院士，研究方向为食品质量安全监测领域；比利时鲁汶大学的 Daniel Berckmans 教授，研究方向为精细畜产、畜牧物联网等领域；荷兰瓦赫宁根大学的 Eldert Van Henten 教授，研究方向为甜椒采摘机器人领域；澳大利亚联邦科学与工业研究组织的 Greg J. Bishop-Hurley 教授，研究方向为基于加速度传感器的家畜行为识别领域；日本东京农工大学的 Sakae Shibusawa 教授，研究方向为土壤养分测量传感器与植物生长状态传感器领域；日本北海道大学的 Noboru Noguchi 教授，研究方向为农用拖拉机无人驾驶技术领域。由此可见，基于物联网各个领域的研究，国外企业研究领域也集中在人工智能、传感器技术、机器视觉、远程控制技术和无线传输技术等领域，并做出了杰出贡献，取得了较大进展。

2.国内主要农业物联网研究机构分析

国内农业物联网主要研究机构有中国农业大学、国家农业信息化工程技术研究中心、浙江大学生物系统工程与食品科学学院和中国农业科学院畜牧研究所等。2007～2016 年，国内研究团队发表文献及申请专利分布如图 2.8 所示。

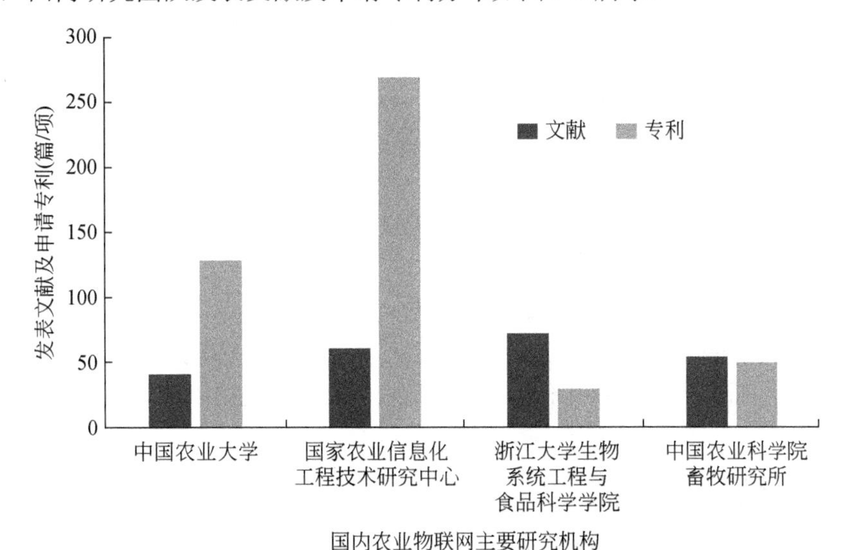

图 2.8　2007～2016 年国内研究团队发表文献及申请专利分布

由图可知，2007～2016 年中国农业大学研究方向主要集中在农业物联网、信息管理、嵌入式 Linux 技术、遥感技术、图像融合分割技术、畜牧业信息化、物联网大数据和传感器等领域，发表相关论文达 41 篇，申请相关专利达 127 项。

国家农业信息化工程技术研究中心研究方向主要集中在精准畜牧业、传感器、光谱预测、高光谱成像、可见与近红外光谱检测、太赫兹光谱、遥感技术、多图像三维模拟和农田信息采集等领域，发表相关论文达 60 篇，申请相关专利达 268 项。

浙江大学生物系统工程与食品科学学院研究方向主要集中在近红外光谱技术、高光谱技术、拉曼光谱技术、背景板（background plate，BPLT）模型、共聚焦显微技术、高光谱图像技术、波谱技术、紫外-可见-近红外光谱技术、激光诱导击穿光谱技术和机器视觉技术等领域，发表相关论文达 72 篇，申请相关专利达 29 项。

中国农业科学院畜牧研究所研究方向主要集中在超高频 RFID、个体识别、物联网、网络远程、Intranet 集约化、数字化管理、数据库、肉鸡营养、网络管理、信息采集和生猪溯源移动系统等领域，发表相关论文达 54 篇，申请相关专利达 49 项。

分析结果表明，基于物联网各个领域的研究，国内研究机构主要研究方向也集中在网络信息管理、嵌入式 Linux 技术、遥感技术、图像融合分割技术、畜牧业信息化、物联网大数据、传感器、BPLT 模型、机器视觉技术、精准畜牧业、农田信息采集、超高频 RFID、个体识别、网络远程、Intranet 集约化、数字化管理和数据库等领域。

三、基于专利分析的农业物联网技术发展方向预测研究

物联网前沿技术主要包括机器视觉、无线传输技术（无线传感网络）、远程控制技术、感知技术、人工智能和传感器技术等领域。目前，物联网技术已应用于各个行业，在农业中应用尤为突出，国内外各大科研单位均致力于农业物联网技术的研究，先进的发明专利日新月异，大大推动了农业物联网的应用与发展。

信息化时代的不断发展，加之人工智能、大数据和云计算等先进技术的融入，推动农业物联网技术应用的飞速发展。信息化时代的多元化发展，使得农业物联网技术的应用发展方向难以掌控，因此，通过对权威发明专利检索平台——Espaenet 进行检索，对其应用发展方向进行了预测。

（一）专利应用方向分析方法

农业物联网技术应用方向的预测方法主要有词频分析法、专家预测法和问卷调查法等。利用词频分析法，通过 Espaenet 专利检索平台，进行了关键词检索，并对统计对象，进行了关键词和研究国别的统计分析。结果发现，人工智能位于农业物联网关键技术的首要位置。

（二）检索的关键词

农业物联网前沿技术的应用主要集中在机器视觉、无线传输技术（无线传感网络）、远程控制技术、感知技术、人工智能和传感器技术等。本研究对其发明专利进行检索的关键词主要有以下六大领域。

（1）机器视觉：包括图像分析、图像处理、高光谱图像处理。

（2）无线传输技术：包括无线传感网络、窄带物联网、ZigBee 技术、无线通信网络、无线网桥。

（3）远程控制技术：包括无线远程控制、智能控制、模糊控制、红外控制、容错控制。

（4）感知技术：包括动物行为感知、动植物生命本体感知、动植物生理信息感知、动物体况感知。

（5）人工智能：包括人工神经网络、神经网络计算、机器学习、模拟技术、分类技术、支持向量机技术、主成分分析技术、决策支持系统、支持系统。

（6）传感器技术：包括水质传感器、气象传感器、气体传感器、土壤传感器。

（三）农业物联网技术专利应用预测分析

1.农业物联网技术专利应用的主要研究领域与前沿技术

从专利发明分析结果来看，农业物联网技术 2007～2016 年发明专利授权数量呈现逐年增加趋势，且增加速度日益加快。对农业物联网技术 2007～2016 年其发明专利的关键词进行检索并排序，共涉及关键词 2297 个，按照其出现频次进行排序，排序前 36 位的主要关键词出现频次分布图如图 2.9 所示。其中，人工智能关键词排序最高（包括排序第 1 位的人工智能、第 4 位的模拟技术、第 11 位的分类技术、第 15 位的机器学习、第 16 位的支持系统、第 19 位的决策支持系统、第 20 位的支持向量机技术、第 24 位的

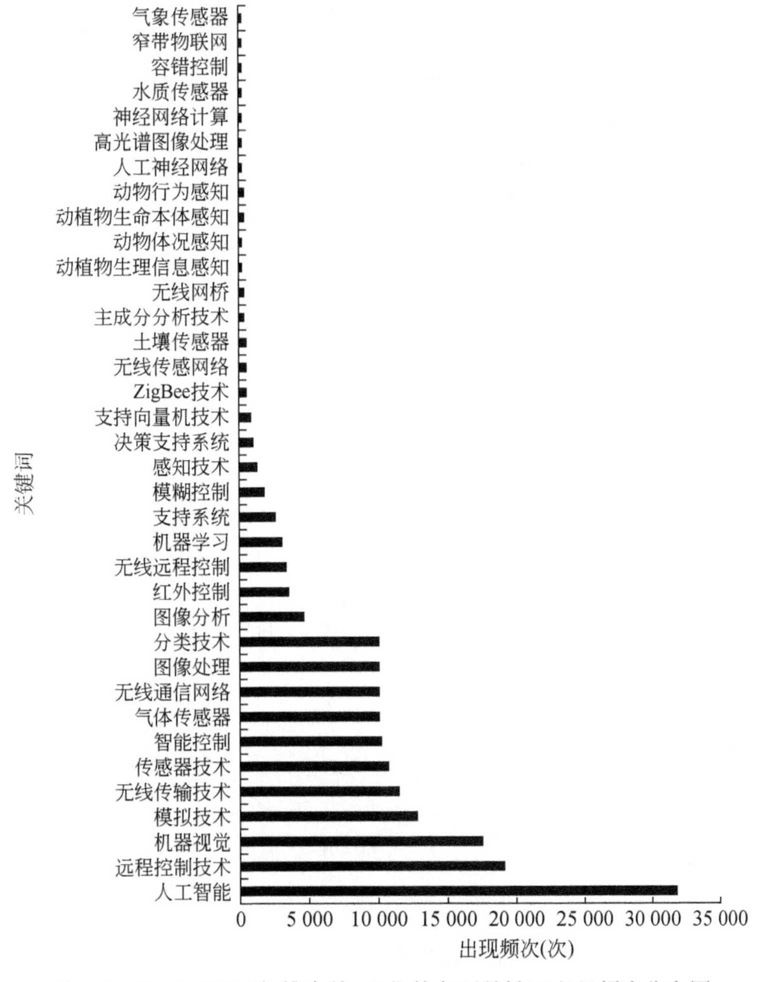

图 2.9　2007～2016 年排序前 36 位的主要关键词出现频次分布图

主成分分析技术、第 30 位的人工神经网络、第 32 位的神经网络计算）；远程控制技术的研究紧随其后（包括排序第 2 位的远程控制技术、第 7 位的智能控制、第 13 位的红外控制、第 14 位的无线远程控制、第 17 位的模糊控制、第 34 位的容错控制）；机器视觉研究次之（包括排序第 3 位的机器视觉、第 10 位的图像处理、第 12 位的图像分析、第 31 位的高光谱图像处理），除此之外，无线传输技术、传感器技术和感知技术等领域的发明也较多（排序第 8 位的气体传感器、排序第 5 位无线传输技术等）。

按照国别进行分析看，在 Espaenet 发明专利排序前三位的组织、国家包括世界专利组织、美国和韩国，研究领域关键词也集中在人工智能、远程控制技术、机器视觉、图像处理和无线传输技术等方面。总体看，2007～2016 年农业物联网技术的主要研究领域和前沿技术的发明专利分布在人工智能、远程控制技术、机器视觉、无线传输技术 4 个方向。

2.人工智能是农业物联网技术的主要研究内容

从关键词出现频次排序变化情况来看（图 2.10），近年来人工智能应用始终占据发明专利关键词的前三位，总共涉及人工智能领域的发明专利为 31 855 项；从关键词出现频次变化情况来看（图 2.11），人工智能发明专利呈现交替升降的情况，年发明专利平均数量约为 3140 项，占 2007～2016 年 Espaenet 发明专利总数量的 5.7%。如果将人工神经网络、模拟技术、机器学习、分类技术、支持向量机技术、主成分分析技术、神经网络计算、决策支持系统、支持系统这些人工智能具体技术的发明专利进行综合计算，关键词出现频次排序前 50 位的人工智能类发明专利总数量为 32 904 项，达到 2007～2016 年 Espaenet 发明专利总数量的 12.7%。

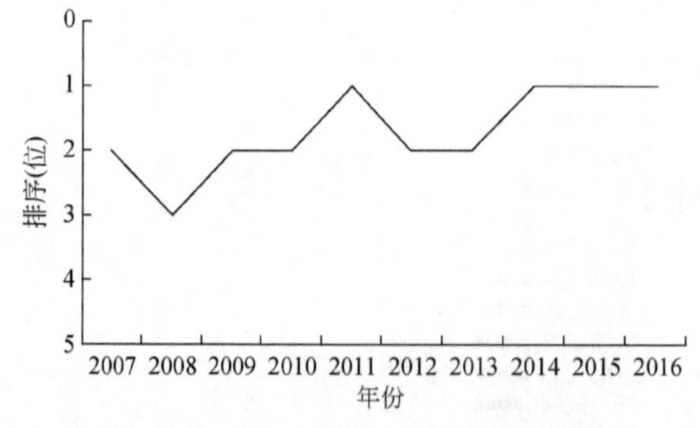

图 2.10 人工智能关键词出现频次排序变化情况

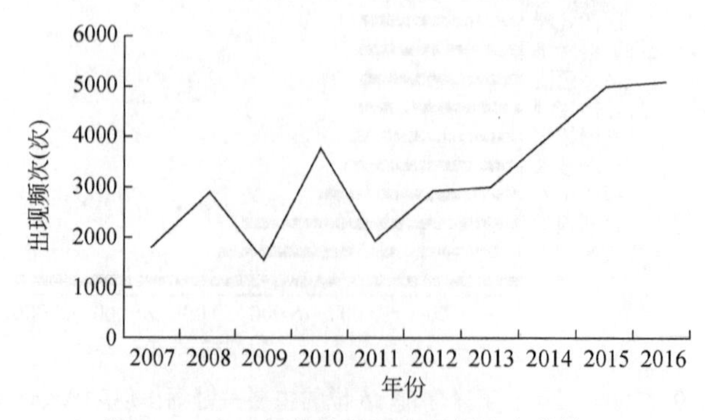

图 2.11 人工智能关键词出现频次变化情况

由此可见，在全球农业物联网前沿技术研究领域，人工智能始终是农业物联网技术领域的最主要研究内容。

3. 远程控制技术领域是当前农业物联网技术的热点研究方向

远程控制技术包括无线远程控制、红外控制、智能控制、模糊控制、容错控制技术内容。2007～2016年远程控制技术、智能控制与红外控制关键词出现频次及排序情况见表2.10。关键词出现频次排序前50位的远程控制技术类发明专利总数量为19 148项，达到2007～2016年Espaenet发明专利总数量的9.4%。近年来随着大数据技术和无线远程控制等技术的飞速发展，远程控制技术领域的研究内容正逐渐成为农业物联网技术的一个热点研究方向。

表2.10　2007～2016年远程控制技术、智能控制与红外控制关键词出现频次及排序情况

远程控制技术			智能控制			红外控制		
年份	排序（位）	出现频次（次）	年份	排序（位）	出现频次（次）	年份	排序（位）	出现频次（次）
2016	2	1909	2016	6	1139	2016	5	375
2015	4	1876	2015	4	1050	2015	4	339
2014	7	1734	2014	3	970	2014	7	346
2013	10	1536	2013	5	1028	2013	9	309
2012	9	1629	2012	11	986	2012	5	289
2011	11	1431	2011	2	819	2011	7	189
2010	8	1176	2010	6	1081	2010	14	258
2009	15	1296	2009	8	1190	2009	13	247
2008	14	1139	2008	9	831	2008	16	188
2007	12	1092	2007	13	878	2007	17	122

4.机器视觉是农业物联网技术的重要应用支撑

机器视觉在农业信息技术领域得到了广泛的应用，已经成为农业信息技术的重要应用支撑。机器视觉领域包括机器视觉、图像处理、图像分析、高光谱图像处理技术内容，已经广泛应用于养殖业和种植业等农业各领域当中。其中，机器视觉研究的发明专利在2007～2016年始终占据关键词出现频次排序的前十名，如图2.12所示；并且机器视觉类关键词排序前50位的发明专利总数量为17 506项，达到2007～2016年Espaenet发明专利总数量的6.1%，也是近年来农业信息技术研究的一个重要研究方向。

5.世界专利组织、美国、韩国引领农业物联网技术发展潮流

2007～2016年申请发明专利排序前八位的国家与组织及其发明专利数量如图2.13所示，发明专利总数量排序前三位的国家分别为世界专利组织、美国和韩国，其中，世界专利组织发明专利总数量为113项，美国发明专利总数量为68项，韩国发明专利总数量为64项，其余国家发明专利总数量均为10～20项。发明专利数量最多的前三位——世界专利组织、美国和韩国申请发明专利数量情况如图2.14所示。

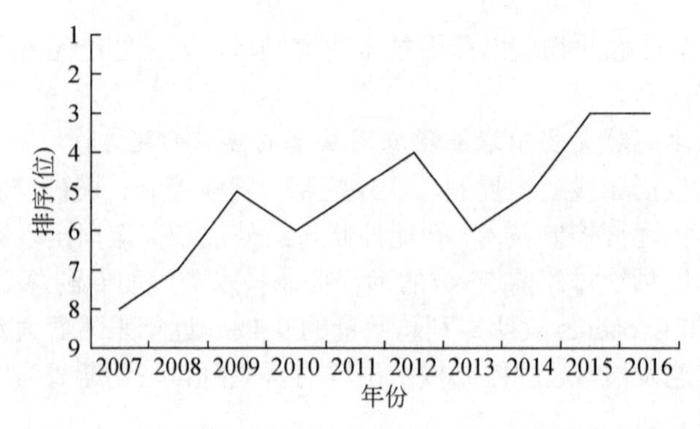

图 2.12　2007～2016 年机器视觉研究的发明专利出现频次排序变化分布情况

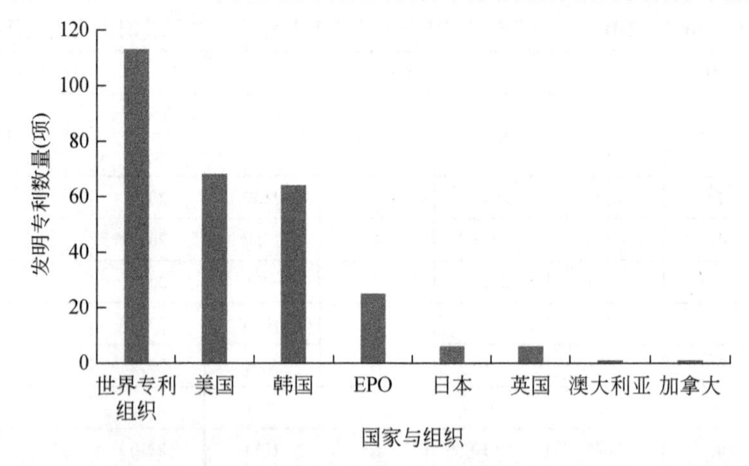

图 2.13　2007～2016 年申请发明专利排序前八位的国家与组织及其发明专利数量

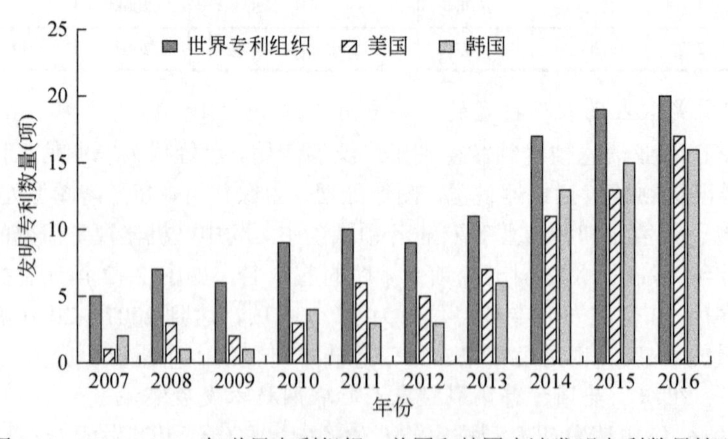

图 2.14　2007～2016 年世界专利组织、美国和韩国申请发明专利数量情况

对世界专利组织、美国和韩国 2007～2016 年申请发明专利进行关键词分析发现，世界专利组织、美国和韩国发明专利基本聚焦在人工智能和远程控制技术等方向上。具体分析结果如下：

（1）世界专利组织 2007～2016 年发明专利关键词出现频次排序靠前的分别为机器学习、模拟技术、神经网络计算、主成分分析、支持向量机技术和支持系统等内容。对世界专利组织发明专利数量最多的 5 个年份——2011 年、2013 年、2014 年、2015 年、2016 年逐年进行分析，结果表明，世界专利组织农业物联网技术研究热点内容聚焦在人工智能、机器学习和图像处理等方向。

（2）美国 2007～2016 年发明专利关键词出现频次排序靠前的分别为远程控制技术、无线远程控制、红外控制、智能控制与容错控制等内容，总体来看，远程控制技术应用已成为美国农业物联网方向最热的一个领域。对美国发明专利数量最多的 5 个年份——2016 年、2015 年、2014 年、2013 年、2012 年逐年进行分析，结果表明，无论哪一年，出现频次最高的关键词都含有和远程控制及智能控制相关的发明专利，这更加说明，远程控制方向一直是美国农业物联网领域应用最多的领域。

（3）韩国 2007～2016 年发明专利关键词出现频次排序靠前的分别为人工智能、机器视觉、人工神经网络、模拟技术、图像处理与分析与模拟仿真等内容。其中，人工智能的出现频次最高为 27 次，其余均在 19 次左右，可见，韩国的农业物联网技术研究重点在人工智能。对韩国发明专利最多的 5 个年份——2012 年、2013 年、2014 年、2015 年、2016 年逐年进行分析，发现在上述年份当中，使用频次不小于 10 次的关键词中，与远程控制技术相关的无线远程控制和智能控制出现的年份是最多的。从这个角度来看，远程控制技术是韩国申请发明专利最多的研究领域。

（四）农业物联网技术主要专利应用研究机构分析

1.国外农业物联网专利研究机构分析

国外农业物联网研究机构主要包括：

①欧洲农业物联网领域的企业（Delta-T Devices、Capios、Libelium、Vaisala）及美国的 Davis；②欧洲农业物联网大学（澳大利亚联邦科学与工业研究组织、日本东京农工大学、比利时鲁汶大学、爱尔兰国立都柏林大学、荷兰瓦赫宁根大学、日本北海道大学）；③加利福尼亚大学洛杉矶分校的 LECS、CENS 、NESL、WINS 和 IRL 等实验室。2007～2016 年，各个研究机构在 Espaenet 上申请了大量发明专利，通过对其进行检索，发现与农业物联网相关的发明专利出现频次，其分布如图 2.15 所示。

从发明专利结果分析，美国农业物联网领域企业 Davis、欧洲的 Vaisala 及加利福尼亚大学洛杉矶分校的 IRL 实验室是发明专利最多的研究机构，在世界范围物联网研究领域的排序位居前三位，WINS、CENS 和 NESL 等加利福尼亚大学洛杉矶分校实验室申请发明专利的数量紧随其后，其主要研究领域分别为人工智能、传感器、远程控制技术、机器视觉和无线传输技术等方面。此外，爱尔兰国立都柏林大学的孙大文院士，研究方向为食品质量安全监测领域；比利时鲁汶大学的 Daniel Berckmans 教授，研究方向为精细畜产和畜牧物联网等领域；荷兰瓦赫宁根大学的 Eldert van 教授，研究方向为甜椒采摘机器人领域；澳大利亚联邦科学与工业研究组织的 Greg J. Bishop-Hurley 教授，研究方向为基于加速度传感器的家畜行为识别领域；日本东京农工大学的 Sakas Shibusawa 教授，研究方向为土壤养分测量传感器与植物生长状态传感器领域；日本北海道大学的

Noboru Noguchi 教授，研究方向为农用拖拉机无人驾驶技术领域。由此可见，基于物联网各个领域的研究，国外企业研究领域也集中在人工智能、远程控制技术、传感器开发、无线传输技术和机器视觉等领域，并做出了杰出的贡献，取得了较大进展。

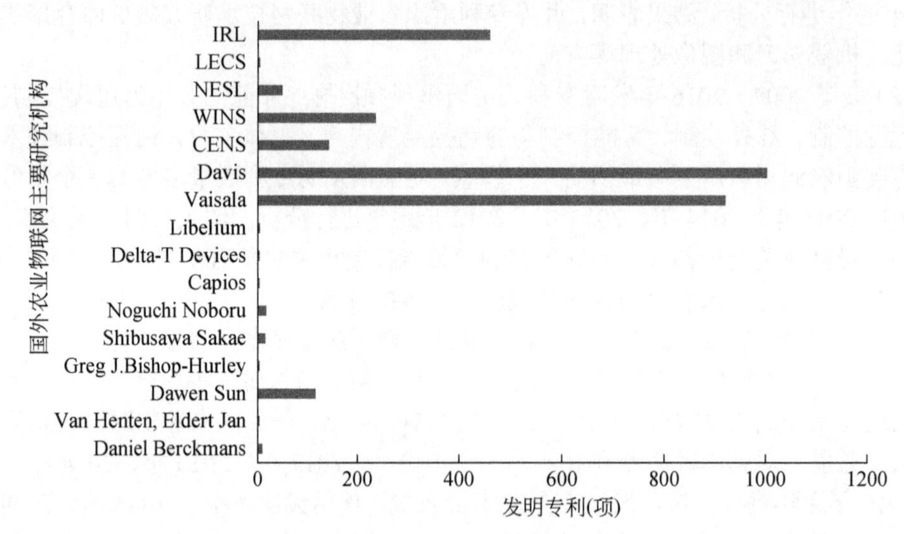

图 2.15　国外农业物联网研究机构发明专利出现频次分布

2.国内农业物联网专利主要研究机构分析

国内农业物联网的主要研究机构有中国农业大学、国家农业信息化工程技术研究中心、浙江大学和中国农业科学院等。2007～2016 年国内农业物联网专利主要研究机构申请专利情况如图 2.16 所示。

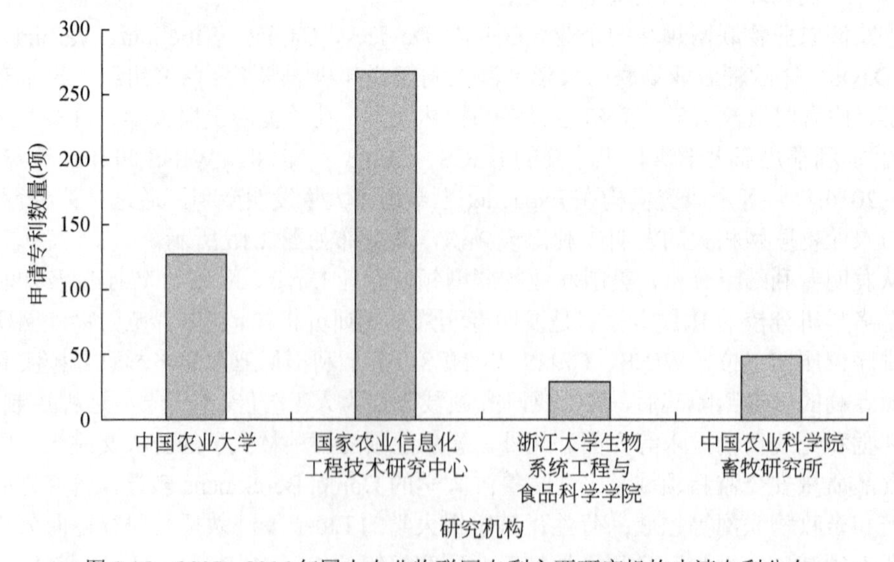

图 2.16　2007～2016 年国内农业物联网专利主要研究机构申请专利分布

由图 2.16 可知，2007～2016 年中国农业大学研究方向主要集中在农业物联网、农业信息化、图像融合分割技术、遥感技术、嵌入式 Linux 技术和大数据等领域，申请相关发明专利达 127 项。

国家农业信息化工程技术研究中心研究方向主要有农田信息采集、传感器、光谱预测、精准农业、多图像三维模拟、遥感技术、高光谱成像与 MNF 技术和太赫兹光谱等，申请相关发明专利达 268 项。

浙江大学研究方向主要有机器视觉技术、BPLT 模型、高光谱图像技术、紫外-可见-近红外光谱技术、拉曼光谱技术、共聚焦显微技术和激光诱导击穿光谱技术等，申请相关发明专利达 29 项。

中国农业科学院研究方向主要有超高频 RFID、网络远程、Intranet 集约化、生猪溯源移动系统和数字化网络管理等，申请相关发明专利达 49 项。

分析结果表明，基于物联网各个领域的研究，国内研究团队主要研究方向也集中在农业信息化、大数据、传感器、数字化网络信息管理、图像融合分割技术、嵌入式 Linux 技术、机器视觉技术、BPLT 模型、农田信息采集、超高频 RFID、网络远程和 Intranet 集约化等领域。

四、农业物联网前沿技术分析与预测研究

物联网是继计算机、互联网后，世界信息产业发展的第三次浪潮。随着纳米技术、生物技术、光电技术迅猛发展，因其具有体积小、精度高、灵敏度强和耐受性好等特点，现已被广泛应用在农业传感器领域[63]，已成为农业物联网的前沿技术。另外，人工智能、大数据和云计算等最新技术也已成功融入农业物联网当中。目前，国内许多学者均致力于农业物联网前沿技术的研究开发及应用，并且纳米技术、生物技术、光电技术、人工智能、大数据和云计算等前沿技术在农业物联网中的应用已获得了可喜的成果，不断推进农业现代化、信息化的远景目标，促进了农业物联网的迅速发展。农业物联网信息技术日新月异，未来信息技术的发展实难预测，因此，本研究对农业物联网的前沿技术进行了分析，并对未来农业物联网的发展做出了预测。

（一）农业传感器前沿技术分析

1.纳米传感器前沿技术分析

纳米技术是科学技术领域中的一个分支，以研究尺寸小于 100nm 的结构与材料的合成、特性及其应用为对象。纳米结构（纳米线、碳纳米管、纳米颗粒）的直径大小与已发现化学、生物样品分子相当，且具有较大的比表面积，易于表面修饰，因此，引起高度重视并应用于生物传感器。相比传统传感器，纳米传感器尺寸减小、精度提高，尤为重要的是纳米传感器从原子尺度上，极大地丰富了传感器理论，提高了传感器的制作水平，拓宽了传感器应用领域。此外，纳米传感器还具有界面庞大、可提供大量物质通道和电阻小等优势，更利于传感器向微型化方向发展。

目前，纳米传感器主要有纳米化学和生物传感器、纳米气敏传感器与其他纳米传感器（纳米压力传感器、纳米光纤传感器）等，其优缺点比较分析见表 2.11。由表 2.11

可以看出，目前纳米技术与农业物联网的融合主要集中在化学生物、气敏、压力及光纤等方面，并改进传统传感器的灵敏度低、精度差和结构复杂等缺点，但是，仍存在应用范围窄与成本高等缺点。预计纳米传感器的研究将致力于拓宽应用范围及降低成本等方面。

表 2.11 纳米传感器优缺点比较分析

传感器类型	与传统传感器相比优点	目前存在的缺点
纳米化学和生物传感器	灵敏度大幅提高、时间缩短、实现高通量实时监测分析、尺寸小、价格便宜	应用范围有限、安全性差
纳米气敏传感器	选择性增强、灵敏度提高、工作温度降低、可批量生产价格便宜、结构设计灵活	成本高、精确度低
纳米压力传感器	测量精度和灵敏度高、体积小、重量轻、安装维护方便	应用范围较窄
纳米光纤传感器	体积小、响应时间短、实现微创实时动态测量	价格昂贵、精确度差

2.生物传感器前沿技术分析

生物技术发展迅速，主要包括 PCR 技术、生物芯片、单细胞凝胶电泳技术、酶联免疫测定技术、微核技术和生物传感器等。以 DNA 重组技术为标志的生物技术，因其具有灵敏、微小和精确等特点，已被应用到各个研究领域。生物技术应用在传感器中产生了一类特殊的化学传感器——生物传感器。生物传感器的工作原理是利用酶、抗体和核酸等组分与待测对象间发生的相互作用，将待测对象检测出的电子组分转化为可测的电子信号，从而提高传感器的灵敏度及精确度等特性，大大改进了传统传感器的不足。

电化学适体传感器是一类将适体作为分子识别物质，并与电化学信号传导相结合的新一代生物传感器，成功应用于蛋白检测及疾病早期诊断中。其适体对目标分子不仅具有高亲和力与高特异性，还具有灵敏、快速、简单、活体检测和成本低等方面的优势。近几年来，生物传感器主要包括分子印迹仿生传感器、仿双酶凝血酶适体传感器、DNA-PtNPs 树枝网状适体传感器、生物农药传感器 4 类，其优缺点比较分析见表 2.12。由表 2.12 可以看出，目前生物技术与农业物联网的融合主要集中在分子印迹仿生、仿双酶凝血酶适体、DNA-PtNPs 树枝网状适体、生物农药方面，改进了传统传感器的灵敏度低、检测时长、精度差、结构复杂和稳定性差等缺点，但是，仍存在应用范围窄及成本高等缺点。预计生物传感器的研究将致力于拓宽应用范围、降低成本和减少维护等方面。

表 2.12 生物传感器优缺点比较分析

传感器类型	与传统传感器相比优点	目前存在的缺点
分子印迹仿生传感器	灵敏度高、特异性强、检测速度快和成本低	精确度低、应用范围有限
仿双酶凝血酶适体传感器	良好的选择性、重现性和稳定、简单、灵敏	应用范围较窄、需要维护
DNA-PtNPs 树枝网状适体传感器	测量精度和灵敏度高、体积小、重量轻、安装维护方便	应用范围较窄
生物农药传感器	简单快速、样品无需前处理	应用范围较窄

3.光电传感器前沿技术分析

由于光电传感器具有反应速度快，可实现非接触测量，精度、分辨率高，可靠性好，体积小、质量轻，功耗低和易于集成等优势，被广泛应用于农业、军事、宇航、通信、检测与工业自动化控制等多种领域[63]。现在，光电传感器领域的发展主要集中在原理性研究与应用开发两大方面。随着光电技术的不断成熟，光电传感器的实用化开发已经成为整个领域的发展热点和关键。目前，光电传感器优缺点比较分析见表2.13。由表2.13可以看出，目前光电技术与农业物联网的融合主要集中在压力、旋转叶片椎体高度、时栅位移、珐珀干涉式高温、哈特曼波前和湿度等方面，并改进传统传感器的易受外界影响、结构复杂、灵敏度低、精度差、反应时间长、实用性差、耐受性差和易耗损等缺点，但是，仍存在应用范围窄、成本高、设备要求高及工艺复杂等缺点。预计光电传感器的研究将致力于拓宽应用范围、降低成本及设备要求和简化工艺等方面。

表2.13 光电传感器优缺点比较分析

传感器类型	与传统传感器相比优点	目前存在的缺点
光纤光学压力传感器	抗外界干扰力强、结构简单适于集成化批量生产、可组成多元传感阵列或组网	需要维护、操作复杂
光学旋转叶片椎体高度传感器	测量时间短、数据准确、使用方便，有较高实用价值	应用范围较窄
时栅位移传感器	不依赖电磁转换、灵敏度高、体积小、负载小电耗低	精确度低、需维护、易受外界干扰
全光纤珐珀干涉式高温传感器	滞回小、重复性好、体积小、温度分辨率高、实用价值高	应用范围有限、寿命短
哈特曼波前传感器	灵敏精确、标定方便、实时性好	需子孔径分割、操作复杂、需维护
线性相位反演波前传感器	不需子孔径分割、分辨率高	迭代计算量大且耗时多
光敏膜式湿度传感器	结构简单、测量方便	易受外界影响、实用性差、测时长
光纤式湿度传感器	结构紧凑、体积小、系统易小型化、适于现场测量	测量范围有限、易受环境影响、精度较差
光纤光栅式湿度传感器	精度高、测量速度快、可温湿度同时测量、耐高温、耐腐蚀	成本较高
波导式湿度传感器	灵敏度高、反应时间短、应用前景广、易应用于光电子产品中	工艺复杂、设备要求高、不利于批量制作

（二）农业物联技术分析预测

1.农业大数据技术分析预测

大数据指一个数据群，其超出传统数据库软件工具具有的抓取、存储、管理和分析能力，特征表现在大量化、多样化、快速化，并对海量数据存储、分析和展示。

“大数据”是继物联网、云计算之后信息技术产业又一次重大技术浪潮，已成为数据挖掘和智慧应用的前沿技术。大数据核心技术在于存储计算，主要解决海量数据搜集、存储、计算、挖掘、展现及应用等问题。可简单归纳为三大层面，即大数据云存储、大数据处理和大数据挖掘。目前，应用在农业中的大数据主要有农业生产过程管理大数据、农业生态环境管理大数据、农业资源管理大数据、农产品与食品安全管理大数据、农业装备与设施监控大数据和农业科研活动大数据等领域。林兰芬等[64]设计出基于聚类农产品流通过程感知的时空数据可视化技术的农业物联网地理空间分析与可视化系统；华雪琦等构建了农业物联网数据共享系统[65]；杜克明等基于由点到面的区域模拟与评估方法，研发出物联网监测数据与 Web GIS①空间数据融合分析方案[66]；王健等构建了智能化温室大棚系统[67]。大数据在农业物联网中的构建与应用见表 2.14。

表 2.14　大数据在农业物联网中的构建与应用

应用领域	采取的技术	实现功能
农业物联网地理空间分析与可视化系统	时空数据可视化技术	实现了对农产品流通过程直观时空可视化分析
农业物联网数据共享系统	GIS②、大数据	实现了对不同基地多种环境数据信息的存储与管理
物联网监测数据与 Web GIS 空间数据融合分析方案	Web GIS 技术、大数据	实现了点到面的区域模拟与评估、数据地图位置显示、区域监测专题管理
智能化温室大棚系统	Wi-Fi 技术、大数据	实现了环境数据实时采集、显示、存储共享，对采集到的数据进行分析与判断，自动调控喷灌电机和加热设备及远程移动管理

2.农业云计算技术分析预测

云计算指公布式计算、虚拟化、网络计算、并行计算及网络储存的融合，其基于互联网并将低成本的计算实体融合起来，形成一套有极强计算功能的完备体系，同时利用软件即服务（software as a service，SaaS）、基础设施即服务（infrastructure as a service，IaaS）、平台即服务（platform as a service，PaaS）和管理服务提供商（managed service provider，MSP）等平台提供给各个用户终端强大的计算功能。国内许多学者对其进行深入研究并将其应用到农业各个领域。

刘海燕等研发了具有可灵活配置且扩展性强的灌区信息管理系统[68]；易瑜设计了温室环境视频监控系统[69]；刘洋等[70]建成集数据采集、数字传输、数据分析处理、数控农业机械为一体的新型农业生产管理体系；崔文顺等提出日光温室群物联网服务平台设计方案[71]；张向飞等构建了基于云计算框架的上海农业物联网云平台[72]。云计算在农业物联网中的构建与应用见表 2.15。

---

① Web GIS，即网络地理信息系统。

② GIS（geographic information system），即地理信息系统。

表 2.15　云计算在农业物联网中的构建与应用

应用领域	采取的技术	实现功能
灌区信息管理系统	Google 云计算服务平台（GAE）①	实现了物联网与云计算技术无缝对接，解决了灌区信息管理服务中存在的不足
温室环境视频监控系统	云计算、人工智能、无线通信、传感器和互联网	实现了温室群的数据存储、管理控制和云数据分析等功能，提高了温室生产的精细化作业水平
新型农业生产管理体系	物联网与云计算技术	加快农业物联网技术发展，提高农业信息化技术集成化程度，促进软件设计及农业信息标准化
日光温室物联网服务平台	云计算、人工智能、无线通信、传感器及互联网	扩大日光温室管理规模，降低物联网系统建设运行成本，提高日光温室物联网的大数据存储及数据分析能力
上海农业物联网云平台	云计算、虚拟化技术、Web GIS 技术、Web Service 技术	有效降低农业物联网的应用门槛，提高系统利用率，促进平台系统互联互通、业务工作协作协同，易于数据资源整合与共享

3.人工智能技术分析预测

人工智能指利用计算机模拟人的某些思维过程及智能行为的技术，其研究领域主要包括人工神经网络、模拟技术、机器学习、分类技术、支持向量机技术、主成分分析技术、神经网络计算、决策支持系统。目前，国内许多学者对其进行深入研究并将其应用到农业各个领域。王发等构建了基于 BP 神经网络土壤干旱预测模型[73]；侯晓丽等[74]应用人工神经网络（artificial neural network，ANN）理论设计了不同埋深条件下灌区土壤墒情预报数学模型；陈建等[75]将近红外光谱技术与人工神经网络技术相结合，提出了一种新玉米品种鉴别方法；徐勇等[76]构建了拓扑结构的 BP 人工神经网络模型；崔日鲜等[77]基于冬小麦冠层图像分析，设计了获取冠层覆盖度及色彩指数的地上部生物量估算模型；邹华东等[78]利用 Matlab 建立稻田杂草稻光谱识别的 BP 神经网络识别模型；刘婧然等[79]利用 RBF 人工神经网络设计了膜下滴灌作物需水量灌溉预报模型。人工智能在农业物联网中的构建与应用见表 2.16。

表 2.16　人工智能在农业物联网中的构建与应用

应用领域	采取的技术	实现功能
土壤干旱预测模型	BP 神经网络、嵌入式技术、物联网技术	成功实现农田旱灾监测与预测
土壤墒情预报数学模型	人工神经网络	准确预测灌区不同埋深条件下土壤墒情分布情况，为精细化灌溉模式应用提供技术支撑
新玉米品种鉴别方法	近红外光谱技术、人工神经网络	快速无损地鉴别玉米品种
水体质量评价模型	BP 人工神经网络	更加快捷、客观全面地检测实用水体质量
冬小麦生物量估算模型	图像分析技术、BP 神经网络技术	成功实现冬小麦长势无损监测
水稻和杂草稻叶片的光谱信息识别模型	人工神经网络、主成分分析技术	实现了水稻和杂草稻叶片的无损识别、提高了识别精确度
滴灌作物需水量预报模型	RBF②神经网络、智能灌溉技术	达到节水增效的目的

① Google 云计算平台（Google app engine，GAE）。
② RBF(radial basis function)，即径向基函数。

五、农业物联网在农业全产业链中应用水平评估指标体系及模型构建

我国始终是世界上的农业大国，农业长久以来都是我国的传统性和基础性产业。目前，物联网、大数据和电子商务等互联网技术越来越多地应用于农业生产领域。我国农业正处于从传统农业向以优质、高效、高产为目的的现代化农业转化的新阶段。

农业物联网是利用 RFID 射频识别系统、中间件 Savant 系统和 Internet 系统，通过在农产品生产、加工及运输、仓储和货架等物流设施上安装 RFID 阅读器，实现自动对农产品生产、物流的生产运作信息进行全程跟踪，从而实现整个农产品生产、物流过程监督和管理的自动化和信息化。农业物联网技术可以加速对传统农业的改造，提高农业生产效率和农业资源利用效率，优化农业生产及管理水平，有效推动传统粗放型农业向现代智慧型农业的转变，为农业信息化和智能农业发展提供前所未有的机遇[80]。

农业物联网在农业全产业链中应用水平评估指标体系是一个具有多层次、多指标的复合体系。在这个复合体系中，各层次、各指标的相对重要性各不相同，对农业物联网在农业全产业链中应用水平进行评估是十分必要的，因此，建立一套科学、完整的评估指标体系对促进农业物联网在农业全产业链中的应用具有积极作用。本研究将农业物联网在农业全产业链中的应用分为农业生产、农业流通、农业服务及农业管理四个方面，构建包含 1 个总目标，4 个一级指标和 18 个二级指标的三层次农业标准评价指标体系。运用层次分析法确定权重用以描述指标体系间的相对重要性。计算矩阵特征向量时，可以利用几何平均法（方根法）、算数平均法（求和法）、特征向量法和最小二乘法等多种思路，具有较强的可操作性。

（一）物联网在农业上的应用

1.物联网在农业生产方面的应用

物联网技术使得环境信息数据的采集更为精准化、智能化，可用于动植物生长环境监测、气象监测和病虫害监测等。物联网技术可以利用温度传感器、湿度传感器及 CO_2 传感器等测定空气湿度和温度与 CO_2 含量，农民可以根据测得的数据对农作物进行科学有效的监控和管理，实时监测温室大棚内温度、湿度、光照和土壤水分等环境因子数据，在专家决策系统的支持下进行智能化决策，自动控制生产设备，或通过电脑及手机等终端实时远程调控风机与加温补光等设备，将大棚内生长环境调节至适宜状态，还可用于实时采集养殖区资源信息，实现养殖环境因素远程调控及随时监测水体温度、pH与溶氧等理化因子，进行养殖水体环境的监测；物联网技术可以用于远程诊断，代替专家或相关人才，解决农作物病虫害的问题，主要是提供病虫害视频及图片等多媒体信息查询、农业专家在线实时诊断和咨询等功能，并将专家系统技术、多媒体技术、网路技术有机集成在一起，解决病虫害远程诊断和咨询问题，将专家系统诊断和农民寻求有机结合在一起，支持 Internet 网中运行；物联网对植物信息采集的研究主要包括表观可视信息和

内在信息的获取，表观可视信息如作物苗情长势、生物量、茎干直径和叶面积等信息，内在信息包括叶绿素含量、作物氮素、光合速率、种子活力及叶片温湿度等，对动物生命信息的监测主要包括动物的体温、体重、行为、运动量、取食量与疾病信息等。物联网技术还可以给农业机械贴上电子标签，实时获取农机位置、速度、时间、航向、工况参数、作业任务管理和作业量统计等各方面数据，了解各区域农业机械的类别及配套数量等，实现对农业机械的统筹管理[81]。

2.物联网在农业流通方面的应用

通过物联网技术的集成运用，可以实现对生鲜农产品的位置跟踪、来源追溯，以及运输、仓储和流通加工等环节的电子化作业，特别是可以对整个流通过程进行温湿度监控，能够有效加强冷链物流各个环节的沟通，提高冷链效率，防止冷链中断。

物联网在农产品加工方面的主要应用是制作电子标签、电子封条及运输车辆的电子标签，并在车辆出发前将信息输入系统，深加工企业通过农产品的电子标签读取信息，并将进一步加工信息添加到农产品电子标签中；物联网技术还可运用于优化零售商的库存管理，实现零库存管理和及时补货，并能够实时地监控物品的移动和车辆的运输，提高零售环节管理效率，物联网技术在智能仓储方面的应用，可以做到准确而实时地记录并保存库存信息，自动分配货位，实时盘点库存，查询产品位置，汇总各类库存信息，还可以统计各品类产品的出入库数量和信息，对生鲜农产品需求的季节性和周期性进行预测等；在终端销售商环节，将根据该食品的加工工艺、保质期及其在流通过程中所记录的环境参数和对应时间为销售商提供供货顺序的咨询建议，为生产商提供销路分析报告[82]。

3.物联网在农业服务方面的应用

物联网可用于农业信息服务系统，在农业生产信息方面，物联网技术的应用能更及时地发现农作物生长过程中出现的问题，并通过相关信息服务平台多渠道地提供相应的决策参考建议；物联网还可以提供包括农产品的经营管理及进行市场预测信息的情报、数据、资料和消息等农产品市场信息；物联网还可用于采集与发布更为精确与及时的农业自然资源信息，主要包括农用土地资源信息、水资源信息和气象资源信息等。

4.物联网在农业管理方面的应用

物联网在农产品追溯方面的应用，是遵循 GS1①条码规则，在分拣包装时给生鲜农产品贴上产品唯一码，这样消费者可以在终端进行供应链全程追溯，包括产品信息、运输环境和流通环节等消费者关注的信息，在一定程度上保障食品安全。农业物联网可以通过远程监测技术，精准、及时地获取田间的大量信息，突破了人工监测的限制，提升了决策服务的时效性，通过应用数据库和专家系统等技术，及时对田间突发不良事件做出预警和应对决策，最大限度保障农作物正常生长，预防灾害的发生和减少损失。物联网可以对畜（禽）疾病进行智能诊断，并采用 3G 等现代信息技术，实现网上诊断决策和远程会诊。根据当地气候和疫情等因素，通过疫情预警知识库，对动物疫情做出辅助

① GS1，即 global standard 1。

性预警。

（二）基于层次分析法的农业物联网在农业全产业链中应用水平评估

1.理论与方法基础

层次分析法（analytic hierarchy process，AHP）是美国运筹学家 Saaty 教授于 20 世纪 70 年代初期提出的一种简便、灵活而又实用的多准则决策方法。它根据问题的性质和要达到的目标分解出问题的组成因素，并按因素间的相互关系将因素层次化，组成一个层次结构模型，然后按层分析，最终获得最底层因素对最高层（总目标）的重要性权值。

2.总体思路

基于农业物联网在农业全产业链中应用特点及农业产业链的组成内容，本研究采用层次分析法构建农业物联网在农业全产业链中应用水平的评估模型，从其在农业生产、农业流通、农业服务和农业管理等方面，通过对评价指标的选择，确定各层次指标权重，建立综合评估模型，进行相关评价指标专家打分、数据计算和结果分析。

3.评估指标体系的建立

经过充分调研农业物联网示范区及试验点，并经专家讨论最终确定了评估指标（表 2.17）。将农业物联网在农业全产业链中应用分为农业生产 C_1、农业流通 C_2、农业服务 C_3、农业管理 C_4，其中，农业生产 C_1 包括基于物联网的农业生产环境监测 P_1、基于物联网的动植物生命本体监测 P_2、基于物联网的农业智能控制与管理 P_3、基于物联网的农机精准指挥调度 P_4、基于物联网的农业生产过程监控 P_5 共 5 个指标；农业流通 C_2 包括基于物联网的农产品加工过程监控 P_6、基于物联网的农产品智能仓储 P_7、基于物联网的农产品冷链物流 P_8、基于物联网的农产品物流运输信息化管理 P_9 共 4 个指标；农业服务 C_3 由基于物联网的数据分析服务 P_{10}、基于物联网的农业信息服务 P_{11}、基于物联网的农产品市场信息服务 P_{12}、基于物联网的农业资源信息服务 P_{13}、基于物联网的农业专家远程交互式培训服务 P_{14} 共 5 个指标构成；农业管理 C_4 由基于物联网的农产品安全追溯管理 P_{15}、基于物联网的农业灾害预报 P_{16}、基于物联网的农业污染信息监测管理 P_{17}、基于物联网的畜禽疫病的监控 P_{18} 共 4 个指标构成。最终形成 1 个总目标，4 个一级指标和 18 个二级指标的三层次农业物联网在农业全产业链中应用水平评价指标体系。

4.评价指标权重的确定

经专家讨论，按照标度定义表（表 2.18）判断指标层各因素之间的相对重要程度构造一级指标判断矩阵，用算数平均法（方根法）确定评价指标的权重，并进行一致性检验（表 2.19 和表 2.20）。

同理，根据指标层各因素之间的重要程度，构造二级指标判断矩阵，确定评价指标权重，并进行一致性检验（表 2.21～表 2.24）。

利用同一层次中所有层次单排序的结果，就可以计算针对上一层次而言本层次所有因素重要性的权值。层次总排序需要从上到下逐层进行，可计算出层次总排序，即二级指标 P_i 相对于农业物联网在农业全产业链中应用水平评估指标体系 A 的权重向量。计算结果见表 2.25。

表 2.17　农业物联网在农业全产业链中应用水平评估指标体系

目标	一级指标	二级指标
农业物联网在农业全产业链中应用水平 A	农业生产 C_1	基于物联网的农业生产环境监测 P_1 基于物联网的动植物生命本体监测 P_2 基于物联网的农业智能控制与管理 P_3 基于物联网的农机精准指挥调度 P_4 基于物联网的农业生产过程监控 P_5
	农业流通 C_2	基于物联网的农产品加工过程监控 P_6 基于物联网的农产品智能仓储 P_7 基于物联网的农产品冷链物流 P_8 基于物联网的农产品物流运输信息化管理 P_9
	农业服务 C_3	基于物联网的数据分析服务 P_{10} 基于物联网的农业信息服务 P_{11} 基于物联网的农产品市场信息服务 P_{12} 基于物联网的农业资源信息服务 P_{13} 基于物联网的农业专家远程交互式培训服务 P_{14}
	农业管理 C_4	基于物联网的农产品安全追溯管理 P_{15} 基于物联网的农业灾害预报 P_{16} 基于物联网的农业污染信息监测管理 P_{17} 基于物联网的畜禽疫病的监控 P_{18}

表 2.18　标度定义表

标度 a_{ij}	定义
1	表示因素 i 与因素 j 一样重要
3	表示因素 i 比因素 j 略为重要
5	表示因素 i 比因素 j 较为重要
7	表示因素 i 比因素 j 非常重要
9	表示因素 i 比因素 j 绝对重要
2，4，6，8	为以上两判断之间的中间状态对应的标度值
倒数	若因素 i 与因素 j 比较，得到的判断值为 $a_{ij}=1/a_{ji}$，则 $a_{ii}=1$

表 2.19　随机一致性指标 RI 的取值

r_i	1	2	3	4	5	6	7	8	9	10	11
RI	0	0	0.58	0.90	1.12	1.24	1.32	1.41	1.45	1.49	1.51

表 2.20　判断矩阵 A-C

A	C_1	C_2	C_3	C_4	W_i	一致性检验
C_1	1	3	2	3	0.455 0	CR=0.003 836 CR<0.1 通过
C_2	1/3	1	1/2	1	0.141 1	
C_3	1/2	2	1	2	0.262 7	
C_4	1/3	1	1/2	1	0.141 1	

表 2.21 判断矩阵 C_1-P

C_1	P_1	P_2	P_3	P_4	P_5	W_i	一致性检验
P_1	1	2	3	3	1	0.313 4	
P_2	1/2	1	2	2	1/2	0.175 8	CR=0.0030
P_3	1/3	1/2	1	1	1/3	0.098 6	CR<0.1
P_4	1/3	1/2	1	1	1/3	0.098 6	通过
P_5	1	2	3	3	1	0.313 4	

表 2.22 判断矩阵 C_2-P

C_2	P_6	P_7	P_8	P_9	W_i	一致性检验
P_6	1	2	3	3	0.411 8	CR=0.0180
P_7	1/2	1	2	2	0.265 4	CR<0.1
P_8	1/3	1/2	1	1	0.161 4	通过
P_9	1/3	1/2	1	1	0.161 4	

表 2.23 判断矩阵 C_3-P

C_3	P_{10}	P_{11}	P_{12}	P_{13}	P_{14}	W_i	一致性检验
P_{10}	1	1/3	3	1/2	2	0.157 8	
P_{11}	3	1	5	2	7	0.459 7	CR=0.029 34
P_{12}	1/3	1/5	1	1/2	2	0.091 8	CR<0.1
P_{13}	2	1/2	2	1	3	0.225 8	通过
P_{14}	1/2	1/7	1/2	1/3	1	0.065 0	

表 2.24 判断矩阵 C_4-P

C_4	P_{15}	P_{16}	P_{17}	P_{18}	W_i	一致性检验
P_{15}	1	2	5	3	0.436 0	CR=0.029 16
P_{16}	1/2	1	3	2	0.275 0	CR<0.1
P_{17}	1/5	1/3	1	1/2	0.111 8	通过
P_{18}	1/3	1/2	2	1	0.177 2	

表 2.25 农业物联网在农业全产业链中应用水平评估指标权重

一级指标		C_1	C_2	C_3	C_4	二级指标相对于总目标的权重
		0.455 0	0.141 1	0.262 7	0.141 1	
二级指标	P_1	0.313 4				0.142 6
	P_2	0.175 8				0.080 0
	P_3	0.098 6				0.044 9
	P_4	0.098 6				0.044 9
	P_5	0.313 4				0.142 6

续表

一级指标		C_1	C_2	C_3	C_4	二级指标相对于总目标的权重
		0.455 0	0.141 1	0.262 7	0.141 1	
二级指标	P_6		0.411 8			0.058 1
	P_7		0.265 4			0.037 5
	P_8		0.161 4			0.022 8
	P_9		0.161 4			0.022 8
	P_{10}			0.157 8		0.041 4
	P_{11}			0.459 7		0.120 8
	P_{12}			0.091 8		0.024 1
	P_{13}			0.225 8		0.059 3
	P_{14}			0.065 0		0.017 1
	P_{15}				0.436 0	0.061 5
	P_{16}				0.275 0	0.038 8
	P_{17}				0.111 8	0.015 8
	P_{18}				0.177 2	0.025 0

一致性指标为

$$\mathrm{CR}=\sum\nolimits_{i=1}^{n} a_i \mathrm{CI}_i \Big/ \sum\nolimits_{i=1}^{n} a_i \mathrm{RI}_i = 0.015\,25 < 0.1$$

式中，CI_i 为单排序的一致性指标，为 P_i 对 C_i 的单排序一致性指标；RI_i 为相应的平均随机一致性指标。总排序的结果具有满意的一致性。

以上各指标特征向量是应用水平评估指标权重，它为农业物联网在农业全产业链中应用水平评估实践的开展提供了前提条件。

5.综合评价模型

综合评价按各指标加权求和计算，即 $z=\sum\nolimits_{i=1}^{n}\left(W_i \dfrac{1}{k}\sum\nolimits_{i=1}^{k} F_{ij}\right)$

式中，k 为评价专家个数；W_i 为各指标的组合权重；F_{ij} 为第 j 个专家对指标实际评价值。专家对指标实际评价打分规则如下：

二级指标分为很差、较差、一般、较好、很好 5 个等级，分值评价见表 2.26。

表 2.26　评价指标分值区间

等级	分值区间
很差	0～25
较差	25～50
一般	50～75
较好	75～90
很好	90～100

（三）案例分析

温县千亩智慧怀铁棍山药物联网应用示范区 2013 年被河南省农业厅确定为首批“三品一标”创建单位，2014 年被河南省工业和信息化厅列入示范工程，2015 年列入农业部节本增牧物联网信息化应用模式单位。通过组织 10 位专家对其进行打分评价，最终得分结果见表 2.27。

表 2.27　温县怀铁棍山药物联网应用示范区最终得分结果

二级指标 P	专家评分（平均分）	一级指标 C	总目标 A
P_1、P_2、P_3、P_4、P_5	95.2、90、92.5、93.5、95	93.77	88.09
P_6、P_7、P_8、P_9	93、85、86.5、94	89.99	
P_{10}、P_{11}、P_{12}、P_{13}、P_{14}	86.5、95、88、83.5、95	90.43	
P_{15}、P_{16}、P_{17}、P_{18}	90、88.5、0、0	63.58	

本次评价工作选取温县怀铁棍山药物联网应用示范区进行物联网在农业全产业链中应用水平评估，从一级评估指标来看，农业物联网在农业全产业链中应用水平评估为农业生产>农业服务>农业流通>农业管理。本次评估最终得分为 88.09，属于农业物联网在农业全产业链中应用水平的较好等级。

六、本章小结

我国农业物联网正逐步趋于完善，技术储备已趋于成熟，但与国外相比还有一定的差距，目前仍处于理论设计或小规模试点阶段，还存在很大的发展空间。本章主要对传感器研究进展、农业物联网关键技术词频及发明专利分析，以及农业物联网前沿技术研究应用与农业物联网在农业产业链中的应用等几方面进行分析。

首先，阐述了不同类型传感器的工作原理，比较了不同类型传感器的优缺点。目前，对传感器的研究主要集中在大分子印迹技术、新材料的应用、纳米超薄膜及光纤等方面的研究。传感器正朝着高灵敏、高选择、高稳定及实用化、多功能化和智能化等方向发展。

其次，通过对农业物联网技术关键词进行针对性检索，从文献统计及发明专利角度分析探究了 2007～2016 年国内外物联网技术的发展与应用。农业物联网发展应用方向主要在于传感器技术、无线传输技术、机器视觉、人工智能、远程控制技术和感知技术等主要领域，加之大数据及云计算等现代信息技术的融入，农业物联网又进入了一个崭新的发展阶段。

再次，针对农业物联网前沿技术在农业各个领域的应用进行研究，分析了纳米技术、生物技术、光电技术在农业传感器技术中的应用及其优缺点。大数据、云计算、人工智能虽已成功应用在温室、水体、土壤、农业生产、灌溉和信息识别等领域，但受成本高昂及标准技术缺乏等因素的影响，大数据、云计算、人工智能在农业物联网中的大范围应用仍存在总量偏低、可读性差与数据更新比例低等问题。

最后，对农业物联网在农业全产业链中的应用，通过层次分析法确定了各个指标因素的权重，构建了农业物联网在农业全产业链中的应用水平评估模型，并由打分的方式采集数据，对实例进行分析，进一步解释和验证了评估模型。

参考文献

[1] 郑贵林，徐沾伟．一种新型高精度溶解氧传感器的设计［J］．传感器与微系统 1000- 9787（2012）02-0112-03.

[2] 邱发强，舒迪，祁欣，等. 数字式微量溶解氧传感器的研究［J］．北京化工大学学报（自然科学版），2012，39（3）：109-113.

[3] 赵莉，鲁勖琳等．四对溴苯基铂卟啉聚氯乙烯敏感膜溶解氧传感器的研究［J］．分析化学，2003.06.004.0253-3820.

[4] 李学胜，卢欣春，罗孝兵，等. 荧光猝灭法溶解氧传感器的研制［J］．自动化与仪表，2013，（4）：17-20.

[5] 陈强，王勤，戚海燕，等. 基于氧敏感膜荧光特性的溶解氧传感器研制［J］．仪表技术与传感器，2014（11）：1-3.

[6]朱成刚，常建华等．基于氧传感膜荧光特性的溶解氧传感器研制[J]．传感器与微系统，1000-9787（2016）05-0056-04.

[7] 薛晖，李付国，黄吕权. 便携式薄膜热电偶测温传感器［J］．传感器技术，1996，（1）：46-48.

[8] Zeng Qinyong，Sun Baoyuan，Xu Jing，et al．Development of thin film thermocouple for measurement of workpiece temperature in chemical explosive material machining［J］.Chinese Journal of Mechanical Engineering，2006，42（3）：206-211.

[9] Zhou Hanchang，Zhao Dong. A study on the method of calibration for transient surface temperature detectors［J］.Acta ArmamentarⅡ，2001，22（2）：263-265.

[10] Xu Qingling，An Lingling，Yu Minghui，et al.Design and Synthesis of a Conjugated Polye Veris Technologies Inc[EB/OL].（2010 -10 -25）［2016-01-15].http：//www.veristech.com/products.Aspx.

[11] SEO S，KIM D，JANG G，et al. Fluorescence resonance energy transfer between polydiacetylene vesicles and embedded benzoxazole molecules for pH sensing[J]. React Funct Polym，2013，73（3）：451-456.

[12] 兰卉，吴晟，程敏，等.新型感应式电导率传感器技术研究[J]．海洋技术学报，2014，（3）：18-22.

[13] 陆贵荣，吴玉晓，陈树越，等. 基于 ANSYS 有限元法的电导率传感器分析［J］．传感器与微系统，2014，（4）：65-67.

[14] 卞贺明，边超等．基于微型氨气敏感单元的氨氮检测系统研究［J］．仪器仪表学报，2011，09.

[15] 刘宏月，梁大开，曾捷，等.基于长周期光纤光栅谐振光谱调制的氨氮降解监测研究［J］．光谱学与光谱分析，2010，（9）：2456-2459.

[16] Dana D R，Maffione R A．Determining the backward scattering coefficient with fixed angle back scattering sensors-revisited［C］//Ocean Optics XVI，Santa Fe，New Mexico，US，2002：18-22.

[17] Kunio Ebiea，Dabide Yamaguehia，Hiroshi Hoshikawab，et a1．New measurement principle and basic

performance of high sensitivity turbid meter with two optical systems inseries［J］. Water Research，2006，（40）：683-691.

［18］刘公致，刘敬彪. 变光型浊度传感器的设计［J］. 传感器技术，2005，（2）：53-54.

［19］吴刚，刘月明. 基于蒙特卡罗模拟的光纤浊度传感器［J］. 压电与声光，2014，（3）：335-338.

［20］杨健，陶正苏. 散射式水下在线浊度传感器设计［J］. 传感器与微系统，2007，（12）：72-74.

［21］吴刚，刘月明，高晓良，等. 双通道光纤浊度传感器的设计［J］. 仪表技术与传感器，2014，（10）：14-16.

［22］王志丹，常建华，朱成刚，等. 新型宽量程浊度传感器设计［J］. 传感器与微系统，2016，（5）：77-79.

［23］胡晓力，余名，莫斌，等. 一种超低量程浊度传感器设计与实现［J］. 传感器与微系统，2014，（8）：116-118.

［24］Antonio-Javier Garcia - Sanchez，Felipe Garcia - Sanchez，Joan Garcia-Haro. Wireless sensor network deployment forintegrating video-surveillance and data-monitoring in precision agriculture over distributed crops［J］. Computers and Electronics in Agriculture，2011，75：288-303.

［25］Besson A，Cousin I，Richard G，et al. Changes in field soil water tracked by electrical resistivity ［M］//Viscarra Rossel R A， McBratney A B，Minasny B．Proximal soil sensing.Springer Science，Business Media B V，2010：275-282.

［26］裴素萍，吴必瑞. 基于物联网的土壤含水率监测及灌溉系统［J］. 农机化研究，2013，35（7）：106-109.

［27］孙彦景，丁晓慧，于满，等. 基于物联网的农业信息化系统研究与设计［J］. 计算机研究与发展，2013，48（1）：326-331.

［28］高翔，刘鹏，卢潭城，等. 一种土壤湿度测定方法在 ZigBee 无线传感器网络中的应用［J］.传感器与微系统，2015（1）：151-153.

［29］Myers D B，Kitchen N R，Sudduth K A，et al. Combining proximal and penetrating soil electrical conductivity sensors for highre solution digital soil mapping ［M］.Viscarra Rossel R A，McBratney A B，Minasny B．Proximal soil sensing．Springer Science，Business Media B V，2010：233-243.

［30］李洪义，史舟，唐惠丽.基于三维普通克立格方法的滨海盐土电导率三维空间变异研究［J］. 土壤学报，2010，47（2）：359-363.

［31］卢超. 分布式无线土壤电导率测量装置的设计［J］. 仪表技术与传感器，2011，（8）：37-39.

［32］李民赞，孔德秀，张俊宁，等. 基于蓝牙与 PDA 的便携式土壤电导率测试仪开发［J］. 江苏大学学报（自然科学版），2008，（2）：93-96.

［33］Lee J S，Han M S，Mirkin C A. Colorimetric detection of mercuric ion（Hg^{2+}）in aqueous media using DNA-functionalized gold nanoparticles［J］.Angew Chew Int Ed，2007，46（22）： 4093-4096.

［34］Tan ZQ，Liu JF，Liu R，et al.Visual and colorimetric detection of Hg^{2+} by cloud point extraction with functionalized gold nanoparticles as a probe［J］.Chew Commun，2009，45（45）：7030-7032.

［35］Jiang Z L，Fan Y Y，Chen M L，et al.Resonance scattering spectral detection of trace Hg^{2+} using aptamer-modified nanogold probe and nanocatalyst［J］. Anal Chem，2009，81（13）：5439-5445.

［36］ZHAO S，QIN G，HUANG Y，et al. Nonenzymatic chemiluminescence resonance energy transfer： An efficient technique for selective and sensitive detection of silverion［J］.Analytical Methods，2012，4（7）：1927-1931.

［37］彭韶华，黄庆安，秦明，等. CMOS 工艺兼容的温湿度传感器［J］. 半导体学报，2005（7）：1428-1434.

［38］方震，赵湛，王奇，等. 微桥式温湿度传感器研究［C］. 中国电子学会与系统学会第十九届论文集，2010：573-578.

［39］乔晓军，王成，赵春江，等. 数字式宽量程光照传感器的设计与开发［J］. 农业工程技术，2004，（12）：55-56.

［40］云中华，白天蕊. 基于 BH1750FVI 的室内光照强度测量仪［J］. 技术纵横，2012，（6）：27-29.

［41］张燕波，沈广平，董自强，等. 基于微控制器的风速风向传感器系统设计［J］. 仪器仪表学报，2009（10）：2144-2146.

［42］沈广平，秦明，黄庆安，等. 低热导率衬底的热风速风向传感器研究［J］. 仪器仪表学报，2009，（5）：984-986.

［43］杨帆，赵湛等.　基于 MEMS 的固态风速风向传感器及其最优结构参数［J］. 传感技术学报，1004-1699（2011）03-0342-04。

［44］程海洋，秦明，高冬晖，等. 热薄膜温差型 CMOS 风速风向传感器的研究和实现［J］.电子器件，2004，（3）：486-489.

［45］孙浩杰，赵曼彤，张大伟，等. LED 光学雨量传感器研究［J］. 中国科技纵横，2013，（5）：155.

［46］Oho T，Tonosaki T，Isomura K，et al.　A CO_2 sensor operating under humidity［J］.　Synthetic Metals，2002，522（2）：173-178.

［47］Cui G，Lee J S，Kim S J，et al.　Potentiometric CO_2 sensor using polyaniline -coated pH -sensitive electrodes　［J］. Analyst，1998，123（9）：1855-1859.

［48］钟亚飞.基于单片机的温室二氧化碳测控系统的设计［D］. 青岛：山东科技大学硕士学位论文，2011.

［49］刘安，刘旭，黄岚，等. 基于热平衡法检测植物茎流传感器标定实验的研究［M］. 北京：中国农业工程学会电气信息与自动化专业委员会，中国电机工程学会农村电气化分会科技与教育专委会 2010 年学术年会论文，2010.

［50］张莲，刘彦飞. 基于 ZigBee 无线茎流传感器的研究［J］. 压电与声光，2010，（5）：878-581.

［51］乔晓军，王成，张云鹤，等. 一种测量植物茎秆生长的方法及原理［A］.“863 计划”数字农业重大专项总体专家组、国家农业信息化工程技术中心.中国数字农业与农村信息化学术研究研讨会论文集［C］.“863 计划”数字农业重大专项总体专家组、国家农业信息化工程技术中心，2005：2.

［52］李长缨，滕光辉，赵春江，等. 利用计算机视觉技术实现对温室植物生长的无损监测［J］.农业工程学报，2003，19（3）：139-143.

［53］封维忠，韩艳，杨静，等. 光纤 SPR 传感器测定叶绿素含量的研究［J］. 南京林业大学学报，2006，（4）：21-24.

［54］陈楚群，施平等. 南海海域叶绿素浓度分布特征的卫星遥感分析［J］. 热带海洋学报，1009 5470（2001）02 0066-05.

［55］张可可，闰星魁，陈世哲，等. 荧光法海水叶绿素 a 传感器设计［J］.山东科学，2013，（3）：37-40.

[56] 吴宁，曹煊，褚东志，等. 原位海水叶绿素 a 含量检测系统的设计［J］.自动化仪表，2015，(6)：69-71，75.
[57] 李东升，高晓红，张文卓，等. 植物叶片厚度和果径精密测量传感器的设计［J］. 传感器技术，2004，23（12）：43-46.
[58] 李东升，陆艺，高晓红，等.植物叶片厚度精密测量仪的研究［J］.仪器仪表学报，2006，27（4）：403-405，419.
[59] 车嘉兴. 植物生理信息计算机视觉检测系统研究［D］.合肥：中国科学技术大学硕士学位论文，2010.
[60] Lei Y，Bennamoun M， Hayat M， et al. An efficient 3D face recognition approach using local geometrical signatures［J］. Pattern Recognition，2014，47（2）：509-524.
[61] 葛文江，赵春江. 农业物联网研究与应用现状及发展对策研究［J］. 农业机械学报，1000-1298（2014）-0222-09.
[62] 李成渊，蒋勋.物联网关键技术在国内外发展现状的词频分析研究［J］.西南民族大学学报，1004-3926（2015）06-0232-04.
[63] 揭峰. 光电技术在传感测量中的应用［J］. 科技视界，2013，（4）.
[64] 林兰芬，于鹏华，李泽洋. 基于聚类的农产品流通物联网感知数据时空可视化技术［J］. 农业工程学报，2015，31（3）：228-235.
[65] 华雪琦，孙明喆，赵慧彤，等. 农业物联网数据共享系统设计与研发［J］. 农业技术与装备，2016（01）：41-43+46.
[66] 杜克明，褚金翔，孙忠富，等. WebGIS 在农业环境物联网监测系统中的设计与实现［J］. 农业工程学报，2016，32（04）：171-178.
[67] 王健，陈兰生，赖其涛，等. 大数据背景下的智能化农业设施系统设计［J］.中国农机化学报，2016，37（11）：180-184.
[68] 刘海燕，王光谦，魏加华，等. 基于物联网与云计算的灌区信息管理系统研究［J］. 应用基础与工程科学学报，2013，21（02）：195-202.
[69] 易瑜. 基于物联网与云计算服务的农业温室智能化平台研究与应用［J/OL］.电子测试，2016（20）：70-71［2017-12-28］.https：//doi.org/10.16520/j.cnki.1000-8519.2016.20.143.
[70] 刘洋，张钢，等. 基于物联网与云计算服务的农业温室智能化平台研究与应用［J］. 计算机应用研究，1001-3695（2013）11-3331-05.
[71] 崔文顺，张芷怡，袁力哲，等. 基于云计算的日光温室群物联网服务平台［J］.计算机工程，2015，41（06）：294-299+305.
[72] 张向飞，丁永生，陈旭. 上海农业物联网云平台构建及应用［J］. 上海农业学报，2016，32（03）：134-138.
[73] 王发，艾红. 人工智能物联网旱灾监控预警系统设计［J］. 自动化与仪表，2015，30（04）：23-26.
[74] 侯晓丽，冯跃华等. 基于人工神经网络土壤墒情动态预测模型应用研究［J］. 节水灌溉，1007-4929（2016）07-0070-03.
[75] 陈建，陈晓，李伟，等. 基于近红外光谱技术和人工神经网络的玉米品种鉴别方法研究［J］. 光谱学与光谱分析，2008（08）：1806-1809.

[76] 徐勇，赵俊，过锋，等. 基于 BP 人工神经网络的大沽河湿地海水水质综合评价［J］. 渔业科学进展，2015，36（05）：31-37.
[77] 崔日鲜，刘亚东，付金东. 基于可见光光谱和 BP 人工神经网络的冬小麦生物量估算研究［J］. 光谱学与光谱分析，2015，35（09）：2596-2601.
[78] 邹华东，陈树人，陈刚，等. 基于人工神经网络的稻田杂草稻光谱识别［J］.农机化研究，2013，35（01）：156-158+163.
[79] 刘婧然. RBF 人工神经网络在棉花膜下滴灌灌溉预报中的应用［D］.乌鲁木齐：新疆农业大学硕士学位论文，2009.
[80] 熊大红. 基于本体的农业物联网信息智能管理机制研究［D］. 长沙：湖南农业大学博士学位论文，2013.
[81] 李治国. 北京市农机物联网发展对策及建议［J］. 农业工程，2011，11（3）：53-55.
[82] 牛冲丽，王涛. 面向农业生产智能管理与追溯的物联网应用研究［J］. 物联网技术，2015，2：86-91.

第三章　“物联牧场”共性技术研制与装备设计

作为农业物联网的一个重要组成部分，根据农业物联网的技术架构，“物联牧场”可以分为感知层、传输层、处理层和应用层。本章从感知、传输、处理、应用四个方面，总结梳理了“物联牧场”的关键共性技术与装备设计。感知层通过各类传感器、RFID、音视频采集设备对畜禽个体标识、养殖环境、有害气体浓度、动物生理信息和动物行为等信息进行感知。传输层通过移动通信、低功耗蓝牙、ZigBee和窄带物联网（narrow band internet of tings，NB-IoT）等先进的信息传输技术将感知数据稳定、可靠、快速地传输到处理层和应用层。在处理层和应用层，通过牧场信息进行处理分析，实现牧场环境控制、饲喂和挤奶等设备的自动控制，以及动物疾病疫病的监测预警。本章最后介绍了气象气体监测站和远程控制系统等常见的牧场装备。

一、“物联牧场”感知技术

准确感知牧场环境、动物个体标识和动物本体等各类信息是“物联牧场”正常运行的前提和基础。“物联牧场”感知技术是指利用个体标识传感器、养殖环境传感器、气体传感器、动物生理传感器、RFID、视频、图像和声音等技术对畜禽养殖环境、畜禽健康状态、畜禽生长情况及畜禽行为活动等信息进行全面采集。

（一）个体标识传感器

1.条码技术

条码（barcode）是按照一定的编码规则对宽度不等的多个黑条和空白进行排列组合，用来表达一组信息的图形标识符。常见的条形码主要分为一维条码和二维条码，而二维条码编码具有容量更高、编码范围更广、容错能力更强、成本低、易制作、持久耐用、发展迅速的特点。二维条码可分为行排式二维条码、矩阵式二维条码，行排式二维条码又是基于一维条码基础之上，按需要堆积成两行或多行。矩阵式二维条码（简称二维码）是在二维空间用黑白像素的交替出现进行编码表达信息，相比一维条码，二维条码能够表达更多的信息。二维条码标签的印刷原理如图3.1所示。

条码技术包括条码的编码技术、条码标识符号的设计、快速识别技术和计算机处理技术，能快速实现计算机管理和电子数据交换。它的基本原理是黑色和白色物体对光的反射强度不同，当条形码扫描器光源发出的光经光阑及凸透镜1后，照射到黑白相间的条形码上时，反射光经凸透镜2聚焦后，照射到光电转换器上，于是光电转换器接收到与白条和黑条相应的强弱不同的反射光信号，并转换成相应的电信号输出到放大整形电路，整形电路把模拟信号转化成数字电信号，再经译码接口电路译成数字字符信息[1]。

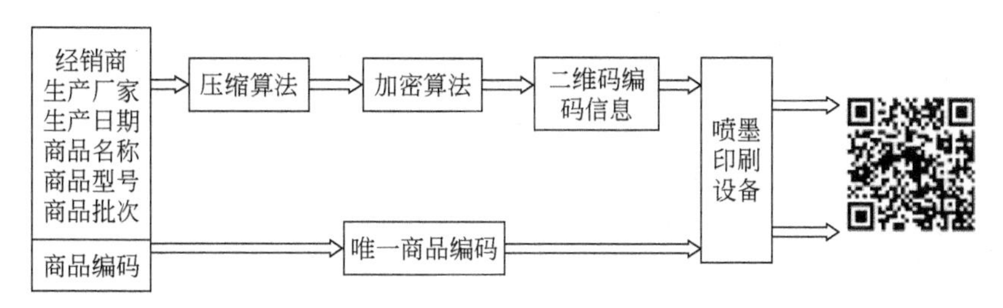

图 3.1　二维条码标签的印刷原理

近年来，我国居民对畜禽产品需求量快速增长，畜产品质量安全问题得到消费者的高度关注，畜产品可追溯系统是安全性管理的重要应用。可追溯系统有助于掌握畜产品从“农场”到“餐桌”的全过程，实际应用中需要用现代信息技术给每种畜产品标上号码。我国畜禽编码对象主要为猪、牛、羊及家禽，2006 年以来，农业部兽医局实施了“动物标识及疫病可追溯体系建设”试点工作，畜产品编码需遵循唯一性、简约性、层次性、可扩性、稳定性、统一性和协调性等原则。农业部 2006 年颁发的《畜禽标识和养殖档案管理办法》中，明确动物标识由 15 位编码组成，即动物种类＋区划编码＋标识顺序号。其中，第 1 位表示畜种（1 代表猪、2 代表牛、3 代表羊），第 2～7 位为区划代码，定义为养殖场所在地的县市行政区划代码，第 8～15 位为唯一编码，定义为指定的县市内相同类别（猪、牛、羊）动物个体的顺序号[2]。

2.射频识别技术

射频识别（radio frequency identification，RFID）技术，利用电磁场自动识别和读取电子标签内存储的信息。和条形码不同，RFID 电子标签具有非接触识别的优点，即使嵌入安装在被追踪物体内部依然能够识别，而且阅读速度极快。识别距离根据电流频率可从几厘米至十几米不等，对应关系是低频为 9～134kHz，识别距离<0.5m；高频为 13.56MHz，识别距离小于 1m；特高频为 902～928MHz，识别距离为 4～8m；微波为 2.54GHz，识别距离可达 100m。

RFID 系统由信号发射机、信号接收机、发射接收天线三部分组成，典型代表分别为标签、阅读器、天线。RFID 系统的基本模型如图 3.2 所示。标签分为被动式、半被动式、主动式三类，由耦合元件及芯片组成，具有唯一的电子编码，用来存储需要识别传输的信息，标签能够自动或在外力的作用下，把存储的信息主动发射出去；阅读器分为手持式或固定式，提供与标签进行数据传输的途径，读取/写入标签信息；天线在标签和读取器间传递射频信号，数据的发射和接收易受到功率、天线的形状和相对位置的影响[3]。

阅读器利用天线发射一定频率的射频信号，电子标签接收到射频信号被激活；电子标签利用内置天线将内部存储的信息发射出去；阅读器接收到电子标签发射的信号，经过解调和解码送到后台系统；后台系统验证电子标签的合法性并做出相应的处理和控制。

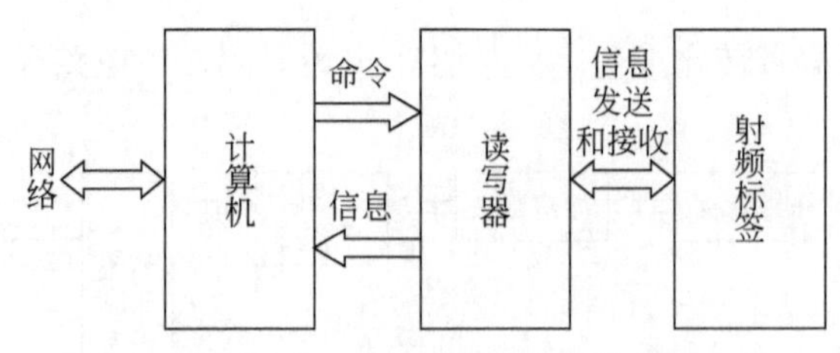

图 3.2 RFID 系统的基本模型

（二）养殖环境传感器

1.温度

畜禽是恒温动物，不同动物在不同生长阶段，营养状况、生理调节对环境温度的要求也不同。畜禽一般通过产热和散热保持机体动态平衡，环境温度过高或过低会造成畜禽活动异常，影响饲料转化率，降低生产性能，甚至死亡。为给畜禽创造更好的生长环境，需要监测养殖环境温度。当温度在适宜温度范围之外时，及时供热升温或防暑降温，改善畜禽舍内的环境条件。温度检测的方法主要包括热电阻测温、热电偶测温、红外线测温仪测温和红外热像仪测温。目前主要有金属热电阻和半导体热敏电阻两类，具有性能稳定、使用灵活和可靠性高等优点，应用十分广泛。

热电阻传感器工作原理是基于不同金属的电阻值随温度变化的波动不同，电阻值可以直接作为输出信号。热电阻有两种变化类型，即正温度系数和负温度系数。正温度系数表现为温度升高，阻值增加，而负温度系数正好相反，温度降低，阻值减少。以铂电阻温度传感器为例：Pt100 是电阻式温度传感器，如图 3.3 所示，测温的原理是测量传感器的电阻，将电阻变化转换成电压或电流等模拟信号的变化，最后经过模数转换，微处理器计算得到对应的温度。铂电阻在 0℃时的电阻值 R_0 是 100Ω，以 0℃作为基点温度，在温度 t 时的电阻值为

$$R_t=R_0（1+\alpha t+\beta t^2）$$

式中，α、β为系数，经标定可以求出其值。

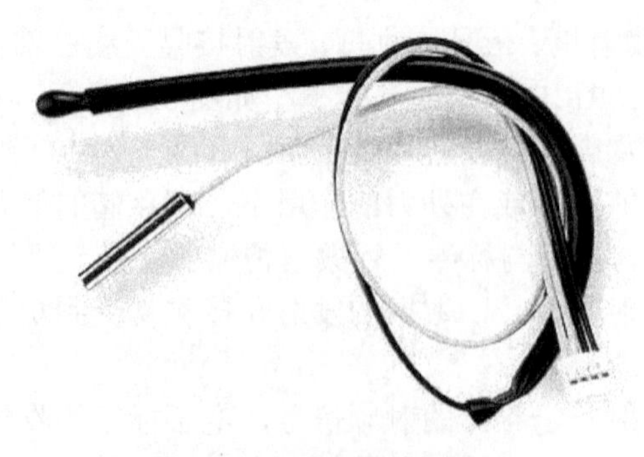

图 3.3 电阻式温度传感器

2.湿度

环境湿度对家禽的影响与温度有关，只有在高温环境下，湿度才对畜禽体温有明显

的影响。高温时畜禽以蒸发散热为主，较高的空气湿度会抑制蒸发散热，导致畜禽生产性能快速下降。高温低湿环境有利于畜禽蒸发散热，但是湿度过低时易造成畜禽脱水，影响畜禽的生长和健康。湿度测量方法有动态法（双压法、双温法、分流法）、静态法（饱和盐法、硫酸法）、露点法、干湿球法和电子式传感器法。湿敏电阻传感器具有稳定性、一致性好、体积小、高精度、低飘移和迟滞小等优点，是应用最广泛的传感器。

湿敏电阻传感器主要由感湿层、电极和具有一定机械强度的绝缘基片组成，如图 3.4 所示。湿度传感器工作原理是感湿层在吸收环境中的水分后引起两电极间电阻值的变化，将相对湿度的变化转换成电阻值的变化。

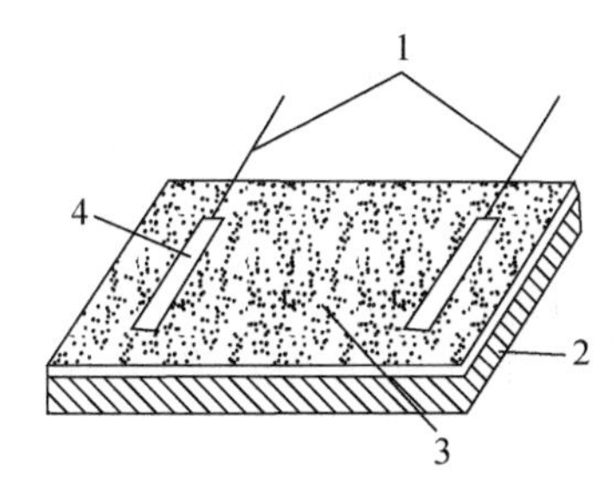

图 3.4 湿敏电阻传感器结构示意图

1：引线；2：绝缘基片；3：感湿层；4：电极

3.风速风向传感器

自然通风在畜禽养殖中依然占据着重要地位，通风能够促进畜禽舍内二氧化碳、甲烷和硫化氢等有害气体的排放，同时能够协助调节养殖舍内温度和湿度，保持空气干燥清新，改善畜禽生长环境。风速风向是养殖环境监测的一项重要指标。用于持续监测风速风向的传感器主要包括机械三杯光耦感应器式风速风向传感器和超声波式风速风向传感器。

机械三杯光耦感应器式风速传感器由风杯、随风杯轴旋转的截光盘、光电转换电路组成。风杯带动截光盘转动，切割发光二极管（light emitting diode，LED）光束产生脉冲，利用霍尔元件感应脉冲信号，脉冲频率与风速成正比，经换算后得到风速值。风向传感器由风向标、格雷码盘、光电元器件组成。风向标通过轴带动格雷码盘转动，码盘下面的光敏三极管处于导通或截止的状态，产生的光电信号经整形放大后输出格雷码，确定对应的风向信息。常用格雷码盘为七位，分辨率为 2.8°。机械式风速风向传感器工作时一直在转动。随着轴承的老化和灰尘的干扰，轴承间的摩擦力会变大，灵敏度和精准度会降低，风越小摩擦阻力越大，在测量较小的风速时误差比较大。轴承的机械特性决定了机械旋转式风杯风速计使用寿命比较短，一般每年都需要定期校准和维护。

超声波式风速风向传感器的工作原理是利用发送超声波，测量接收端的时间差来计算风速和风向。超声波在空气中的传播速度会受到空气流速的影响，如果超声波传播方向与风向相同，速度就会加快；如果相反，速度就会变慢。通过检测超声波在空气中的传播速度，可以计算出精确的风速和风向。超声波风速风向传感器有效克服了机械三杯光耦感应器式风速风向传感器轴承老化的问题，不会由于机械磨损、摩擦和冰冻等因素的影响造成测量精度下降，工作寿命得到了极大的提高，是机械三杯光耦感应器式风速风向传感器的替代品，但是目前价格较高。

4.光照度传感器

光照强度对家禽的生长发育影响很大，直接影响家禽生长发育的强弱。在一定光照强度范围内，随着光照强度的增加，家禽活性也会增加。光照是家禽生产中的一个重要影响因素，合理的光照程序可以降低快速生长造成的负面效应。对光照来源、光的波长（颜色）、光照强度和光照节律等光环境因子对家禽的生长发育、生产性能、免疫性能及生殖性能等多个方面的影响研究进展进行归纳总结发现，光照来源对肉禽生产影响较小；光的波长（颜色）对家禽影响较为明显，其中，蓝绿光色在生产性能、肌肉发育、肉品质和免疫性能等方面都有优势；光照强度的影响主要体现在动物福利方面，光照强度过强增加家禽活动量，过低则易诱发眼球疾病；光照节律中连续光照时间越长死亡率越高，间歇光照则可以降低肉禽死亡率、促进饲料转化率[4]。

光照度传感器的原理是利用光电效应元件实现光信号和电信号的转换，常见的光电效应器件有光电二极管、光电池和光敏电阻等，光电二极管体积小、性能稳定、灵敏度高，应用比较广泛。光电二极管的核心是 PN 结①，光照射在 PN 结上时，携带能量的光子进入 PN 结后，把能量传给共价键上的束缚电子，使部分电子挣脱共价键，从而产生电子空穴对，称为光生载流子。光照强度越大，产生的光电流越大。光敏二极管把光照强度转换成模拟电信号，再经过稳压电路、运算放大器、线性校正电路和模数转换芯片，将模拟信号转换成数字信号。为了减小温度的影响，大部分光照度传感器还配备了温度补偿电路，进一步提高传感器的灵敏度和探测能力。

5.PM_{10}、$PM_{2.5}$ 传感器

可吸入颗粒物，通常是指粒径在 10μm 以下的颗粒物，又称 PM_{10}。PM_{10} 在环境空气中持续的时间很长，对人类和畜禽健康的影响都很大。PM_{10} 被吸入后，会积累在呼吸系统中，引发许多疾病。PM_{10} 的浓度以 mg/m^2 表示。$PM_{2.5}$ 细颗粒物指环境空气中空气动力学当量直径小于等于 2.5μm 的颗粒物。它能较长时间悬浮于空气中，其在空气中含量浓度越高，代表空气污染越严重。虽然 $PM_{2.5}$ 只是地球大气成分中含量很少的组分，但对空气质量和能见度等有重要的影响。与 PM_{10} 相比，$PM_{2.5}$ 粒径小，面积大，活性强，易附带有毒、有害物质（如重金属和微生物等），且在大气中的停留时间长、输送距离远，因而对大气环境质量的影响更大。其中，$PM_{2.5}$ 中重金属的危害性不容小觑，主要包括 As、Cd、Cr、Mn、Ni、Pb 和 Sb 等有毒重金属，这些重金属沉降到土壤中，严重威胁动植物安全[5]。

空气污染对生态环境的危害和影响是当前人类最关注的问题之一。各种形式的大气污染达到一定程度时，直接影响家禽的正常生长，造成畜牧业的损失。大气颗粒物中重金属影响土壤结构的稳定性。重金属在土壤中的累积极其隐蔽，重金属产生生物毒性的含量极低，在土壤中不易察觉和降解。大气颗粒物中的重金属一旦进入土壤环境，便会长时间存在。有关的研究学者发现，当土壤中的重金属含量超标时，蚯蚓的丰富度和

① 采用不同的掺杂工艺，通过扩散作用，将 P 型半导体与 N 型半导体制作在同一块半导体基片上，在其交界面形成的空间电荷区，称为 PN 结。

数量会明显下降。大部分土壤中的重金属相对稳定、不易被分解，因此，容易通过物质循环和能量循环进入家禽体内，从而对家禽生长发育造成负面影响，严重干扰家禽正常发育。

$PM_{2.5}$ 的检测方法有红外法、重量法、β射线吸收法、微量振荡天平法和光散射法。光散射法具有精度高、速度快、重复性好、测量原理简单的优点，应用最为广泛。光散射法利用光散射和吸收的原理测量颗粒物数量、尺寸和浓度。光的散射受到光源、测量角度、颗粒物尺寸、颗粒物形状及反射系数的影响。通过不同粒径的波形分类统计及换算公式可以得到不同粒径的实时颗粒物的数量、尺寸和浓度，按照标定方法得到与官方单位统一的质量浓度。由于颗粒物尺寸和形状难以估计，这类传感器只能得到近似的测量结果。

（三）气体传感器

1.二氧化碳传感器

随着集约化、规模化养殖的快速发展，畜禽养殖密度逐渐提高。过高的饲养密度使养殖舍内二氧化碳浓度升高，容易导致动物食欲和免疫力下降，影响动物的生产能力。为实现健康福利养殖，需要监测养殖环境二氧化碳浓度。当二氧化碳浓度超标时，需要及时通风，改善畜禽舍内空气质量。二氧化碳检测的方法主要包括气相色谱法、滴定法、固体电解质传感器、电化学、电容式、光纤检测法和基于非色散红外原理（NDIR）的检测方法[6]。由于 NDIR 二氧化碳传感器具有灵敏度高、选择性好、稳定性优良、使用寿命长、受环境影响小、响应速度快、无毒性、易于安装、再现性和重复性好的优点，它是最成熟和广泛应用的传感器。

二氧化碳传感器是基于红外吸收的原理。二氧化碳吸收波长为 4.26μm 的红外线。当红外线照射含有二氧化碳的气体时，二氧化碳会吸收一部分红外线。透过红外线的光强和二氧化碳的浓度具有相关性，而且二氧化碳对红外线的吸收满足郎伯比尔（Lamber-Beer）定律。根据 Lamber-Beer 定律，出射光强为

$$I = I_0 \exp(-KCL)$$

式中，I_0 为入射光强；I 为出射光强；K 是气体的吸收系数，与气体的种类、光谱波长、压力和温度等许多因素有关；C 为待测气体浓度（单位为 ppm）；L 为气室的长度（单位为 cm）。

NDIR 二氧化碳传感器一般由红外光源、测量气室、滤光片、双通道热电堆传感器、滤波器及微小信号放大电路等组成，如图 3.5 所示。含有二氧化碳的气体从进气口入，从出气口出。红外光源间歇性发出的红外线穿透被测气体和滤光片，双通道热电堆传感器分别测量二氧化碳敏感波长和参照波长的光强。双通道热电堆传感器输出的电压比较微弱，需要对微弱信号进行滤波，去除噪声和放大。红外光源发出的红外线，透过被测气体，其中，波长为 4.26μm 的光会被二氧化碳吸收，光强会变弱，而另一参照光，由于不会被气体吸收，光强没有改变。通过测量波长为 4.26μm 的光被吸收的程度来计算被测气体浓度。

2.硫化氢电化学气体传感器

硫化氢是一种无色、有臭鸡蛋气味的刺激性气体，易挥发且易溶于水。硫化氢对动

物黏膜和结膜产生刺激作用，可以引起结膜炎，危害动物呼吸系统，导致抗病能力下降。

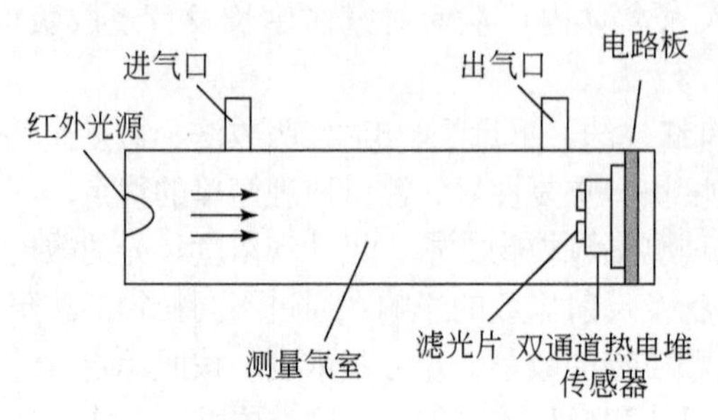

图 3.5　NDIR 二氧化碳传感器原理图

硫化氢电化学气体传感器主要包括电极、电解液和结构部件，电极部分包括工作电极、对电极及参比电极三部分。其工作原理如下：首先，在工作电极上硫化氢气体将会发生氧化反应；其次，在对电极上氧气则发生还原反应，被分析气体的浓度和反应产生的电流量成正比，因此，可根据电流大小定量测定被测气体的浓度[7]。参比电极既不参与氧化反应，也不参与还原反应，其作用是保证工作电极具有稳定电位，因为工作电极电位需要被控制，所以必须安装一个与之相匹配的恒电位电路以控制电极电位。

两电极的反应式如下所示：

（1）工作电极的反应式为 $H_2S+4H_2O=H_2SO_4+8H^++8e^-$；

（2）对电极的反应式为 $8H^++2O_2+8e^-=4H_2O$；

（3）总反应式为 $H_2S+2O_2=H_2SO_4$。

电解液的作用是为离子迁移提供环境，是传感器两电极间的导体。因为在电解液中电极要进行氧化还原反应，所以电解液会直接影响传感器灵敏度。硫化氢电化学气体传感器的结构由扩散孔、防尘膜和壳体等部件组成，需通过毛细管扩散孔后硫化氢气体才可以到工作电极，因此，其孔径大小会影响气体扩散的速率。实验中硫化氢电化学传感器的孔径一般为 2.6mm，远超过气体分子平均自由程（数量级一般为 10^{-8}～10^{-7}m），电解电流和温度的关系为 $J=2.05\times10^5D_0T^{1/2}nd^2p_1/(LP)$，式中，$D_0$ 为 273K、101.325KPa 条件下的扩散系数；T 为绝对温度；n 为每 mol 气体产生电子数；d 为毛细管孔径；L 为毛细管长度；p_1/P 为气体体积百分比。

3.氨气电化学传感器

氨气作为一种刺激性气体，广泛应用在化工业和农业等许多领域，其对人体皮肤及黏膜有一定的腐蚀、刺激作用。氨气电化学传感器[8]的工作原理是通过检测氨气通过电极前后的电位和电流变化从而测定氨气的浓度。氨气电化学传感器可分为电位型传感器、直接电流型传感器及电容型传感器。

电位型传感器是将氨气溶解在电解质中，传感器输出根据其所产生的电位变化而实现测定的一种传感器。电位型氨气传感器一般用氨气敏电极，氨气敏电极是一种复合电极，一般以 pH 玻璃电极作为指示电极，Ag/AgCl 电极作为参比电极。使用时，将此氨气敏电极置于盛有含氯化铵的内充溶液的塑料套管中，管底部用一张疏水薄膜与测试液隔开，并使透气膜与 pH 玻璃电极间有一层很薄的液膜。测量时，氨气由于扩散作用通过透气膜进入氯化铵溶液，在溶液中与 NH_4^+建立平衡，从而改变电极上敏感膜表面的离子活度，建立起与氨气分压成正比的电极电势。测量电极电势可计算出被测体系中氨气的含量。

直接电流型传感器是保持电位恒定，氨气通过介质时，介质氧化或还原产生的电流变化作为输出的一类传感器，工作介质一般是碱性溶液。直接电流型氨气传感器一般需在电极表面修饰一层能催化氨气氧化的催化剂（如铂、钯、铑、铱，或这些金属颗粒的混合物，或其合金，如铂 / 铱混合催化剂等），然后测量氨气在某个固定电位（一般是氨气的氧化过程受扩散控制时的电位）氧化的电流。

电容型传感器，其介电材料主要采用多孔材料，存在氨气时，其电容值则会发生一定的变化。Connolly 等[9]采用多孔碳化硅制成了电容型 NH_3 传感器，其能够检测的氨气浓度可低至 0.5ppm。

传统氨气电化学传感器的寿命一般较短，多在 1 年左右，因此，应用固体聚合物电解质（solid polymer electrolyte，SPE）制作氨气电化学传感器已成为国际热点研究内容。

4.甲烷电化学传感器

甲烷不仅是生活、工业生产的重要燃料，其还是未来洁净能源——天然气的主要成分（含量>99%）。另外，甲烷还是汽车、工业炉尾气，一般 1 分子甲烷所产生的温室效应多达二氧化碳的 21～22 倍。检测甲烷的方法主要有半导体气敏法、电化学方法、接触燃烧法、光纤法、气相色谱法和红外光谱法等，其中，应用最为广泛的是半导体气敏法与电化学方法[10]。甲烷电化学传感器主要有电流型甲烷传感器与电势型甲烷传感器 2 种类型。

电流型甲烷传感器的工作原理如下：传感器的结构包括固体电解质钇稳定氧化锆（yttria stabilized zirconia，YSZ）及两个 Pt 电极。当在 YSZ 两个 Pt 电极表面上加恒定电压时，在阴极表面使氧气发生还原反应，反应式为 $O_2+4e^-=2O^{2-}$。生成的 O^{2-}通过 YSZ 氧离子传输，到达阳极表面并在此发生氧化反应，反应式为 $2O^{2-}=O_2+4e^-$。氧气的含量的测定可根据测量传感器电流大小而确定。在含氧的条件下，电流型甲烷传感器为了使甲烷在到阴极前被氧气完全氧化成水和二氧化碳，可以通过选择对甲烷氧化反应具有高催化活性的电极或者外加一种合适的电压，通过对比前后实验消耗氧气的量从而确定甲烷含量或在电极表面甲烷直接发生电化学氧化反应，根据通过的电流量可以确定甲烷浓度。

电势型甲烷传感器的工作原理为：设计一种电池 Pd /YSZ/Au，其中，铂对甲烷氧化有很高的催化活性，作为活性电极；而金对甲烷氧化不起催化作用，作为惰性电极。当甲烷浓度较低时，活性电极上将发生反应为 $CH_4+2O_2=2H_2O+CO_2$，反应达到平衡时该电极的电极电势由氧气的分压所决定。惰性电极上发生反应为 $O_2+4e^-=2O^{2-}$，由此，两个电极间建立一种电动势，该电动势可由能斯特方程计算得出。

（四）动物生理传感器

1.运动量传感器

为有效提示育种人员展开对奶牛的繁殖与保健工作，以避免靠肉眼人为观察奶牛运动量来判断发情期的传统方法所造成的误差，减少奶牛空怀期时间及饲养成本，以便极大提高牧场繁殖水平，同时为减少空怀时间，降低冷冻精液使用量，从而提高奶牛受配率，即可对奶牛夜间发情期进行监测。奶牛发情期对牛群管理意义重大，根据奶牛活动量的上升、静卧时间变短及体温升高等生理特征的变化，可有效判断奶牛发情期。计步器能够监测奶牛活动量，避免人工识别所造成的误差率，依靠计步器对奶牛的发情期进行判断，成功率可以达到90%以上。

计步器中安装有三轴加速度传感器，利用其检测奶牛在 x、y、z 三个轴向上的加速度，通过所检测的加速度可以判断奶牛的运动状态（如慢走、静止、小步和快走等）。通过所检测出的奶牛的运动状态，可将其转化为标准的计步数据，在根据所制定的相应换算法则来对奶牛的热量消耗进行测算，从而对奶牛的运动量进行一定掌握，以便判断奶牛是否处于发情期。利用动作识别算法即可对奶牛所经过运动区域进行检测，并对奶牛动作及姿态做出识别。在具有一定稳定硬件平台且平台具有较强处理数据能力的基础上，能够利用计步器对奶牛实现实时监测。其中，动作识别算法主要为生成式分类算法和判别式分类算法。通常采用判别式分类算法对奶牛进行行为监测，首先，对三个轴向的数据进行取模求和；其次，综合三个轴向信号的数据；最后，采用滑动均值滤波方法来统计步数。所采用的计步检测方法主要围绕阈值判断和峰值检测来对信号提取、去噪和步伐判断算法进行构建。具体来讲，首先，在均值滤波的基础上，利用简单期望值最大化的方法来判断峰值位置；其次，对一个轴向信号通过离散 Harr 小波进行变换处理以去除噪声的影响，并通过傅里叶分析和变换对大部分信号进行处理，以便获得较为明显的特征来实现具体功能。

通常，奶牛脚脖子上都戴有“电脑脚链”，能将奶牛的状态（如“发情恋爱”）如实反映。该装置以三个轴向加速度传感器为基础，灵敏度高，传感器识读率高，发情检测准确，设备安装简便，无需大规模施工。传感器采用全封闭设计，防水防潮，并可在泥泞或积水牧场环境中工作使用。其内部电路采用超低功耗设计，电池采用高性能、高容量锂电池，可保证传感器持久正常工作五年以上。传感器实时记录奶牛行为动作，包括一天当中所走的步数及走路曲线等，并将相关信息储存于其中，通过挤奶平台的接收器，将这类信息传到计算机里，计算机系统分析读取奶牛的活动规律，确定奶牛一天耗能多少、有无疾病、饮食是否正常和有无发情等，并推断出奶牛的配种时间。

2.瘤胃传感器

奶牛养殖者为了增加奶牛产奶量，从而过度增加精料饲喂量，使诸如亚急性瘤胃酸中毒（subacute rumen acidosis，SARA）等营养性代谢病发病率大大增加。SARA 对奶牛的健康状况具有很大影响，能够使奶牛精神不振，反刍行为减弱，采食量、产奶量下降，并引发间歇性腹泻等。在此期间，奶牛更容易出现瘤胃代谢障碍、瘤胃炎和蹄叶炎等问题，严重影响奶牛的生产性能。

基于 pH 传感器的瘤胃传感检测装置，能够监测瘤胃液的实时 pH，从而达到检测奶牛 SARA 发病率的目的（图 3.6）。瘤胃传感检测装置存留于奶牛的瘤胃中，体积较小，形如胶囊，合金质地，因一端属于加重处始终向下，使得瘤胃传感检测装置始终浸入瘤胃液中，天线保持上端，传感器监测到的数据可通过天线传输到无线接收装置，因瘤胃传感检测装置自身的重力作用使其位于瘤胃中，位置不随奶牛的活动而改变。pH 传感器内置于装置壳体内部，用于监测奶牛胃内环境。为减少接收无效的监测数据，瘤胃传感检测装置设置在温度 35℃以上开始工作。瘤胃传感检测装置的壳体上设置有两个相对的窗口，从而形成联通通道，保证设置在壳体内部的 pH 传感器的感测探头通过探针插孔浸入通道中的瘤胃液中，并对相关数据准确进行监测，无线接收装置的通信模块接收到瘤胃传感检测装置通过天线发送的奶牛瘤胃液 pH 数据后，将数据保存在存储模块或通过个人计算机（personal computer，PC）接口连接电脑，或通过电脑实现对奶牛瘤胃液 pH 的实时监测，根据奶牛瘤胃液 pH，即可断定是否出现 SARA，检测过程中，在瘤胃传感检测装置内部由震动充电电池构成的供电装置通过震动自动充电，保证整个检测装置的奶牛体内正常持久运行。当奶牛瘤胃 pH 每天低于 5.6 的累计时间达 3～5h，则视为 SARA 出现。该传感检测装置不影响奶牛的正常活动，节约了养殖成本，增加了农户收益。

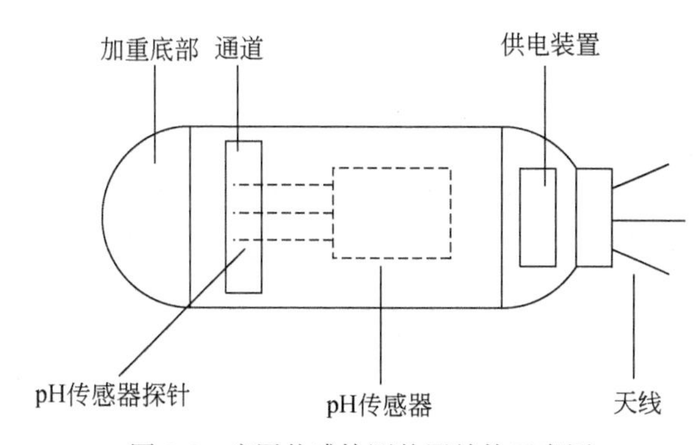

图 3.6　瘤胃传感检测装置结构示意图

3.体温传感器

体温是畜牧的一项重要生理参数。由于禽畜患各种疾病从而导致体温调节发生障碍致使体温发生改变，同时，畜牧发情前后会使体表温度和直肠温度发生较大变化，为实现对畜牧发情现象及患病情况的智能化鉴定，测量体温并观察其变化对生理状态评估、疾病诊断或预后判断都有重要意义。在实际生产中，因畜牧数量多、活动能力强，难以用传统玻璃水银体温计等工具对其进行大批多次测量并统计其数据结果，因此，考虑到 10TP583T 型非接触红外体温传感器具有良好性能，该传感器利用西贝克效应及汤普森效应作为温度感测的原理，通过红外辐射测得温度信号，而无需再与待测物体保持接触，符合实际测温需求。

利用 SEMITEC 的 10TP583T 型非接触红外体温传感器不需与奶牛接触，即可对奶牛自身辐射的红外能量进行测量，以达到监测奶牛体温的目的。10TP583T 型非接触红外体温传感器由热电堆、热敏电阻集成芯片构成，其主要电路原理如图 3.7 所示。

图 3.8 中的传感器芯片 MTP1 由热电堆和负电阻温度系数热敏电阻（negative temperature coefficient，NTC）两部分构成，热敏电阻可减小温度漂移达到对温度的补偿，同时能够对温度进行控制并达到稳压作用，其阻值与温度的关系为

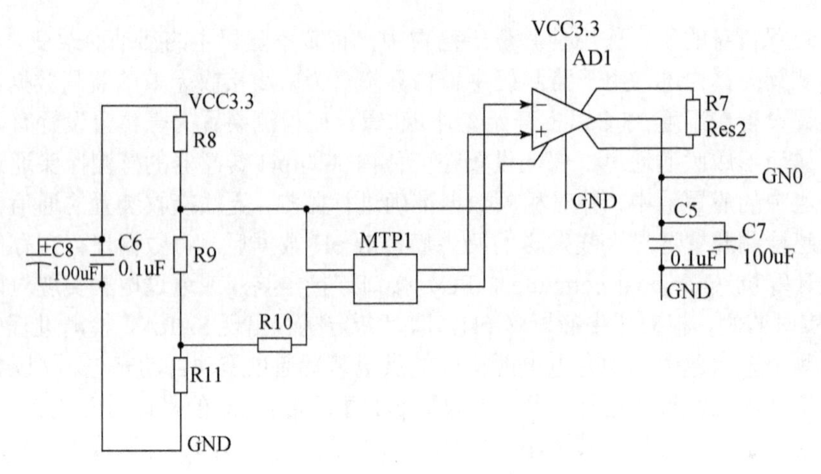

图 3.7　10TP583T 型非接触型红外体温传感器主要电路原理

$$\varphi_T = \varphi_0 \sigma^{\beta\left(\frac{1}{T}-\frac{1}{T_0}\right)}$$

式中，φ_T 为温度为 T 时的阻值；φ_0 为温度为 T_0 时的阻值；β 为热敏电阻材料常数（通常取 2000～6000K）；T 为绝对温标。利用驱动电路所提供的稳定电压或电流可将传感器中的输出信号转换为电信号。图 3.8 所示为恒电压驱动电路，利用电阻 R8、R9、R11 的分压作用可为红外温度传感器芯片和仪表放大器芯片提供稳定电压，并利用仪表放大器 AD620 芯片在噪声环境下将传感器在驱动电路下输出电压放大供其使用。

非接触红外体温传感器的非接触红外测温电路大致分为以下几个模块，如图 3.8 所示：

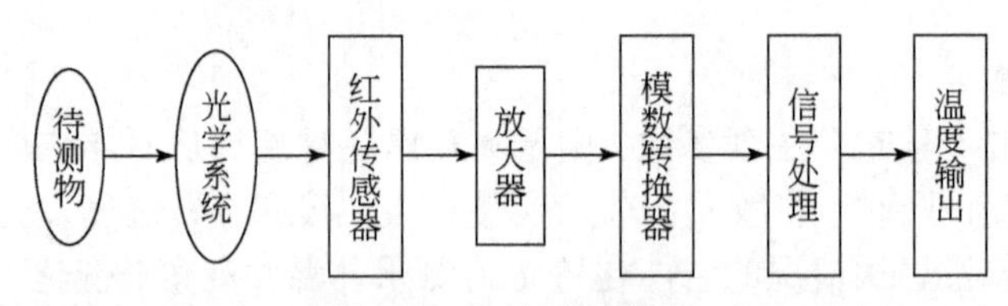

图 3.8　红外测温流程

首先，待测物体自身辐射红外辐能量，经光学系统聚焦后，红外测温传感器进行接收；其次，将接收到的模拟信号进行放大，将放大后的模拟信号转换为数字信号；最后，对数字信号进行滤波等信号处理，结果经算法就可转化为温度值输出。

利用非接触红外体温传感器对畜牧体温进行测试，该传感器具有一个特制光过滤器，该滤波器只可以透过 5.5～14μm 的红外光，这样可以让该范围以外的光在探头接收辐射时不被采集到，以此得到精确的测量值。

非接触红外体温传感器都有自身的视场，也就是传感器接收待测物体自身发出的红外线的范围，也可以称作视野范围。传感器视场如图 3.9 所示。衡量视野范围的大小，就是相对于视场主轴（热电堆电压输出峰值角度），50%热电堆电压输出处于的角度值。如图 3.9 所示。

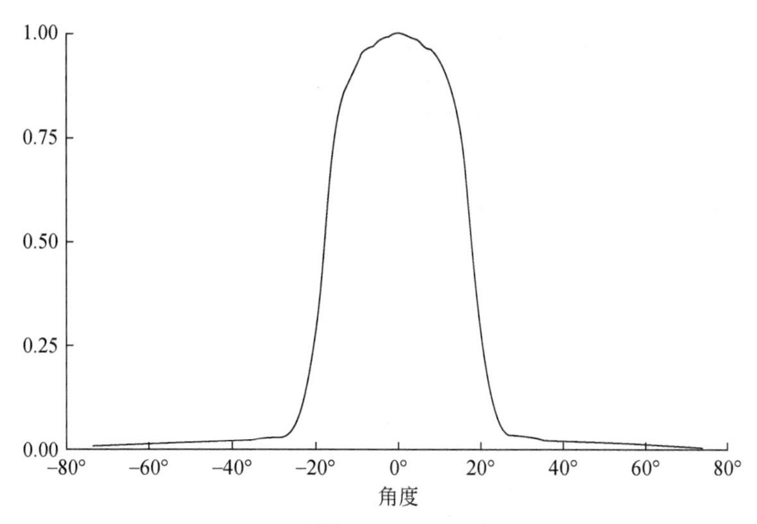

图 3.9 非接触红外体温传感器视场

由图 3.9 可知，在非接触红外体温传感器的主轴线±17° 内，接收动物红外辐射信号峰值较好，也就是说，此传感器视场为 35° 。图 3.10 模拟了传感器接收待测物的红外辐射。

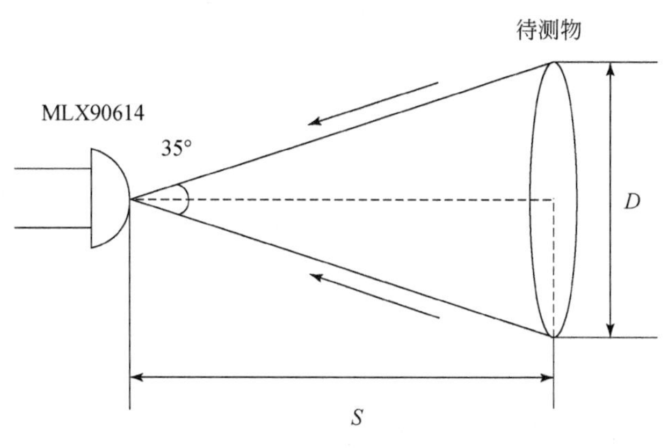

图 3.10 MLX90614 测温示意图

图 3.10 中，传感器到待测物体的距离为 S，待测物体的直径为 D，把 D 与 S 的比值称作物距比，这是选择红外传感器的重要指标（图 3.11）。由 35° 的视场可知传感器物距比为 1.6∶1，即在距离探头 1cm 处，被测物体直径大于或等于 1.6cm 时，可以准确采集温度。

4.呼吸传感器

呼吸是指机体与外界环境之间气体交换的过程。奶牛的呼吸过程包括三个互相联系的环节，即外呼吸，包括肺通气和肺换气；气体在血液中的运输；内呼吸，指组织细胞与血液间的气体交换。正常情况下，奶牛的呼吸频率为 20 次/min；轻度热应激时，呼吸频率为 50～60 次/min；中等程度热应激时，呼吸频率为 80～120 次/min；严重热应激时，呼吸频率 120～160 次/min。呼吸频率是反映热应激的直观指标。呼吸频率作为生理参数的一种，是观察急性呼吸功能障碍、热应激、养殖环境是否适宜因的敏感指标[11]。

不论是医生还是护理人员都把它作为生命指征之一，因此，呼吸频率传感器尤为重要。呼吸频率传感器能够实时地反映呼吸状况，记录下呼吸单位时间内的吸次数并且能够显示当前的呼吸频率，这能够帮助医生和研究人员实时掌握奶牛生理状况，并及时地做出有效的治疗。常见的呼吸传感器有应变式传感器、温湿度传感器、超声式流量传感器和从心电信息获取呼吸信号。

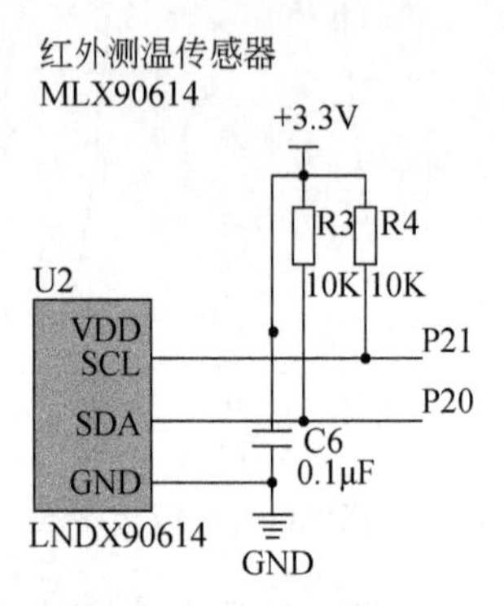

图 3.11　MLX90614 接口电路

当前对呼吸的研究，许多人提出创新的见解。唐亮等[12]提出基于面积特征算子的猪呼吸频率检测，提出采用机器视觉，利用面积特征算子非接触检测猪的呼吸频率的方法。韩国延世大学的 Kim 等[13]将谐振电路与耦合电容原理运用到非接触式呼吸检测领域，原理图如图 3.12 所示。该方法将一个平面谐振器放置在靠近奶牛的位置。平面谐振器与人体之间形成一个耦合电容，且耦合电容值的大小受平面谐振器与人体之间距离的影响。当呼吸运动导致机体与平面谐振器之间的距离改变时，耦合电容值的大小也发生改变，从而引起谐振电路频率的改变。通过一个锁相环路来检测谐振频率的变化，便可以达到非接触检测呼吸信号的目的。

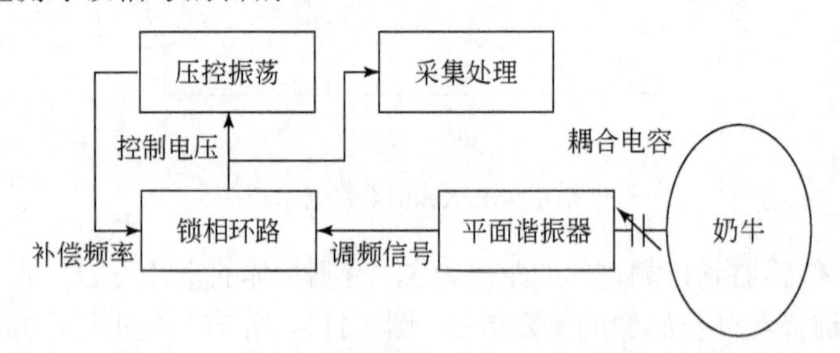

图 3.12　谐振电路与耦合非接触式呼吸检测原理图

在原理上谐振电路调频法与涡流法都是通过检测频率偏差来采集呼吸信号，但与涡流法相比，谐振电路调频法更安全方便；然而，谐振电路调频法对平面谐振器与机体之间的相对位置比较敏感，外部干扰会导致平面谐振器与人体的相对位置改变，引起测量误差。

呼吸检测主要通过呼吸流量变化、呼吸导致腹部起伏和呼吸导致局部温度的变化等来展开呼吸研究。面积特征算子的猪呼吸频率检测，硬件昂贵，检测复杂；用温度传感器检测呼吸需要将温度传感器置于奶牛鼻前，不能实时检测，导致检测不便；阻抗法获取呼吸只能在静态下测量，动态状况下检测干扰大，检测困难。对奶牛呼吸研究还处于初步阶段，问题包括传感器设计的复杂度，以及实用性和硬件价格，所以，在呼吸检测上还需要更多研究，寻找一种检测方便、精确度高、价格便宜的呼吸传感器。

5.心率传感器

心率（heart rate）是指心脏每分钟搏动的次数，它是用来评定心脏功能、运动强度和代谢水平的重要生理指标。医院中常用的是心电仪，通过对心跳信号波形的分析，可以判断出病人此时的生理状态。在畜牧上，为了可方便监测动态奶牛的心率，常常使用便携式心率计，置于奶牛的心脏、动脉血管或者毛细血管丰富处，奶牛的心率和脉搏是一致的。常见的脉搏传感器可分为红外脉搏传感器、心率脉搏传感器、光电脉搏传感器、腕部脉搏传感器、数字脉搏传感器、心音脉搏传感器及集成化脉搏传感器。测量的位置可以为牛耳、颈部、胸部。对不同妊娠阶段荷斯坦奶牛心率变异性的实时监测，为评估交感和副交感神经提供参考，提高对奶牛妊娠期的奶牛繁殖效率或提高奶牛产奶性能，同时，心率是判别急性心力衰竭的重要指标。

在采用压电的方法检测中，付扬和李静[14]提出了一种基于 FPGA 的心率测量方法，采用了高灵敏度的 CS0073 压电式脉搏传感器来获取脉搏信号，通过对脉搏信号的多级放大、滤波、整形来实现采集的脉冲信号的高精度，最后将放大的滤波后的脉搏信号与设定的基准电压进行比较，得到心率脉冲数字信号；陈天华和王倩[15]采用了压电陶瓷片采集脉搏信号，由于心跳的搏动，脉压的波动相对明显，当脉搏跳动时，压电陶瓷片检测到相应的信号。传感器检测压力波信号和进行预处理，再进行整形转换为脉冲信号，然后计数和显示，从而实现实时监测心率次数。

在光电检测方面，李志强[16]通过光电反射式与电极式对比选择了光电式心率测量方法（表 3.1）；郑开明等提出利用光电式测量脉搏来计心率的方法，这种方法利用红外光经手指反射被光电探测管接收将光信号转化为电信号，经过隔直、滤波和放大后进行统计。

本研究通过使用 570nm 发光波长的绿光，来取代红外光，使得测量感度更高，大大提高了 *S/N* 比。难点是外来干扰较为强烈，需要经过有效的信号调整和算法优化来达到理想的效果。

在心电提取和频谱法方面，汪会[17]采用了在心电图上测量心率的方法。在心率公式的基础上，对算法在硬件资源上的实现进行改进，得出心率值。王广猛[18]主要用时频谱的方法对心率进行检测与估计：首先，对心率的时域法和频域法进行分析；其次，提出了一种新的时频谱法，并使用这种算法对心率进行提取。

表 3.1 反射式和电极式对比表

实现方式	心率检测	血氧检测	心电图检测	运动情况下监测	功耗	抗干扰	操作便利性
反射式	可以	可以	不可以	可以	发射光线，能耗高	易受外来光线、不同肤色和体毛等影响	单手操作，主动读取数据，便于远程监护
电极式	可以	不可以	可以	不可以	功耗低	干扰小	双手检测数据

这部分的难点在于：压电式脉搏传感器来获取脉搏信号，对脉搏信号的多级放大、滤波、整形来实现采集的脉冲信号的稳定性和精确性，硬件设计较复杂，抗干扰弱；光电式测量脉搏来计心率的方法，这种方法利用红外光经手指的反射被光电探测管接收将光信号转化为电信号，经过隔直、滤波和放大输入到单片机中进行统计，为现在流行的心率检测方法，但在运动状态下检测较为困难。

二、“物联牧场”传输技术

“物联牧场”传输技术主要是指将感知到的牧场环境、动物个体标识和动物本体等各类信息通过有线或无线的传输技术传送到处理层和应用层。传输技术主要包括有线传输技术和无线传输技术。由于有线传输技术容易受牧场建筑规模、设施布局和安装条件等因素的影响，目前移动通信、低功耗蓝牙、ZigBee 及低功耗广域网等无线传输技术发展迅速。

（一）移动通信技术

1.4G 移动通信技术

4G 移动通信技术也称第四代移动通信技术。4G 移动通信技术系统下载速度可以达到 100Mbps，上传速度也能达到 20Mbps，和 3G 移动通信技术相比，4G 移动通信技术能够提供更高的传输速度、更优的抗干扰性能和更强的兼容频率。目前 4G 移动通信技术在农业领域应用范围在不断扩展，将极大地促进农业物联网的发展。

4G 移动通信技术的关键技术有正交频分复用（orthogonal frequency division multiplexing，OFDM）技术、智能天线、软件无线电、基于网络之间互联协议（internet protocol，IP）的核心网及多输入多输出系统（multiple-input multiple-output，MIMO）等，其中，OFDM 是 4G 技术的核心，网络结构高度可扩展，具有良好的抗噪声性能和抗多信道干扰能力，可以提供无线数据技术质量更高（速率高、时延小）的服务和更好的性价比。4G 移动通信技术可以分为物理网络层、中间环境层和应用网络层。物理网络层的根本是无线和核心网络，提供接入和路由。中间环境层的功能包括映射、地址变换和管理。应用网络层可以提供跨网络、地域和标准的无缝连接的高速数据通信服务。4G 移动通信技术的主要特征包括通信速度快、储存容量大、兼容性高、智慧化程度高和频率利用效率高等。4G 移动通信技术在农业领域的应用前景广阔，4G 移动通信网络可以实现高清音质、图像和信息的传递。

2. 5G 移动通信技术

5G 移动通信技术也称第五代移动通信技术，是 4G 移动通信技术的延伸。移动互联网的快速发展催生了大规模物联网、自动驾驶和智能家居等新兴行业，这些新兴行业的发展要求 5G 移动通信技术具备低成本、低功耗、广覆盖、高可靠的特点。5G 移动通信技术的四大主要技术场景包括连续广域覆盖、热点高容量、低功耗大连接和低时延高可靠。5G 移动通信技术的主要性能指标有传输速率可达 10GB/s；频谱效率提高 10 倍；业务时延小于 5ms；网络容量提升 1000 倍；能量效率提升 10 倍。5G 移动通信技术不再仅仅是速率的提升，而是提供更多的应用和更好的用户体验。5G 移动通信技术将支持

OFDM、多载波码分多址（multicarrier code division multiple access，MC-CDMA）、大区域同步码分多址（large area synchronized code division multiple access，LAS-CDMA）、超宽带（ultra wideband，UWB）、LMDS（区域多点传输服务）和互联网协议第 6 版（internet protocol version 6，IPv6）。

5G 移动通信技术，作为最新一代的移动通信技术，其应用必将大大提高频谱利用效率及其能效，在资源利用和传输速度效率方面较 4G 移动通信技术能提高至少一个等级，在系统安全、传输时延、用户体验和无线覆盖的性能等各个方面也将得到显著的提升。5G 移动通信技术结合其他无线通信技术后，将构成新一代高效、完美的移动信息网络，可以满足未来十年的移动信息网络的发展需求。不久的将来，5G 移动通信系统一定程度上还将具备较大的灵活性，实现自我调整和网络自感知等智能化功能，可以有充分应对未来移动网络信息社会的不可预测的飞速发展。

（二）蓝牙低功耗技术

蓝牙低功耗（bluetooth low energy，BLE）技术是在传统蓝牙不足的基础上进行了改进，在保留传输功能的同时，加入了低功耗技术，虽然传输速率不如传统蓝牙快，但是功耗降低了数十倍，一颗纽扣电池也能够支持设备工作数月甚至更长。BLE 技术采用星形拓扑结构，BLE 设备可以有多种角色，包括扫描者、广播者、链接发起者、主设备和从设备。一个拓扑结构实例如图 3.13 所示：从设备 B 和 C 分别与主设备 A 建立链接，形成局域网。主设备 F 和从设备 G 构成另外一个局域网。图中三个广播组分别为：①扫描者 E 监听广播者 C 的广播数据；②链接发起者 A 监听广播者 D 的广播数据；③扫描者 I 和 J 监听广播者 H 的广播数据。

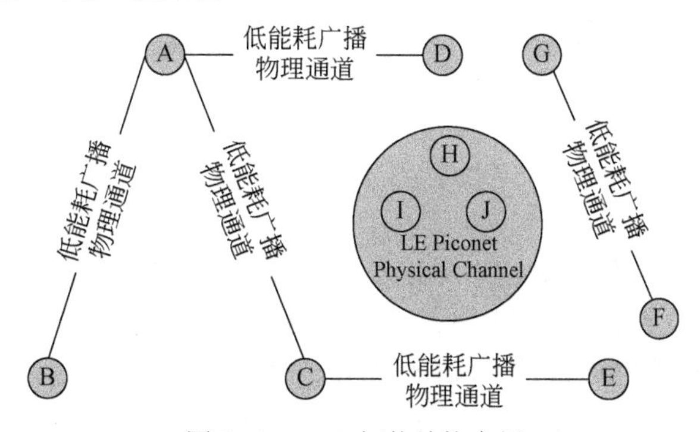

图 3.13　BLE 拓扑结构实例

低功耗是 BLE 技术的最大特点，主要体现在减少待机功耗、实现快速链接和降低峰值功率三个方面。与传统蓝牙技术处于空闲状态不同，BLE 技术中主机长期处于深度睡眠状态，只有工作时才被控制器唤醒，节省能量。传统蓝牙技术建立链接一般需要 100ms，而 BLE 对建立链接的规范进行了修改，蓝牙设备只需 3ms 就可以完成链接，大大减少了建立链接的扫描时间，降低了功耗。BLE 支持超短数据封包，有效降低了峰值功率。由于 BLE 出色的低功耗性能，目前已经广泛应用在用于实现精准养殖的奶牛可穿戴设备中。

（三）ZigBee 技术

ZigBee 技术是一种短距离、低速率的无线通信技术，是当前面向无线传感器网络的技术标准。其名字来源于蜂群使用的赖以生存和发展的通信方式，主要适合于自动控制和远程控制领域，可以嵌入各种设备中，同时支持地理定位功能，是一种低成本的、低功耗的、短距离无线网络通信技术。

ZigBee 技术性能特点包括：①低功耗。在相同的供电情况下，ZigBee 可以工作更长时间。②低成本。ZigBee 联盟对其进行大规模简化协议（不到蓝牙协议的十分之一），从而降低了对通信控制器的要求，减少了所需代码的容量，而且 ZigBee 协议专利是免费的，设备的复杂程度低。③低速率。ZigBee 工作范围为 20～250kbps，专注于低速率传输应用。④短距离运输。相邻节点之间的传输范围一般为 10m～100m。⑤短时延。ZigBee 设备的响应速度较快，一般从休眠状态转入工作状态只需 15ms，设备连接加入网络只需 30ms，数据传输时延较短，进一步节约了电能。⑥高容量。ZigBee 网络拓扑结构有星状、树状和网状网络结构，由一个父节点连接管理若干子节点，最大容量达 65 000 个节点。⑦数据通信可靠性高。ZigBee 提供包括无安全设定、使用访问控制清单防治非法获取数据及采用高级加密标准的对称密码的三级安全模式，同时协议栈的各层可以灵活确定其安全属性。

（四）低功耗广域网技术

低功耗广域网（low-power wide-area network，LPWAN）技术是一种革命性的物联网接入技术，专门为低功耗、远距离、低带宽、低通信频率，需大量接入设备的物联网应用设计，与 Wi-Fi、BLE、ZigBee、GPRS、3G 和 4G 等无线网络连接方式相比，LPWAN 真正实现了大区域物联网低成本全覆盖，可以满足大面积畜牧养殖、大田种植和水产养殖等农业物联网应用需求。LPWAN 可分为两类：一类是工作于未授权频谱的 LoRa 和 SigFox 等技术；另一类是工作于授权频谱下，第三代合作伙伴计划（3rd generation partnership project，3GPP）支持的 2G/3G/4G 蜂窝通信技术（如 NB-IoT 等）。

1.LoRa 技术

LoRa（long range）是美国升特（Semtech）公司的私有物理层技术，主要采用了窄带扩频技术，在抗干扰能力强，大大改善了接收灵敏度，在一定程度上奠定了 LoRa 技术的远距离和低功耗性能的基础。LoRa 是一种利用 Chirp 进行扩频的全新的调制方式，是所有基于 LoRa 技术的组网技术（包括 LoRaWAN 和 aiCast 等）的最重要组成部分。这种调制方式技术上的名称应该为 FM（Chirp）。从实现上来讲，LoRa 本身的核心技术是使用分数锁相环生成稳定的 Chirp 信号。

LoRa 技术的特点包括：①带宽可伸缩。可用于窄带也可用于宽带。②包络恒定/低功耗。与频移键控（frequency-shift keying，FSK）一样是包络恒定的调制方式，所以直接使用已有的 FSK 的 PA，而由于 PG（处理增益），能在更低的功耗达到或超过 FSK 的链路预算。③高鲁棒性。因为采用了扩频调制，单个 LoRa 符号比一般的跳频通信的短突发时段要长，故对 AM 脉冲干扰抑制较强，典型的信道外选择性可达 90dB，信道内排斥度可达 20dB。对 FSK，这两个参数分别为大约 50dB 与-6dB。④抗多径/衰落。因为单个扫频脉冲的带宽相对较大，所以基本不受多径/衰落影响。⑤抗多普勒效应。多普勒效应造成的频移只会为 LoRa 的基带信号带来一个基本上可以忽略不计的时间轴平移。⑥大网络容量。从单个扩频因子来计，LoRa 的容量小于 FSK。但是，多个扩频因子的信道是正交的，所以，整个 LoRa 的网络容量等于所有扩频因子信道的容量相加。⑦接受灵敏度得到改善。扫频扩频产生了处理增益（processing gain），使得接收端可以解调出比噪音的幅度更低的信号，这样在相同的发射功率下，传输的距离大大增加。

2.窄带物联网技术

窄带物联网 NB-IoT（narrow band IoT）是基于 4G 蜂窝网络的窄带物联网技术，运营商统一部署覆盖全国的网络，数据会经过运营商的网络，无需重新建网，射频和天线基本都可以复用，具有支持海量连接、深度覆盖、低功耗、低成本的优点，能有效满足偏远农村地区的深度覆盖需求。NB-IoT 由运营商主导，实现物联网设备一张网，便于维护和管理，结束当前物联网技术和应用的“碎片化”现象。NB-IoT 为授权频谱抗干扰性能好，主要技术特点包括：①广覆盖。NB-IoT 技术具有比全球移动通信系统（global system for mobile communication，GSM）好 20dB 以上的网络增益，覆盖面积可扩大 100 倍。②大连接。NB-IoT 单扇区支持 5 万个连接。③低功耗。NB-IoT 终端 99%时间工作在节能模式。假设 NB-IoT 终端每天发送一次报文，1 节 5 号电池的待机寿命可长达 10 年。④低成本。180kHz 窄带，芯片复杂度低；优化协议栈，较少片内 Flash 和 RAM；单天线、半双工，视频成本低。单个模块的成本不超过 5 美元，有望降至 1 美元。

三、“物联牧场”处理技术

“物联牧场”处理技术是指信息处理技术在畜牧业的应用，通过对传感器获取的养殖环境、动物个体和本体、音频和视频等信息进行处理、加工，提取出指导畜禽养殖生产的信息，并对“物联牧场”设备进行调控，确保畜禽生长所需的最佳环境、合理营养和精确管理。“物联牧场”处理技术主要包括养殖环境控制技术、精准饲喂技术、挤奶机器人技术和音视频处理技术。

（一）养殖环境控制技术

养殖环境调控水平低是制约我国畜禽养殖业发展的重要因素之一。养殖环境控制技术指根据实时监测的养殖环境信息，结合畜禽品种、生长阶段和饲养密度等条件，构建养殖环境与产量的关联模型，采用智能控制技术，实现对“物联牧场”通风、降温、加热和补光等设备装置的调控，确保最适宜畜禽生长的环境，发挥畜禽的最大生产性能，同时能够节约生产成本，减轻劳动力负担。养殖环境控制技术主要包括最优控制技术、自适应控制技术、专家控制技术、模糊控制技术、容错控制技术、智能控制技术。

最优控制技术是在给定条件下，对给定系统确定一种控制方法，使该系统在规定的性能指标下具有最优值。自适应控制技术是指系统在具有不确定性的内部和外部的条件下，通过一段时间的运行，系统逐渐适应将自身调整到一个最佳状态的控制方法。专家控制技术是以专家知识库为基础建立控制规则和程序，在未知环境下，模仿专家的经验，实现系统的控制。模糊控制技术是将输入量模糊化，然后制定模糊控制规则，输出模糊的判决，对输出量进行模糊化并反馈，该技术适合应用在畜牧生产环境这种不需要精确控制，同时需要尽可能节省能耗的情况，具有应对畜牧生产环境影响因素众多、复杂的特点。容错控制技术是指在系统某些部件发生故障时，系统仍然能够保持稳定，并满足一定性能指标的控制方法。智能控制技术是最高级的自动控制，它在控制论、人工智能及计算机学科的基础上发展起来，是非线性的控制，具有自学习能力。

柳平增等[19]研制了畜禽规模养殖环境智能调控系统，利用模糊控制技术提高了畜禽舍内温湿度、粉尘浓度和有害气体浓度的控制精度。高温季节奶牛场实验结果表明，该系统能够迅速降低养殖环境温度，有效改善了夏季奶牛养殖环境。李立峰等[20]利用组态软件、模糊控制技术和解耦控制技术，通过机械通风系统和热水采暖系统实现了分娩母猪舍内环境的智能控制，保证舍内温度、湿度和氨气浓度在适宜的范围以内。

（二）精准饲喂技术

精准饲喂技术指根据畜禽在各阶段营养需求，模仿专家经验，设定饲料配方和饲喂量，集成动物个体识别、动物通道控制和自动称量下料等技术，实现畜禽饲料、饮用水及微量元素的精确投放，减少饲料浪费，提高饲料转化率，实现畜禽养殖的节本增效。

针对奶牛饲喂需要大量人工、饲养员劳动强度大、生产效率低的问题，杨存志等[21]研究了 FR-200 型奶牛智能化精确饲喂设备，该设备包含轨道、主动行走机构、从动行走机构、料仓、电控箱及蓄电池组、螺旋给料机构、奶牛识别系统和嵌入式电脑，系统结构如图 3.14 所示。该设备在固定环形轨道上行走，利用 RFID 技术识别奶牛个体，读取奶牛个体信息，确定饲喂量，精确控制螺旋给料机构定量投放奶牛所需饲料。该设备能够实现奶牛的精确饲喂，有效改善奶牛瘤胃 pH，降低饲养人员的工作强度。

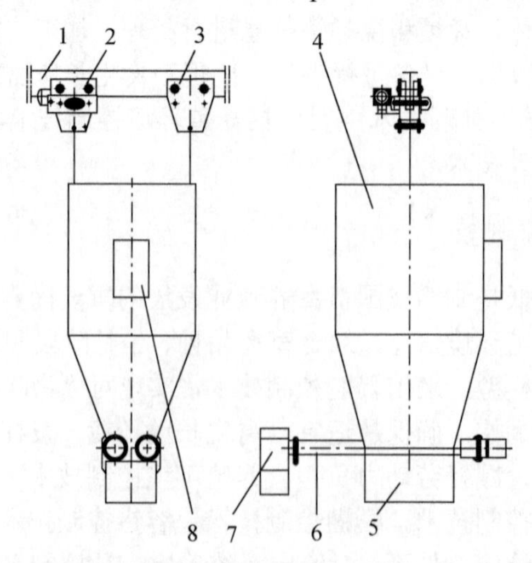

图 3.14　FR-200 型奶牛智能化精确饲喂设备系统结构图

1：轨道；2：主动行走机构；3：从动行走机构；4：料仓；5：电控箱及蓄电池组；6：螺旋给料机构；7：奶牛识别系统；8：嵌入式电脑

为解决妊娠母猪按个体定量饲喂及剩料难以控制等问题，杨亮等[22]设计了一种妊娠母猪自动饲喂机电控制系统（图 3.15），采用 RFID 标识及无线局域网技术，实现了母猪的个体识别与数据交换。在个体识别的基础上，实现了针对不同妊娠期（前期、中期及后期）的母猪，有差异的精细饲喂，实验结果显示，剩料比仅为 2.1%，极大减少了饲料的浪费，提高了养殖效率。

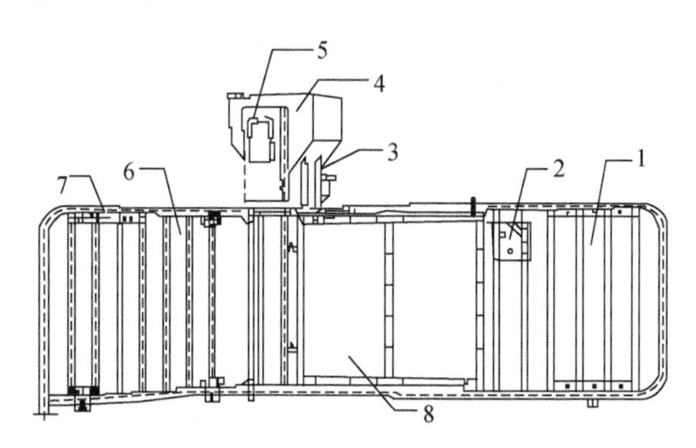

图 3.15　妊娠母猪自动饲喂机电控制系统结构图

1：进口门；　2：进口通道；3：电磁阀；4：储料仓；5：控制模块；6：出口通道；7：出口门；8：应急门

（三）挤奶机器人技术

挤奶机器人由奶牛个体识别系统、牛奶品质监测系统、奶牛监控监测系统组成。牛奶品质监测系统能够持续监测奶牛产奶量、乳脂肪、乳蛋白、体细胞数和固体干物质等信息，可将牛奶电导率（elective conductivity，EC）、近红外光谱（near infrared spectrum instrument，NIRS）或温度及视觉传感器等检测技术作用于挤奶后的牛奶流通管道中，用以检测牛奶中体细胞数（somatic cell count，SCC）、蛋白质、脂肪、糖分、电解质及温度和颜色等指标，在实现在线检测的同时可将不符合标准的牛奶自动分流进入废奶储存罐中，取代了人工检测牛奶质量的过程。

世界生产挤奶机器人的厂商主要集中在欧美发达国家和地区，主要有瑞典的 DeLaval、荷兰的 Lely、德国的 GEA、美国 Boumatic 和丹麦 SAC 等公司。杨存志等[21]在参考国外挤奶机器人的基础上，研究并开发了具有自主知识产权的全自动智能挤奶机器人。挤奶机器人是集成了机械、气液、自动控制、传感器、计算机视觉、软件及数据库的一体化系统，主要包括主控计算机、奶牛乳头识别机构、奶牛定位识别机构、奶管真空传感器、脉动器、乳房炎检测传感器、挤奶计量传感器、奶牛个体识别系统、机械臂主控 PLC、挤奶机械臂、气液系统主控 PLC、药浴电磁阀、乳头清洗刷电机、套杯脱杯气缸和门栏控制系统等。

（四）音视频处理技术

音视频处理技术是利用运动传感器、麦克风、相机和体感等采集设备获取动物个体的运动、图像及声音等信息，通过预处理、特征提取与模式识别等信息处理技术，对畜禽活动量、体尺参数、采食、饮水、踱足及攻击等行为，以及尖叫和咳嗽等异常发声进行持续监测和自动识别，实现动物发情、疫病与疾病等情况的预测预警，满足当前畜禽健康养殖、福利养殖的需求。

在畜禽体型参数方面，主要对畜禽体重、身体尺寸（体长、体宽、体高、臀宽和臀高等）和体型得分等进行非接触性估测方法的研究。在畜禽养殖过程中，体重是一项重要指标。传统称量方式不但费时费力，而且称量过程容易造成畜禽的应激反应，影响正常生长发育。国内外相关学者都进行了非接触式估测畜禽体重的研究，首先，构建机器视觉系统，采集畜禽顶视图或侧视图；其次，利用图像处理技术提取和体重相关的畜禽关键体型参数（如体长、体宽、体高和顶视图面积等）；最后，对关键体型参数和体重进行线性或非线性的回归分析，构建测量体重的数学模型，实现对畜禽体重的非接触性估测。相关研究已经在奶牛、猪[22]和肉鸡等畜禽中开展。这种方法具有无接触，省时和省力的优点。但是，构建机器视觉系统，要克服畜禽养殖环境粉尘和光照不均匀等客观条件的影响，工程量比较大；而且畜禽体重估测模型往往通用性不佳，目前还没有相关的非接触体重测量产品从实验室走向市场。近年来，能够提供深度图像的体感设备（Kinect 等）的出现，使得对畜禽进行三维立体信息获取的成本越来越低，利用体感设备采集畜禽体尺参数和体重估测的可行性研究也正在展开，有望进一步提高畜禽体型参数的非接触性测量方法的精度和实用化程度。

在畜禽行为方面，主要是通过视频、运动传感器数据和声音等信息，判断畜禽采食、饮水、排泄、活动量、叫声、步态和攻击行为等。随着规模化养殖的发展，养殖户需要管理的畜禽越来越多，分配到单只畜禽的时间越来越少，对畜禽异常行为的发现变得更加困难。畜禽的异常行为（如采食减少、饮水减少、排泄增多、活动量加大、嚎叫、踱足和攻击同类等），很可能是动物疫病发生、暴发的前奏，将会给畜牧养殖造成经济损失。各国学者致力于开发各种感知方法，替代养殖户完成对畜禽行为持续的观测，确保畜禽生产安全和畜禽产品品质。Aydin 等[25]通过对肉鸡啄食声音进行采集、处理和分析来估测采食量。单只肉鸡和鸡群的实验结果显示，该方法对采食量估测精度分别达到了 90%和 86%，实现了对肉鸡采食量的全生长周期、全自动、非接触式的持续监测，允许养殖户在把握肉鸡采食状况的同时，制定合理的饲喂计划，进一步提高饲料转化率。Kashiha 等[26]首先通过给猪喷涂不同的图案，利用图像处理技术对猪进行个体识别，其次，检测猪停留饮水区域的时长，估测饮水量，实现对猪饮水行为的实时监控。朱伟兴[27]等通过远程智能自动监控猪的排泄行为，记录猪停留排泄区的时间和次数，通过异常频繁的排泄行为，发现患腹泻或肠胃炎的疑似病猪，及时诊治，和人工观察的方法相比大大提高了生产效率。González 等[28]给牛戴上装有 GPS 和加速度传感器的电子项圈，实时采集牛的运动数据，进一步分析可以得到牛的当前状态（如饮食、反刍、行走和休息等），实现了对牛个体行为的自动实时监测。Vandermeulen 等[29]采集猪的叫声，提取猪受到惊吓导致的尖叫的声音特征，实现对猪精神状态的实时监控。提早发现畜禽的异常行为特征，实现对疾病的及早诊断与处理。畜禽行为的自动感知对提高动物福利，减少畜禽疫病发生，实现高效健康养殖具有重要意义。

四、“物联牧场”技术集成与装备设计

本节主要从系统组成、工作原理和技术参数等角度简要介绍了“物联牧场”的通用设备——气象监测站、气体监测站和远程控制系统。

（一）“物联牧场”气象监测站和气体监测站

“物联牧场”气象监测站和气体监测站，用于对养殖环境信息进行实时采集，并通过无线数据传输模块将采集到的传感器数据上传到服务器。为了满足监测站野外工作的供电需求，监测站配备了太阳能供电系统。目前，监测的养殖环境信息主要包括温度、湿度、光照强度、风向、风速、雨量、氨气浓度、氧气浓度、二氧化碳浓度、硫化氢浓度和甲烷浓度等 11 项指标。“物联牧场”气象监测站和气体监测站无线传输版结构示意图、实物图如图 3.16 和图 3.17 所示。

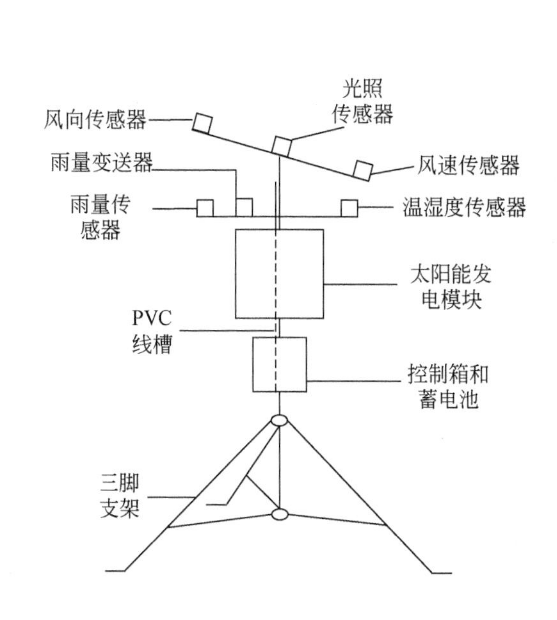

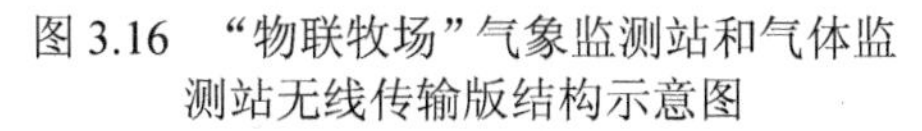
图 3.16　“物联牧场”气象监测站和气体监测站无线传输版结构示意图

图 3.17　“物联牧场”气象监测站和气体监测站无线传输版实物图

其中，风向传感器固定在气象架顶端的横臂一端，用以监测风向信息；风速传感器固定在气象架顶端的横臂一端，用以监测风速信息；光照传感器固定在气象架顶端中间，用以监测光照信息；温湿度传感器固定在顶端下方的横臂一端，用以监测环境温湿度信息；雨量传感器由雨量变送器和雨量筒组成，雨量筒固定在顶端下方的横臂一端，用来监测雨量信息，雨量变送器固定在顶端下方横臂中间，用以将雨量筒测出的模拟信号转

换为数字信号，发送给控制板；太阳能发电模块固定在雨量变送器所在横臂下方气象架主干上，用以将太阳能转化为蓄电池中的电能；控制箱固定在太阳能发电模块下方气象架主干上，用以放置蓄电池、控制板及数据传输模块，蓄电池为气象架所有设备供电，显示模块用以显示风向、风速、温湿度和雨量信息，DTU 数据传输模块用以传输视频信息；PVC 线槽固定在气象架主干上，用以放置各传感器和太阳能电池板的连接线，以防止线路因雨水腐蚀等带来的老化问题。

“物联牧场”气象监测站和气体监测站无线传输版的硬件框图，如图 3.18 所示。监测站控制器的主要功能包括：①与 RS-485 接口的传感器模块通信，读取传感器的数据；②在液晶显示模块上，显示传感器数据；③将传感器数据通过 DTU 数据传输模块，发送到服务器。主控制器需要完成的功能比较简单，考虑到降低成本，以及监测站在野外工作需要满足低功耗的要求，监测站采用 STC12LE5A60S2 单片机作为监测站的主要控制器。STC12LE5A60S2 单片机是宏晶科技生产的单片机，具有高速、低功耗和抗干扰的特点。该单片机工作电压为 2.2～3.6V，用户应用程序空间为 60K，同时具有两个串口，可以满足单片机同时和 DTU 数据传输模块、液晶显示模块或传感器模块通信的需求。

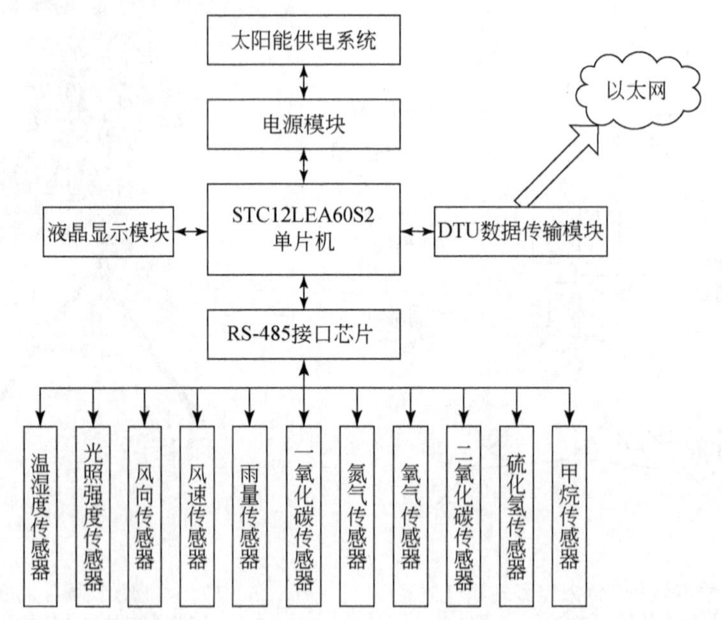

图 3.18 “物联牧场”气象监测站和气体监测站无线传输版的硬件框图

“物联牧场”气象监测站和气体监测站电路原理图，如图 3.19 所示。“物联牧场”气象监测站和气体监测站无线传输版的印制电路板（printed circuit board，PCB）的布线图，如图 3.20 所示。“物联牧场”气象监测站和气体监测站无线传输版的电路板实物图，如图 3.21 所示。

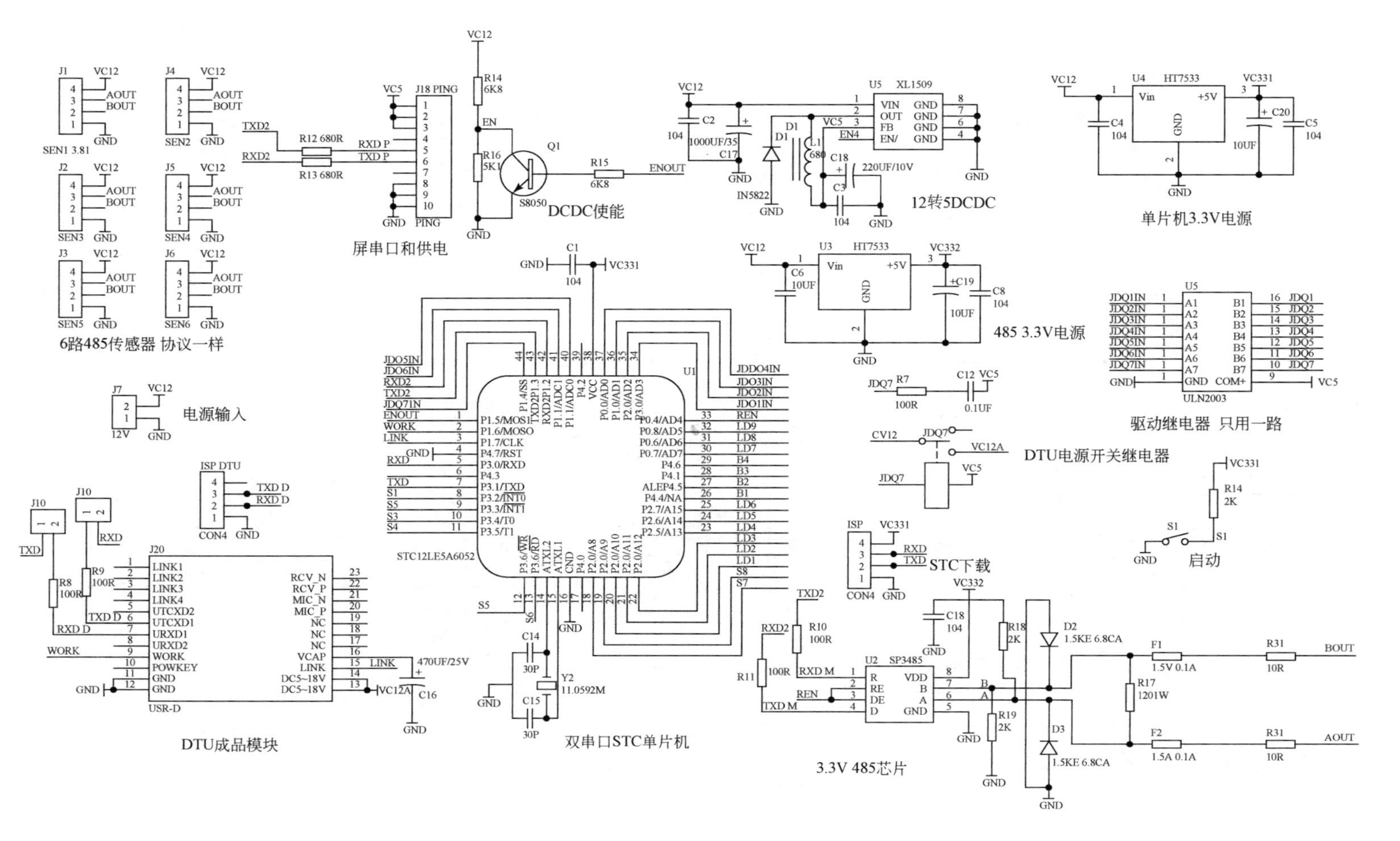

图3.19　“物联牧场”气象监测站和气体监测站电路原理图

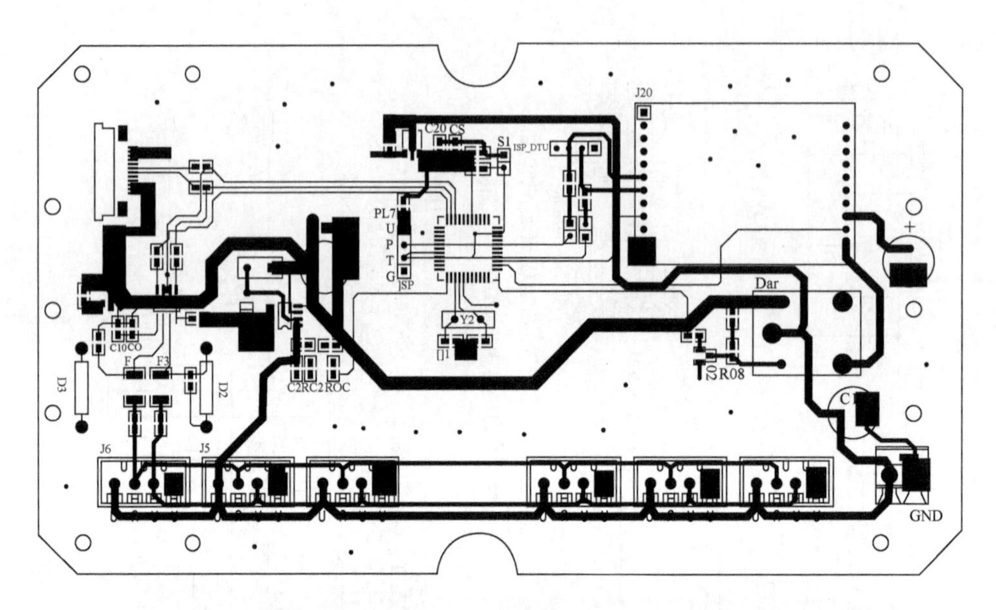

图 3.20　“物联牧场”气象监测站和气体监测站无线传输版的 PCB 布线图

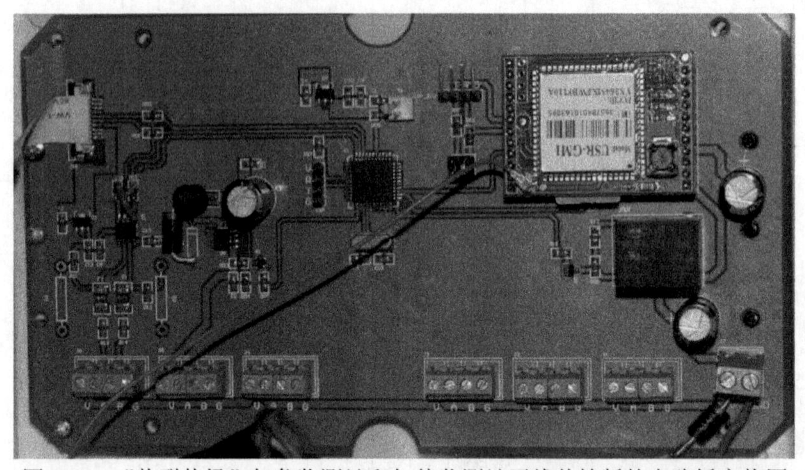

图 3.21　“物联牧场”气象监测站和气体监测站无线传输版的电路板实物图

首先，电源模块电路。系统主控制器 STC12LE5A60S2 和 RS-485 接口芯片 SP3485 需要 3.3V 电源，液晶显示模块需要 5V 电源，DTU 数据传输模块和传感器模块需要 12V 电源。由太阳能充电的蓄电池可以提供 12V 的电压为 DTU 数据传输模块和传感器模块供电。12V 的电压经过由 XL1509 构成的 DC/DC 降压模块变为 5V 电压，为液晶显示模块供电。5V 电压分别经过两个 HT7533 线性稳压芯片为系统主控制器 STC12LE5A60S2 和 RS-485 接口芯片供电。

其次，系统功能电路。包括 DTU 数据传输模块、液晶显示模块和 RS-485 传感器通信模块。主控制器包含两个串口，即串口 1 和串口 2。串口 1 的管脚 TXD 和 RXD 分别与 DTU 数据传输模块的 UTXD1 和 URXD1 相连。DTU 数据传输模块选用 GPRS 数据传输模块，型号为 USR-GM1。该模块内置 TCP/IP 协议栈，设置简单，使用方便。该模块可以配置心跳包数据格式，发送间隔，与服务器保持连接，支持掉线重连，实现数据的无线传输。串口 2 的管脚 TXD2 和 RXD2 分别与液晶显示模块的通信管脚 RXD_P 和 TXD_P 相连。液晶显示模块选用一款工业串口液晶触摸屏，型号为 DMT48270M043。该模块具有开发简单、低功耗及背光自动待机的优点。串口 2 的管脚 TXD2 和 RXD2 同时与 RS-485 接口芯片 SP3485 相连。SP3485 是一款低功耗半双工收发器，满足 RS-485 串口协议的要求，将主控制器的 TTL 电平转换为 RS-485 电平，实现对传感器模块感知数据的采集。

传感器模块容易受到恶劣自然环境的损害（如日晒、雨淋、高温、高湿、结露、结霜、冰冻、雾霾和沙尘等）；同时，野生小动物的破坏导致接头脱落，传感器探头损害的事情也时有发生。为了解决传感器模块易损坏、需要定期替换更新的问题，所有的传感器模块选用了支持标准 MODBUS 通讯协议的传感器模块。各个模块的检测范围如下：温度检测范围为-40～120℃，湿度检测范围为 0～100%RH，光照强度检测范围为 0～200 000Lux，风速检测范围为 0～30m/s，雨量检测范围为 0～40mm/min，一氧化碳检测范围为 0～1000ppm，氨气检测范围为 0～100ppm，氧气检测范围：0～30%，二氧化碳检测范围为 0～5000ppm。硫化氢检测范围为 0～100ppm，甲烷检测范围为 0～100%LEL。

“物联牧场”气象监测站和气体监测站监测界面如图 3.22 所示。

PM10	18	μg/m³
PM2.5	15	μg/m³
温　度	21.5	℃
湿　度	40.4	%RH
氧　气	20.8	%
甲　烷	0.0	%LEL
风　速	0.0	m/s
风　向	东	
光照强度	65	Lux
大气压	102.57	kPa
一氧化碳	0.0	ppm
二氧化碳	395	ppm

图 3.22　“物联牧场”气象监测站和气体监测站监测界面

（二）“物联牧场”远程控制系统

“物联牧场”远程控制系统使得养殖户可以通过手机 APP 远程控制牧场设备（如风机、照明灯、水泵、加热器、电机和电磁阀等）的启动和停止。“物联牧场”远程控制系统支架，如图 3.23 所示。系统可以连接风扇、加热器、照明灯、电机、水泵和电磁阀等牧场设备。该系统移动方便，适合小型的牧场使用。“物联牧场”远程控制系统操作界面，如图 3.24 所示。控制面板上安装设备的硬件开关，可以和远程控制系统手机 APP

同时使用。“物联牧场”远程控制系统的硬件框图，如图 3.25 所示。系统由两个单片机、电源模块、DTU 数据传输模块、继电器驱动芯片和继电器组成。为充分利用已开发的“物联牧场”气象监测站和气体监测站无线传输版的电路板，该远程控制系统采用了双机通信的方式。单片机 1 用来接收单片机 2 传递的指令并执行，控制继电器 1～6 的工作状态，从而实现“物联牧场”设备的启停。单片机 2 用来接收养殖户通过以太网发送来的控制指令，并传递给单片机 1。该系统单片机 2 部分的电路图与“物联牧场”气象监测站和气体监测站无线传输版相同，如图 3.22 所示。该系统单片机 1 部分的电路图，如图 3.26 所示，单片机 1 通过继电器驱动芯片 ULN2003 与继电器 G5LA 相连。ULN2003 是高耐压、大电流、内部由七个硅 NPN 达林顿管组成的驱动芯片，内部还集成了一个消线圈反电动势的二极管，可用来驱动继电器。G5LA 是一款功率继电器，具有可靠性高、触点负载大的优点，10A 电流和 250V 交流电源。“物联牧场”远程控制系统 PCB 布线图，如图 3.27 所示。电路板实物图如图 3.28 所示。

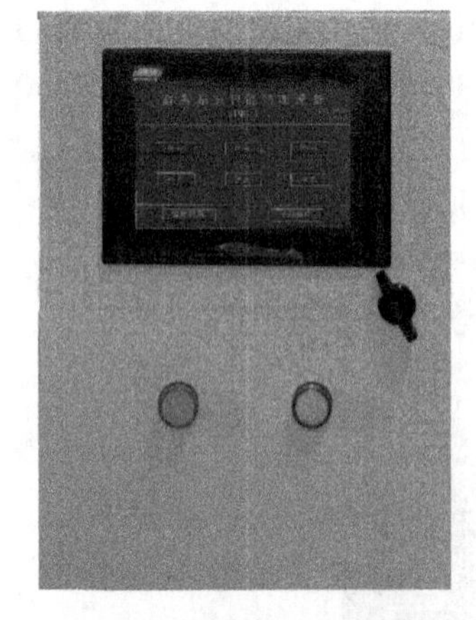

图 3.23 “物联牧场”远程控制系统支架

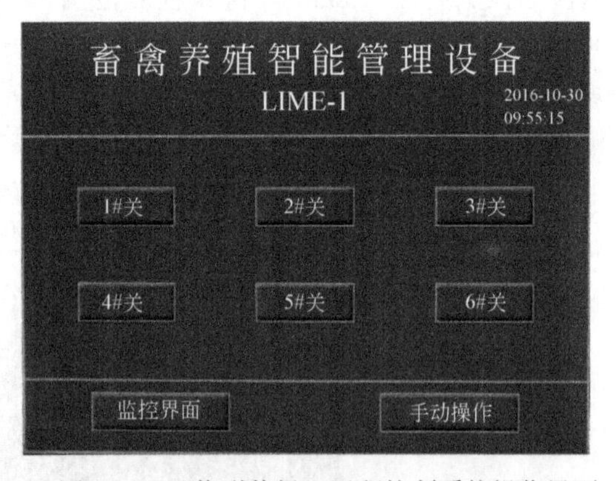

图 3.24 “物联牧场”远程控制系统操作界面

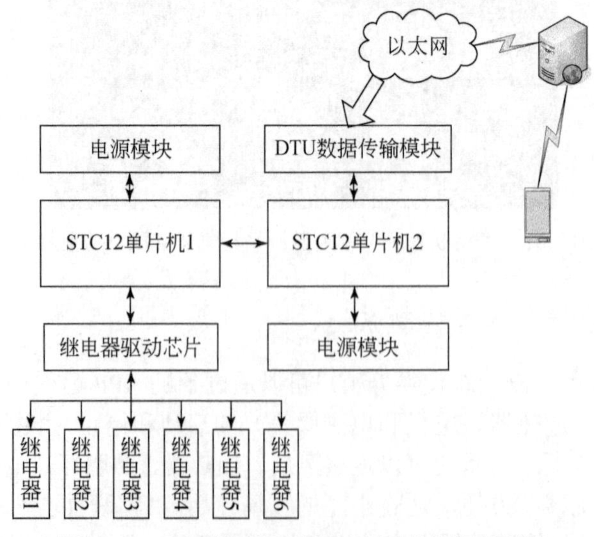

图 3.25 “物联牧场”远程控制系统的硬件框图

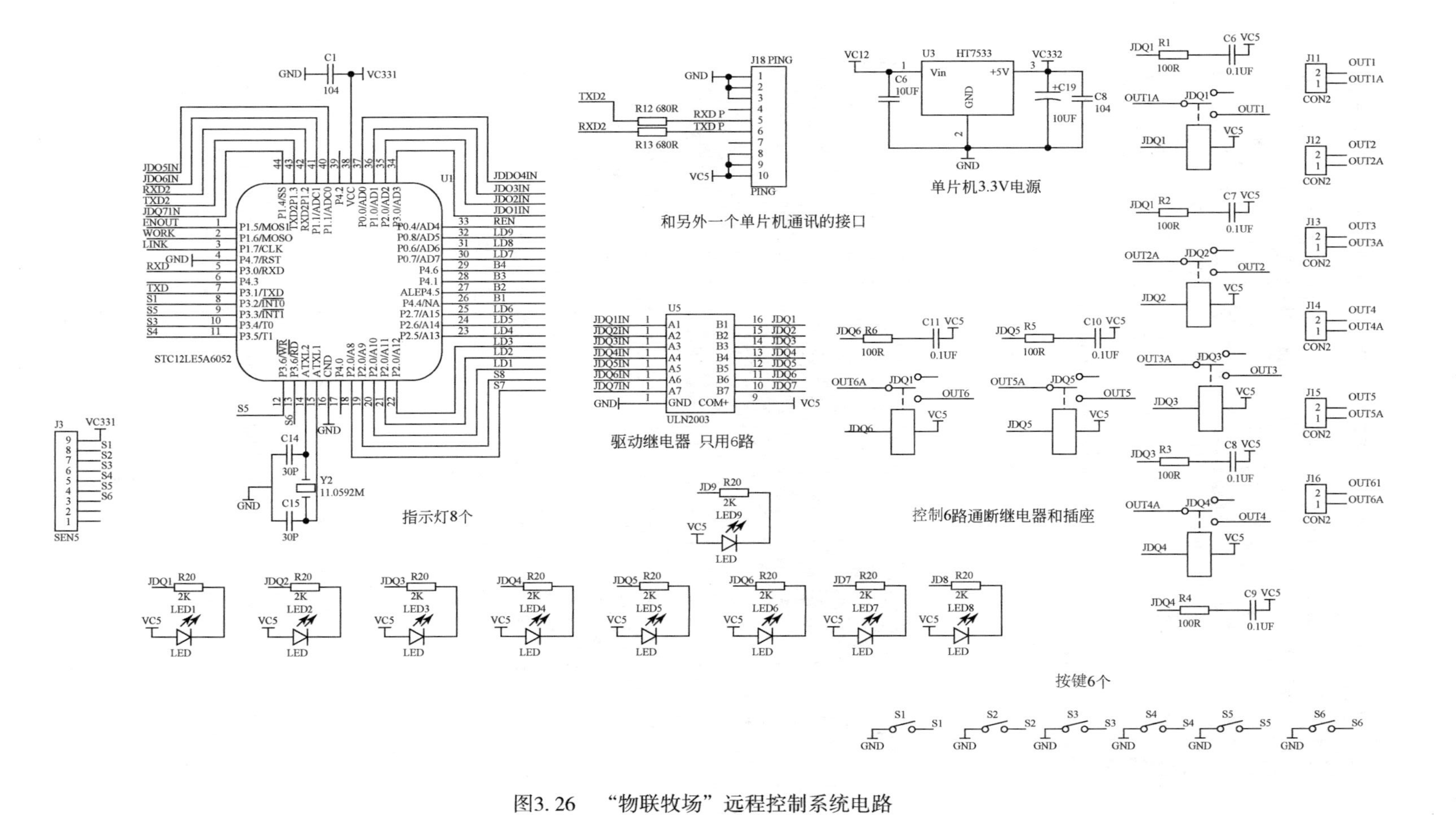

图3.26 "物联牧场"远程控制系统电路

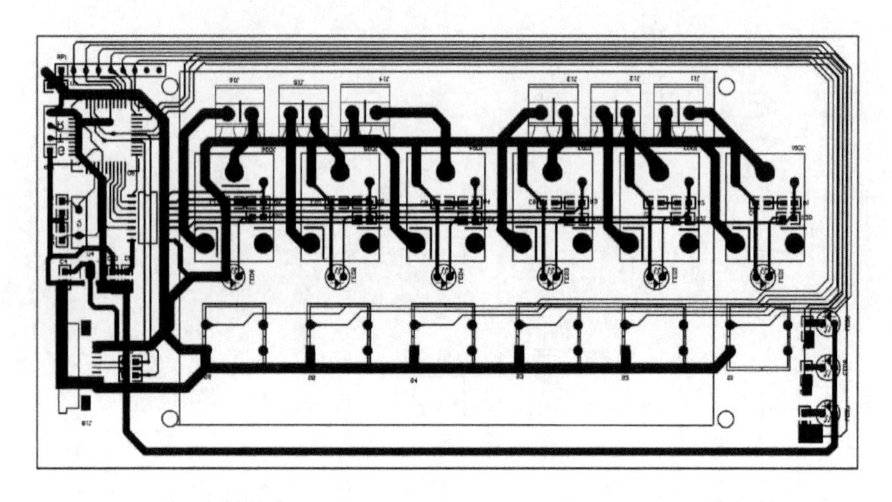

图 3.27 “物联牧场”远程控制系统电路板 PCB 布线图

图 3.28 “物联牧场”远程控制系统电路板实物图

五、本章小结

“物联牧场”是利用传感器技术、数据传输技术、自动控制技术、音视频处理技术，对养殖环境、动物个体、行为和生理等信息进行实时监测，并根据畜禽需求对养殖环境、饲料配方及挤奶过程等进行科学合理的控制，实现牧场人机牧一体化。本章从感知、传输、处理、控制技术原理出发，结合“物联牧场”应用案例，介绍了“物联牧场”的共性关键技术和装备。

参考文献

[1] 安建强，马建辉，张金龙，等. 基于条形码技术的奶牛个体识别系统的研究［J］. 农业网络信息，

2007，（6）：26-28.

［2］熊本海，杨振刚，杨亮，等. 中国畜牧业物联网技术应用研究进展［J］. 农业工程学报，2015，31（S1）：237-246.

［3］吕荫润，郑丽敏. 射频识别技术应用于畜产品追溯系统研究进展［J］. 肉类研究，2013，27（5）：26-30.

［4］辛海瑞，熊本海，潘晓花，等.光照对快速生长型肉禽影响的研究进展［J］. 家畜生态学预报，2015，36（10）：1-6.

［5］李濠.湘南地区 PM2. 5 中的重金属对农业的影响［J］.环球人文地理，2016（6）：270.

［6］袁超，何保山，韩小贤，等. 二氧化碳气体检测研究进展［J］. 江西农业学报，2009，21（6）：133-136+140.

［7］石金宝，魏复盛. 定电位电解传感器的特点与应用［J］. 中国环境监测，1998，14（2）：47-49.

［8］郑建旭，管永川，冉慧丽，等. 氨气传感器的应用和研究进展［J］. 化工新型材料，2010，38（2）：6-8+22.

［9］Connolly E J，Timmer B，Pham H T M，et a1．A porous Sic ammonia sensor．Sensors Actuators B［J］. 2005，（109）：44-46.

［10］唐镜淞，徐丽萍，李和平，等. 基于固体电解质的 CH_4 电化学传感器评述［J］. 传感器与微系统，2014，33（9）：1-3+7.

［11］赵凯旋，何东健，王恩泽.基于视频分析的奶牛呼吸频率与异常检测［J］，农业机械学报，2014，45（10）：258-263.

［12］唐亮，朱伟兴，李新城，等. 基于面积特征算子的猪呼吸频率检测［J］. 信息技术，2015（2）：73-77.

［13］Kim S G，Yun G H，Y ook J G. Compact vital signal sensor using oscillation frequency deviation［J］. Transactions on Microwave Theory and Techniques，2012，60（2）：393-400.

［14］付扬，李静.数字心率计的 FPGA 设计与实现［J］.计算机仿真.2010，27（8）：363-367.

［15］陈天华，王倩. 基于 MSP430 和压电传感器的人体心率检测系统设计［J］. 制造业自动化，2013，35（15）：88-89+108.

［16］李志强. 心率检测在智能手表上的应用［J］. 福建电脑，2014，30（6）：88-90.

［17］汪会．定脉冲实现心率测量［J］. 科技传播，2010，17（9）：185-186.

［18］王广猛，陈丽媛，颜培实．不同妊娠阶段荷斯坦奶牛心率变异性分析［J］. 畜牧与兽医，2014，10（3）：78-79.

［19］柳平增，毕树生，苗良，等. 畜禽规模养殖环境智能调控系统的研制［J］. 计算机测量与控制，2009，17（7）：1316-1319.

［20］李立峰，武佩，麻硕士，等. 基于组态软件和模糊控制的分娩母猪舍环境监控系统［J］. 农业工程学报，2011，27（6）：231-236.

［21］杨存志，李源源，杨旭，等. FR-200 型奶牛智能化精确饲喂机器人的研制［J］. 农机化研究，2014，36（2）：120-122+126.

［22］杨亮，熊本海，曹沛，等. 妊娠母猪自动饲喂机电控制系统设计与试验［J］. 农业工程学报，2013，29（21）：66-71.

［23］杨存志，吴泽全，郭洋. 挤奶机器人的结构设计［J］. 农机化研究，2018，40（4）：98-103.

［24］李卓，毛涛涛，刘同海，等. 基于机器视觉的猪体质量估测模型比较与优化［J］. 农业工程学报，2015，31（2）：155-161.

［25］Aydin A，Bahr C，Berckmans D. A real-time monitoring tool to automatically measure the feed intakes of multiple broiler chickens by sound analysis［J］. Computers and Electronics in Agriculture，2015，114（C）：1-6.

［26］Kashiha M，Bahr C，Haredasht S A，et al. The automatic monitoring of pigs water use by cameras［J］. Computers and Electronics in Agriculture，2013，90（90）：164-169.

［27］朱伟兴，浦雪峰，李新城，等. 基于行为监测的疑似病猪自动化识别系统［J］. 农业工程学报，2010，26（1）：188-192.

［28］GonzáLez L A，Bishop-Hurley G J，et al. Behavioral classification of data from collars containing motion sensors in grazing cattle［J］. Computers and Electronics in Agriculture，2015，110（C）：91-102.

［29］Vandermeulen J，Bahr C，Tullo E，et al. Discerning Pig Screams in Production Environments［J］.Plos One，2015，10（4）：1-15.

第四章 “物联牧场”——家禽关键技术与装备设计

目前我国家禽产业稳步发展，产业结构不断调整、优化，力图有效实现家禽禽舍管理水平的标准化、数字化、信息化[1]。我国家禽业逐步以公司或集团化为养殖主体，实行大规模、愈来愈标准化的家禽生产格局[2]。随着养禽业规模化和集约化的不断发展，信息化管理日益重要，禽舍环境监测与控制成为决定养禽业生产水平高低的重要因素[3]。本章重点论述了物联网技术在家禽养殖生产、禽舍环境信息监测、家禽自动投料、禽产品收集及分离和家禽个体疫病监测预警等方面的应用。

一、蛋鸡物联网技术与装备设计

“物联牧场”蛋鸡物联网技术装备包括：①可以用于自动收集鸡蛋的“物联牧场”集蛋系统；②以全自动的方式快速分拣无精蛋的“物联牧场”无精蛋分拣系统；③可根据生产蛋制品种类不同而设定不同分类标准的物联牧场鸡蛋重量分级装置；④可同时行进与投放饲料的“物联牧场”一体式搅拌饲喂车；⑤边行进边检测蛋鸡体温，可将体温较低的病态或死态蛋鸡及时取出的“物联牧场”蛋鸡抓取装置。

（一）集蛋系统

1.背景技术

目前，国内仍有许多家禽养殖场尤其是小型养殖场，采用人工捡蛋方式，效率低下；部分大中型养殖场虽采用流水线捡蛋机械，但存在投入成本大和使用不灵活等问题。

“物联牧场”集蛋系统通过抽气装置在吸蛋管的出口端抽气，在关闭第一闸门时利用吸蛋管的入口端将待收集蛋体吸入，然后再通过打开第一闸门使被吸入的待收集蛋体落入到收集装置中，整个过程操作方便、集蛋效率高，且该系统结构简单、成本低。

2.装备设计

“物联牧场”集蛋系统包括吸蛋管、抽气装置、收集装置、平移装置、移动小车、控制器、第一位置传感器及第二位置传感器。吸蛋管的出口端内设有第一闸门、第二闸门，第二闸门位于第一闸门的下方，出口端的开口处设有篦网。抽气装置与吸蛋管的出口端连通，且连接点位于第一闸门的上方。抽气装置与吸蛋管设置在移动小车上，抽气装置与吸蛋管之间设有滤网。收集装置包括多个阵列的蛋托，与吸蛋管的出口端连接。移动小车包括车厢、设置在车厢内部的步进电机、电池及设置在车厢底部的滚轮。控制器与第一位置传感器和第二位置传感器连接，第一位置传感器设置在吸蛋管的出口端内，并位于第一闸门与第二闸门之间，第二位置传感器设置在吸蛋管的出口端内、并位于第二闸门的下方。集蛋系统结构示意图，如图 4.1 所示。

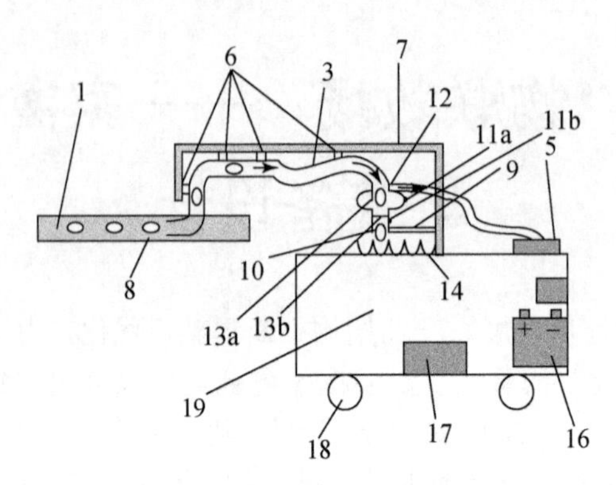

图 4.1　集蛋系统结构示意图

1：养殖笼蛋槽；3：吸蛋管；5：抽气装置；6：抱箍；7：支架；8：待收集蛋体；9：平移装置；10：篮网；11a：第一位置传感器；11b：第二位置传感器；12：滤网；13a：第一闸门；13b：第二闸门；14：收集装置；16：电池；17：步进电机；18：滚轮；19：车厢

平移装置包括滑轨和伸缩杆，滑轨和伸缩杆均为水平设置，且相对垂直。伸缩杆的一端滑动设置在滑轨中，另一端与吸蛋管的出口端连接，从而通过伸缩杆在滑轨中的滑动及伸缩杆的伸缩带动吸蛋管的出口端以任意轨迹做平面运动。平移装置结构示意图，如图 4.2 所示。

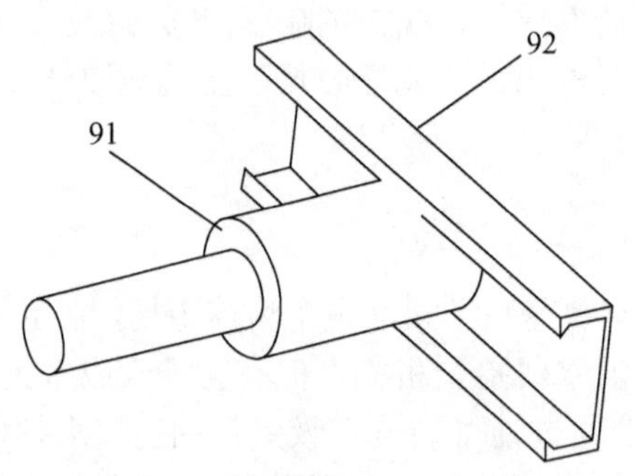

图 4.2　平移装置结构示意图

91：伸缩杆；92：滑轨

3.工作过程

在待收集蛋体进入到吸蛋管的出口端之前，使第一闸门处于打开的状态、并使第二闸门处于关闭的状态，此时吸蛋管的出口端所形成的负压依然全部沿吸蛋管向其入口端传递； 第一位置传感器和第二位置传感器均可以是红外感应器，当第一位置传感器感应到待收集蛋体经过时，说明待收集蛋体已落入到第一闸门与第二闸门之间，第一位置传感器产生感应信号，并将该感应信号传输给控制器，控制器控制第一闸门关闭，以及控制第二闸门开启；当第二位置传感器感应到待收集蛋体经过时，说明待收集蛋体已落入到第二闸门的下方，第二位置传感器将感应信息传输给控制器，控制器控制第二闸门关闭，以及控制第一闸门开启，待收集蛋体落入到收集装置中。

（二）无精蛋分拣系统

1.背景技术

现阶段，我国无精蛋在种蛋中所占比例为8%～9%，每年有大量的未受精种蛋不能孵化，占用大量的时间、空间、劳动力和能源，造成大量的资源浪费[4]。此外，无精蛋也可食用，及时地检测与分选无精蛋显得尤其重要。

传统的无精蛋的检测与分选，是通过人工肉眼查看的方式进行，该方式精确度低、劳动量大、分拣速度慢，影响了鸡蛋的孵化质量与水平。

“物联牧场”无精蛋分拣系统可以以全自动的方式做到无精蛋的快速分拣，而且准确度高，节约了人力成本，提高了无精蛋的分拣效率。

2.装备设计

“物联牧场”无精蛋分拣系统包括传送装置、无精蛋检测装置、中心控制装置、无精蛋分拣装置、矩阵式蛋托、移动装置、回转装置和储蛋装置。无精蛋检测装置设置在传送装置的上方，中心控制装置与无精蛋检测装置连接，无精蛋分拣装置设置在传送装置的上方，并位于无精蛋检测装置的后方，无精蛋分拣装置与中心控制装置连接，矩阵式蛋托放置在传送装置上。无精蛋检测装置包括多个激光检测器，多个激光检测器以矩阵形式排布；无精蛋分拣装置包括多个吸蛋器，多个吸蛋器以矩阵形式排布、并分别与中心控制装置连接，中心控制装置开启与无精蛋的位置相对应的吸蛋器。储蛋装置设置在传送装置的一侧，多个吸蛋器均通过移动装置和回转装置可移动地设置在传送装置的上方与储蛋装置的上方之间。无精蛋分拣系统结构示意图，如图4.3所示。

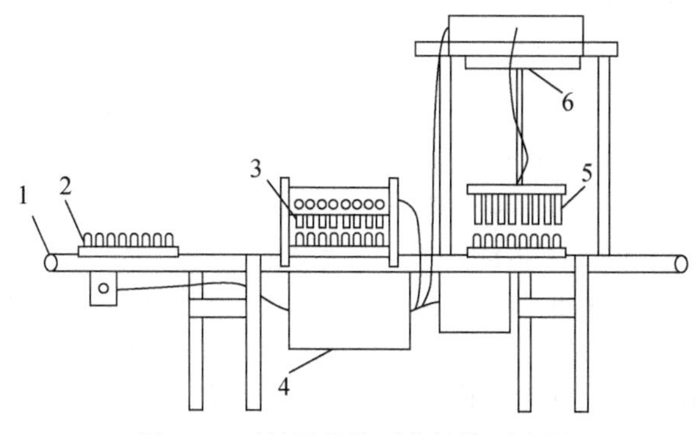

图4.3　无精蛋分拣系统结构示意图

1：传送装置；2：待分拣蛋体；3：无精蛋检测装置；4：中心控制装置；5：无精蛋分拣装置；6：移动装置

3.工作过程

待分拣蛋体通过蛋托放置在传送装置上，通过传送装置对待分拣蛋体向后输送；无精蛋检测装置设置在传送装置的上方，用于检测待分拣蛋体中的无精蛋相对于待分拣蛋体的位置，根据无精蛋和有精蛋的内在特征区别，通过透光等方式加以区分，具体可以是靶向识别无精蛋的特征而直接得到无精蛋的相对位置信息，或靶向识别有精蛋的特征而间接获取无精蛋的相对位置信息；中心控制装置设置在传送装置的下方，与无精蛋检测装置通信连接，用于获取待分拣蛋体中的无精蛋的位置信息；无精蛋分拣装置设置在传送装置的上方，并位于无精蛋检测装置的后方，无精蛋分拣装置与中心控制装置连接，用于在中心控制装置的控制下，根据无精蛋的位置信息分拣出无精蛋。

（三）鸡蛋重量分级装置

1.背景技术

目前，蛋品加工企业和鸡蛋生产企业需要把鸡蛋按重量的不同分为不同的等级，加工成蛋制品或者把包装过的生鸡蛋按数量销售[5]。蛋品加工企业和鸡蛋生产企业收购鸡蛋时，传统的分级方法是 10 枚鸡蛋大于等于 625g，为一级，10 枚鸡蛋大于等于 500g，为二级等，鸡场、养鸡专业户需要提前把鸡蛋按重量的不同进行分类，以获得最大的收入。

现有技术中，在国内的鸡蛋加工厂中，鸡蛋重量分级主要是依靠人工检测法，即通过操作工的感官来测定鸡蛋的重量大小。人工鸡蛋重量分级的方法劳动强度大，且其检测精度依据操作工的工作经验而异，此外，分级精度也因操作工的疲劳和情绪等受到影响，因此，精度要求不能得到保证。

“物联牧场”鸡蛋重量分级装置，可以设定 5 个甚至更多个分类标准，根据生产蛋制品种类的不同，设定不同的分类标准，使分类后的鸡蛋满足不同的收购和加工标准；使用自动化的机械设备具有效率高、破损率低、准确性高、节省人力、减少成本、增加收入的优势。

2.装备设计

“物联牧场”鸡蛋重量分级装置包括鸡蛋传送装置、鸡蛋托盘、传送带、第一电机、控制模块和收集台。鸡蛋传送装置包括多个平行设置的传送辊道和驱动鸡蛋在传送辊道上传送的第二电机，还包括传送滚轴、导流拨片和拨正滚轴，传送滚轴包括多个水平并排设置的圆钢管，拨正滚轴的表面呈波浪形，相邻波峰之间形成一个凹槽，多根拨正滚轴并排设置，多根拨正滚轴上对应位置处的凹槽形成传送辊道，导流拨片呈长方形，导流拨片一端连接传送滚轴，另一端连接拨正滚轴，相邻导流拨片之间形成鸡蛋出口，鸡蛋出口与传送辊道相对设置。导流拨片与传送滚轴连接的一端为橡胶片，另一端为不锈钢片。第二电机分别与传送滚轴、导流拨片和拨正滚轴连接。传送滚轴的圆钢管表面覆盖有一层橡胶，收集台的表面也覆盖有一层橡胶。鸡蛋托盘并排设于传送带上，第一电机与传送带连接；传送带上对应于鸡蛋托盘的硅钢片的下方固定设有电磁铁；控制模块与电磁铁连接，控制模块设有多个用于设定重量的控制旋钮；收集台设于传送带的一侧，收集台通过栏杆分隔为多个鸡蛋收集区域。鸡蛋收集区域的数量与控制模块中设置的控制旋钮数量一致。鸡蛋重量分级装置结构示意图，如图 4.4 所示。

鸡蛋托盘包括蛋托、支杆、支点和硅钢片，蛋托位于支杆的前端，与传送辊道的末端对应设置，硅钢片镶嵌在支杆的后端下部，硅钢片磁感应强度高且不易被磁化，支点设于支杆的下方，用于保持支杆的两端平衡，传送带上对应于鸡蛋托盘的硅钢片的下方固定设有电磁铁；鸡蛋托盘的前端蛋托用于放置鸡蛋，电磁铁通电时对硅钢片产生磁力吸引，而鸡蛋的重力对蛋托产生压力，利用杠杆原理，当鸡蛋重力作用在鸡蛋托盘（相当于杠杆）的力矩（力与力臂的乘积）大于电磁铁对硅钢片的磁力作用在鸡蛋托盘的力矩时，蛋托向鸡蛋一侧倾斜，鸡蛋滚落到收集台。鸡蛋托盘原理示意图，如图 4.5 所示。

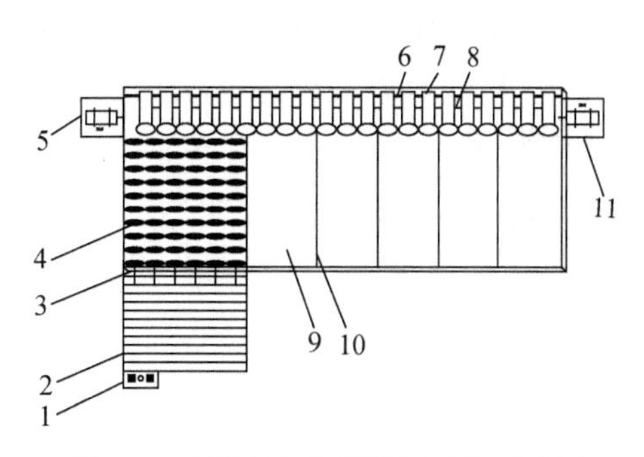

图 4.4 鸡蛋重量分级装置结构示意图

1：控制模块； 2：传送滚轴；3：导流拨片；4：拨正滚轴；5：第二电机；6：电磁铁；7：鸡蛋托盘；8：传送带；9：收集台；10：栏杆；11：第一电机

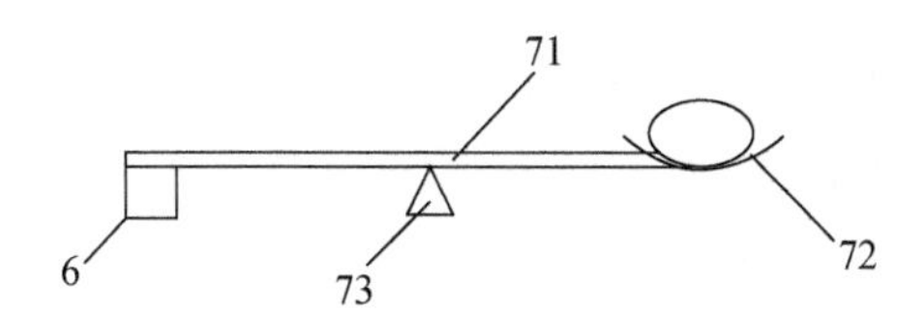

图 4.5 鸡蛋托盘原理示意图

6：电磁铁；71：支杆；72：蛋托；73：支点

控制模块可以分为 5 个分类标准，控制旋钮的单位是克，每个控制旋钮的控制范围是 0～100 克。原理是控制旋钮转动时，通过电磁铁的电流发生改变，进而对鸡蛋托盘的硅钢片磁力发生改变，当鸡蛋重量超过控制旋钮设定的克数时，鸡蛋滚落下来，用来区分不同重量的鸡蛋，形成一个闭合的循环系统。控制模块中，第一控制旋钮设定的克数必须大于等于第二控制旋钮设定的克数，第二控制旋钮设定的克数大于等于第三控制旋钮设定的克数，依次类推，这样才能使重量大的鸡蛋先分出来，再对重量小的鸡蛋进行分级。控制模块结构示意图，如图 4.6 所示。

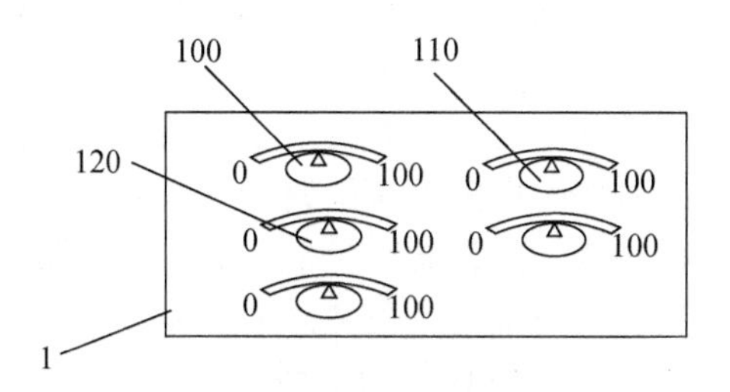

图 4.6 控制模块结构示意图

1：控制模块；100：第一控制旋钮；110：第二控制旋钮；120：第三控制旋钮

3.工作过程

通过鸡蛋传送装置把鸡蛋以水平横放的方式送上蛋托，通过控制模块可以设定鸡蛋分级过程中的每个分类标准的最小重量，电磁铁通电时对硅钢片产生磁力吸引，而鸡蛋的重力对蛋托产生压力，利用杠杆原理，当鸡蛋重力作用在鸡蛋托盘（相当于杠杆）的力矩（力与力臂的乘积）大于电磁铁对硅钢片的磁力作用在鸡蛋托盘的力矩时，蛋托向鸡蛋一侧倾斜，鸡蛋滚落到收集台。

（四）一体式搅拌饲喂车

1.背景技术

目前，我国大中小型蛋鸡养殖场中对蛋鸡饲喂养殖技术都存在种种不足，尤其是在配置饲料及给蛋鸡笼前食槽播撒饲料等方面，存在着更多问题，人工操作，手工作业混合搅拌饲料，由于人手动搅拌，无论是力度还是搅拌角度都无法达到均匀适中，无法将饲料搅拌混合均匀，同时将混合搅拌好的饲料在往食槽里倒的时候，由于人控制不住下量，经常会出现播撒不均匀的现象，效率低下，无法实现饲喂最优化。

“物联牧场”利用机械化搅拌组件对饲料进行均匀混合搅拌处理，使得蛋鸡饲料、水及佐料几乎完美均匀混合，同时具有边行进边投放饲料的自动化功效，省时省力，从而实现了高效精准作业，利用机械智能化与自动化代替人手工作业，有效避免了因为手工作业造成的低效费力、混合搅拌效果不佳的不良现象。

2.装备设计

“物联牧场”一体式搅拌饲喂车，包括行走车、设置在行走车上的饲喂组件、驱动行走车移动的驱动组件及能够探测前方障碍的障碍探测头。饲喂组件包括设置在行走车上的原始饲料存放箱、佐料存放箱、饲料搅拌罐、储水箱，其中，原始饲料存放箱、佐料存放箱通过输料管与饲料搅拌罐连通，储水箱通过输水管与饲料搅拌罐连通，饲料搅拌罐内设置有机械搅拌组件，搅拌罐的底部设置有能够将搅拌好的饲料播撒到蛋鸡食槽中的饲料排放管；障碍探测头设置在行走车面向行进方向的前端。行走车包括车架和车轮，驱动组件设置在车架的尾部，包括发动机，发动机通过驱动杆和齿轮与车轮的轴承连接。饲料搅拌罐设置在行走车的中部，原始饲料存放箱和佐料存放箱设置在饲料搅拌罐的后侧，储水箱设置在饲料搅拌罐的前侧；或原始饲料存放箱和佐料存放箱设置在饲料搅拌罐的前侧，储水箱设置在饲料搅拌罐的后侧；原始饲料存放箱和佐料存放箱左右并排设置。原始饲料存放箱和佐料存放箱为不锈钢材料制成的无盖长方体型容器；储水箱包括正方体铁皮本体，铁皮本体的内外侧均覆盖有防锈金属漆层；饲料排放管包括金属材质的柱型管体，管体的内外侧均覆盖有防锈金属漆层，且饲料排放管包括设置在饲料搅拌罐两侧的两根，饲料排放管上设置有控制阀。还包括紧急制动系统，障碍探测头为通过保护固定壳体设置在行走车前端的红外线障碍物探测器或超声距离探索器，红外线障碍物探测器或超声距离探索器与紧急制动系统连接，并控制紧急制动系统动作。一体式搅拌饲喂车结构示意图，如图 4.7 所示。

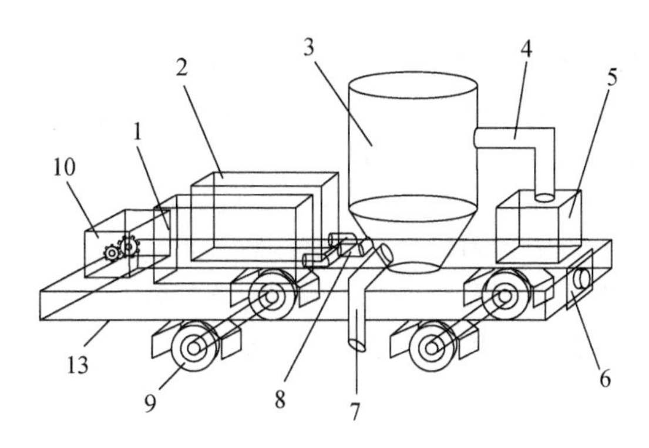

图 4.7 一体式搅拌饲喂车结构示意图

1：原始饲料存放箱；2：佐料存放箱；3：饲料搅拌罐；4：输水管；5：储水箱；6：障碍探测头；7：饲料排放管；8：输料管；9：车轮；10：驱动组件；13：车架

饲料搅拌罐包括不锈钢制成的罐体及设置在罐体内的机械搅拌组件，机械搅拌组件包括竖直设置的搅拌轴、连接在搅拌轴上的搅拌叶片及驱动搅拌轴转动的第一液压马达。罐体包括上下连接并连通的空心圆柱形壳体和空心倒圆台形壳体，其中，输水管与空心圆柱形壳体内连通，输料管和饲料排放管与空心倒圆台形壳体内连通，且输料管的设置高度高于饲料排放管的高度。还包括第二液压马达、第三液压马达，原始饲料存放箱和佐料存放箱内分别设置有压料盖板，第二液压马达与压料盖板连接，并驱动压料盖板下压促使饲料或佐料通过输料管进入饲料搅拌罐；输水管内设置有液压泵，第三液压马达与液压泵连接；液压传动组件还包括第四液压马达，原始饲料存放箱和佐料存放箱的底部分别设置有搅拌粉碎组件，第四液压马达与搅拌粉碎组件连接并驱动搅拌粉碎组件搅拌饲料或佐料。搅拌粉碎组件包括横向设置的粉碎轴及沿粉碎轴的长度方向间距设置在粉碎轴上的若干叶片组，叶片组包括若干沿粉碎轴的周向设置的粉碎叶片。饲料搅拌罐结构示意图，如图 4.8 所示。

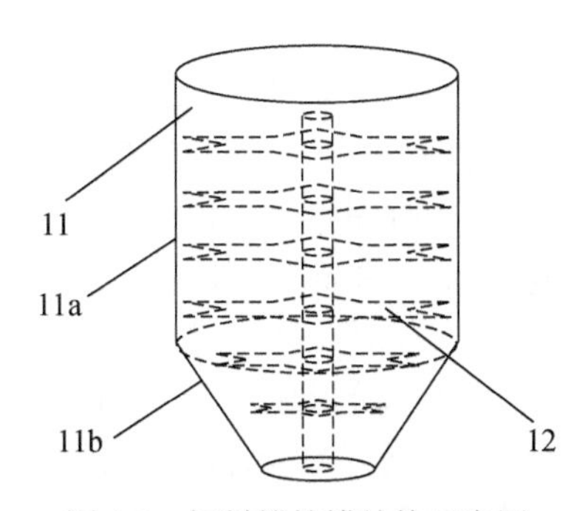

图 4.8 饲料搅拌罐结构示意图

11：搅拌罐罐体；11a：空心圆柱形壳体；11b：空心倒圆台形壳体；12：机械搅拌组件

3.工作过程

将原始饲料存放箱、佐料存放箱及储水箱分别加满饲料、佐料及水，饲料、佐料及水分别通过输料管及输水管进入饲料搅拌罐，在第一液压马达所提供的驱动力作用下，机械搅拌组件的中心轴开始旋转做功，带动搅拌叶片绕搅拌轴正反旋转，通过饲料搅拌罐壁和机械搅拌组件的挤压、旋转搅拌，将佐料及原始饲料和水混合搅拌均匀，一体式搅拌饲喂车行进过程中，在开关控制阀的作用下，通过两根饲料排放管将搅拌加工处理好的饲料播撒到两侧食槽当中。红外线障碍物探测器由 LED 向外发射不可见的红外线短光束，经障碍物或目标反射后由接收二极管接收；或超声距离探索器内置的超声波障碍物检测系统，当障碍探测头所发超声波检测到前方的障碍物时，均会回馈给一体式搅拌饲喂车，从而使一体式搅拌饲喂车的紧急制动系统启动，使车停止前行，避免碰撞到障碍物。

（五）养殖场蛋鸡抓取装置

1.背景技术

目前，我国大中小型家禽养殖场对蛋鸡养殖过程中所运用的蛋鸡体温检测技术[6]，仍然存在多种不足，对蛋鸡体温检测工作的流程与环节，普遍较为烦琐复杂，由于技术的欠缺，自动化作业程度较低，智能检测技术不够俱全，人工检测较为多见，人工检测方式耗时费力、效率低下，并且所得蛋鸡体温数据信息精准度普遍较低，无法准确分析识别蛋鸡健康状况，同时由于人自身所带体温的缘故，使得蛋鸡体温检测受人为因素及工作人员体温的影响，产生了较大的体温数据分析误差。并且，现有的体温检测装置不能及时将体温不正常的病态或死态蛋鸡取出，不能实现病态或死态蛋鸡识别的自动化与智能化。

养殖场蛋鸡抓取装置，可以根据需要及时将病态或死态的蛋鸡取出，自动化程度高，操作便捷；通过控制装置能够完成蛋鸡体温接收器的体温信息接收、数据分析器根据体温对病态或死态蛋鸡的识别，并通过计算出控制信号控制驱动装置的驱动及机械臂抓取动作，使车体实现边行进边检测蛋鸡体温，以便于体温较低的病态或死态蛋鸡及时取出，实现智能化控制。

2.装备设计

养殖场蛋鸡抓取装置包括车体、设于车体上的机械臂、连接车体的车轮的驱动装置和用于控制机械臂和驱动装置的控制装置；控制装置包括体温接收器及连接体温接收器的数据分析器；体温接收器接收蛋鸡体温信号，数据分析器用于分析体温接收器接收到的蛋鸡体温信号，对该体温数据进行分析判断，即根据蛋鸡体温信号计算出相应的控制信号，数据分析器分别连接驱动装置和机械臂，用于将该控制信号发送给驱动装置和/或机械臂，以完成驱动装置和/或机械臂的动作。还包括障碍探测头装置，障碍探测头装置设置在车体的前端。障碍探测头装置可为红外线障碍物探测器，其电路核心部分采用一只红外线发射 LED 和一只红外线接收二极管，由 LED 向外发射不可见的红外线短光束，经障碍物或目标反射后由接收二极管接收，能够在车体的行进过程中探测到前方存在的障碍，使探测车及时遇障碍停止，避免与障碍物发生碰撞。该障碍探测头装置还可以采用超声波障碍物探测器，通过超声波检测前方是否有障碍物，从而将信号传递给控制系统，实现是否制动的过程。还包括蛋鸡存放篮，蛋鸡存放篮设置在车体上，且临近机械臂。在车体上设置升降机构，升降机构上设置体温接收器，体温接收器为无线网络接收器，利用低辐射高灵敏度雷凌 3070 芯片，采用无线网络传输技术。车轮包括外圈和内圈，外圈为由橡胶材料制成的圆形轮胎，该轮胎的型号为 215/70R15，内圈是与轮轴相连的金属材质轮毂，轮轴长半米。养殖场蛋鸡抓取装置的结构示意图，如图 4.9 所示。

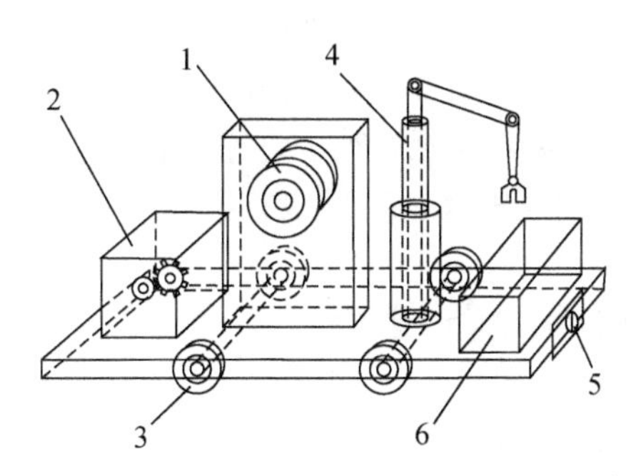

图 4.9　养殖场蛋鸡抓取装置的结构示意图

1：控制装置；2：驱动装置；3：车轮；4：机械臂；5：障碍探测头装置；6：家禽存放篮

机械臂是六自由度的悬臂式机械手臂，包括主臂、小臂及手部抓取机构；手部抓取机构连接小臂的一端，小臂的另一端通过旋转轴连接主臂，主臂能够沿轴向方向伸缩并能够在水平面内旋转。主臂能够沿 Z 轴方向伸缩并绕 X，Y 平面进行 360° 旋转，通过旋转轴的转动可以使小臂活动。具体地，手部抓取机构包括一个长度为 20cm 的钳子，通过钳子两端的合拢抓取病态或死态的家禽。机械臂结构示意图，如图 4.10 所示。

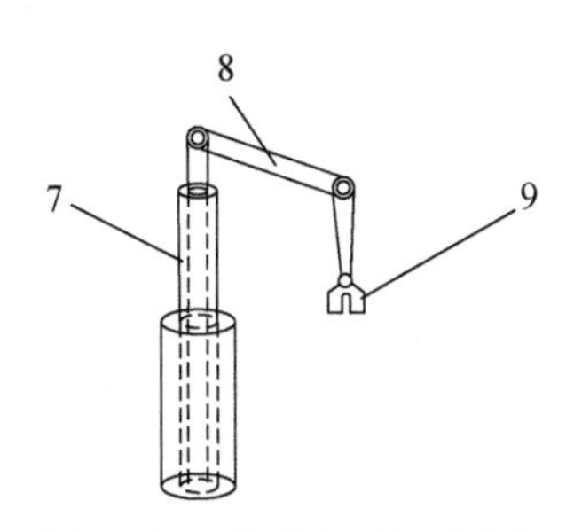

图 4.10　机械臂结构示意图

7：主臂；8：小臂；9：手部抓取机构

3.工作过程

养殖场蛋鸡抓取装置的具体操作过程如下：

在大中型家禽养殖鸡场当中，该养殖场蛋鸡抓取装置代替人工作业，在蛋鸡养殖场的两排鸡笼所夹中间过道处进行移动式行进探测作业，鸡笼框架中间是一条行人过道，该过道用于养殖场工作人员平时行走并查看两侧鸡笼中所养蛋鸡的健康生长情况。该可移动式养殖场死亡蛋鸡抓取装置的宽度刚好在该过道宽度之间，能够自由无阻碍来回穿梭在过道中，以达到自动化智能检测蛋鸡体温，进而通过体温数据信息识别死亡蛋鸡，最终将死态或病态蛋鸡从鸡笼中抓取出笼外。

抓取装置在过道中行进的过程中，由驱动装置提供行驶动力，带动车体车轮转动，从而使车体在蛋鸡养殖场鸡笼中间过道处行进，行进的同时，车体上的蛋鸡的体温接收器通过自上而下的移动，从而接收每层鸡笼中每只鸡所带蛋鸡体温测量器发送来的其自身的体温信息数据，从而通过控制装置内部的数据分析器分析蛋鸡的健康状况，进一步根据蛋鸡体温判定是否为病态或死态鸡，当判定出病态或死态鸡时，随即发出控制指令给机械臂，从而使机械臂在驱动装置提供的动力下，驱使机械臂仿照人手臂一样进行抓取作业，将从鸡笼中提取出的病态或死态鸡放进家禽存放篮中，完成抓取工作继续前行，探测下一个位置的道路两侧鸡笼中蛋鸡的健康状况。

二、肉鸡物联网技术与装备设计

“物联牧场”肉鸡物联网技术装备包括：①可以随时调节高度，满足雏鸡和成鸡等不同鸡只饮水要求的“物联牧场”乳头式饮水装置；②实现肉鸡尸体自动清理的“物联牧场”自动清理装置；③可对肉鸡啄饮水阀的次数进行自动计数的“物联牧场”肉鸡饮水装置；④实时监测鸡舍环境状况的“物联牧场”养殖环境信息获取装置。

（一）乳头式饮水装置

1.背景技术

水是生物有机体的重要组成部分，可以维持机体正常的新陈代谢和生理机能[7]。在规模化养鸡生产过程中，根据鸡的生长情况、养殖环境状况，增强饮水设备的适用性，为养鸡生产提供健康的饮水，对安全、高效生产来说至关重要[8]。

养鸡场使用乳头式饮水器时，需要根据雏鸡和成鸡等不同鸡只的生长情况，随时调节乳头的高度，满足鸡仰头啄乳头饮水的习惯，防止因触碰导致的饮水器漏水现象；在选用笼养、平养多种养殖方式时，需要考虑饮水设备的通用性，从而降低维护成本；实际生产过程中，由于长期供水或饮水免疫造成饮水管堵塞、菌落超标、生物膜形成和传染病等情况出现，需要全面、方便、快捷地对水管和饮水器进行清洗和消毒。

目前，虽然乳头式饮水器已经大规模应用于养鸡场中，但大多是固定装置且只适用于笼养或平养，清洗消毒时需要对每一个乳头式饮水器进行拆卸，费时费力。

“物联牧场”乳头式饮水装置，可以随时调节乳头式饮水器的高度，满足雏鸡和成鸡等不同鸡只的饮水要求；在装置底部设置万向轮满足设备的可移动性，可以适用于笼养和平养等多种养殖方式，降低了维护成本；通过加药容器注入消毒溶液，控制水管的进水、出水流量和顶住乳头式饮水器的乳头嘴可实现水管及乳头式饮水器的全面、方便、快捷清洗和消毒操作。

2.装备设计

“物联牧场”乳头式饮水装置包括龙门式支撑架、水管、可调部件和加药容器。龙门式支撑架包括两侧的竖杆和连接两个竖杆的顶部横杆，两个竖杆的下端均设有万向轮，万向轮与竖杆通过底座连接，竖杆的下端设有螺纹孔，底座的上端设有螺柱，竖杆与底座螺纹孔连接，水管的下方间隔设有多个乳头式饮水器；可调部件包括可调横杆和驱动可调横杆上下移动的驱动装置，可调横杆上间隔设有多个与乳头式饮水器对应设置的托盘，托盘位于乳头式饮水器的下方；加药容器通过活动卡扣与一侧的竖杆连接，加药容器的下端与水管连接，水管的进水端设有进水阀，出水端设有出水阀。乳头式饮水装置结构示意图，如图 4.11 所示。

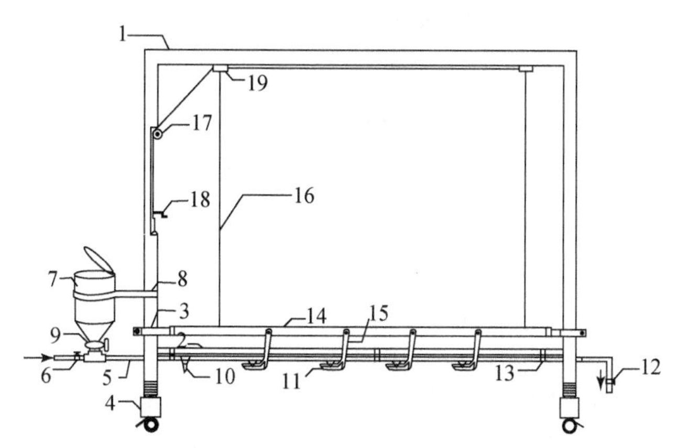

图 4.11　乳头式饮水装置结构示意图

1：顶部横杆；2：中间横杆；3：锁型滑块；4：底座；5：水管；6：进水阀；7：加药容器；8：活动卡扣；9：出液控制阀；10：过滤器；11：乳头式饮水器；12：出水阀；13：卡扣；14：可调横杆；15：托盘；16：钢丝绳；17：定滑轮；18：手摇柄；19：钢丝绳连接件

两个竖杆的下端均设有万向轮，万向轮与竖杆通过底座连接，竖杆的下端设有螺纹孔，底座的上端设有螺柱，竖杆与底座螺纹孔连接，万向轮设于底座的下方，并设有轮锁可以锁住万向轮，通过转动万向轮和锁定万向轮，使装置移动位置。两侧竖杆及万向轮结构示意图，如图 4.12 所示。

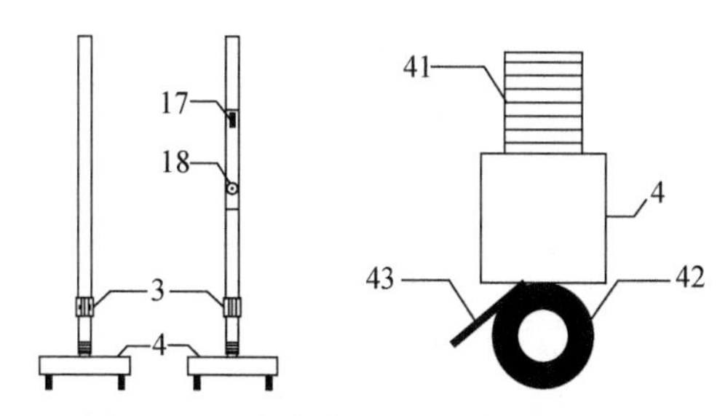

图 4.12　两侧竖杆及万向轮结构示意图

3：锁型滑块；4：底座；17：定滑轮；18：手摇柄；41：螺柱；42：万向轮；43：轮锁

锁型滑块包括与竖杆的直径相适应的圆环，为了可靠连接，圆环内设有橡胶圈，设于圆环一侧的带榫螺栓，圆环的另一侧开口，在开口的两侧分别设有锁扣，两个锁扣设有相对的螺纹孔，锁型滑块通过圆环扣在竖杆上，并通过螺栓穿过锁扣拧紧锁型滑块，可调横杆的横截面呈凹字形，带榫螺栓与可调横杆的两端开口处榫接；可调横杆的开口向下设置，可调横杆的两侧凸起下端靠近内壁处设有两条沿其长度方向设置的通槽。锁型滑块结构示意图，如图 4.13 所示。

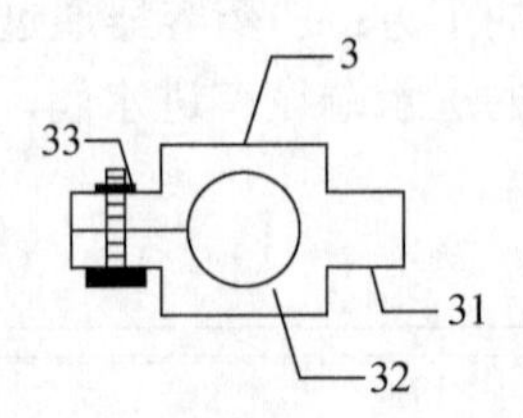

图 4.13　锁型滑块结构示意图

3：锁型滑块；31：带榫螺栓；32：圆环；33：螺栓

托盘包括盘体和中空设置的盘柄，盘柄的端部两侧设有外翻的托盘柄卡扣，托盘柄卡扣穿过通槽安装在凸起的内部，其中一侧凸起的外侧壁设有螺纹孔，并通过外螺旋扣旋入螺纹孔顶紧盘柄，从而固定盘柄的位置。当该装置用于饮水器清洁消毒时，将装置移动至清洁消毒区域，调整锁型滑块与可调横杆垂直，使得可调横杆可以上下或左右移动。转动手摇柄调节钢丝绳升降可调横杆的高度，使托盘的底部盘体顶住乳头式饮水器的乳头嘴，此时以乳头嘴刚好滴水为准确高度，若由于乳头式饮水器高度不一致，存在个别乳头嘴不能滴水，可通过旋动托盘的盘柄上的外螺旋扣来升降托盘使得底部盘体顶住乳头嘴，使之滴水。再调整锁型滑块位置榫入可调横杆的两端，旋紧螺栓使之固定。托盘与可调横杆的连接关系剖视图，如图 4.14 所示。

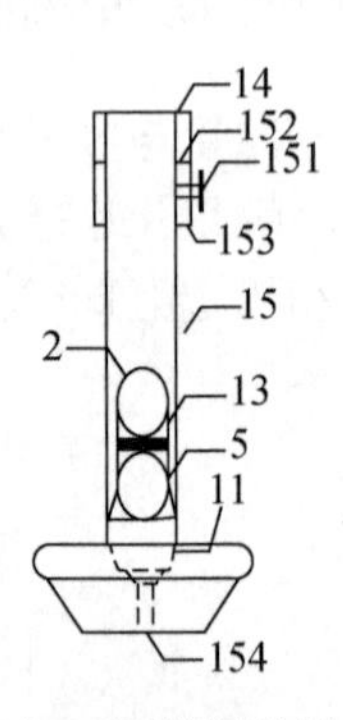

图 4.14　托盘与可调横杆的连接关系剖视图

2：中间横杆；5：水管；11：乳头式饮水器；13：卡扣；14：可调横杆；15：托盘；151：外螺旋扣；152：托盘柄卡扣；153：通槽；154：盘体

3.工作过程

“物联牧场”乳头式饮水装置用于鸡群日常饮水或饮水免疫时，将托盘调整到乳头式饮水器的乳头嘴下方 5～10cm 处，乳头嘴高度为鸡刚好仰头啄到乳头嘴为适，打开进水阀，关小出水阀，关闭出液控制阀，饮用水从进水口通过过滤器进行过滤，去除杂质，然后进入乳头式饮水器，待有水从出水口流出时，关紧出水阀，这时鸡便可以通过啄乳头嘴达到饮水的目的，而乳头式饮水器也因为气压而不断有水进入。

（二）自动清理装置

1.背景技术

目前，在养殖场养殖家禽、家畜过程中，需要及时对死亡的动物尸体进行清理，以便家禽、家畜有一个良好的生长环境[9]。

在肉鸡养殖过程中，由于环境的变化会影响肉鸡生活状态，当养殖场内死鸡不及时清理或者死鸡较多时，容易影响其他肉鸡的生存环境，不利于肉鸡的生长和养殖。因此，及时地识别并清理死鸡，对保持整个鸡舍环境的清洁和其他肉鸡的生长具有重要的意义。但是，当养殖场养殖的肉鸡较多时，死鸡的及时自动清理，一直是一个困扰养殖户的难题。

现有技术中，在日常的肉鸡养殖过程中，尤其是在大型的养殖场中，多是通过人工来进行清理。但是在特殊情况下（如夜间），很难做到及时清理死鸡，此时便容易造成鸡舍的污染，死鸡在鸡舍内保存一夜也会引发其他问题。例如，死鸡给其他肉鸡传染疫病，使养殖户产生损失。“物联牧场”自动清理装置，实现动物尸体的自动清理，为养殖场内动物提供良好的生长环境。

2.装备设计

“物联牧场”自动清理装置包括控制箱、检测单元、移动单元和拾取单元。移动单元包括两条平行设置的横梁、连接于横梁之间的顶梁和设置于顶梁上的滑轮；检测单元和拾取单元悬挂于滑轮上，顶梁沿横梁运动，滑轮沿顶梁运动，滑轮和顶梁通过电机驱动；控制箱控制电机驱动顶梁和滑轮运动。检测单元包括红外线体温计和摄像头，拾取单元包括机械手和篮子，机械手包括机械臂和与机械臂连接的机械爪，控制箱内设有主控电路板和电源。自动清理装置结构示意图，如图 4.15 所示；自动清理装置机械手结构示意图，如图 4.16 所示。

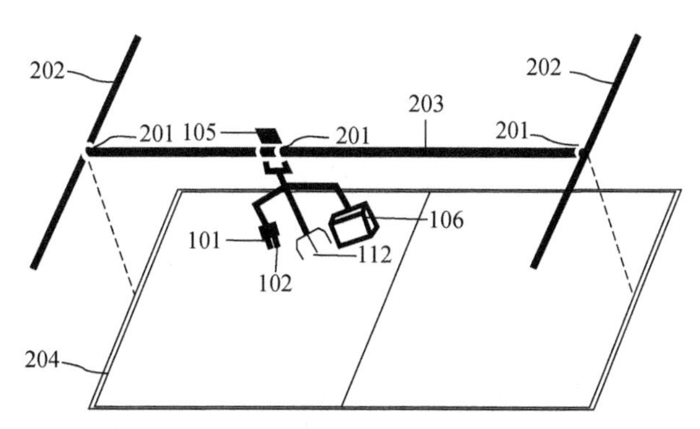

图 4.15　自动清理装置结构示意图

101：红外线体温计；102：摄像头；105：电机；106：篮子；112：机械手；201：滑轮；202：横梁；203：顶梁；204：鸡舍

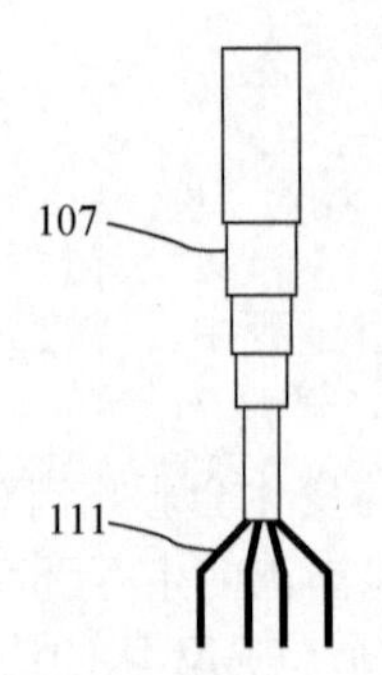

图 4.16　自动清理装置机械手结构示意图

107：机械臂；111：机械爪

控制箱内设有主控电路板和电源，电源分别为主控电路板、电机、机械手、摄像头和红外线体温计供电，主控电路板分别与电机、红外线体温计和摄像头连接。主控电路板包括数据处理芯片，数据处理芯片包括 I/O 接口，数据处理芯片可采用 CC2530F256 芯片，数据处理芯片包括 8051 微控制器内核、FLASH 闪存、RAM 存储器和两个 I/O 接口。其中，RAM 存储器为两个 512M 容量的 DDR 存储器组成的数据缓冲器。电机、红外线体温计分别与 I/O 接口连接，摄像头通过扩展接口与 I/O 接口连接，扩展接口为摄像头标准接口。自动清理装置模块连接图，如图 4.17 所示。

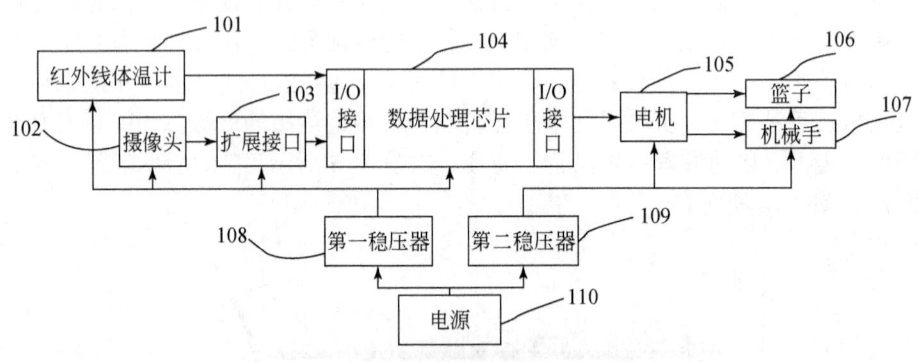

图 4.17　自动清理装置模块连接图

3.工作过程

（1）装置安装与设置。按照如图 4.15～图 4.17 的方式，将各个单元安装后，并对其进行移动和拾取参数的设置。

（2）启动摄像头和电机等设备。选择供电电压后，将摄像头和电机等设备通电。

（3）开始工作。检测单元和拾取单元可以在顶梁上通过滑轮横向同步移动，横向为图 4.15 中的左右方向，在移动的过程中摄像头和红外线体温计开始工作。同时，顶梁也可以前后移动，其中，如图 4.15 所示沿横梁的方向为前后方向，从而覆盖整个鸡舍。

（4）采集信息。摄像头通过 CMOS 模块，感知自然环境光线，并通过 JPEG 图像转换，压缩图像感知，通过扩展接口将动物图像传输至数据处理芯片。

（5）数据处理。数据处理芯片将采集的信息临时存储在 FLASH 闪存中，然后对发送的信息进行识别。若图像识别为肉鸡图像，则向红外线体温计发送信息，红外线体温计启动，测肉鸡的体温，并将体温信息发送到数据处理芯片中。若发送的体温信息为35～45℃，则不做处理，若体温信息不在此范围，则向电机发送信息，电机启动，机械手向下抓取死鸡，并将死鸡放置到篮子中。

（6）移动顶梁。当检测单元和拾取单元从顶梁一端走到另一端时，顶梁向一侧移动一个方位，设备返回，继续进行死鸡识别与清理，直到覆盖整个鸡舍。

（三）肉鸡饮水装置

1.背景技术

2011年，我国禽蛋产量占世界总产量的41.8%，禽类产品的生产量持续快速增长，全国在产商品代蛋鸡平均存栏量为14.08亿只，全国鸡蛋产量为2394万吨左右[10]。目前，养鸡场中蛋鸡和肉鸡的饲养大都采用人工在水槽中加水喂养，实际操作较为烦琐，工作人员劳动强度高。

“物联牧场”肉鸡饮水装置，通过自动计数器可对肉鸡啄饮水阀的次数进行自动计数，为肉鸡健康状况的诊断提供依据，解决人工加水喂养操作烦琐、劳动强度高的问题。

2.装备设计

肉鸡饮水装置包括悬挂结构、饮水器和自动计数器。悬挂结构与饮水器连接，饮水器顶部还设置有与其内部连通的接水口，接水口与水管连接，饮水器底部设有与其内部连通的饮水口，饮水口设有饮水阀，自动计数器设置在饮水器一侧，用于记录饮水器的振动次数。自动计数器包括处理器、计时器、振动传感器、存储器、计数器，振动传感器、处理器、计数器顺次连接，处理器还与计时器、存储器分别连接，振动传感器与饮水器外壁相贴，如采用产品型号为ZYC48—11的电子计数器，工作电压为AC/DC3V，计数范围为1～999 999。自动计数器还包括信号放大器，信号放大器串接在处理器与计数器之间；自动计数器还包括显示结构，显示结构与处理器连接。显示结构为彩色液晶显示屏。悬挂结构为塑料吊环。自动计数器还包括电源，电源与处理器连接。振动传感器为SW—420振动传感器，内置杠杆式测振仪，工作电压≤3V，工作电流≤50mA，工作温度为-40～80℃，工作湿度为 25%～80%，开路电阻≥10MΩ，闭路电阻≤10Ω。存储器为 FLASH 存储器，容量为 1M，用于存储每天自动计数器中的次数值；处理器为ARM9处理器，型号为ARM926EJ—S；电源可采用纽扣电池，型号为SEASKYHJ 80H 6V，电压为6V，类型为镍氢电池。肉鸡饮水装置结构示意图，如图4.18所示。

3.工作过程

对肉鸡进行喂水时，通过悬挂结构将饮水装置悬挂在水管上，而水管则与引水口连接，水管中的水即可源源不断流入饮水器中，将饮水阀设置在饮水器底部，当肉鸡啄饮水阀时，饮水阀即可出水以供饮用，肉鸡停止啄饮水阀，饮水阀即停止出水。当肉鸡啄饮水器的饮水阀时，饮水器会发生振动，振动传感器接收到振动之后，将振动信号发送至处理器中，处理器将信号通过信号放大器进行放大处理后传至计数器，计数器根据计时器中的时间记录24 h振动的次数，并将数据传递至存储器中存储，通过自动计数器的彩色液晶显示屏可随时查看当天振动次数的记录，也可通过与存储器连接的按钮，调节选择查阅历史的振动次数的数据。

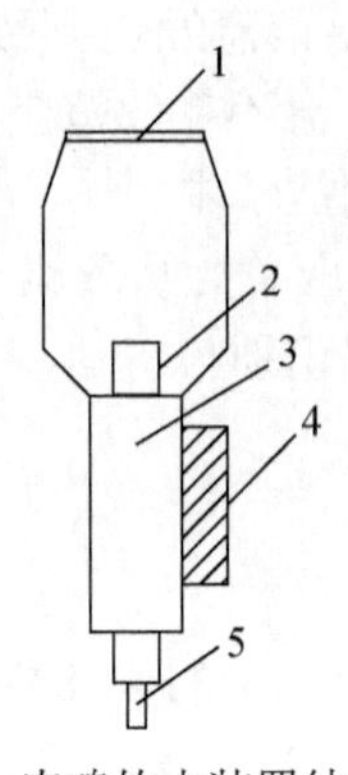

图 4.18　肉鸡饮水装置结构示意图

1：悬挂结构；2：接水口；3：饮水器；4：自动计数器；5：饮水阀

（四）养殖环境信息获取装置

1.背景技术

规模化、集约化养殖成为畜牧业发展的主流。然而，规模化、集约化的养殖方式在降低饲养成本、提升饲养管理水平和增加经济效益的同时，也造成了肉鸡养殖环境的恶化[11]，如温湿度、光照和二氧化碳（CO_2）等基本环境指标超标；肉鸡生产过程中产生的氨气（NH_4）、硫化氢（H_2S）、甲烷（CH_4）和一氧化碳（CO）等有害气体含量超标。这些都会导致肉鸡产生各种应激反应，造成肉鸡体质变弱、免疫力下降，严重影响肉鸡健康、生长发育、繁殖及最终的产品质量。因此，对肉鸡养殖环境进行在线监测，当环境指标超标时，及时采取措施改善养殖环境，显得越来越重要。然而对肉鸡养殖环境进行监测的设备容易受到不可控的恶劣环境的损害（如日晒、雨淋、高温、高湿、结露、结霜、冰冻、雾霾和沙尘等）；同时野生小动物的破坏导致接头脱落，传感器探头损害的事情也时有发生。

“物联牧场”养殖环境信息获取装置，采用模块化设计、组建方便、安装简单、传感器模块易于更换和扩展；使用以太网传输数据，传输稳定，不产生额外通信费用，维护负担小。

2.装备设计

养殖环境信息获取装置包括嵌入式开发模块、RS-485 传感器模块、蓄电池模块和支架；支架由竖杆、3 个支撑腿、3 根固定横杆组成，支撑腿与竖杆连接，固定横杆固定在竖杆上；竖杆上有多个钻孔，横杆通过螺栓和钻孔固定在竖杆上；横杆上也有多个钻孔，RS485 传感器模块通过螺栓和钻孔固定在横杆上。蓄电池模块和嵌入式开发模块固定在支架上，蓄电池模块通过导线连接嵌入式开发模块。

蓄电池和固定横杆安装在支架上。嵌入式开发模块和 RS-485 传感器模块固定在固定横杆上。该传感器模块包括 RS485 通信接口的温湿度传感器、光照强度传感器、风向传感器、风速传感器、雨量传感器、一氧化碳传感器、氨气传感器、氧气传感器、二氧化碳传感器、硫化氢传感器和甲烷传感器。各传感器均通过 RS-232/485 接口转换器与嵌入式开发模块连接。养殖环境信息获取装置结构示意图，如图 4.19 所示。

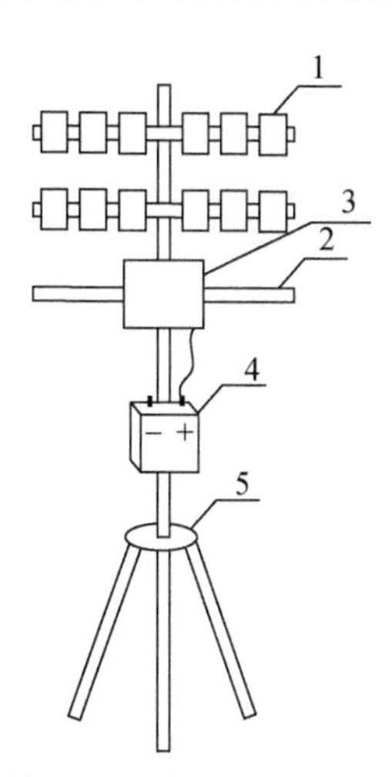

图 4.19 养殖环境信息获取装置结构示意图

1：RS485 传感器模块；2：固定横杆；3：嵌入式开发模块；4：蓄电池模块；5：支架

嵌入式开发模块通过 RS-232/485 接口转换器与传感器模块连接。嵌入式开发模块还连接以太网。养殖环境信息获取装置连接框图，如图 4.20 所示。

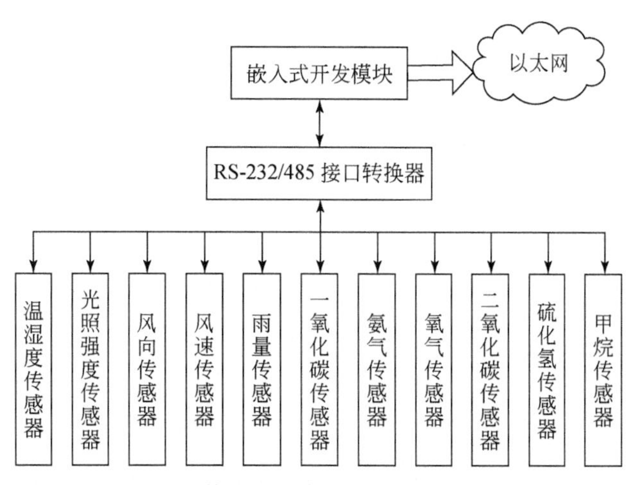

图 4.20 养殖环境信息获取装置连接框图

嵌入式开发模块包括 S5PV210 嵌入式处理器、内存、闪存、以太网接口、RS-232 接口、稳压电源模块及液晶显示器（liquid crystal display，LCD）显示模块。嵌入式开发模块结构示意图，如图 4.21 所示。

图 4.22 为养殖环境信息获取装置的主程序流程图。

图 4.23 为养殖环境信息获取装置读取传感器数据的流程图。当传感器数据异常时，需要循环读取传感器数据，直到数据通过循环冗余校验或者定时器超时。设置读取数据

定时器，来防止程序陷入死循环。

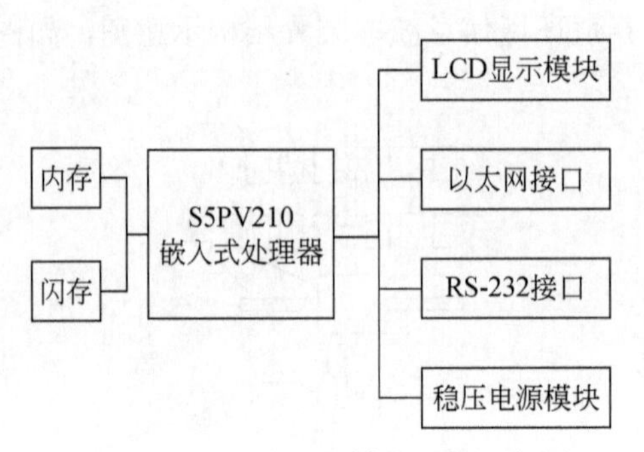

图 4.21 嵌入式开发模块结构示意图

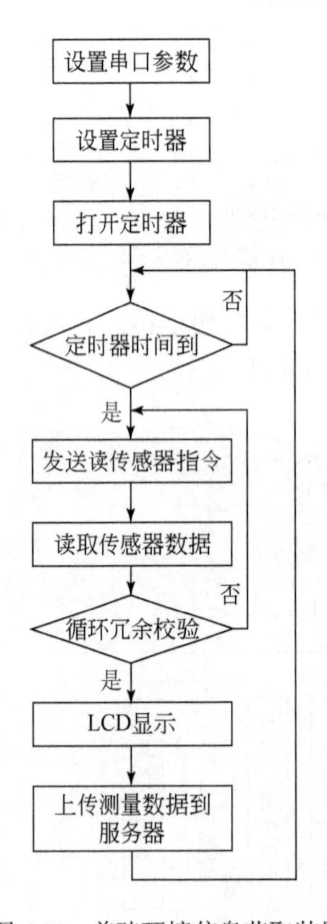

图 4.22 养殖环境信息获取装置的主程序流程图

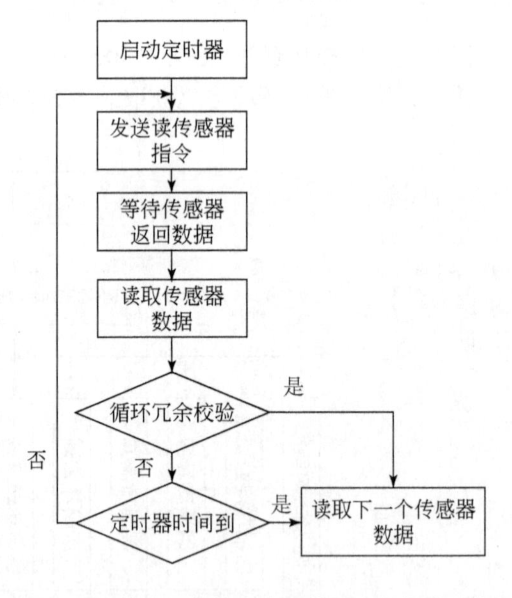

图 4.23 养殖环境信息获取装置读取传感器数据的流程图

3.工作过程

养殖环境信息获取装置的工作过程如下：

（1）对养殖环境信息获取装置开机；

（2）系统初始化，启动应用程序；

（3）发送读数据指令到传感器模块；

（4）接收传感器返回数据，并进行循环冗余数据校验；

（5）若通过数据校验则执行（6）；若未通过数据校验，则重复执行（3）和（4），直至通过数据循环冗余校验或定时器超时；

（6）保存传感器数据和测量时间；

（7）通过以太网将传感器数据和测量时间发送至服务器；

（8）继续发送读指令给其他传感器模块，重复（1）～（7）。

三、肉鸭物联网技术与装备设计

“物联牧场”肉鸭物联网技术装备包括：①可实时跟踪监测肉鸭体温的“物联牧场”肉鸭体温测量装置；②能够根据垫料的实时参数自动控制对垫料进行菌液喷洒和翻耙的“物联牧场”智能垫料翻耙机；③可实时监测并进行远程控制加料、加水的“物联牧场”肉鸭料线系统；④可实时监测肉鸭的声音，及早发现肉鸭呼吸道疾病的“物联牧场”肉鸭咳嗽声监测预警装置；⑤可实现远程调节养殖舍环境温度、湿度和光照强度等环境条件的“物联牧场”养殖舍环境调控系统。

（一）肉鸭体温测量装置

1.背景技术

目前，我国大中型家禽养殖场在对肉鸭的养殖过程中，对肉鸭的体温监测等技术措施的运用，仍然存在种种不足，对肉鸭体温不能做到有效精准智能化监测，而普遍采用人工操作和手动测量等方式获悉家禽体温，耗时费力，效率较低，同时由于人身体自带温度，成为一个不可忽视的温度干扰源，从而对肉鸭体温的测量带来了很大的干扰影响，影响肉鸭体温监测的精准性。

肉鸭体温测量装置，通过将设置有温度采集器的套环套在肉鸭腿部，能够达到实时跟踪，实时监测肉鸭体温的功效，通过运用智能化精准检测技术对肉鸭进行体温测量，节省人力，避免人工作业造成的繁琐低效，以及人自带体温对肉鸭精准测量的干扰与影响，并且能够准确智能记录肉鸭体温信息数据。

2.装备设计

肉鸭体温测量装置包括套环和温度采集器，温度采集器通过卡扣设置在套环上。套环由硅胶材料的条带制成，条带的一端连接卡扣，另一端设有 2 个孔洞，用于嵌入卡扣，从而形成一个封闭的环将其固定在肉鸭腿部。肉鸭体温测量装置结构示意图，如图 4.24 所示。

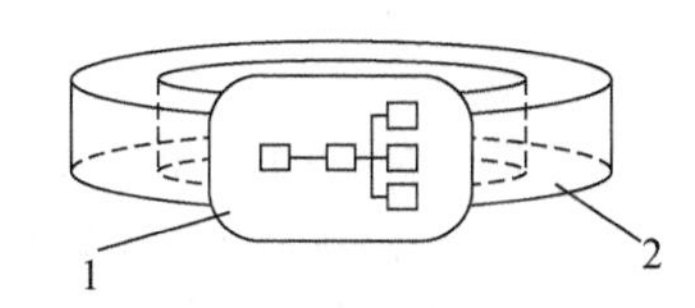

图 4.24　肉鸭体温测量装置结构示意图

1：温度采集器；2：套环

温度采集器采用嵌入式系统，包括ZigBee模块、处理器、温度传感器、存储器和电源装置，处理器的一端通过电路连接ZigBee模块，另一端通过电路分别连接温度传感器、存储器和电源装置。需要检测肉鸭体温时，ZigBee模块会将接收到的监测肉鸭体温的指令信号传输给处理器，处理器对其进行规范化逻辑运算处理，将处理后的信号传输给温度传感器，温度传感器开始对肉鸭体温进行检测，获得的肉鸭体温传输给处理器，处理器将其转换为相应的数据信号并将其存储到存储器中。ZigBee模块是一款基于IEEE802.15.4网络拓扑结构的一种短距离、低速率的无线信号发送与接收装置，能够用于接收和发送肉鸭体温信息。温度传感器能够采集个体体表温度，并将其转化为可用输出信号。温度传感器采用红外传感技术，是型号为ZM14/STR280的光纤红外传感器。存储器可以采用型号为MD8504S072AD—100的IC型芯片，具有32M的存储量，用于存储温度传感器测量的家禽体温数据信息。存储器还可以采用闪存，闪存是一种长寿命的非易失性（在断电情况下仍能保持所存储的数据信息）的存储器。电源装置为锂电池，型号为Panasonic CGR18650D，容量为2400mAh，标准电压为3.6V，最大直径为18.6mm，最大高度为65.2mm；重量为45g。温度采集器组成图，如图4.25所示。

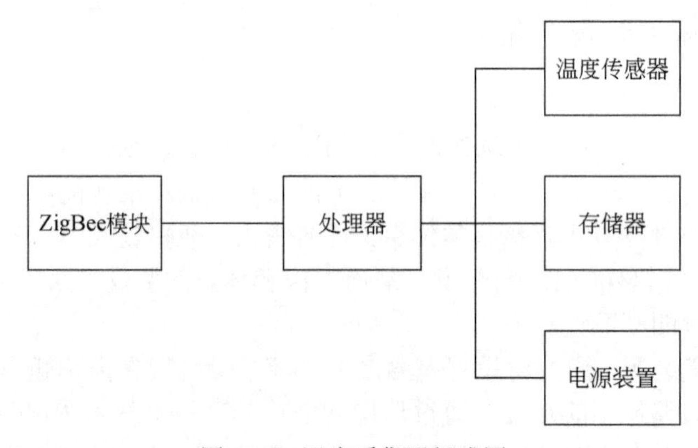

图4.25　温度采集器组成图

3.工作过程

肉鸭体温测量装置对肉鸭体温的具体采集过程如下：

将套环套设于肉鸭腿部，由于温度采集器内部含有嵌入式系统，嵌入式系统执行对肉鸭体温的监测任务，当嵌入式系统中的ZigBee模块接收到监测肉鸭体温的指令信号的时候，会将该指令信号传输给处理器，处理器对其进行规范化逻辑运算处理，并将处理后的指令信号传输给温度传感器，温度传感器再将体温信息经过处理器存储到存储器中，该嵌入式系统不仅控制各装置高效运作，而且在时间上也对各装置运行的先后次序做了调整。当接收到指令信号，处理器将信号传输给温度传感器，温度传感器开始工作，对肉鸭体温进行检测，并将肉鸭体温数值转换为可用数据信号，在处理器的控制下，温度传感器每日采集3次肉鸭体温数据信息，将肉鸭体温数据信息经过处理器转化为可用信号保存于存储器中，供肉鸭养殖场工作人员进行分析查看。同时，嵌入式系统里的电源装置源源不断地供应电源，保证肉鸭体温测量装置的正常工作运行。

（二）肉鸭发酵床垫料智能翻耙机

1.背景技术

近十几年来，禽类养殖户获得了丰厚的利润，同时禽类养殖引起的粪便污染也成为人们普遍关注的问题。据统计，一只鸭平均每天排出鲜粪达 100 克，每万只鸭每天产粪可达 1 吨，如处理不当不仅会传播疾病，还会造成土壤、水体及大气的污染，对居民生产、生活和身体健康也会造成一定的影响。

肉鸭粪便中含有有机质、氮、磷和钾等养分，与锯末及稻壳等垫料混合后，添加菌剂进行发酵，待发酵完全可作为生产有机肥的原料。不仅可以除臭，减少肉鸭染病概率，还可以增加收入，改善工人工作环境[12]。

肉鸭发酵床垫料智能翻耙机能将鸭粪和菌种进行均匀翻拌，又能对发酵物料中的板结块进行有效的粉碎，增加透气性，为物料发酵创造了更好的好氧环境，有效防止了发酵过程中有害、恶臭气体的产生，既符合环保要求，又能生产优质生物有机肥。

现有的翻耙机多为单一翻耙组，翻耙不均或垫料含水量较高时需要增加翻耙次数；此外，现有肉鸭发酵床垫料智能翻耙机多为单一的翻耙或是翻耙同时增加菌液的喷洒，而喷洒菌液的量及翻耙频率多靠人工经验来控制，这样既不能达到好的垫料翻耙效果又浪费劳动力。现迫切需求一种能够根据垫料的实时参数自动且智能控制翻耙机对垫料进行菌液喷洒和翻耙的智能垫料翻耙机。

2.装备设计

肉鸭发酵床垫料智能翻耙机包括机架组件、设置在机架组件中部的执行组件、设置在机架组件前端的监测组件及固定设置在机架组件上的驱动和控制组件，驱动和控制组件分别与机架组件、执行组件和监测组件连接。执行组件设置在机架组件中部及尾部，包括设置于机架尾部的转动翻耙组件和设置于机架组件中部的喷洒组件。转动翻耙组件包括转动翻耙组，转动翻耙组的两端均铰接有连杆，连杆的另一端铰接在机架组件尾部，转动翻耙组的两端还分别铰接有液压缸，液压缸的另一端铰接在机架组件尾端上部，液压缸与驱动和控制组件连接。转动翻耙组包括 16 个翻耙齿，翻耙齿通过转轴与驱动和控制组件连接。喷洒组件包括设置在机架组件中部的菌液桶，一端连接于菌液桶的输液管，另一端连接喷嘴。喷洒组件还包括设置于输液管上的水泵和流量控制器，菌液桶选择塑料质地。机架组件还包括行走轮和固定翻耙组，行走轮设置在机架组件的下部，固定翻耙组设置在机架组件的中部。固定翻耙组设置有 18 个翻耙齿，翻耙齿通过转轴与驱动和控制组件连接。监测组件包括温度传感器、湿度传感器、氨气传感器及水位传感器。温度传感器设置在机架组件一侧的前端，深入垫料 20cm 处；湿度传感器设置于机架组件另一侧的前端，深入垫料 20cm 处；氨气传感器设置于机架组件的前端上部；水位传感器设置于菌液桶内。肉鸭发酵床垫料智能翻耙机结构示意图，如图 4.26 所示。

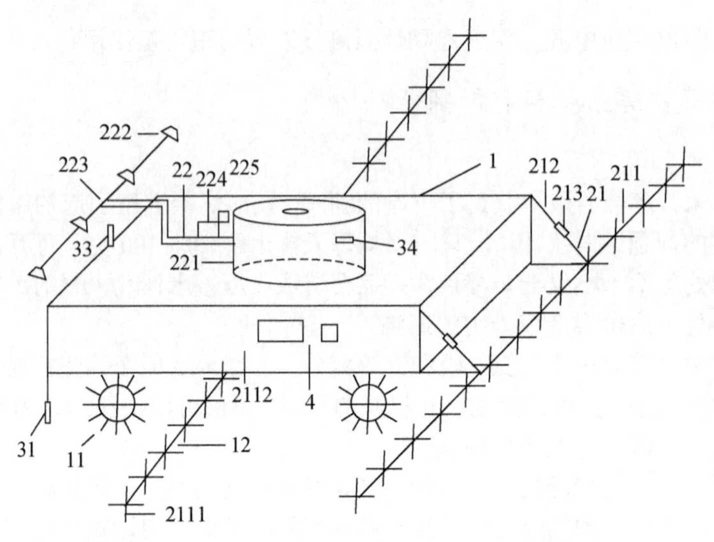

图 4.26　肉鸭发酵床垫料智能翻耙机结构示意图

1：机架组件；11：行走轮；12：固定翻耙组；21：转动翻耙组件；211：转动翻耙组；2111：翻耙齿；2112：转轴；212：连杆；213：液压缸；22：喷洒组件；221：菌液桶；222：喷嘴；223：输液管；224：水泵；225：流量控制器；31：温度传感器；33：氨气传感器；34：水位传感器；4：驱动和控制组件

驱动和控制组件包括电源模块、总开关、液晶屏模块、控制器、红外光电开关、RS-485接口芯片、驱动系统及继电器。控制器包括控制模块，与红外光电开关、电源模块、总开关和液晶屏模块通过导线连接，并通过 RS-485 接口芯片与监测组件连接，通过驱动系统与机架组件连接，通过继电器与执行组件连接。按下总开关，电源模块开始供电，监测组件将监测到的信息通过 RS-485 接口芯片传输至控制器，控制器控制液晶屏模块，完成实时显示监测数据的任务；控制器通过控制继电器的启闭来控制执行组件即控制转动翻耙组件和喷洒组件；控制器通过驱动系统控制机架组件即控制行走轮和固定翻耙组工作；控制器控制红外光电开关，当预设距离内出现遮挡时，翻耙机就反向运行。优选地，继电器为 G5LA，控制器为 STC12LE5A60S2，RS-485 接口芯片位 SP3485，液晶屏模块为 DMT10600C070，红外光电开关为 G50-3A30JC。肉鸭发酵床垫料智能翻耙机硬件框图，如图 4.27 所示。

3.工作过程

肉鸭发酵床垫料智能翻耙机具体工作过程如下：

按下总开关，电源模块开始供电，控制器控制驱动系统带动行走轮及固定翻耙组件开始运行，在行驶过程中对垫料进行翻耙。监测组件将监测信息包括垫料温度、湿度、空气中氨气浓度及菌液桶中菌液的剩余量，通过 RS-485 接口芯片传递给控制器，控制器控制液晶屏模块实时显示监测组件的监测信息。实时显示的菌液桶中剩余菌液量，可以保证及时向菌液桶中补充菌液，采用的菌剂是经稀释后加入菌液桶。控制器通过控制继电器的启闭，控制转动翻耙组件及喷洒组件。

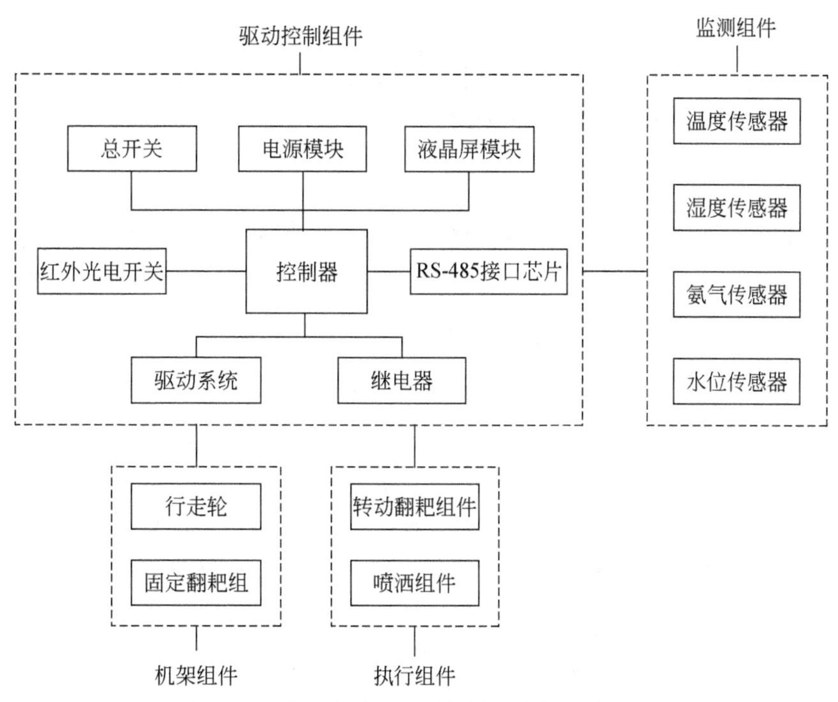

图 4.27 肉鸭发酵床垫料智能翻耙机硬件框图

控制模块的控制公式为

$$y=\begin{cases}1, & \text{当} x > 45\% \\ 0, & \text{当} 38\% \leqslant x \leqslant 45\% \\ -1, & \text{当} x < 38\%\end{cases}$$

式中，x 为垫料含水量，当垫料含水量高于 45%时，$y = 1$，即转动翻耙组在液压缸的作用下发生转动，与固定翻耙组共同对垫料进行翻耙；当垫料含水量低于 38%时，$y =-1$，即控制器向继电器发送控制信号来控制喷洒组件进行菌液的喷洒，菌液经水泵作用，流经输液管，由流量控制器控制菌液的流量，再经由喷嘴进行菌液的喷洒，以增加垫料的湿度；当垫料含水量达到 38%～45%时，$y =0$，即控制器控制转动翻耙组不再与固定翻耙组共同翻耙，喷洒组件也停止喷洒。由控制器控制红外光电开关，当前方预设距离内出现遮挡时，翻耙机就会沿原路反向运行。

（三）自动控制的肉鸭料线系统

1.背景技术

目前，在国内的肉鸭养殖大致可分为两种，一种是小型农户的散养、放养的方式；另一种是企业集约式、密集型快速养殖。但无论何种养殖方式，都必然会使用现代化养殖器械来减少养殖成本，增加养殖收益。自动化肉鸭料线系统是现代大型肉鸭养殖场的发展趋势。

然而，现有肉鸭料线系统只能喂料或是可以同时喂水、喂料，但均不能进行自动操控或自动化控制，需要人工监控余料量和剩余水量，耗费劳动力，增加人工费用，使养殖总成本增加，这就造成养殖收入的减少。同时人工操作还易使肉鸭产生应激反应，减少肉鸭的产量。

“物联牧场”自动控制的肉鸭料线系统，通过在料塔、水塔、料盘及水杯中分别安装传感器来监控剩余料量和剩余水量，通过控制终端来接收信息从而上实现实时监控。同时控制终端还可以根据监控信息进行处理，通过对控制系统发送相关信息来远程控制料线系统进行加料和加水，实现远程控制。使用方便，易于操作，又可以避免人为加料和加水等活动使肉鸭产生应激反应。

2.装备设计

自动控制的肉鸭料线系统包括料线系统、传感器、控制系统和控制终端。料线系统与传感器相连，并固定于家禽养殖现场；传感器和控制系统分别与控制终端进行通信连接，控制系统还连接料线系统。通过在料线系统中安装传感器来监控剩余料量和剩余水量，通过控制终端来接收信息从而实现实时监控。同时控制终端还可以根据监控信息进行处理，通过对控制系统发送相关信息来远程控制料线系统进行加料和加水，实现远程控制。料线系统包括主料线系统和副料线系统，副料线系统连接主料线系统。肉鸭料线系统连接示意图，如图 4.28 所示。

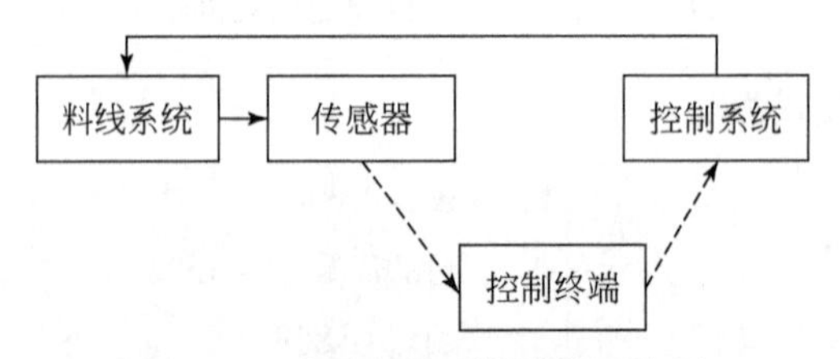

图 4.28　肉鸭料线系统连接示意图

主料线系统包括料塔、与料塔相连的主输料管、设置于主输料管内的第一绞龙、水塔、与水塔相连的主输水管及安装在主输料管和主输水管上的第一电机。主料线系统结构示意图，如图 4.29 所示。

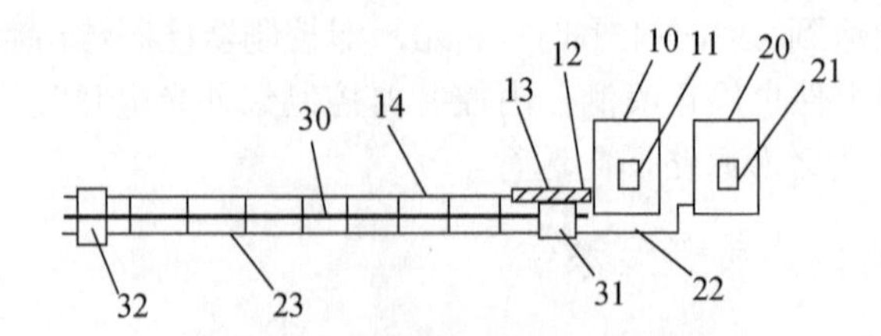

图 4.29　主料线系统结构示意图

10：料塔；11：料塔料位传感器；12：主输料管；13：第一绞龙；14：副输料管；20：水塔；21：水塔水位传感器；22：主输水管；23：副输水管；30：固定管；31：第一电机；32：第二电机

副料线系统包括料斗、副输料管、第二绞龙、料盘、副输水管、出水口、水杯、固定管、第二电机和升降装置。料斗的输入端连接主输料管，输出端连接副输料管；第二绞龙设置于副输料管内，副输料管的下方安装若干料盘；每一个料盘都用于盛装饲料供家禽食用。第二绞龙运动时将副输料管内的饲料加入到料盘中。

料盘的边缘向盘中心倾斜，外沿内倾且平滑。副输水管位于固定管的下方并与固定管进行固定连接，其输入端连接主输水管，输出端连接有若干出水口；每一个出水口下方设置一个水杯，水杯固定安装于副输水管上。水塔中的水通过主输水管输送到副输水管，并通过出水口输出到水杯中。第二电机安装于副输料管和副输水管的尾端，升降装置安装于料线系统的上方并与副输料管、副输水管及固定管固定相连。传感器包括料塔料位传感器、若干料盘料位传感器、水塔水位传感器和若干水杯水位传感器。料塔料位传感器设置于料塔内，水塔水位传感器设置于水塔内。料塔料位传感器用于感知料塔的料位情况，并向控制终端反馈剩余料量；水塔水位传感器用于感知水塔的水位情况，并向控制终端反馈剩余水量。

料盘料位传感器安装于料盘中，每一个料盘中分别安装有一个料盘料位传感器。水杯水位传感器安装于水杯中，每一个水杯中分别安装有一个水杯水位传感器。料塔料位传感器、若干料盘料位传感器、水塔水位传感器和若干水杯水位传感器分别与控制终端具有通信连接。料盘料位传感器与料盘具有一一对应关系，各料盘中的料盘料位传感器负责向控制终端反馈各料盘中的剩余料量。水杯水位传感器与水杯具有一一对应关系，各水杯中的水杯水位传感器负责向控制终端反馈各水杯中的剩余水量。料线系统结构示意图，如图 4.30 所示。

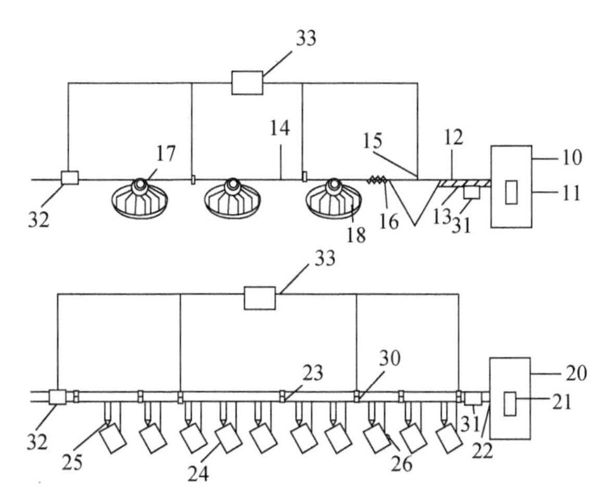

图 4.30 料线系统结构示意图

10：料塔；11：料塔料位传感器；12：主输料管；13：第一绞龙；14：副输料管；15：料斗；16：第二绞龙；17：料盘；18：料盘料位传感器；20：水塔；21：水塔水位传感器；22：主输水管；23：副输水管；24：水杯；25：出水口；26：水杯水位传感器；30：固定管；31：第一电机；32：第二电机；33：升降装置

控制系统包括料位控制系统和水位控制系统，料位控制系统和水位控制系统分别与控制终端具有通信连接；料位控制系统还连接料塔，水位控制系统还连接水塔。控制系统结构示意图，如图 4.31 所示。

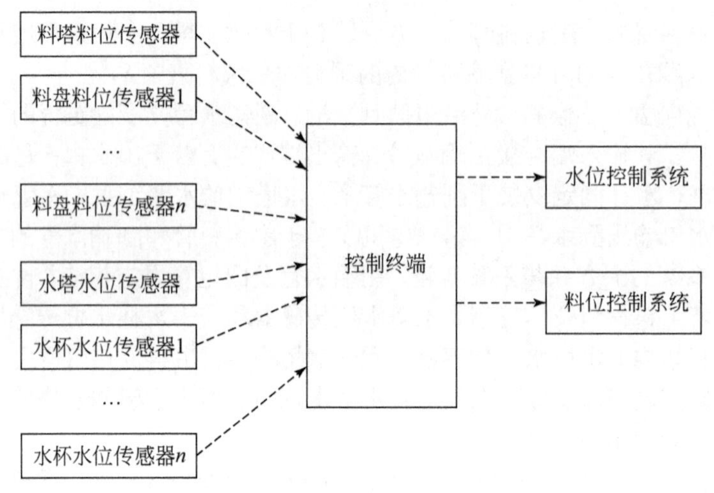

图 4.31 控制系统结构示意图

控制终端为可远程接收信号与发送信号的移动终端，包括显示屏、按钮、GPRS 模块、射频模块和锂电池，可以是智能手机和平板电脑等智能终端设备，也可以不限于移动终端而包括计算机工作站等。信号接收装置的输入端连接控制终端，具体是通过无线网络进行通信连接；其输出端连接信号控制装置；信号控制装置连接电磁阀，电磁阀连接料线系统。信号控制装置通过控制电磁阀的开关来控制料线系统添加饲料或添加水。

3.工作过程

自动控制的肉鸭料线系统工作流程如下：

（1）料塔料位传感器实时监控料塔中的剩余料量，各料盘料位传感器实时监控各料盘中的剩余料量；水塔水位传感器实时监控水塔中的剩余水量，水杯水位传感器实时监控水杯中的剩余水量。

（2）各传感器定时将自己所监控的信息通过无线网络发送给控制终端。当出现料塔或各料盘的剩余料量低于预定量时，或者当出现水塔或各水杯的剩余水量低于预定量时，控制终端可以设置需要添加的料量或者水量，并将所设置的信息通过无线网络发送到控制系统。

（3）控制系统根据控制终端发送的需要添加的料量或者水量，控制电磁阀的开关，并控制操作时间，使料塔、料盘饲料量或水塔、水杯水位量达到控制终端的设定量。

（四）肉鸭咳嗽声监测预警装置

1.背景技术

在肉鸭规模化养殖过程中，肉鸭容易发生呼吸道疾病，发病肉鸭生长缓慢，病弱肉鸭增加，淘汰率高，给肉鸭养殖业造成严重的经济损失。

患病肉鸭在发病初期，主要表现为咳喘或呼噜，如果进行早期监测与预警，及时发现并治疗生病的肉鸭，可以挽回不必要的经济损失。然而，现有技术中，无法实时监测肉鸭发出的声音。

“物联牧场”肉鸭咳嗽声监测预警装置可以实时监测肉鸭的声音并及早发现肉鸭养殖中的呼吸道疾病。

2.装备设计

肉鸭咳嗽声监测预警装置包括音频采集器、瞬态信号捕捉器、比较单元、触发器及警报器。瞬态信号捕捉器用于捕捉音频采集器采集的音频信号中的瞬态信号，并将瞬态信号发送给比较单元；比较单元和触发器相连，用于对瞬态信号的频率与预设频率进行比较，以及对瞬态信号的持续时间与预设时间时限进行比较，在瞬态信号的频率高于预设频率并且持续时间低于预设时间时限时生成第一比较结果，并将第一比较结果发送给触发器；触发器和报警器相连，用于根据第一比较结果触发警报器报警。可以根据养殖场内肉鸭的分布情况设置多个音频采集器。报警器可以是报警灯或者其他有报警功能的装置。瞬态信号为持续时间短、有明显开端和结束的信号。

比较单元还可以包括频率比较器和时间比较器；频率比较器连接瞬态信号捕捉器和时间比较器，用于述瞬态信号的频率与预设频率进行比较，并且当瞬态信号的频率高于预设频率时将该瞬态信号发送给时间比较器；时间比较器和触发器相连，用于对该瞬态信号的持续时间与预设时间时限进行比较，并且当瞬态信号的持续时间低于预设时间时限时生成第二比较结果，并将该第二比较结果发送给触发器；触发器根据第二比较结果触发警报器报警。

此外，可以将时间比较器连接瞬态信号捕捉器和频率比较器，用于对瞬态信号的持续时间与预设时间时限进行比较，并且当瞬态信号的持续时间低于预设时间时限时将该瞬态信号发送给频率比较器，频率比较器和触发器相连，用于对该瞬态信号的频率与预设频率进行比较，并且当瞬态信号的频率高于预设频率时生成第三比较结果，并将该第三比较结果发送给触发器，触发器根据第三比较结果触发警报器报警。肉鸭咳嗽声监测预警装置示意图，如图 4.32 所示。

该装置还包括滤波器，用于对音频采集器采集到的音频信号进行滤波，并将滤波后的音频信号发送给瞬态信号捕捉器。通过滤波器对音频采集器采集到的音频信号进行滤波，可以去除音频信号中的干扰信号，提高瞬态信号捕捉器的捕捉效率。还包括放大器，用于对滤波后的音频信号进行放大，并将放大后的音频信号发送给瞬态信号捕捉器，通过放大器对滤波后的音频信号进行放大，便于瞬态信号捕捉器捕捉音频信号中的瞬态信号。还包括无线射频发射器，无线射频发射器连接触发器，触发器还用于根据比较结果生成报警信息，并将报警信息通过无线射频发射器发送至预设的手机上。无线射频发射器可以采用 GSM 射频发射器。可以设置一个 SIM 卡槽与该 GSM 射频发射器相连，这样可以通过短信的方式将报警信息发送至指定的手机上；也可以通过其他方式将报警信息发送到指定的终端，方便养殖场管理人员及时进行处理。还包括显示屏，显示屏和触发器相连，触发器还用于根据比较结果生成显示信息，并将显示信息发送至显示屏，显示屏用于显示信息。还包括电源适配器，电源适配器用于为音频采集器、瞬态信号捕捉器、比较单元、触发器及警报器提供稳定电压。

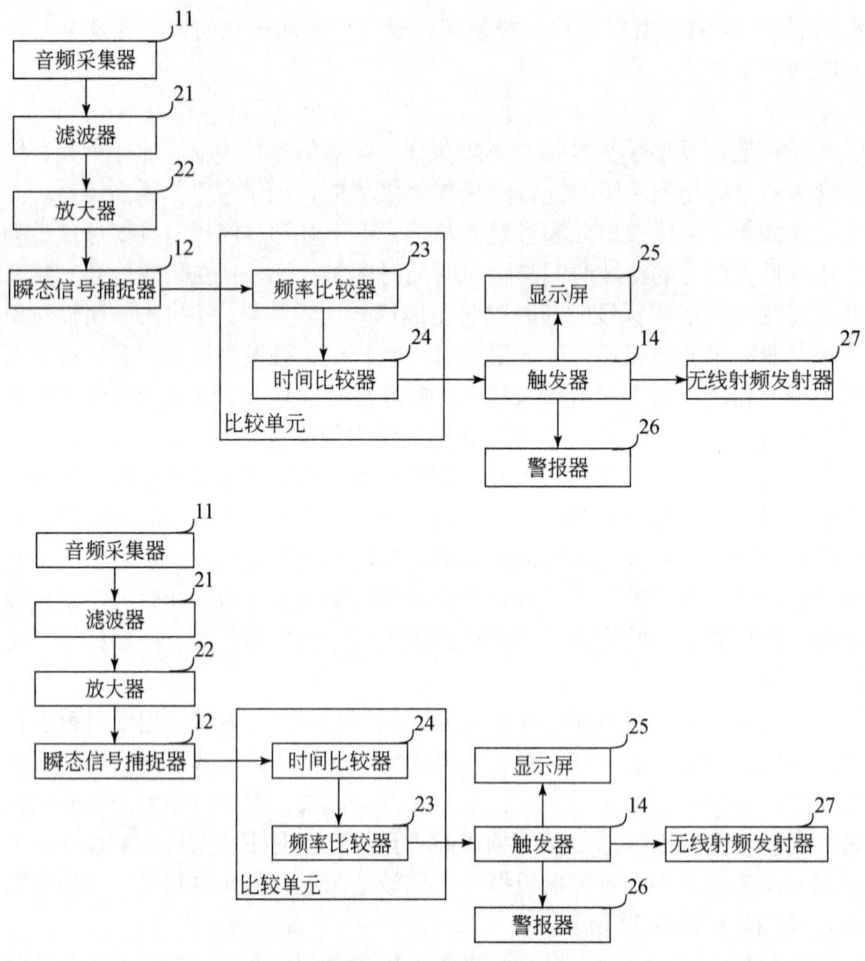

图 4.32　肉鸭咳嗽声监测预警装置示意图

3.工作过程

肉鸭咳嗽声监测预警方法（图 4.33）包括：

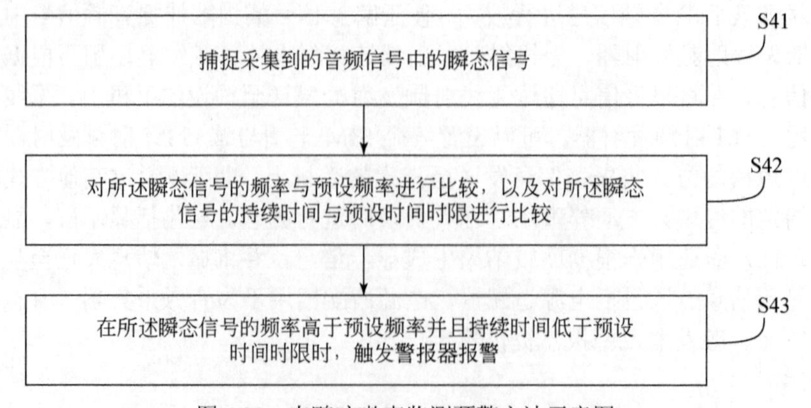

图 4.33　肉鸭咳嗽声监测预警方法示意图

S41，捕捉采集到的音频信号中的瞬态信号；

S42，对瞬态信号的频率与预设频率进行比较，以及对瞬态信号的持续时间与预设时间时限进行比较；

S43，在瞬态信号的频率高于预设频率并且持续时间低于预设时间时限时，触发警报器报警。

（五）养殖舍环境调控系统

1.背景技术

随着集约化和规模化养殖的发展，养殖舍环境对肉鸭健康和生产性能的影响越来越大[13]。目前，养殖舍大多采用密闭的方式饲养，养殖舍的环境控制设备大多需要饲养人员手动操作，自动化水平低，同时饲养管理人员每次进入养殖舍都会带来疫病传播的风险。

“物联牧场”养殖舍环境调控系统解决了现有肉鸭养殖中，通过人工手动调节养殖舍环境方式劳动负担大、生产效率低的技术问题。

2.装备设计

养殖舍环境调控系统包括远程控制模块、执行模块和环境控制模块。远程控制模块发送控制信息给执行模块，执行模块根据接收到的控制信息控制环境控制模块运行，环境控制模块设置在待调控养殖舍中，用于控制待调控养殖舍的温度、湿度、风量和光照强度等环境条件，从而实现养殖舍环境的远程调节。同时，减少饲养管理员进入养殖舍的次数，有效降低疫病发生的风险。

执行模块包括第一电源及与第一电源连接的第一通信单元、单片机、继电器驱动芯片和功率继电器，单片机为 STC12LE5A60S2、功率继电器为 G5LA、DTU 数据传输模块为 USR-GM1；第一通信单元接收远程控制模块所发送的控制信息、并将控制信息传输给单片机，单片机根据接收到的控制信息控制继电器驱动芯片运行，继电器驱动控制功率继电器动作，功率继电器用于控制环境控制模块的运行功率。第一电源包括第一电压输出端和第二电压输出端，第一电源通过第一电压输出端向第一通信单元、单片机、继电器驱动芯片及功率继电器输出 12V 电压；第一电源通过第二电压输出端向环境控制模块输出 220V 电压。

环境控制模块包括风机、电暖气、照明灯、电磁阀、电机和湿帘，该系统还包括支架，支架包括脚架、竖杆和横杆，竖杆竖直安装在脚架上，横杆的数量为多个，多个横杆横向安装在竖杆上，在多个横杆和竖杆上均开设有钻孔，风机、电暖气、照明灯、电磁阀、电机和湿帘分别通过该钻孔在横杆或横杆上。风机用于使养殖舍内的空气循环，电暖气用于加热养殖舍的温度，照明灯用于照明，电磁阀用于控制湿帘的供水量，湿帘用于增加养殖舍内的湿度，电机用于控制湿帘卷起和放下的程度，用于调节加湿程度。风机优选设置在电暖气的后方，使风机吹出的风首先被加热，然后再吹向养殖舍内，对养殖舍内空气的加热效果更佳，另外，由于风机的运转对禽畜具有一定的危险性，将电暖气设置在风机的前方，因为电暖气附近的温度较高，可防止禽畜靠得太近，从而起到保护禽畜的作用；功率继电器的数量为六个，六个功率继电器分别控制风机、电暖气、照明灯、电磁阀、电机和湿帘的运行功率。

远程控制模块包括第二电源及与第二电源连接的 ARM 控制器、第二通信单元和触摸屏单元；触摸屏单元用于写入指令，触摸屏将指令传输给 ARM 控制器，ARM 控制器将指令转化为控制信息、并将控制信息传输给第二通信单元，第二通信单元将控制信息传输给第一通信单元，其中，ARM 控制器为 S5PV210，第二通信单元为 USR-GM1，触摸屏单元为七寸电容屏，第二电源为 AMS1086CM-3.3。养殖舍环境调控系统示意图，如图 4.34 所示；执行模块示意图，如图 4.35 所示。

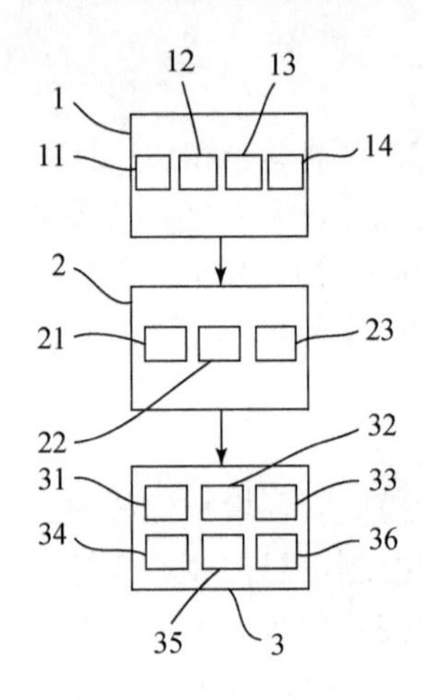

图 4.34　养殖舍环境调控系统示意图

1：远程控制模块；11：触摸屏单元；12：ARM 控制器；13：第二通信单元；14：第一通信单元；2：执行模块；21：单片机；22：继电器驱动芯片；23：功率继电器；3：环境控制模块；31：风机；32：电暖气；33：照明灯；34：电磁阀；35：电机；36：湿帘

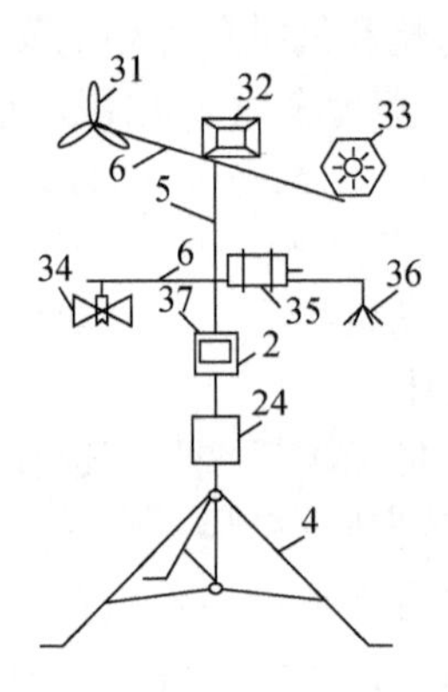

图 4.35　执行模块示意图

2：执行模块；24：第一电源；31：风机；32：电暖气；33：照明灯；34：电磁阀；35：电机；36：湿帘；4：脚架；5：竖杆；6：横杆

3.工作过程

对触摸屏单元写入指令，触摸屏单元将指令传输给 ARM 控制器，ARM 控制器将指令转化为控制信息、并将控制信息传输给第二通信单元，第二通信单元将控制信息传输给第一通信单元，第一通信单元接收到控制信息、并将控制信息传输给单片机，单片机根据接收到的控制信息控制继电器驱动芯片运行，继电器驱动控制功率继电器动作，功率继电器用于控制环境控制模块的运行功率。

四、本章小结

本章较为详细地介绍了“物联牧场”家禽关键技术与装备设计，重点介绍了蛋鸡、肉鸡及肉鸭的物联网关键技术与主要装备，对家禽养殖环境监控、家禽智能饲喂、养殖舍清理及疾病监测预警等技术及设备进行了较为详细的描述。

物联网技术应用于家禽养殖业，解决了传统养殖方式人工操作耗时且效率低，以及家禽容易受到人为干扰从而产生应激反应等问题，但是由于家禽养殖物联网技术仍属于新兴事物，仍存在技术待完善、成本待降低等问题需解决。如何有效实现标准化、平民化的家禽养殖管理设备的研发成为“物联牧场”未来的工作重点。

参考文献

[1] 陈羊阳，陈红茜，李辉，等. 基于物联网的家禽生产过程管理系统的设计与实现［J］. 中国农机化学报，2015，36（4）：232-237.

[2] 连京华，李惠敏，孙凯，等. 基于物联网的家禽养殖环境远程监控系统的设计［J］. 家禽科学，2015（7）：7-10.

[3] 李国勤，陈黎，沈军达，等. 物联网技术在我国家禽生产中的应用［J］. 中国家禽，2015，37（17）：1-4.

[4] 马秀莲. 基于 ARM 嵌入式平台的无精蛋自动识别系统的研究［D］. 大庆：东北石油大学硕士学位论文，2011.

[5] 吕玲，吴荣富. 国内外蛋品产业发展现状及消费趋势［J］. 中国家禽，2015，37（1）：46-50.

[6] 李丽华.蛋鸡体温与生产性能参数动态监测关键技术研究及应用［D］. 保定：河北农业大学博士学位论文，2014.

[7] 台立谋. 饮水对鸡群生产的重要性［J］. 新农业，2015，（7）：53-54.

[8] 诺伟司国际公司. 影响家禽饮水质量的主要因素［J］. 中国家禽，2008，30（21）：32-34.

[9] 黄高明，盛国忠，张源，等. 我国病死家畜家禽处理的现状和对策［J］. 当代畜牧，2009，（7）：54-55.

[10] 宫桂芬. 从中国养鸡业发展现状看未来趋势［J］. 现代畜牧兽医，2012，（6）：4-4.

[11] 罗维，李季，江永红. 畜禽集约化养殖对生态环境的影响［J］. 中国畜牧杂志，2001，37（5）：55-56.

[12] 莆田广东温氏家禽有限公司. 肉鸭网下发酵床饲养模式［A］// 第六届中国水禽发展大会论文汇编，2015.

[13] 朱建鑫. 用于肉鸡规模化健康养殖的禽舍环境控制系统的研究［D］. 青岛：青岛科技大学硕士学位论文，2013.

第五章　“物联牧场”——生猪关键技术与装备设计

中国是世界第一猪肉生产大国和消费大国，猪肉产量基本占全球总产量的一半，生猪养殖业一直是国家政策大力扶持的产业[1]。随着国内经济的迅速转型，生猪养殖逐渐呈现规模发展的需求，生猪规模化、集约化养殖将成为未来 10 年内国内主流的养殖模式[2]。物联网技术在生猪养殖方面的应用包括视频监控、猪舍环境自动监控等[3]。本章讲述了生猪环境控制技术与装备设计、生猪生产管理技术与装备设计、生猪状态监控技术与装备设计，重点论述了猪舍自动通风、降温、供水、投喂、清理、消毒及仔猪护理等方面的技术与设备研发情况。

一、生猪环境控制技术与装备设计

“物联牧场”生猪环境控制技术与装备包括：①可实时监测温度并根据温度高低采用排风扇或者雾化降温风机对养殖场进行降温处理的“物联牧场”自动降温装置；②可实时监测水箱的剩余水量并远程控制加水的“物联牧场”自动供水装置；③具有保温和自动喂养功能的“物联牧场”仔猪自动喂养保温箱；④可对生猪进行喷雾式贴面消毒按摩的“物联牧场”手持式生猪用消毒按摩装置；⑤可以根据实时温度自动控制卷帘升降的“物联牧场”卷帘自动调节装置。

（一）自动降温装置

1.背景技术

目前，在小型养猪场生猪养殖过程中，猪密度相对较大及猪粪便难清理，所以，易于产生二氧化碳和硫化氢等气体，且粪便的堆积使猪室温度升高更多[4]，而猪是一种免疫力比较低的动物，外界环境温度的不适往往会引发较多的疾病。现有技术的猪场降温工作主要是排风扇和人工洒水降温，这种方法虽然有一定效果，但是很难控制温度标准，并且人工洒水是重复且繁杂的工作，浪费较大人力。

“物联牧场”自动降温装置，通过温度采集控制器获取养殖场内的温度，并根据温度高低采用排风扇或者雾化降温风机对养殖场进行降温处理，与现有技术相比，具有提高降温自动化程度、温度控制精确度的优点。

2.装备设计

“物联牧场”自动降温装置包括温度传感器、温度采集控制器、排风扇、PEC 水箱、通水管及雾化降温风机。通水管分别与 PEC 水箱和雾化降温风机连接，温度传感器、排风扇及雾化降温风机均与温度采集控制器连接。排风扇设置在养猪室左侧墙壁上，通过导线与温度采集控制器连接；PEC 水箱呈长条形，通过铁链悬挂在养猪室房顶，PEC 水箱的出水口与通水管连接，温度采集控制器固定在 PEC 水箱上。温度传感器分别固定在养殖场距离房顶预设高度处的左侧、中间、右侧三个位置，温度传感器通过导线与温度采集控制器连接。温度传感器将采集到的温度发送至温度采集控制器，温度采集控制器根据接收到的温度获取养猪室内的温度值，控制排风扇工作，进行通风降温或使雾化降温风机开启，雾化降温风机对通水管流入的水进行雾化处理，以通过水蒸发吸热进行物理降温，PEC 水箱用于为雾化降温风机提供水分。自动降温装置结构示意图，如图 5.1 所示。

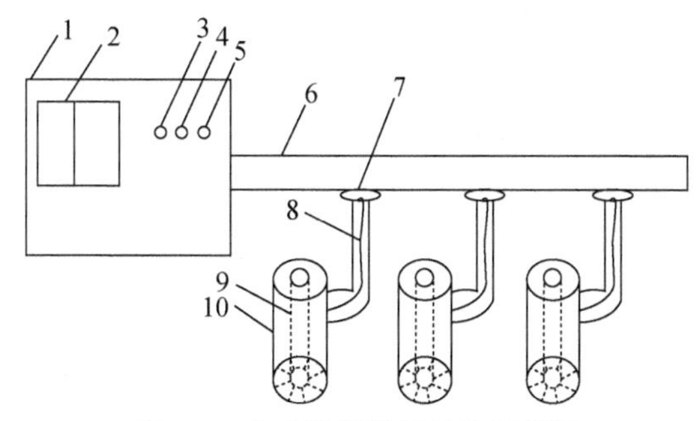

图 5.1　自动降温装置结构示意图

1：PEC 水箱；2：温度采集控制器；3：绿色警示灯；4：红色警示灯；5：警报器；6：通水管；7：摇头电机；8：软管；9：雾化器；10：外壳

温度采集器包括温度采集电路板，第一处理器、第一 ZigBee 模块及第一 I/O 端口；

第一处理器设置在温度采集电路板上，第一处理器分别与温度传感器、第一 ZigBee 模块及第一 I/O 端口连接，第一 I/O 端口与温度控制器连接。温度控制器将采集到的温度发送至第一处理器，由第一处理器进行处理，并将处理后的温度通过第一 I/O 端口发送至温度采集控制器。温度采集器结构示意图，如图 5.2 所示。

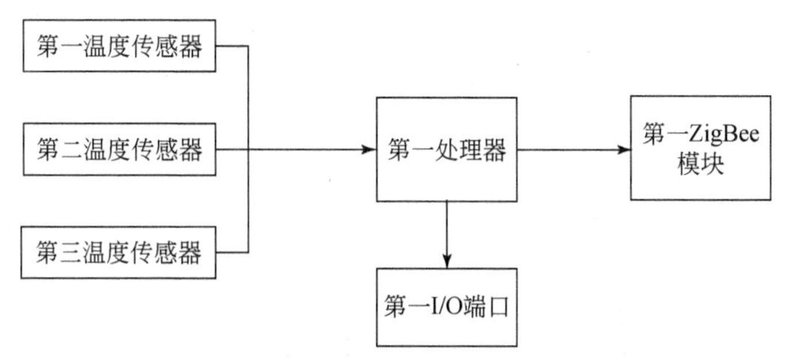

图 5.2　温度采集器结构示意图

温度采集控制器包括温度控制电路板，第二处理器、第二 ZigBee 模块、第二 I/O 端口、第一继电器及第二继电器。第二处理器设置在温度控制电路板上，第二处理器分别与第二 I/O 端口、第二 ZigBee 模块、第一继电器及第二继电器连接，第二 I/O 端口与第一I/O端口连接，第一继电器与雾化降温风机连接，第二继电器与排风扇连接。温度采集控制器结构示意图，如图5.3所示。

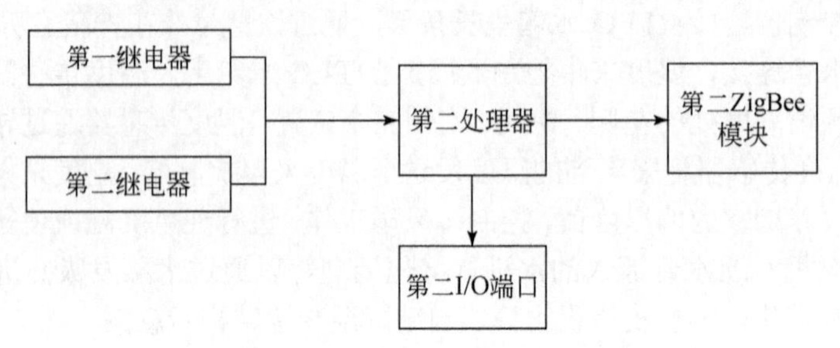

图5.3　温度采集控制器结构示意图

3.工作过程

自动降温装置的使用流程如图5.4所示：

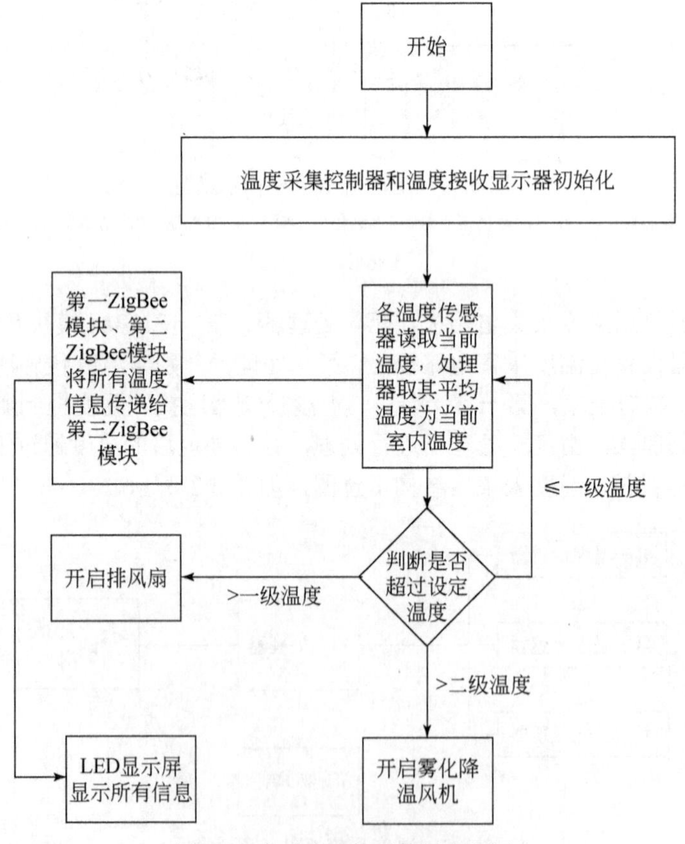

图5.4　自动降温装置使用流程图

第一步，温度采集控制器和温度接收显示器初始化；

第二步，温度采集控制器通过温度传感器得到外界温度，并将温度信息传递给处理器，处理器根据当前信息判断打开排风扇降温或开启电磁阀进行雾化降温；

第三步，温度采集控制器的第一 ZigBee 模块、温度采集控制器的第二 ZigBee 模块通过无线信号将所有猪室温度及降温状态信息传递给温度接收显示器的第三ZigBee模块；

第四步，第三 ZigBee 模块接收来自第一 ZigBee 模块、第二 ZigBee 模块所有关于温度的控制信息，并将信息显示在LED显示屏上，LED显示屏显示信息包括当前温度、目标温度、悬挂式排风扇运行状态、雾化降温风机运行状态；

第五步，在检测到 PEC 水箱剩余水为五分之一及以上时，外侧绿色指示灯亮；在检测到 PEC 水箱剩余水低于五分之一时，外侧红色指示灯亮，同时警报器响起通知工作人员PEC水箱缺水。

（二）自动供水装置

1.背景技术

目前，在小型养猪场养殖过程中，生猪的饮用水供给一般来自地下水[5]，采用水泵将水抽取至蓄水箱，蓄水箱与给水管道连接，进行供水。此种供水方法可避免因短时间停电带来的供水不足问题，并且可适时向蓄水箱添加水溶性药物，预防生猪疾病等。但是，由于蓄水箱容量有限、不透明，以及养殖者无法实时监控蓄水箱水量等问题的存在，生猪饮用水会出现供给不及时的现象，在抽水时也会因无法看清蓄水箱水位，导致蓄水箱中的水溢出。并且，抽水泵的开关需要工作人员现场控制，自动化控制程度低。

“物联牧场”自动供水装置采用液位计与控制箱连接，控制箱根据液位计显示的水位对抽水泵进行控制，可以实现自动化控制供水；还可以利用外部设备远程控制和现场人工控制；外部设备客户端可以实时显示蓄水箱中的水位，并可以在外部设备客户端上远程控制抽水泵的启动和停止，工作人员也可以在现场通过供电箱上的供电开关来人工控制抽水泵的启动与停止；解决了牲畜饮水自动供给不及时、无法实现监控蓄水箱水量及抽水过满导致水溢出的问题，可有效保证牲畜饮水；制造成本低，安装简单，适合小型养殖场使用，特别是小型养猪场。

2.装备设计

“物联牧场”自动供水装置包括蓄水箱、液位计、给水管道、控制箱、供电箱、抽水泵和饮水器。液位计设于蓄水箱中，通过电线与控制箱连接，用于检测蓄水箱内的水位；供电箱与抽水泵连接；抽水泵的出水口通过上水管连接于蓄水箱的上部，抽水泵的进水口通过下水管与水源连接；给水管道的一端与蓄水箱的下部连接，另一端与饮水器连接。还包括用于放置蓄水箱的第一支架和用于放置抽水泵的第二支架，第一支架和第二支架均固定于地面。给水管道为不锈钢管，与饮水器连接的一端分为多条分支管道，每条分支管道的末端均与对应的饮水器相连。液位计采用浮球液位计；蓄水箱由透明材质制成；饮水器采用鸭嘴式猪用饮水器。自动供水装置结构示意图，如图5.5所示。

控制箱包括控制箱体和控制电路板，控制电路板设于控制箱体内，还包括控制箱锁和两个防水接头，控制箱锁和两个防水接头均设于控制箱体的外表面。具体地，控制箱体的材质为不锈钢材质，优选长为0.4m、高为0.4m及宽为0.3m。控制箱体的外表面设有防水接头可以防止水进入控制箱发生危险。控制箱立体结构示意图，如图5.6所示。

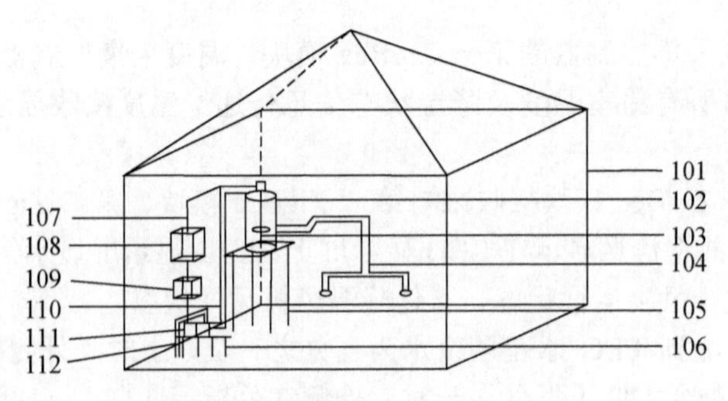

图 5.5　自动供水装置结构示意图

101：养殖室；102：蓄水箱；103：液位计；104：给水管道；105：第一支架；106：第二支架；107：PVC 线槽；108：控制箱；109：供电箱；110：上水管；111：抽水泵；112：下水管

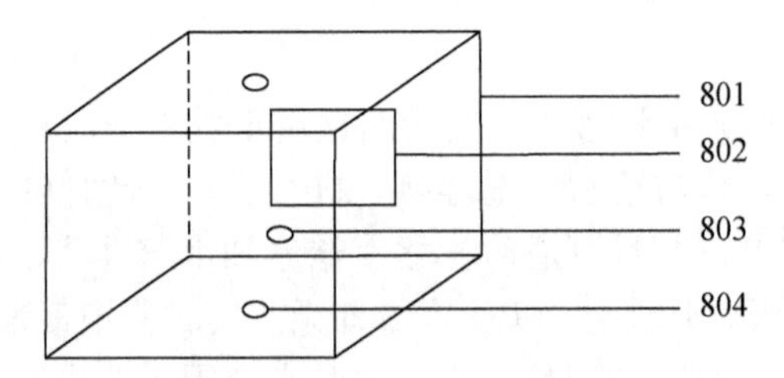

图 5.6　控制箱立体结构示意图

801：控制箱体；802：控制电路板；803：控制箱锁；804：防水接头

控制电路板包括单片机、模-数（analog to digital，A/D）转换器、电源模块、触发器、继电器驱动芯片和继电器。A/D 转换器、电源模块和触发器分别与单片机相连，继电器通过继电器驱动芯片与触发器连接；抽水泵通过电线与继电器连接。还包括数据传输模块，用于接收单片机处理后的信号并传输到外部设备客户端，同时接收外部设备客户端的控制信号。控制电路板硬件结构示意图，如图 5.7 所示。

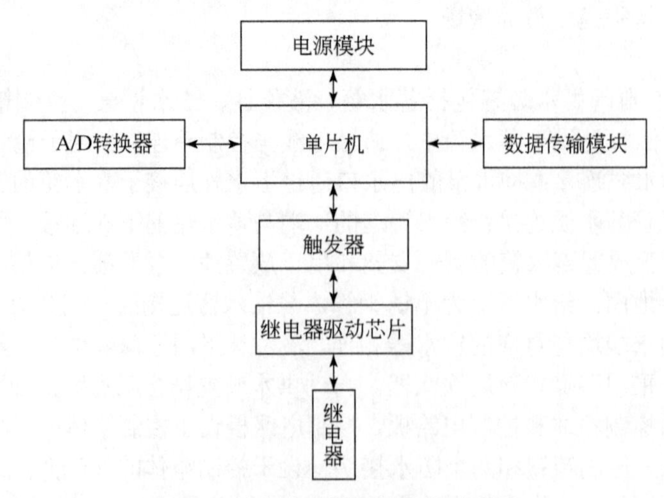

图 5.7　控制电路板硬件结构示意图

供电箱包括供电箱体、变压模块和供电开关。变压模块设于供电箱体内，供电开关设于供电箱体的侧面，变压模块与控制电路板上的电源模块相连接。还包括供电箱锁、漏电保护器、两个防水接头，供电箱锁和两个防水接头均设于供电箱体的外表面，漏电保护器通过电线连接于变压模块和供电开关之间。抽水泵通过电线与供电开关连接。供电箱立体结构示意图，如图 5.8 所示。

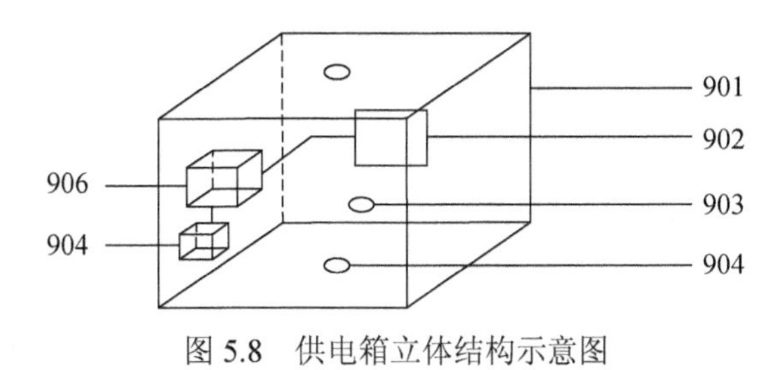

图 5.8　供电箱立体结构示意图

901：供电箱体；902：变压模块；903：供电箱锁；904：供电开关；906：漏电保护器

3.工作过程

自动化控制过程的工作流程如图 5.9 所示：

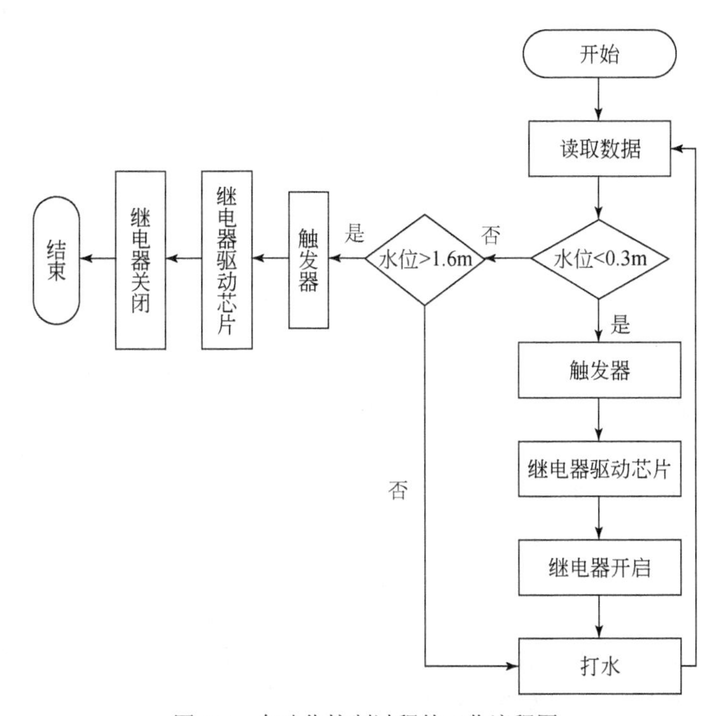

图 5.9　自动化控制过程的工作流程图

S1，读取蓄水箱的水位。具体地，液位计将测得的蓄水箱水位模拟信号传送给 A/D 转换器，A/D 转换器将模拟信号转换为数字信号，传送给单片机，从而获得蓄水箱的水位；

S2，判断开启或关闭抽水泵。具体地，单片机对数字信号进行判断，当蓄水箱水位小于设定数值（如 0.3m）时，数字信号通过触发器传送给继电器驱动芯片，继电器打开，抽水泵自动送水；当水箱水位大于设定数值（如 1.6m）时，数字信号通过触发器传送给继电器驱动芯片，继电器关闭，抽水泵停止送水。

远程控制过程是通过客户端发送控制信号通过数据传输模块传输到单片机，根据客户端发送的控制信号来随时开启或关闭抽水泵。当一直不发生关闭的控制信号时，水位超过 1.6m 触发自动化控制程序，单片机自动向继电器驱动芯片发生控制信号，关闭继电器，从而关闭抽水泵。

（三）仔猪自动喂养保温箱

1.背景技术

在生猪养殖过程中，仔猪成活率在一定程度上受温度和营养吸收情况的影响[6]。例如，在低温环境中，仔猪常会出现冻死的情况；在仔猪数量较多因而喝不到奶或母猪奶水不足时，经常会出现饿死的情况。因此，研究仔猪喂养及保温装置，对生猪养殖具有重要的意义。

目前市场上的保温箱，均是解决仔猪保温问题，没有考虑到仔猪的自动喂养功能。在解决仔猪保温问题时，市场上的保温箱普遍成本较高，对小型养殖场来说适用性较差。市场上更没有同时解决仔猪自动喂养和保温的装置。

“物联牧场”仔猪自动喂养保温箱，既能通过加热垫和通风口实现仔猪保温功能，又能通过排列仿真奶嘴实现对仔猪的自动喂养功能；用铁皮进行加固，可防止母猪对保温箱的破坏；通过排列仿真奶嘴对仔猪进行喂养，提高了仔猪成活率，防止仔猪因母猪缺奶或竞争激烈造成仔猪死亡。

2.装备设计

仔猪自动喂养保温箱装置，包括保温箱、奶瓶、排列仿真奶嘴、通风窗、加热垫、铁皮。奶瓶在保温箱上部，通过塑料软管与排列仿真奶嘴相连接，排列仿真奶嘴在保温箱内部，通风窗在保温箱侧面，加热垫在保温箱底部，在排列仿真奶嘴下面。外壳四周及底部由普通木材制成，顶部由透明硬质塑料组成，长为 2m，宽为 0.5m，高为 1m。侧面有风扇，风扇长、宽、高均为 250mm，框架由黑烤漆铝合金制成，扇叶材料为 PBT+30%玻线+VO 级阻燃剂，电压为 220V，正面有开放的门，门的尺寸为 1.2m×0.5m。保温箱顶部四个角周围都用铁皮固定。加热垫，用不锈钢材料做成，通过电源来进行供热，下面是电热丝，材质为 0Cr21Al6Nb，功率为 1000W，上面是毛毯。奶瓶由 PC 塑料制成，容量为 1L。排列仿真奶嘴材料由硅胶制成，数量为 4 个，奶嘴型号为十字孔型，奶嘴大小为 L 号，口径为 5cm，通过软管与奶瓶相连，软管材料为 PVC 塑料。仔猪自动喂养保温箱的连接框图，如图 5.10 所示。

3.工作过程

仔猪自动喂养保温箱的具体工作过程如下：

（1）仔猪出生后，将其放入自动喂养保温箱中，用加热垫进行加热，防止仔猪因寒冷而死亡。加热垫采用电源供电，温度可调。

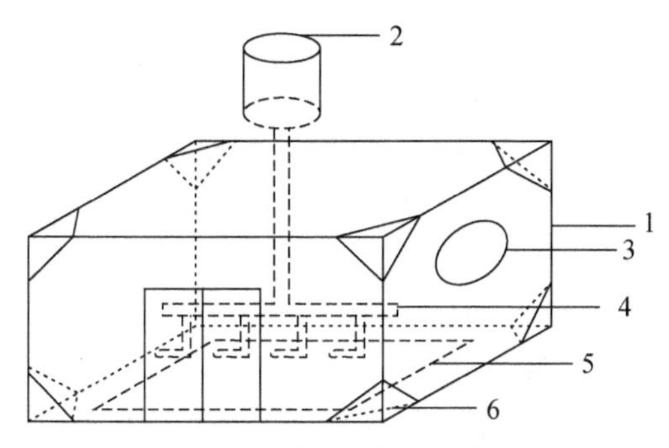

图 5.10 仔猪自动喂养保温箱的连接框图

1：保温箱；2：奶瓶；3：通风窗；4：排列仿真奶嘴；5：加热垫；6：铁皮

（2）将奶瓶中加入调节好的奶粉冲剂，下面与排列仿真奶嘴相连。其奶嘴用普通硅胶设计，只有在仔猪喝奶的时候才会滴出，不用出现浪费现象。

（3）保温箱的门一般敞开着，仔猪既可在保温箱中，也可离开保温箱跟随母猪待在一起。

（四）手持式生猪用消毒按摩装置

1.背景技术

对牲畜的身体进行消毒和按摩可以保障牲畜正常的新陈代谢和生理活动，能够维护牲畜健康，从而提调高养殖效率，降低养殖风险。具体来说，无论是妊娠期的生猪、哺乳期的生猪、新生的生猪还是成长期的生猪，都需要定期进行清洗和消毒，可以有效预防乳房炎、腹泻或病菌感染等疾病；另外对生猪进行按摩可以促使雌性生猪发情，多产幼崽，并且能够提高雌性生猪的泌乳量，另外经常按摩还能显著提高肉质[7]。

现代生猪养殖场一般使用喷雾器或消毒车对养殖环境进行消毒，或者人工使用毛巾对生猪进行重点消毒，上述消毒方法对生猪消毒的针对性不高，效率也不高，效果并不明显。并且现有技术中很少有装置对生猪进行喷雾式贴面消毒，更加很少有装置能对生猪进行针对性、规律性的按摩与消毒同时操作，难以生产出肉质较好的产品。

手持式生猪用消毒按摩装置解决现有的消毒设备针对性较差、效率较低且无法结合对生猪按摩的问题。

2.装备设计

手持式生猪用消毒按摩装置包括消毒按摩头、连接杆、进液导管和手柄；消毒按摩头包括背部外壳和按摩触面，按摩触面的正面设有雾化喷头和多个凸起的半球形触头，且按摩触面与背部外壳浮动连接；按摩触面由多块按摩块构成，每块按摩块上设有至少一个雾化喷头。连接杆的一端与手柄连接，另一端与背部外壳连接；消毒按摩头内还设有分流导管，分流导管的进水管与进液导管的出口连接，分流导管的出水管的数量与雾化喷头的数量相等，且多个分流导管的出水管与多个雾化喷头一一对应相连接。进液导管的一端与供液容器连接，另一端与分流导管的进水管连接，按摩触面与背部外壳浮动连接，按摩触面的正面还设有半球形触头。连接杆为空心结构，连接杆内还设有导液管，进液导管通过导液管与分流导管连接，手柄内设有液体通道，液体通道的两端分别与进液导管和导液管连接。消毒按摩头还包括背部圆盘，背部圆盘设于背部外壳上，背部外壳的中心位置处设有螺纹孔，背部圆盘与背部外壳螺纹连接，背部圆盘的中心位置设有向外凸起的凸台，凸台上设有通孔。多个半球形触头均匀地设于多块按摩块上，每块按摩块的边缘均贴有超细纤维的布圈，且布圈厚度比半球形触头的半径大 4～5mm，按摩块的半径为布圈最大半径的 3/4，半球形触头的半径为 5～10mm，每两个相邻的半球形触头之间的距离为 3～8mm。按摩块的数量为 3 块，3 块按摩块的大小相同，雾化喷头共有 4 个，其中，一个雾化喷头安装在可浮动按摩触面的中心位置，并通过夹子将雾化喷头固定到可浮动按摩触面上，其余的 3 个雾化喷头分别安装在 3 块按摩块的中部，并通过夹子固定。连接杆由两段不锈钢钢管对接而成，两段不锈钢钢管通过旋转锁连接，旋转锁用于调节连接杆的长度。当需要调节连接杆长度时，将旋转锁拧松，拉长或缩短连接杆，然后拧紧旋转锁固定。手持式生猪用消毒按摩装置结构示意图，如图 5.11 所示。

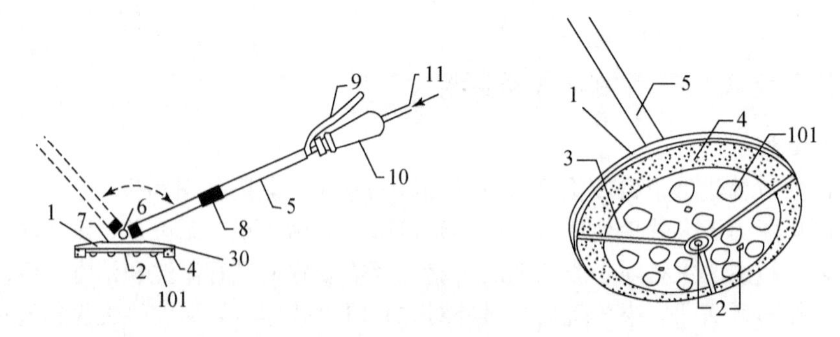

图 5.11 手持式生猪用消毒按摩装置结构示意图

1：消毒按摩头；101：半球形触头 2：雾化喷头；3：按摩触面；4：布圈；5：连接杆；6：固定支座；7：背部圆盘；8：旋转锁；9：触发器；10：手柄；11：进液导管；30：背部外壳

还包括设于手柄的液体通道内的开关组件，开关组件包括第一阀门、第二阀门和按压器，导液管的管壁直径小于 1.5mm，分流导管的进水管直径等于导液管的管壁直径，分流导管的出水管直径小于 1.0mm，第一阀门和第二阀门分别设于液体通道的两端，按压器垂直于液体通道，设于第一阀门和第二阀门之间，将液体通道分隔为储液腔和出液腔，储液腔的液体通道的直径大于进液导管的管壁内径，出液腔中部的液体通道的的直径小于出液腔两端的液体通道的直径；按压器包括垂直于液体通道方向依次连接的按压块、复位弹簧和橡胶塞，橡胶塞和按压块均嵌于液体通道的管壁内，与按压块和橡胶塞配合处的液体通道的直径较大。与按压块顶部接触的液体通道的管壁上设有开口，该手柄的外轮廓呈左端小右端大的锥形，且右端面为球面，手柄的内部设有一条液体通道，进液导管从手柄的右侧穿过与液体通道连接，进液导管的直径小于液体通道的直径，沿液体通道向左为按压器的安装位置，此处手柄的外壁的对称位置设有两个凸台，凸台的内部被掏空，与液体通道连通，其中，上端凸台的管壁上设有开口，按压器的按压块设在此凸台处，橡胶塞设在与之对应的另一个凸台内，手柄的外壁上还设有触发器，触发器的一端通过转动轴与连接杆的外壁连接，连接杆的外壁设有一个凸台，触发器通过转动轴与连接杆上的凸台连接，此凸台为触发器转动的支点，触发器与按压块相对应设置，触发器上设有凸起的连接块，连接块穿过开口与按压块连接。按压块与橡胶塞之间设有复位弹簧，第一阀门包括与进液导管出口相配合的第一阀芯、与储液腔管壁相配合的第一柱塞和连接在第一阀芯与第一柱塞之间的第一弹簧，其中，第一阀芯为橡胶弹珠，第一阀芯的直径大于进液导管的直径，小于储液腔管壁的内径，第一柱塞与储液腔的管壁相配合，且第一柱塞的直径略小于储液腔的管壁。手柄内部结构示意图，如图 5.12 所示。

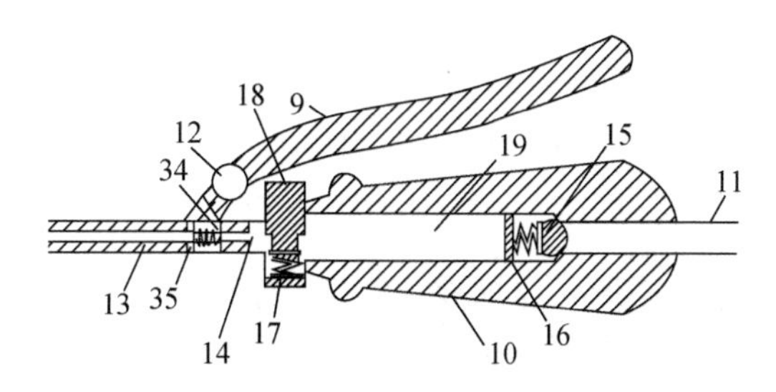

图 5.12　手柄内部结构示意图

9：触发器；10：手柄；11：进液导管；12：转动轴；13：导液管；14：出液腔；15：第一阀芯；16：第一柱塞；17：复位弹簧；18：按压块；19：储液腔；34：第二阀芯；35：第二柱塞

采用支撑架实现按摩触面与背部外壳的浮动连接，按摩触面的最大可浮动角度约为 5°，其中，支撑架包括内圆盘、外圆环和连接在内圆盘与外圆环之间的多条辐条；多条辐条将内圆盘与外圆环之间的空间分隔为多个容置空间；支撑架呈轮毂形，其正中心的位置为内圆盘，沿内圆盘的周向均匀延伸出多条辐条，且辐条的端部与外圆环固定连接，支撑架的边缘与背部外壳固定连接，即外圆环的外表面设有外螺纹，背部外壳的前端设有内螺纹，外圆环的外表面与背部外壳的前端螺纹连接，按摩触面为圆环形，按摩触面的中心与支撑架的触面对应设置，按摩触面由多块按摩块构成，每块按摩块与一个容置空间对应布置，具体为辐条的数量与按摩块的数量相等，且每条辐条与相邻的两块按摩块之间的缝隙相对应，支撑架的内圆盘上设有多个沿周向向外凸起的第一凸榫和沿周向向内凹陷的第一凹槽，第一凸榫和第一凹槽均为扇形，第一凸榫设置在支撑架的内圆盘的后端面上，第一凹槽设置在支撑架的内圆盘的前端面上，且第一凸榫和第一凹槽交错分布，每两条辐条之间设置一个第一凸榫和一个第一凹槽，每块按摩块上设有与第一凸榫相配合的第二凹槽和与第一凹槽相配合的第二凸榫，在每块按摩块上与第一凸榫对应的位置背面设有与第一凸榫配合的第二凹槽，在每块按摩块上与第一凹槽对应的位置正面设有与第一凹槽相配合的第二凸榫，每条辐条的两侧均设有一个凸形机构，凸形机构两侧的腰部为光滑圆弧，每块按摩块的相应位置均设有卡勾，每两个卡勾对应地卡在一个凸形机构的腰部，当按摩块浮动时，两个卡勾沿凸形机构两侧的腰部滑动。支撑架与消毒按摩面的示意图，如图 5.13 所示。

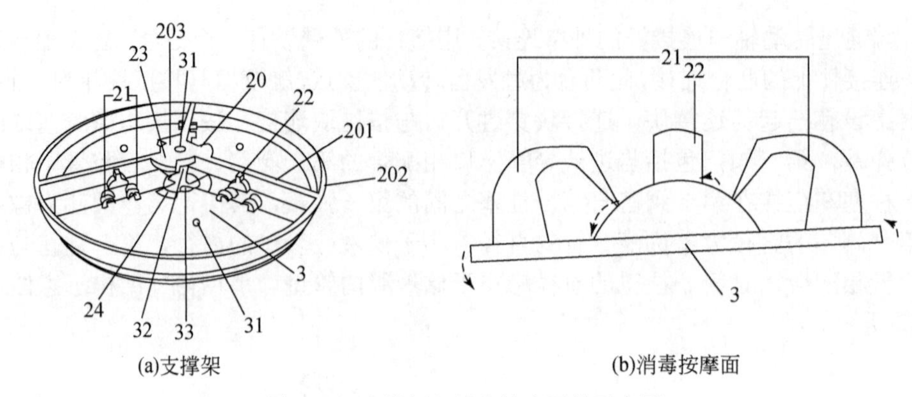

(a)支撑架　　(b)消毒按摩面

图 5.13　支撑架与消毒按摩面的示意图

20：支撑架；201：辐条；202：外圆环；203：内圆盘；21：卡勾；22：凸形机构；23：第一凸榫；24：第二凹槽；3：按摩角面；31：导管口；32：第一凹槽；33：第二凸榫

分流导管的进水管穿出该通孔与导液管对接，分流导管的进水管与导液管的连接处通过一个活动接套连接。连接杆与背部圆盘之间设有塑料软管，塑料软管通过螺母与连接杆的外壁和背部圆盘的凸台的外壁固定套接，即塑料软管的一端套在连接杆的外壁上，并通过螺母固定，另一端套在背部圆盘的凸台的外壁上，通过螺母固定，通过塑料软管实现背部圆盘和连接杆的转动连接。背部圆盘上还设有两个固定支座，两个固定支座设于连接杆两侧，每个固定支座上均设有一个通孔，两个固定支座上的通孔对称，固定件垂直地穿过固定支座上的通孔，当两个固定件的端部均抵在连接杆的外壁上时，连接杆与消毒按摩头之间的角度被固定，当任一个固定件的端部与连接杆的外壁之间有间隙时，连接杆可转动，连接杆可以以固定支座为支点进行 180° 旋转，然后固定在合适的位置，固定件可为螺旋锁扣。消毒按摩头与连接杆结合部位剖视图，如图 5.14 所示。

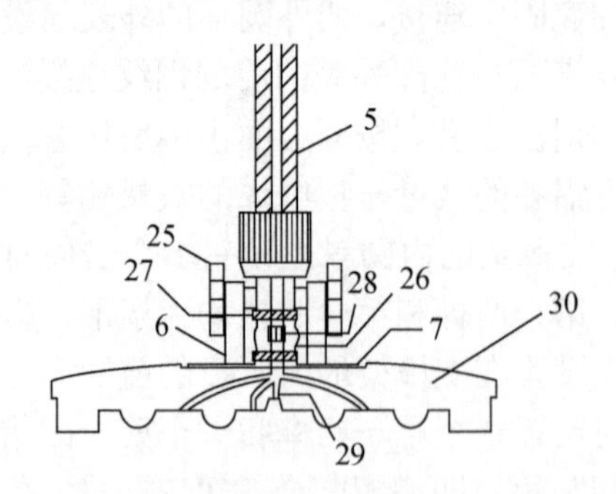

图 5.14　消毒按摩头与连接杆结合部位剖视图

5：连接杆；6：固定支座；7：背部圆盘；25：固定件；26：塑料软管；27：螺母；28：活动接套；29：分流导管；30：背部外壳

3.工作过程

使用时，操作者手持手柄部分，将进液导管与供液容器连接，药液进入进液管道后由于压力作用将第一阀芯打开，药液进入储液腔，第一阀芯在打开的过程中不断压缩第一弹簧，第一弹簧在压缩的过程中推动第一柱塞向前移动，从而推动储液腔内的药液向前移动进入到出液腔，按动触发器，由于气压作用，第一阀芯关闭，第二阀芯打开，药液随之进入出液腔的前端，并在第二柱塞的推动下进入导液管，此时的药液压力较大，较大压力的药液进入分流导管，并从各个雾化喷头喷出，对牲畜表面起到消毒的作用。另外，消毒按摩头与连接杆可转动连接，操作者可以根据需要调整消毒按摩头与连接杆之间的角度，方便操作者进行操纵。

（五）卷帘自动调节装置

1.背景技术

近 20 多年来，我国养殖业发展迅速，取得了可喜的业绩，肉、蛋、禽总产量连续保持世界第一[8]，对改善人民生活水平、调整人民膳食结构、提高农民收入做出了巨大贡献。畜牧养殖场的规模越来越大，养殖种类日渐趋多，畜牧生长环境重视程度提高。

其中，生猪生长环境中的温度与光照，对生猪健康生长具有很大的影响，会影响其生长的速度与质量[9]，合适的光照与温度能够促进生猪的生长；不合适的光照与温度会妨害生猪的生长，严重时还会引起生猪大范围的疾病发生。

"物联牧场"卷帘自动调节装置可以对室内和室外的温度等级进行逻辑运算，根据逻辑运算结果控制电动机转动，能够根据实时温度自动调节卷帘的升降。

2.装备设计

卷帘自动调节装置包括卷帘、电动机、逻辑运算器、室内温度采集器及室外温度采集器。其中，电动机与卷帘的卷轴相连；室内温度采集器的输出端及室外温度采集器的输出端分别与逻辑运算器的第一输入端和第二输入端相连；电动机和逻辑运算器的输出端相连，以实现卷帘在室内温度等级超过室外温度等级时的降下，和卷帘在室外温度等级超过室内温度等级时的升起。在具体实施时，可以根据实际情况（如考虑天气、季节情况或者考虑室内动物对温度的适应程度）来设置温度等级。例如，可以设置每隔 5℃为一个温度等级，当室内温度为 15～20℃，室外温度为 20～25℃时，控制卷帘降下。可以将室内室外的温度差值分成多个差值等级，根据不同的差值等级对卷帘的起降进行不同程度的调节。例如，温度差值为 1～5℃时调整卷帘升起或降下 20cm，温度差值为 6～10℃时调整卷帘升起或降下 40cm 等，从而使室内保持适宜的温度。室内温度采集器可放置在室内；室外温度采集器可放置在室外，也可以根据具体情况放置在其他位置。

装置还包括室内光照采集器、室外光照采集器和差值运算器；室内光照采集器的输出端及室外光照采集器的输出端分别与差值运算器的两个输入端相连；差值运算器的输出端与逻辑运算器的第三输入端相连，以实现卷帘在室内温度等级等于室外温度等级，而室外光照等级超过室内光照等级时的升起。逻辑运算器可以包括第一模数转换单元、第二模数转换单元和第一比较单元；室内温度采集器的输出端连接第一模数转换单元的输入端；室外温度采集器的输出端连接第二模数转换单元的输入端；第一模数转换单元的输出端和第二模数转换单元的输出端分别连接第一比较单元的两个输入端；第一比较单元的第一输出端连接电动机的升起控制信号输入端；第一比较单元的第二输出端连接电动机的降下控制信号输入端。差值运算器可以包括第三模数转换单元、第四模数转换单元和第二比较单元。室内光照采集器的输出端连接第三模数转换单元的输入端；室外光照采集器的输出端连接第四模数转换单元的输入端；第三模数转换单元的输出端和第四模数转换单元的输出端分别连接第二比较单元的两个输入端；第二比较单元的输出端与逻辑运算器中的第一比较单元的输入端相连。卷轴可以通过齿轮（或其他连动装置）连接电动机。逻辑运算器与电动机之间还可以包括开关模组，该开关模组的控制端连接用户输入设备。通过设置开关模组，用户也可以通过输入设备对卷帘进行手动控制。卷帘自动调节装置示意图，如图 5.15 所示。

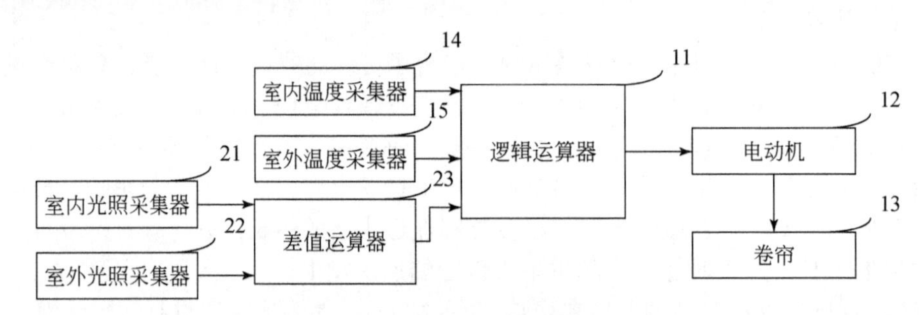

图 5.15　卷帘自动调节装置示意图

还可以包括壳体，逻辑运算器、差值运算器及开关模组设在壳体内部，壳体表面还设有至少一个采集接口，室外温度采集器、室内温度采集器通过至少一个采集接口分别和逻辑运算器相连，室外光照采集器、室内光照采集器通过至少一个采集接口分别和差值运算器相连。壳体表面设置显示屏，通过显示屏显示当前室内、室外的温度和光照情况等信息，从而让用户实时地了解到温度和光照的信息。逻辑运算器与电动机之间还可以包括至少一个继电器，以便控制电动机的转动。通过设置继电器可以根据逻辑运算器的不同运算结果控制电动机是否转动及转动的方向。例如，可以设置第一继电器控制电动机顺时针转动，第二继电器控制电动机逆时针转动等。电动机的转动角度随室内和室外温度差值等级的变化而变化；电动机的转动角度随室内和室外光照强度差值等级的变化而变化。卷帘自动调节装置各个部分的连接关系示意图，如图 5.16 所示。

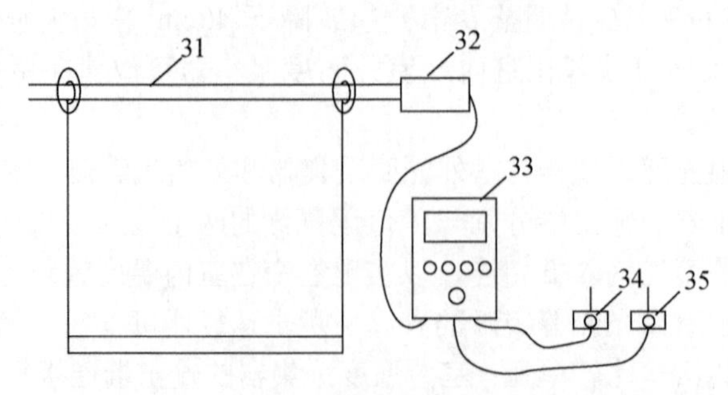

图 5.16　卷帘自动调节装置各个部分的连接关系示意图

31：卷帘；32：电动机；33：外壳；34 室内温度采集器和室内光照采集器；35：室外温度采集器和室外光照采集器

3.工作过程

根据实际情况（如考虑天气、季节情况或者考虑室内动物对温度的适应程度）来预先设置温度等级，将室内室外的温度差值分成多个差值等级，根据不同的差值等级对卷帘的起降进行不同程度的调节。例如，温度差值为1～5℃时调整卷帘升起或降下20cm，温度差值为6～10℃时调整卷帘升起或降下40cm等。室内温度采集器和室外温度采集器分别采集室内外的温度，将采集信息传输至逻辑运算器，通过逻辑运算器对室内和室外的温度等级进行逻辑运算，根据逻辑运算结果控制电动机转动，实现卷帘在室内温度等级超过室外温度等级时的降下，和卷帘在室外温度等级超过室内温度等级时的升起。将差值运算器的比较结果输出给逻辑运算器的第一比较单元，第一比较单元在室内和室外的温度等级相等时，根据差值运算器的光照比较结果对电动机进行控制，从而调节卷帘的起降。这样可以在温度适宜时，根据光照情况调节卷帘，从而调节室内的光照情况。

二、生猪生产管理技术与装备设计

“物联牧场”生猪生产管理技术装备包括：①可以对猪舍进行自动清理并消毒的“物联牧场”自动清粪除臭装置；②可实时监控生猪状态并进行投喂的“物联牧场”生猪自动化投喂装置；③自动采集环境温度、湿度和NH_3浓度等参数并根据数据进行自动调节养殖环境的“物联牧场”环境自动控制系统；④能够在生猪正常行走时测量生猪体重和体温的“物联牧场”生猪体重体温测量装置；⑤可实时监测养殖场气象环境及生猪活动状况，并具备传输功能的“物联牧场”养殖气象环境监测装置。

（一）自动清粪除臭装置

1.背景技术

目前，在小型养猪场生猪养殖过程中，生猪的粪便清理一般由人工完成，采用粪耙将生猪粪便搂至猪圈一侧，养猪工人集中将一侧的粪便用小推车拉离猪圈。首先，这种方法虽然可以将猪圈清扫干净，但是不可避免地需要大量的人力重复操作，而且当猪场工人长时间外出时，就无法保证猪圈的清洁[10]。其次，搂粪耙只能将较大块的粪便清出，无法将残留至地面的部分顽固粪便清理干净，导致粪便里的细菌大量滋生，会对生猪的健康造成一定的威胁。

“物联牧场”自动清粪除臭装置首先通过安装在清理车体前端的可调节的铲粪头，可以收集生猪制造的大部分粪便；其次，通过喷水清理粪便的高压喷水单元，高压喷水清理部分顽固粪便；再次，圆盘刷高速转动并利用水彻底清理残留的顽固粪便，利用力的作用将粪液集中至粪液收集单元中，最后，通过消毒除臭单元将消毒液以雾状喷洒出来对猪圈进行消毒除臭。该装置制造成本低，操作简单，自动化程度较高，且为猪场杀菌消毒除臭，可有效保障猪场环境整洁，生猪健康。该装置解决了现有小型养猪场需要人工清粪、工作量大且清理不干净而导致细菌大量滋生，对生猪健康造成影响的问题。

2.装备设计

“物联牧场”自动清粪除臭装置包括清理车体及设置在清理车体上的车轮。清理车体的前端安装有可调节的铲粪头，在清理车体上从前到后依次安装有高压喷水单元、粪液收集单元及消毒除臭单元。在清理车体上，且位于高压喷水单元和粪液收集单元之间还设有可旋转的圆盘刷。圆盘刷位于清理车体底端三分之一处，由位于圆盘刷一侧的马达驱动，圆盘刷高速做 360° 旋转。铲粪头通过可伸缩的机械臂连接于清理车体的前端。高压喷水单元包括水箱和喷头，水箱固定在清理车体上，且通过第一连接管与喷头连接；喷头安装在清理车体八分之一处。粪液收集箱的侧面设有红绿指示灯，红色指示灯和绿色指示灯并列位于粪液收集箱的外侧上部，警报器位于红绿指示灯旁边。自动清粪除臭装置结构示意图，如图 5.17 所示。

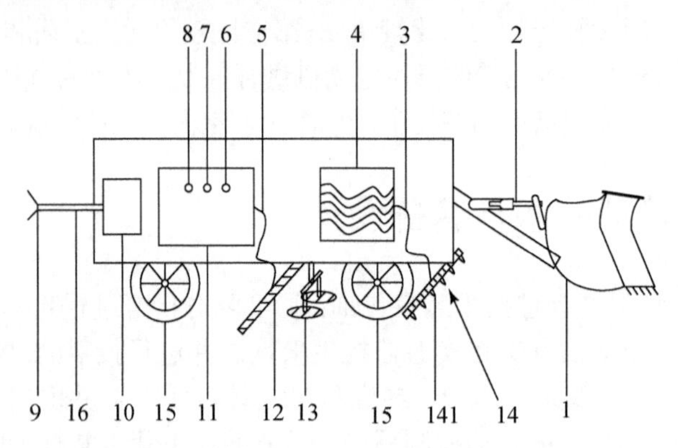

图 5.17　自动清粪除臭装置结构示意图

1：铲粪头；2：机械臂；3：第一连接管；4：水箱；5：第二连接管；6：警报器；7：红色指示灯；8：绿色指示灯；9：喷嘴；10：消毒除臭单元；11：粪液收集箱；12：粪液收集单元；13：圆盘刷；14：高压喷水单元；141：喷头；15：车轮；16：喷杆

消毒除臭单元包括喷杆、第三连接管、电动加压器和液体容器，液体容器固定在清理车体上，且用于盛装消毒液；第三连接管的一端伸入液体容器内，另一端通过喷杆连接喷嘴；电动加压器一侧连接电源的正负两级，另一侧通过喷杆与液体容器连接；在液体容器的上方还设有一与外界连通的液体添加口。消毒除臭单元结构示意图，如图 5.18 所示。

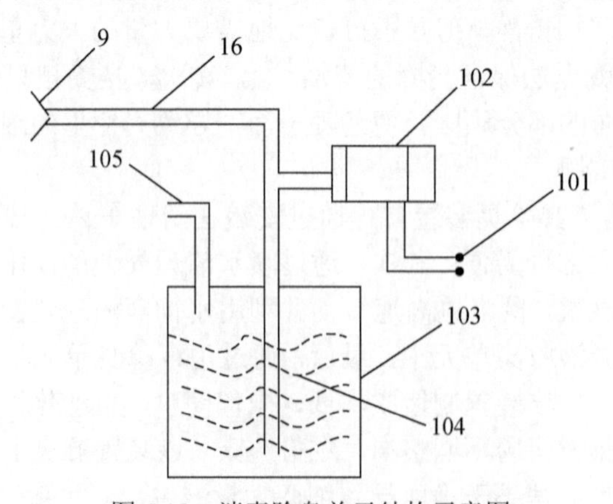

图 5.18　消毒除臭单元结构示意图

9：喷嘴；101：电源；102：电动加压器；103：液体容器；104：第三连接管；105：液体添加口；16：喷杆

粪液收集单元包括粪液收集箱和吸粪管，粪液收集箱固定在清理车体上，且在粪液收集箱内套装有溶液槽，在粪液收集箱的顶端设有排风口，在排风口的下方设有电动马达，在电动马达的下方安装有风扇，风扇与电动马达通过电线连接；吸粪管对应于圆盘刷设置，且通过第二连接管与粪液收集箱连接，在吸粪管上设有若干个吸粪口，吸粪管位于清理车体底端三分之一至二分之一处。粪液收集单元结构示意图，如图 5.19 所示。

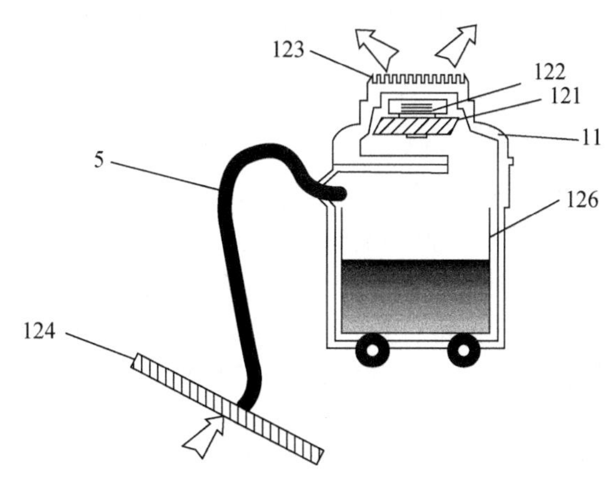

图 5.19 粪液收集单元结构示意图

5：第二连接管；11：粪液收集箱；121：风扇；122：电动马达；123：排风口；124：吸粪管；126：溶液槽

3.工作过程

整个装置的运行步骤如下：

第一步，通过定时器设置（也可手动启动总开关），整个装置的发动机启动工作，水箱的阀门自动打开，圆盘刷开始高速转动，粪液收集单元的电动马达启动，消毒除臭单元接通电源，电动加压器启动。

第二步，铲粪头固定在机械臂上，通过机械臂的运动收集生猪制造的大部分粪便。水箱的阀门自动打开，第一连接管连接水箱和高压喷水单元，高压喷水清理部分顽固粪便。圆盘刷高速转动并利用水彻底清理残留的顽固粪便，利用力的作用将粪液集中至粪液收集单元口端，粪液收集单元在电动马达的动力作用下将粪液收集至粪液收集箱。电动加压器工作之后形成的内外压强差将箱体内的消毒液通过第二连接管、喷杆、喷嘴以雾状喷洒出来对猪圈进行消毒。

第三步，粪液收集箱未满时绿色指示灯亮，粪液收集箱达五分之四时红色指示灯亮，同时警报器鸣响。

第四步，当清粪装置运行至猪圈另一端时，通过车轮碰触到路面的压力感应器，总电源断开。

（二）生猪自动化投喂装置

1.背景技术

生猪饲养过程中，需要人员定时监管。随着自动化投喂装置的发展，有利于饲养者减少不必要的麻烦，因此，生猪自动化投喂装置的研究越来越重要。现有自动化投喂装置仅适应于一种动物，且不能采集动物信息，应用范围有限，且结构复杂，不利于控制。同时，传统的自动化投喂装置很少装有声频传感器和360° 全方位摄像头等装置，无法实现随时随地采集动物信息的效果。

“物联牧场”生猪自动投喂装置，可以通过手机APP软件，进行远程监控饲养生猪。该装置可以随时随地察看生猪的活动情况，通过管理 APP 软件，即可实现生猪的远程监管工作。

2.装备设计

生猪自动投喂装置包括自动投喂装置、遥感装置、手机 APP 监控中心。自动投喂装置由水平安装台、自动伸缩回收食槽、竖直导轨杆、主控装置、电机、水平支架、声频传感器、360° 全方位摄像头、投喂器组成；水平安装台与竖直导轨杆相连，竖直导轨杆底部装有自动伸缩回收食槽，上部装有主控装置与电机，可控制自动伸缩回收食槽的伸缩移动及水平支架的上下移动；水平支架与竖直导轨杆顶部相连，可在竖直导轨杆内上下移动；声频传感器、360° 全方位摄像头、投喂器依次安装在水平支架上，通过电机与主控装置相连；投喂器由食物储备槽、投掷管、开关组成；食物储备槽可容纳食物；生猪饥饿时会发出觅食的声音，并在水平安装平台附近活动，声频传感器、360° 全方位摄像头采集到生猪信息后，发送至主控装置，经转化后通过无线传输模块发送至遥感装置，遥感装置经无线传输模块发送至手机APP监控中心，经管理APP软件分析，发出投喂信号，再经遥感装置传送至主控装置，并驱动投喂器下移，打开开关，通过投掷管投放食物，同时驱动自动伸缩回收食槽伸出接取食物，完成自动饲喂过程。生猪自动投喂装置结构示意图，如图5.20所示。

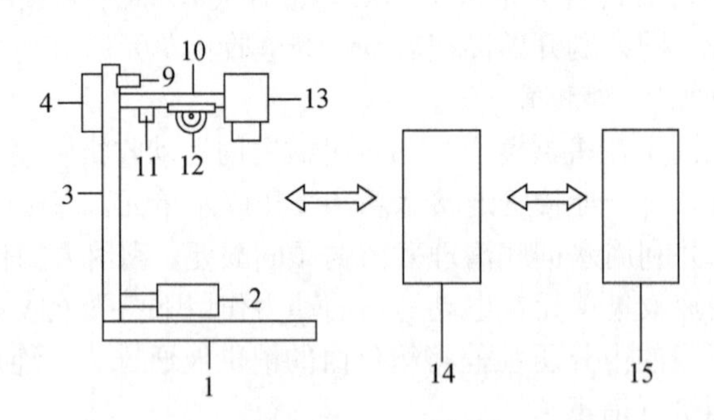

图5.20　生猪自动投喂装置结构示意图

1：水平安装台；2：自动伸缩回收食槽；3：竖直导轨杆；4：主控装置；9：电机；10：水平支架；11：声频传感器；12：360° 全方位摄像头；13：投喂器；14：遥感装置；15：手机APP监控中心

主控装置上装有一键启动按钮，内置有信息调制模块、控制信号解调器、射频收发模块，并通过电机与声频传感器、360° 全方位摄像头、投喂器相连，声频传感器、360° 全方位摄像头将采集到的生猪信息，送入信息调制模块调制为载波信号，经射频收发模块发射到遥感装置，并通过无线传输传至手机APP监控中心；同时，在手机APP监控中心的控制下，通过遥感装置可以全方位采集宠物的活动信息。生猪自动投喂装置主控装置部位框图，如图 5.21 所示。

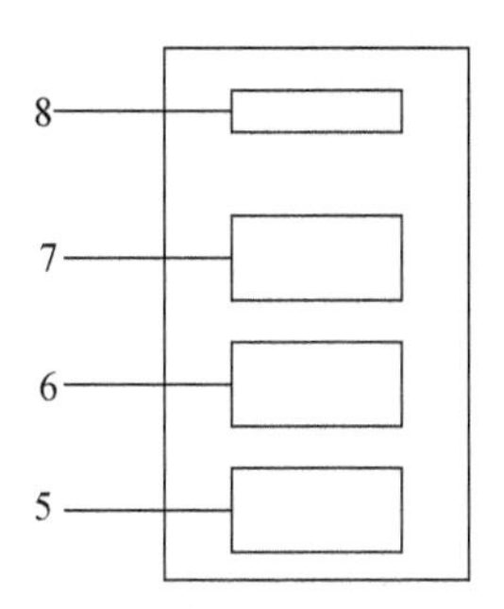

图 5.21 生猪自动投喂装置主控装置部位框图

5：信息调制模块；6：控制信号解调器；7：射频收发模块；8：一键启动按钮

3.工作过程

生猪饥饿时会发出觅食的声音，并在水平安装平台附近活动，声频传感器、360°全方位摄像头采集到生猪信息后，发送至主控装置，经转化后通过无线传输模块发送至遥感装置，遥感装置经无线传输模块发送至手机 APP 监控中心，经管理 APP 软件分析，发出投喂信号，再经遥感装置传送至主控装置，并驱动投喂器下移，打开开关，通过投掷管投放食物，同时驱动自动伸缩回收食槽伸出接取食物，完成自动饲喂过程。

（三）养殖场的环境自动控制系统

1.背景技术

在小型养殖场生猪养殖过程中，猪密度相对较大及猪粪便难清理，所以易于产生二氧化碳和甲烷等气体，且粪便的堆积使猪室温度升高更多，而猪是一种免疫力比较低的动物，外界环境温度的不适往往会引发较多的疾病[11]。

目前，猪场的降温工作主要是排风扇和人工洒水降温。这种方法虽然有一定效果，但是很难维持各项指标值恒定，而且人工控制环境是重复且繁杂的工作，浪费较大人力。

“物联牧场”养殖场的环境自动控制系统，整个过程不需要人参与，自动进行环境调节。

2.装备设计

养殖场的环境自动控制系统包括 PLC 系统，PLC 系统包括传感器、输入模块、中央处理器（central processing unit，CPU）板、智能决策模块和输出模块。传感器用于采集养殖室内的环境参数；输入模块，连接至 CPU 板，用于获取传感器采集的环境参数，并将环境参数发送至 CPU 板；CPU 板，连接至智能决策模块，用于将接收的环境参数发送至智能决策模块；智能决策模块用于根据环境参数，生成相应的控制指令，并将控制指令返回至 CPU 板；输出模块，连接至 CPU 板，用于将控制指令发送至养殖室内的强电柜，以供强电柜对与强电柜连接的侧窗、风机湿帘、环流风机和/或加热器进行控制。侧窗可以设置在养殖室的左侧墙壁上，风机湿帘可以设置在养殖室的外墙上，加热器可以设置在右侧墙壁上，环流风机可以安装在距离地面 2 米的墙上，均通过导线与强电柜连接。PLC 系统还包括与 CPU 板连接的通信接口。传感器包括温度传感器、光照传感器、湿度传感器、氨气浓度传感器、甲烷浓度传感器和/或二氧化碳浓度传感器，各个传感器可以设置在养殖室内距离房顶预设高度处，传感器通过导线与输入模块连接。其中，预设高度可以视情况而定。环境自动控制系统结构示意图，如图 5.22 所示。

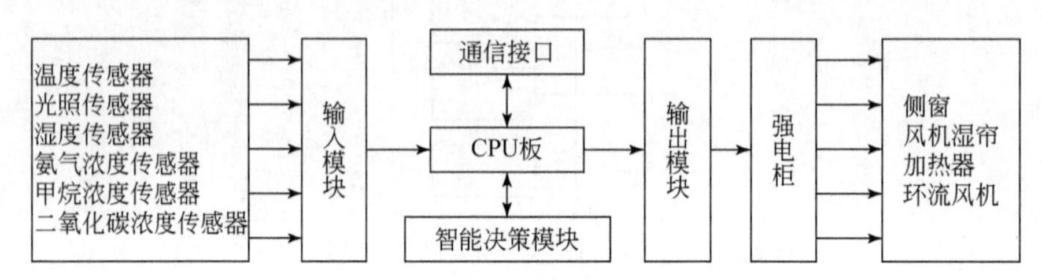

图 5.22　环境自动控制系统结构示意图

环境自动控制系统还包括与通信接口连接的计算机，计算机用于通过通信接口获取所述环境参数，并将环境参数显示在显示屏上。由于通信接口和计算机的连接接口之间未必适配，因此，还可以在通信接口和计算机的连接接口之间设置一转换模块（如 RS232/RS458 转换模块）。还包括与计算机连接的打印机，从而将计算机获取到的有关信息打印出来，便于传阅。

在具体实施时，PLC 系统的个数可以为多个，在实际中 PLC 系统的个数可以根据养殖室的个数而定。例如，每一个养殖室内设置一个 PLC 系统，从而对每一个养殖室内的环境进行自动控制。各个 PLC 系统可以通过一条总线串接，各个 PLC 系统互相不干扰，当某个 PLC 系统出现故障时，其他 PLC 系统仍能正常工作。环境自动控制系统应用示意图，如图 5.23 所示。

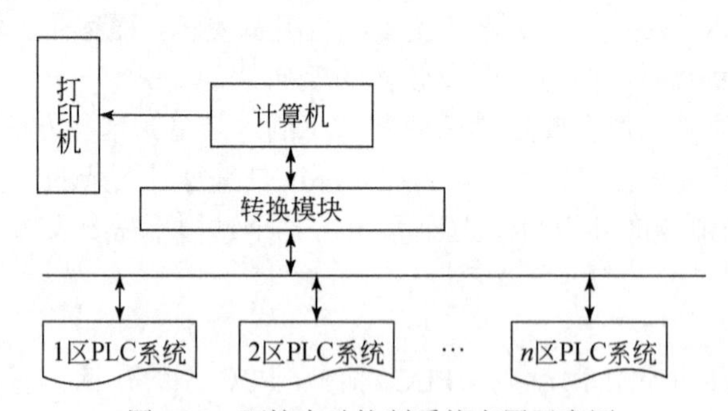

图 5.23　环境自动控制系统应用示意图

3.工作过程

环境自动控制系统的运行步骤大致如下：

第一步，传感器采集环境中的温度、湿度、光照强度、氨气浓度、甲烷浓度、二氧化碳浓度信息，并通过输入模块，将信息传递给 CPU 板；

第二步，CPU 板将获取到的当前环境中温度、湿度、光照强度、氨气浓度、甲烷浓度、二氧化碳浓度传递给智能决策模块，智能决策模块处理后得到包括环境目标值和侧窗等设备的开启状态的控制指令；

第三步，智能决策模块处理结果传回至CPU板，CPU板一方面通过输出模块将信息传递至强电柜控制侧窗等组件，另一方面通过通信接口将处理信息传递到转换模块上；

第四步，转换模块将处理信息传递至计算机，然后将所有相关信息状态显示在显示屏上，还可以通过打印机得到纸质文档。

（四）生猪体重体温测量装置

1.背景技术

目前国内的生猪养殖场，尤其是小型生猪养殖场，在销售时仍采用肩抬手扛的方式进行称重，不仅效率低下，而且增加了生猪的应激反应。另外，随着国家对肉类监管力度的加大，对生病的生猪不但要采用隔离措施，而且严禁其出现在肉类市场上，因此，如何自动获知生猪的体温状况也逐渐成为一种需求。

“物联牧场”生猪体重体温测量装置，能够在生猪正常行走时，测量生猪的体重和体温，实现体重体温测量一体化。

2.装备设计

生猪体重体温测量装置包括第一闸门、第二闸门及在第一闸门和第二闸门之间由护栏围成的测量通道。测量通道的底部设置有电子称重设备；测量通道的左右任意一侧的护栏上设置有非接触式体温测量设备；电子称重设备可以选择电子秤，还可以是其他可以测量重量的设备。非接触式体温测量设备可以是红外体温计，还可以是其他不和测量物体直接接触就可以测得体温的设备。还包括第一位置检测设备，优选第一位置检测设备为RFID器或位置传感器。还包括处理器，处理器与第一位置检测设备相连，用于在接收到第一位置检测设备发送的第一信号后，控制电子称重设备开始称重，以及控制非接触式体温测量设备开始测量体温。第一闸门为电动闸门，处理器在接收到第一位置检测设备发送的第一信号后，控制第一闸门关闭。第二闸门为电动闸门，处理器在接收到电子称重设备发送的体重信号，以及非接触式体温测量设备发送的体温信号之后，控制第二闸门打开。处理器在接收到电子称重设备发送的体重信号之后，控制关闭电子称重设备，以及在接收到非接触式体温测量设备发送的体温信号之后，控制关闭非接触式体温测量设备。还包括第三闸门、第一分类通道、第四闸门、第二分类通道及由第二闸门、第三闸门和第四闸门围成的停留区域。还包括第二位置检测设备和第三位置检测设备，第二位置检测设备位于第一分类通道的入口处；第三位置检测设备位于第二分类通道的入口处，处理器分别与第二位置检测设备和第三位置检测设备相连。生猪体重体温测量装置结构示意图，如图5.24所示。

3.工作过程

当生猪头部经过位于第一闸门附近的第一位置检测设备时，位置传感器放出的红外线感应到畜禽经过信号，表明生猪正在通过第一闸门，到生猪完全进入测量通道后，第一位置检测设备放出的红外线丢失生猪感应信号，表明生猪已经完全进入测量通道。此时，第一位置检测设备向处理器内的中央处理器发送信号，中央处理器根据生猪位置信息，向闸门控制电路板和信息采集控制电路板发送指令，闸门控制电路板控制第一闸门关闭，信息采集控制电路板控制电子称重设备打开，进行称重。

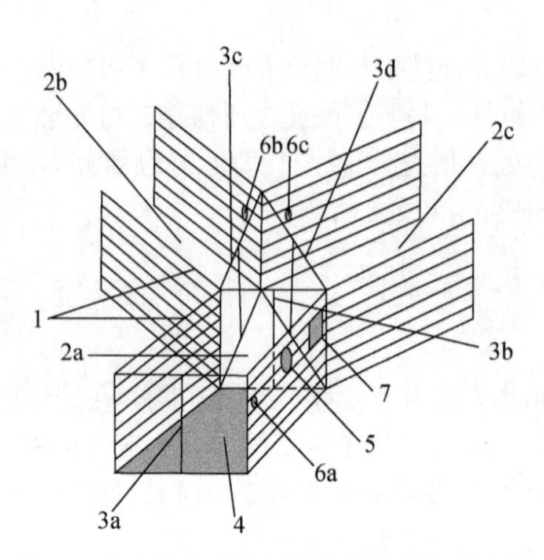

图 5.24 生猪体重体温测量装置结构示意图

1：护栏；2a：测量通道；2b：第一分类通道；2c：第二分类通道；3a：第一闸门；3b：第二闸门；3c：第三闸门；3d：第四闸门；4：电子称重设备；5：非接触式体温测量设备；6a：第一位置检测设备；6b：第二位置检测设备；6c：第三位置检测设备；7：处理器

当称重结束后，电子称重设备向信息采集控制电路板发送生猪重量信息，表明称重结束。此时，处理器发布指令，关闭电子称重设备，同时打开非接触式体温测量设备，测量生猪体温。当生猪体温超过正常体温时，处理器发布指令，控制第二闸门和第三闸门打开，生猪进入第一分类通道。待第二位置检测设备感应到生猪完全离开第三闸门后，向处理器发送信号，处理器发布指令，控制第二闸门和第三闸门关闭，控制第一闸门开启；当生猪体温正常时，处理器发布指令，控制第二闸门和第四闸门开启，生猪进入第二分类通道。待第三位置检测设备感应到生猪完全离开第四闸门后，向处理器发送信号，处理器发布指令，控制第二闸门和第四闸门关闭，控制第一闸门开启。至此，生猪称重和监测分离自动化过程结束。

（五）生猪养殖气象环境监测装置

1.背景技术

目前，在养殖场气象监测领域，气象监测装置一般只包括风向传感器、风速传感器、光照传感器和温湿度传感器等几种监测类装置，但是无法实时监测养殖场动物活动状况，并且所监测到的数据只有显示功能，无传输功能，而且气象支架为固定结构，携带不便。

“物联牧场”生猪养殖气象环境监测装置，一方面解决现有的环境监测设备存在的无法实时监测养殖场动物活动状况、无传输功能的问题，另一方面解决现有的环境监测设备存在的携带不便的问题。

2.装备设计

生猪养殖气象环境监测装置包括支架及设置在支架上的气象信息传感器、红外网络摄像机、控制器、太阳能发电模块及无线传输模块；支架包括主干、支腿组件和横臂，主干的下部连接支腿组件，上部连接多根横臂；传感器包括风向传感器、风速传感器、光照传感器、雨量传感器及温湿度传感器。风向传感器、红外网络摄像机、风速传感器用螺丝固定在支架顶端的横臂上，风向传感器和风速传感器固定在横臂两端，红外网络摄像机固定在横臂中间；光照传感器、温湿度传感器和雨量传感器用螺丝固定在顶端下方的横臂上，光照传感器和温湿度传感器分别固定在横臂两端，温湿度传感器放置在百叶箱内，百叶箱固定在横臂上，雨量变送器采用翻斗式雨量传感器。气象信息传感器及红外网络摄像机均与控制器连接，无线传输模块与控制器连接；太阳能发电模块与控制器、气象信息传感器、红外网络摄像机及无线传输模块连接；太阳能发电模块用U形螺丝固定在雨量传感器所在横臂下方支架主干上。生猪养殖气象环境监测装置立体结构示意图，如图5.25所示。

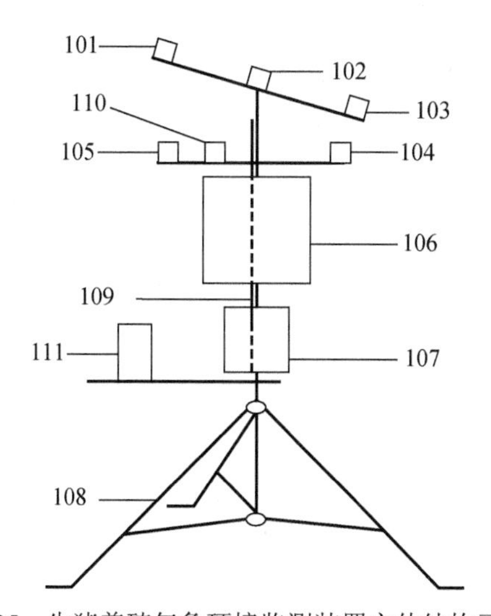

图5.25 生猪养殖气象环境监测装置立体结构示意图

101：风向传感器；102：红外网络摄像机；103：风速传感器；104：光照传感器；105：温湿度传感器；106：太阳能发电模块；107：控制箱；108：支架；109：线槽；110：雨量传感器

太阳能发电模块由U形螺丝、太阳能支架和太阳能电池板构成，太阳能电池板以与水平方向成45°固定在太阳能支架上，以充分吸收太阳光及减少风阻；太阳能电池板长为54cm、宽为67cm，外部框架高为3.5cm，输出电流最高为3A，功率为50W。太阳能支架为正方形框架结构，由4根长约30cm、宽约4cm、高约4cm的长方体不锈钢管焊接而成，正方形框架对边均有螺孔，一边通过U形螺丝与支架主干固定，一边通过U形螺丝与太阳能电池板框架固定。太阳能电池板上部框架通过U形螺丝与支架主干固定。太阳能发电模块立体结构示意图，如图5.26所示。

控制器和无线传输模块设置在控制箱内，控制箱用U形螺丝固定在太阳能发电模块下方支架主干上；控制箱内设置蓄电池，蓄电池与控制器连接；蓄电池与气象信息传感器、红外网络摄像机及无线传输模块通过电线连接，为这些部件供电，太阳能电池板通过电线与蓄电池连接，为蓄电池供电。控制箱包括控制箱体、防水接头、锁、蓄电池、

3G 数据无线传输模块及控制器，无线模块天线设在控制箱体外部。控制箱体为长方体结构，其主体长为 40cm、宽为 25cm、高为 30cm，主体上方有一个防雨罩，防雨罩长为 45cm、宽为 30cm、高为 10cm，通过螺丝固定在控制箱体主体上。控制箱体主体一侧设有箱门，可打开，可上锁。防水接头共有 8 个，设置在控制箱体底部靠近支架一侧，5 条传感器连接线、1 条摄像机电源线、1 条网线、1 条无线模块天线连接线均通过防水接头接入控制箱体内部，以防进水。蓄电池为胶体蓄电池，免维护、环境污染少，长为 30cm、宽为 18cm、高为 20cm，输出电压为直流 12V，电容量为 100AH，放置在控制箱内部近门侧。3G 数据无线传输模块长为 10cm、宽为 5cm、高为 3cm，固定在控制箱近支架侧内壁上，通过网线与红外网络摄像机相连，用于传输视频信息。控制器固定在控制箱近支架侧内壁上，便于与连接线连接，控制器具有液晶显示功能，可实时显示监测信息，控制器与无线传输模块连接，可通过无线方式向服务器发送监测信息。无线模块天线具有强力磁性，可吸附在控制箱外部，连接线通过防水接头连接控制箱体，与控制器和无线传输模块连接，起扩大、发送、接收信号的作用。控制箱立体结构示意图，如图 5.27 所示。

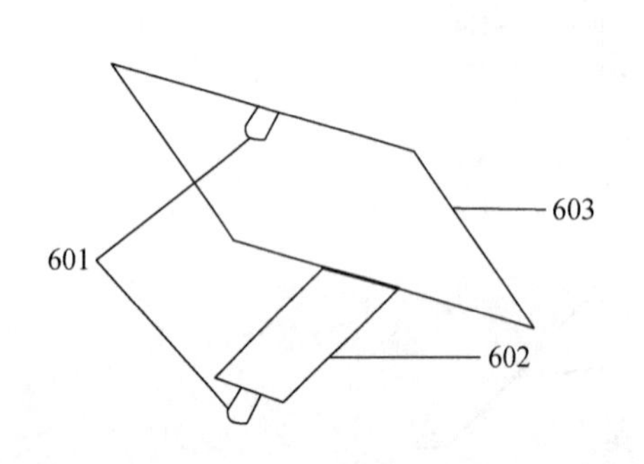

图 5.26　太阳能发电模块立体结构示意图

601：U 形螺丝；602：太阳能支架；603：太阳能电池板

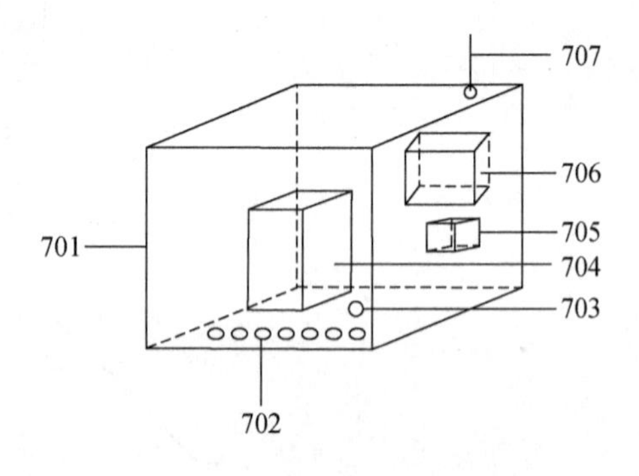

图5.27　控制箱立体结构示意图

701：控制箱体；702：防水接头；703：锁；704：蓄电池；705：3G 数据无线传输模块；706：控制器；707：无线模块天线

支腿组件包括长支腿、短支腿、固定连接环和可调连接环，长支腿的顶部与套设在主干上的固定连接环活动连接，可调连接环固定套设在主干的下端，且短支腿的两端分别与可调连接环和长支腿活动连接。这样，可调连接环可在主干上向上滑动，结合活动连接方式，可将支腿收起，便于整个装置的携带。还包括用于放置电线和数据线的线槽，线槽通过 U 形螺丝与主干连接。通过线槽的设置，可以对电线和数据线进行一定的防护，防止电线和数据线老化。支架立体结构示意图，如图 5.28 所示。

3.工作过程

生猪养殖气象环境监测装置的具体工作过程如下：

（1）启动各传感器和摄像机。通过调节蓄电池供电电压，将各传感器、红外网络摄像机、控制器、无线传输模块通电，使各种设备进入工作状态。

（2）发送命令。控制器通过 I/O 接口按顺序向各传感器发送“采集命令”。

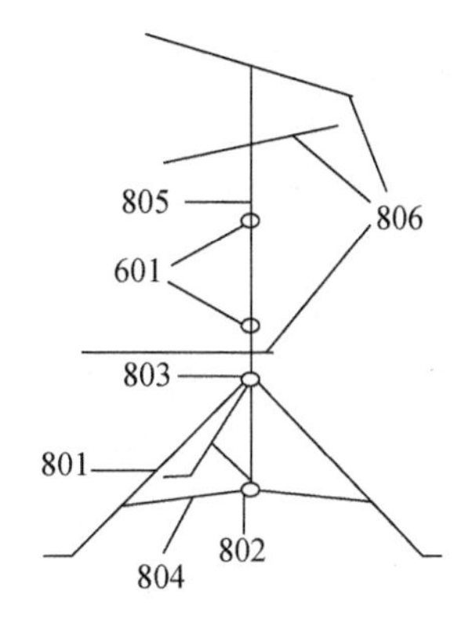

图 5.28 支架立体结构示意图

801：长支腿；802：可调连接环；803：固定连接环；804：短支腿；805：主干；806：横臂

（3）采集信息。各传感器通过传感芯片获取模拟信号，然后通过传感器内部的 A/D 转换器，获取数字信号，通过 I/O 接口将信号传输至控制器的数据处理芯片。

（4）显示信息。数据传送至控制器的数据处理芯片后，通过处理，在控制器显示屏上实时显示监测到的数据。

（5）发送信息。各传感器的数据处理芯片将采集到的信息临时存储在控制器内存中，通过无线传输模块将数据发送至服务器中，红外网络摄像机与 3G 数据无线传输模块通过网线相连，将采集到的视频信息通过 3G 数据无线传输模块传送至服务器。

三、生猪状态监控技术与装备设计

“物联牧场”生猪状态监控技术装备包括：①发生仔猪被压的情况时，工作人员能及时看到并进行处理，以减少仔猪被压死可能性的“物联牧场”防止母猪压死仔猪警报系统；②能够实现自动对猪仔清洁、消毒和保温等护理环节的“物联牧场”猪仔自动护理系统；③可自动输送并测量猪肉背膘厚度的物联牧场猪肉背膘厚度检测装置；④可避免猪肉与人体接触而对其进行盖章的“物联牧场”猪肉自动盖章装置。

（一）防止母猪压死仔猪警报系统

1.背景技术

据估计，仔猪被压死占哺乳仔猪损耗的 80%～90%，是影响仔猪成活率的第一要素[12]。母猪站起来采食饲料后，准备躺卧时压到仔猪，仔猪一般情况下会发出尖叫，而仔猪被压时间过久就会导致窒息死亡[13]，如果仔猪得到及时救治，就可避免死亡，避免猪场损失。

目前减少猪场仔猪损耗的最佳对策是提高猪场内工作人员的管理技能，但是这需要耗费大量时间和人工进行培训，而且在大规模养殖场往往需要大量的养殖人员，养殖人员必须 24 小时对仔猪进行看护，避免仔猪被压死，这样的方法不仅消耗人力而且效率较低。

“物联牧场”防止母猪压死仔猪警报系统结构简单，操作方便，自动化程度较高，声音处理警情器和警报灯可以设置在工作人员的操作室内，当仔猪发生被压的情况时，工作人员能够及时看到并进行处理，减少了仔猪被压死的可能性。

2.装备设计

“物联牧场”防止母猪压死仔猪警报系统包括声音处理警情器、警报灯和感应装置，还包括显示器及电源。感应装置包括传声器和红外线传感器，传声器和红外线传感器分别与声音处理警情器电连接，红外线传感器设于猪栏的上部，传声器设于猪栏的下部，声音处理警情器用于根据母猪的状态控制传声器的开闭，并对猪栏内的声音信号进行处理和判断仔猪是否被压；警报灯与声音处理警情器电连接，用于接收声音处理警情器的控制信号并发射警报。感应装置的数量为多套，多套感应装置均与声音处理警情器电连接，每套感应装置对应地设于一个猪栏内。电源通过电源线与声音处理警情器连接，用于为声音处理警情器、传声器、红外线传感器及警报灯提供电能。传声器和红外线传感器均采用加固和隐蔽处理，以防止被破坏。防止母猪压死仔猪警报系统结构示意图，如图 5.29 所示。

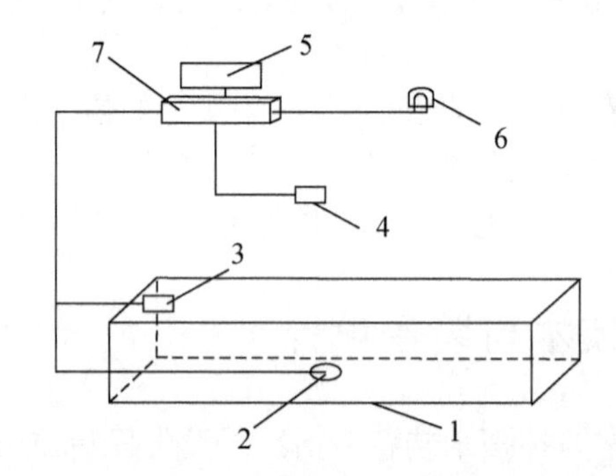

图 5.29　防止母猪压死仔猪警报系统结构示意图

1：猪栏；2：传声器；3：红外线传感器；4：电源；5：显示器；6：警报灯；7：声音处理警情器

声音处理警情器包括壳体、信息采集通信电路板和警情判断电路板，其中，壳体采用工程塑料制成，信息采集通信电路板和警情判断电路板均设于壳体内，且信息采集通信电路板连接传声器和红外线传感器，用于对采集到的信号进行编号处理，采集的信息分别对应不同的猪栏，警情判断电路板连接于信息采集通信电路板和警报灯之间，信息采集通信电路板处理后的信息发送给警情判断电路板，分析采集的声音分贝数，并且与警情判断电路板预设的声音分贝数阈值进行对比，当采集到的声音分贝数超过预设的声音分贝数阈值时，声音处理警情器向警报灯发出控制信号，警报灯开始闪烁，向工作人员通知出现仔猪被压的情况。另外，信息采集通信电路板上设有第一 I/O 接口、第二 I/O 接口、第一 I/O 接口与多套或一套感应装置连接，第二 I/O 接口连接警情判断电路板；信息采集通信电路板上还设有 GSM 通信模块是将 GSM 射频芯片、基带处理芯片、存储器和功放器件等集成在一块线路板上，具有独立的操作系统、GSM 射频处理、基带处理并提供标准接口的功能模块）、第一闪存（flash）存储器它属于内存器件的一种，是一种不挥发性内存）、第一单片机和第一随机存储器（random access memory，RAM）

芯片，GSM 通信模块用于无人解除警报时向预设的移动设备发射警报信息。警情判断电路板上设有第二 FLASH 存储器、第二单片机和第二 RAM 芯片，还设有第三 I/O 接口、第四 I/O 接口和第五 I/O 接口，第三 I/O 接口连接显示器，第四 I/O 接口连接警报灯，第五 I/O 接口通过导线与第二 I/O 接口连接，将信息采集通信电路板与警情判断电路板连接在一起。声音处理警情器结构示意图，如图 5.30 所示。

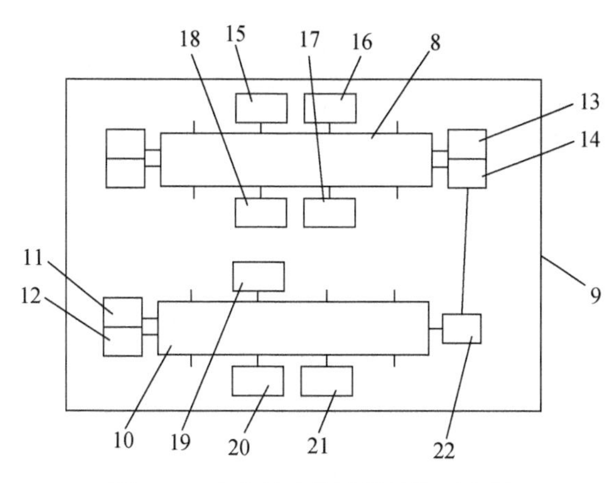

图 5.30 声音处理警情器结构示意图

8：信息采集通信电路板；9：壳体；10：警情判断电路板；11：第三 I/O 接口；12：第四 I/O 接口；13：第一 I/O 接口；14：第二 I/O 接口；15：GSM 通信模块；16：第一 flash 存储器；17：第一 RAM 芯片；18：第一单片机；19：第二 flash 存储器；20：第二单片机；21：第二 RAM 芯片；22：第五 I/O 接口

3.工作过程

“物联牧场”防止母猪压死仔猪警报系统，将传声器设置在猪栏的下部，红外线传感器设于猪栏的上部，当母猪站立时，红外线传感器探测到猪体红外光谱的变化，向声音处理警情器发送信号，关闭传声器；当母猪躺卧时，红外线感应器探测不到红外光谱的变化，向声音处理警情器发送信号，开启传声器的声音录制，传声器将录制的声音传递给声音处理警情器，声音处理警情器对接收到的声音进行处理和判断，当接收到的声音分贝数高于预设的声音分贝数阈值时，声音处理警情器向警报灯发出控制信号，警报灯开始闪烁发出警报。声音处理警情器和警报灯可以设置在工作人员的操作室内，当仔猪发生被压的情况时，工作人员能够及时看到并进行处理。

（二）猪仔自动护理系统

1.背景技术

对动物幼崽尤其是新生幼崽的护理过程较为繁琐，需要完成洁净、消毒和保温等具体的护理环节。现有技术中，该护理过程往往是人工操作完成的，需要耗费大量的人力物力，并且无法满足现代生产的集中化和流程化作业。

以新生猪仔的护理为例，在养猪场生猪养殖过程中，接生流程如下：首先，采用干布将仔猪口腔黏液及身上羊水、薄膜擦拭干净；其次，结扎脐带，用手指从脐带远端向仔猪脐部挤压，使脐血进入仔猪腹腔后，挤压断脐带，留脐带 3～5 厘米，断端用碘酊消毒，如出现流血不止情况，应在断端用细线结扎；再次，将消毒粉涂抹至仔猪全身；最后，将仔猪放入保温箱。

猪仔自动护理系统，用于实现对猪仔清洁、消毒和保温等环节的自动护理，简化操作、节省资源，有效优化猪仔的护理过程。

2.装备设计

猪仔自动护理系统包括抓取机构、洁净箱、消毒箱和保温箱。抓取机构用于抓取目标猪仔，并将目标猪仔依次放入洁净箱、消毒箱和保温箱中，以实现对目标猪仔的自动护理。抓取机构包括导轨和沿导轨移动的机械爪。猪仔自动护理系统结构示意图，如图 5.31 所示。

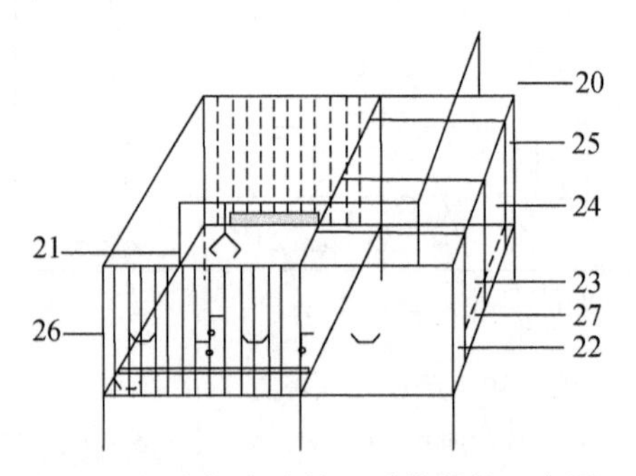

图 5.31　猪仔自动护理系统结构示意图

20：猪仔自动护理系统；21：抓取机构；22：洁净箱；23：消毒箱；24：保温箱；25：控制箱； 26：系统框架；27：导线管

导轨包括导轨支架、滑轨和滑动模块，导轨支架用于支撑并固定滑轨，滑轨位于洁净箱、消毒箱和保温箱的上方，滑动模块沿滑轨移动。导轨的移动轨迹覆盖洁净箱、消毒箱和保温箱。机械爪可以随滑动模块沿滑轨移动，途经洁净箱、消毒箱和保温箱。其中，机械爪臂可以伸缩，以抓取不同位置的猪仔。机械抓手爪体部分共 4 个弯爪，每侧各 2 个，弯爪处包裹塑胶，以防止对猪仔造成伤害。摄像头固定在滑动模块上，用于拍摄目标猪仔，以获取目标猪仔的位置。导轨结构示意图，如图 5.32 所示。

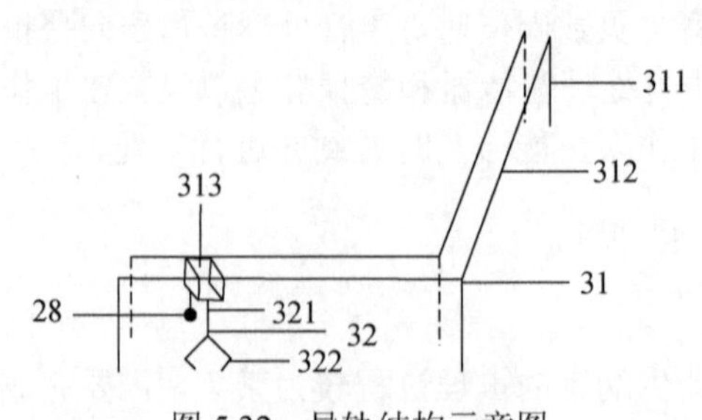

图 5.32　导轨结构示意图

28：摄像头；31：导轨；311：导轨支架；312：滑轨；313：滑动模块；32：机械爪；321：机械爪臂；322：机械抓手

洁净箱包括洁净箱体、操作台、干布收纳盒和置物架。洁净箱体为顶部敞开的箱体，洁净箱的侧壁设置有干布收纳盒和置物架，底部设置有操作台，操作台位于滑轨的下方，用于在猪仔洁净时放置目标猪仔。洁净箱体设置一个侧门，便于清洗箱体。同时，置物架用于放置碘酊、棉棒和细线等，干布收纳盒用于放置干布。洁净箱体采用钢化玻璃制成。洁净箱结构示意图，如图 5.33 所示。

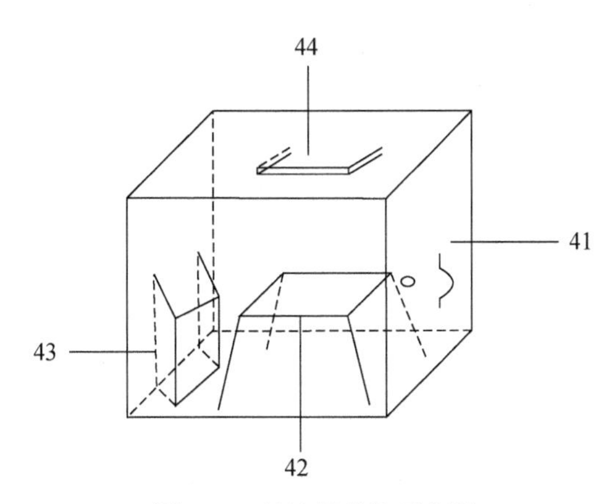

图 5.33　洁净箱结构示意图

41：洁净箱体；42：操作台；43：干布收纳盒；44：置物架

消毒箱包括消毒箱体、隔板和消毒器。消毒箱体为顶部敞开的箱体，隔板将消毒箱体分为上层箱体和下层箱体，其中，上层箱体用于在猪仔消毒时放置目标猪仔。消毒器包括供粉管、静电喷粉枪及放置在下层箱体内的供粉箱和粉泵。其中，供粉箱用于放置消毒粉，供粉管的一端通过粉泵与供粉箱连接，另一端与静电喷粉枪连接，静电喷粉枪用于在猪仔消毒时喷射消毒粉。消毒箱体的上层箱体和下层箱体各设置一个侧门，将侧门打开可以抽出隔板，便于清洗箱体。消毒箱体采用钢化玻璃制成。消毒箱结构示意图，如图 5.34 所示。

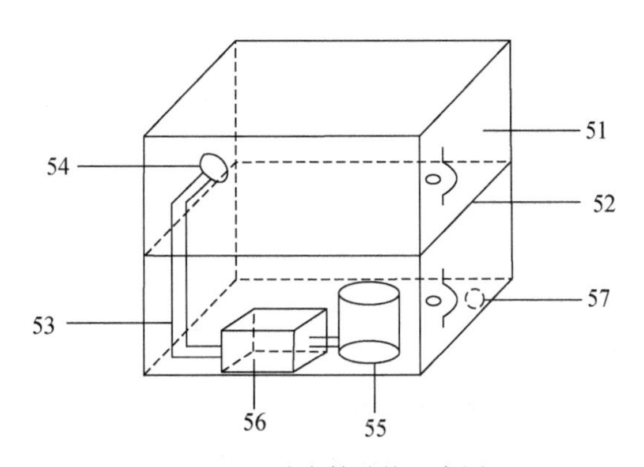

图 5.34　消毒箱结构示意图

51：消毒箱体；52：隔板；53：供粉管；54：静电喷粉枪；55：供粉箱；56：粉泵；57：消毒箱导线孔

保温箱包括保温箱体和电热板。保温箱体为具有顶部圆孔的箱体，顶部圆孔位于滑轨的下方，用于提供换气功能及目标猪仔的放入通道，电热板设置在保温箱底部，用于为目标猪仔供暖。保温箱体内的上侧面还设置有照明灯，用于提供照明。此外，为了方便猪仔吃奶，保温箱体还设置一个侧门。为了观测保温箱内的猪仔状况，保温箱体采用钢化玻璃制成。保温箱结构示意图，如图 5.35 所示。

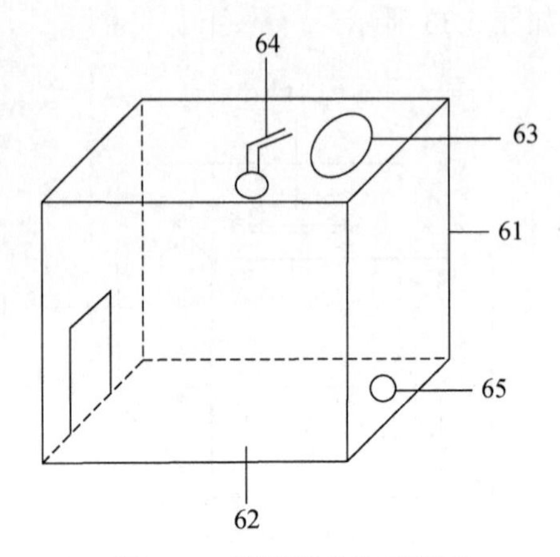

图 5.35　保温箱结构示意图

61：保温箱体； 62：电热板；63：顶部圆孔；64：照明灯；65：保温箱导线孔

控制电路通过导线分别与抓取机构、洁净箱、消毒箱和保温箱连接，用于发送控制信号使得抓取机构抓取目标猪仔并依次放入洁净箱、消毒箱和保温箱中，以实现对目标猪仔的自动护理。控制电路位于控制箱内，控制箱还包括控制箱体，插头、变压器。控制箱体为设置有侧门的密闭箱体，为了安全保障，控制箱体采用不锈钢制成。导线通过控制箱导线孔引出，通过保温箱导线孔与电热板连接，通过消毒箱导线孔与消毒器连接。为了避免养殖场潮湿环境对导线的腐坏，导线放置在导线管内，导线管为聚氯乙烯材料制成。控制箱结构示意图，如图 5.36 所示。

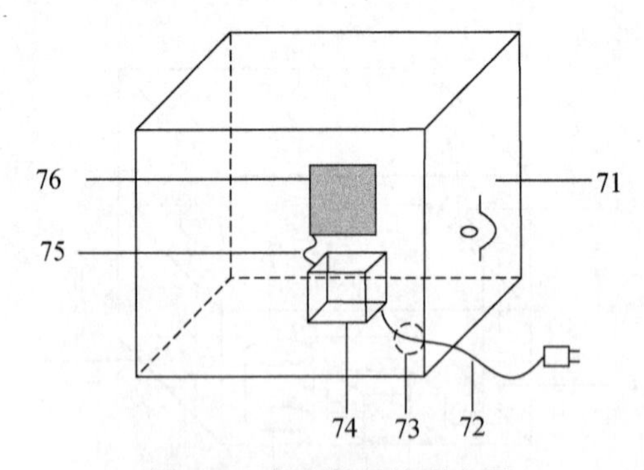

图 5.36　控制箱结构示意图

71：控制箱体；72：插头；73：控制箱导线孔；74：变压器；75：导线；76：控制电路

控制电路固定在控制箱内部侧壁，包括电路板、STC12 单片机、A/D 转换器、DTU 数据传输模块、电源模块、继电器驱动芯片、继电器，A/D 转换器用于将导轨传来的模拟信号转换成数字信号传送给 STC12 单片机，STC12 单片机处理信息并发送控制信号控制抓取机构、消毒箱、保温箱和摄像头设备工作，DTU 数据传输模块负责与服务器交换数据。控制电路结构示意图，如图 5.37 所示。

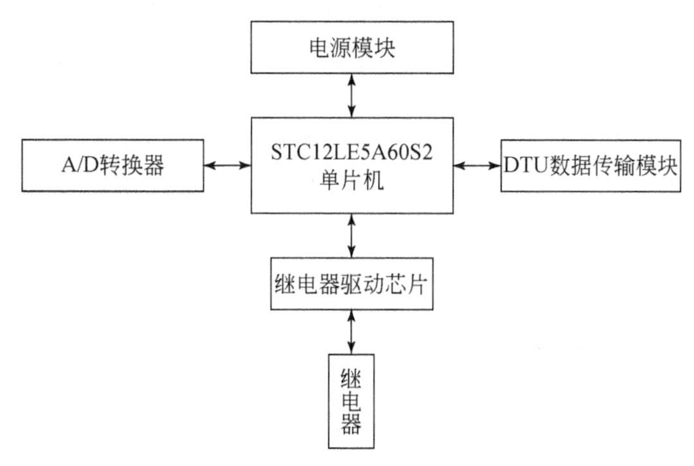

图 5.37 控制电路结构示意图

3.工作过程

如图 5.38 所示，猪仔自动护理系统工作原理如下：

（1）摄像头监控下方情景，将监控到的画面传送给服务器，服务器进行智能识别，发现画面中存在出生仔猪，则传送信号给 STC12 单片机，STC12 单片机接收信号并对机械爪发出移动及抓取指令，机械爪移动到仔猪正上方，向下抓取，机械爪臂收缩至机械爪底部高于箱体。

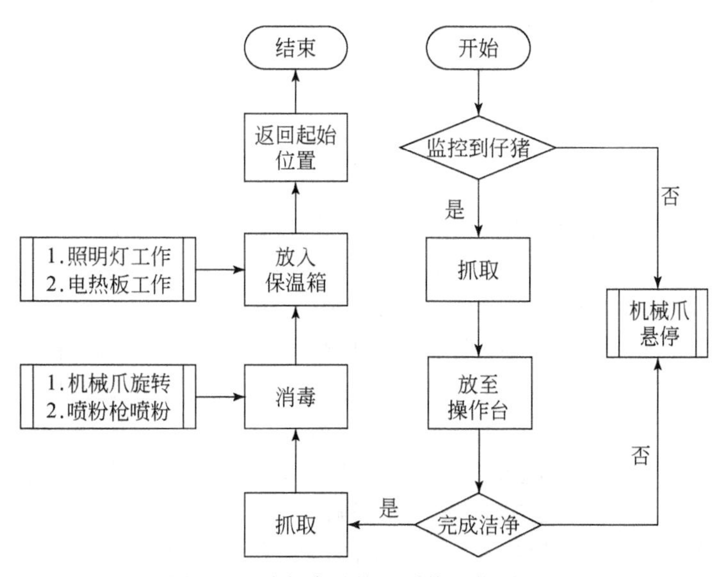

图 5.38 猪仔自动护理系统工作原理图

（2）STC12 单片机向滑动模块发送指令，将机械爪臂移动到操作台正上方，然后发出指令，将仔猪放置到操作台，机械爪收回，悬停至箱体上方，摄像头对底部进行实时监控，并将画面传送至服务器，当画面中只有仔猪时，服务器向 STC12 单片机发送结净完成指令，机械爪抓取仔猪，然后收回至机械爪底部高于箱体。

（3）STC12 单片机向滑动模块发送指令，将机械爪臂移动到消毒箱内，然后控制机械爪带动仔猪水平 360° 旋转，静电喷粉枪温和向外喷洒消毒粉，对仔猪进行消毒。

（4）STC12 单片机向滑动模块发送指令，将机械爪臂移动到顶部圆孔上方，控制机械爪臂通过顶部圆孔将仔猪放至电热板上，机械爪臂收回到最初位置。STC12 单片机向继电器发出指令，打开照明灯及电热板。

（三）猪肉背膘厚度检测装置

1.背景技术

猪肉背膘厚度是评定猪肉等级的一项重要指标[14]。当前，我国主要是操作人员利用钢尺来测量猪肉背膘厚度，并手工记录测量结果。这种测量方法效率低、读取过程中因人为主观判断造成的误差较大且在记录过程中容易出错，费时费力。同时，人为检测使得检测标准不统一规范，无法确保检测质量，从而给消费者或生产者造成经济上的损失。另外，操作人员在流水线上作业，劳动强度较大。"物联牧场"猪肉背膘厚度检测装置通过输送单元拖动猪胴体在托槽上滑动，并通过计算机对背膘测定仪及 RFID 阅读器获取的背膘厚度及个体编号信息进行匹配与存储，实现在线自动检测，提高了检测效率；同时，无需操作人员手动测量及录入数据，避免了人工测量误差，进而保障了检测质量；除此之外，极大程度上降低了操作人员的劳动强度，有利于节约劳动力。

2.装备设计

"物联牧场"猪肉背膘厚度检测装置包括检测单元、输送单元及与输送单元对应设置的托槽，待检测的猪胴体通过输送单元在托槽上移动；检测单元包括背膘测定仪、RFID 阅读器及计算机，背膘测定仪及 RFID 阅读器对应待检测的猪胴体设于托槽上，背膘测定仪及 RFID 阅读器分别用于读取待检测猪胴体的背膘厚度及个体编号信息，计算机分别与背膘测定仪及 RFID 阅读器连接。托槽的中部设有开口，背膘测定仪设于托槽开口的底部，使得背膘测定仪能正对着待测猪胴体的背部，即背膘测定仪的中心轴线与待测猪胴体的中线同轴。RFID 阅读器设于托槽开口的侧面。输送单元包括传送带及与传送带连接的挂钩，待检测的猪胴体通过挂钩在托槽上移动，挂钩上设有螺纹，通过螺母与传送带固定连接。托槽可设为 U 形槽或 V 形槽，采用铁或不锈钢材料。背膘测定仪的型号为 Renco Lean-Meater，Renco Lean-Meater 背膘测定仪采用脉冲超声波来测量哺乳动物三层背膘厚度，其测量范围为 4～35mm，测量误差为±1mm。RFID 阅读器的型号为 C233013，C233013 RFID 阅读器具有 RS232、RS485 和 USB 接口，以及即插即用的 DEMO 系统。计算机包括 RS232 接口，背膘测定仪及 RFID 阅读器通过数据线与 RS232 接口连接。猪肉背膘厚度检测装置结构示意图，如图 5.39 所示。

3.工作过程

待检测的猪胴体通过输送单元在托槽上移动，背膘测定仪及 RFID 阅读器对应待检测的猪胴体设于托槽上，背膘测定仪及 RFID 阅读器分别用于读取待检测猪胴体的背膘厚度及个体编号信息；并通过计算机对背膘测定仪及 RFID 阅读器获取的背膘厚度及个体编号信息进行匹配与存储，实现在线自动检测。

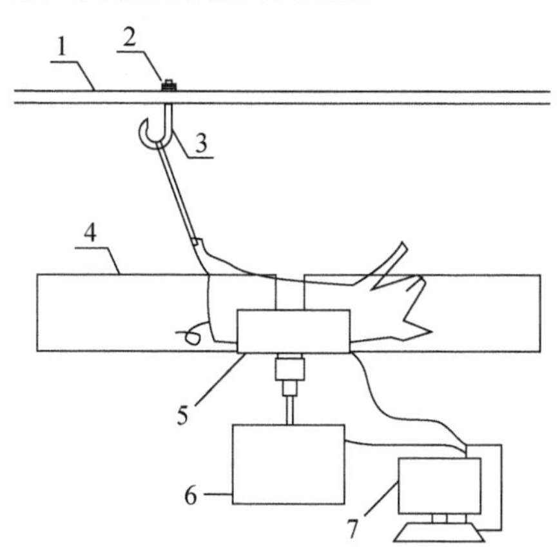

图 5.39　猪肉背膘厚度检测装置结构示意图

1：传送带；2：螺母；3：挂钩；4：托槽；5：RFID 阅读器；6：背膘测定仪；7：计算机

（四）猪肉自动盖章装置

1.背景技术

目前，城镇居民生活水平的提高极大地拉动了居民对肉制品的需求[15]，然而，现阶段食品安全问题越来越突出，所以国家对各类肉制品的管理力度也极大地增加。猪肉作为居民日常生活的主要副食品[16]，含有丰富的蛋白质及脂肪、碳水化合物、钙、铁和磷等成分，是餐桌上不可缺少的一种肉类，所以，为了保证居民的食品安全，国家各级质量监督检验检疫部门对猪肉的质量检测也更为严格。

在小型屠宰场生猪屠宰过程中，单位时间内需要处理越来越多的猪肉，将猪肉分类、检疫并盖章。当前猪场的盖章工作主要是人工的，这种方法虽然可行，但是不可避免与人体接触，降低其安全卫生程度，并且人工盖章是重复且繁杂的工作，浪费较大人力。

猪肉自动盖章机械装置可以自动识别猪肉已传送至盖章区，并启动电机和单作用弹簧复位气缸开始工作，给猪肉盖章。印章所示日期可以根据实际日期的变化，通过单片机的设置和传动装置自动更，保证猪肉干净卫生和屠宰场的稳定经济效益。

2.装备设计

猪肉自动盖章装置包括气缸、印章、用于驱动气缸运动的第一电机，第一电机与气缸连接，设置在输送猪肉的传送轨道一侧，传送轨道上设置有传送链，挂猪肉的挂钩位于传送链上，印章的盖章面对猪肉。传送轨道固定在距离地面 2m 处；气缸固定在与传送轨道平行距离约 0.5m 的墙上，距离地面 1.5m。在输送猪肉的传送轨道上方设置有红外线传感器，红外线传感器设置在盖章区的屋顶上，传感器通过强电模块连接第一电机。猪肉自动盖章装置和猪肉传送系统集成示意图，如图 5.40 所示。

气缸包括缸体，缸体两端为前缸盖和后缸盖，缸体内设置活塞杆，印章固定在活塞杆的一端，活塞杆的另一端与活塞固定，活塞和前缸盖之间设置有弹簧。气缸结构示意图，如图 5.41 所示。

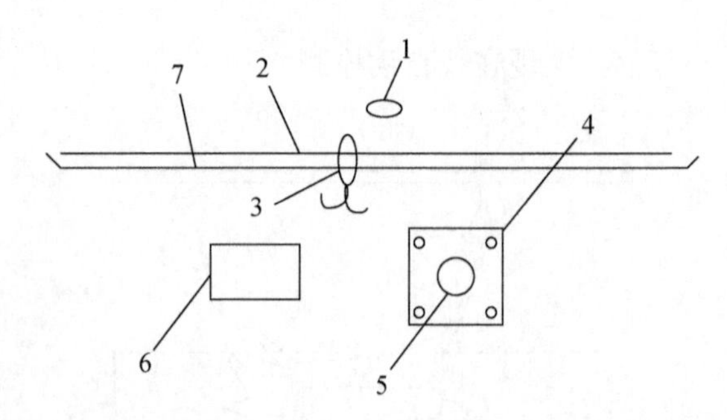

图 5.40　猪肉自动盖章装置和猪肉传送系统集成示意图

1：红外线传感器；2：传送链；3：挂钩；4：气缸；5：印章；6：第一电机；7：传送轨道

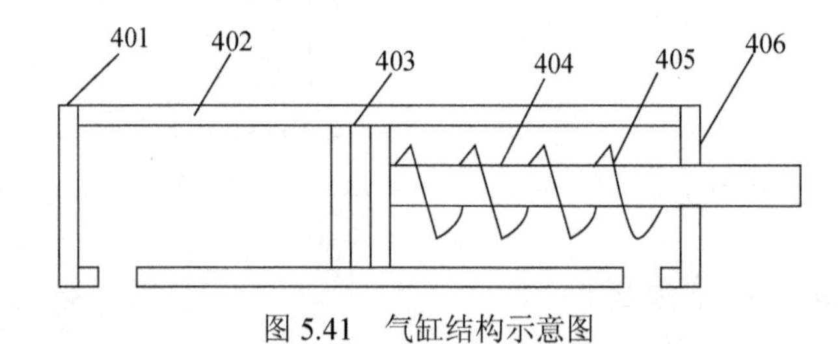

图 5.41　气缸结构示意图

401：后缸盖；402：缸体；403：活塞；404：活塞杆；405：弹簧；406：前缸盖

印章包括内框，内框内集成多个数字块和文字块，数字块设置在数字模芯圆柱体的外表面上，该数字模芯圆柱体为空心圆柱体，数字模芯圆柱体内同轴设置支撑轴。日期的模式为日（一组两个数字）-月（一组两个数字）-年（一组四个数字）。日期的设置也可按照其他方式，如年（一组四个数字）-月（一组两个数字）-日（一组两个数字）等方式设置。数字模芯圆柱体通过印油导管连接于印油容器。内框圆形边缘内还设置有表示猪肉生产单位的文字、表示合格/不合格的文字块。数字块和文字块均处于同一平面。印章具有圆形的内框边缘，内框边缘内放置表示日期的数字块的长方形区域，表示日期的数字块设置在数字模芯圆柱体的外表面上。数字模芯圆柱体内同轴设置支撑轴，支撑轴上设置有从动齿轮，第二电机连接有悬挂轴，悬挂轴上设置有主动齿轮，主动齿轮与从动齿轮啮合。第二电机连接有单片机。印章结构图，如图 5.42 所示。

3.工作过程

猪肉自动盖章装置的工作过程如下：

第一步，印章中，由单片机中的软件程序控制日期装置，第二电机带动主动齿轮转动，与此同时与其相啮合的从动齿轮也随之转动，进而带动数字模芯圆柱体转动。8 个数字块和 8 个主动齿轮协调工作完成日期的更新，减少了每日重复手动调整印章日期的工作。

第二步，将猪肉悬挂在挂钩上，在传送链的带动下以一定的速度匀速运行。

第三步，红外线传感器探测到猪肉匀速进入盖章区时，自动接通第一电机，驱动单作用弹簧复位气缸工作。

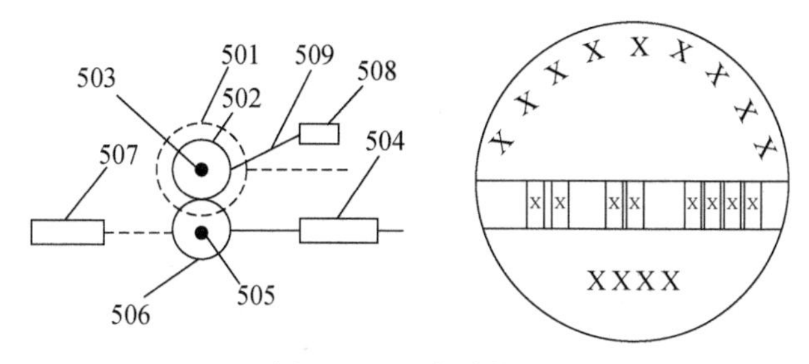

图 5.42 印章结构图

501：数字模芯圆柱体；502：从动齿轮；503：支撑轴；504：第二电机；505：悬挂轴；506：主动齿轮；507：单片机；508：印油容器；509：印油导管

第四步，单作用弹簧复位气缸开始增加缸内气压，由于气缸内左右压强差的作用活塞杆向外伸长，当活塞杆到达最远点时，悬挂的猪肉正好匀速运动至同一点处，随后活塞及活塞杆在弹簧的弹力作用下复位，一个盖章周期结束。

四、本章小结

本章主要对生猪养殖中环境控制、生产管理和状态监测等方面的物联网应用技术进行了概述，介绍了“物联牧场”的相关装备，主要包括三部分内容：①对生猪环境控制技术与装备设计进行了阐述，包括自动降温、供水、通风及仔猪护理等；②对生猪生产管理技术与装备设计进行了介绍，包括自动投喂、清粪除臭、体重、体温测量等；③对生猪状态监控技术与装备设计进行了介绍，包括猪仔自动护理、防压预警等。

通过将物联网技术运用到生猪养殖，提高了生产效率并减轻了人力资源成本，对比人工粗放式饲养，栏舍环境得到优化，母猪产仔和生猪育肥客观条件得到提升。随着物联网技术的不断成熟，在生猪养殖方面的技术应用会朝着更高效、更可靠、更稳定的方向发展。

参考文献

[1] 周苗，朱幸辉，李振波. 生猪养殖物联网体系建设探讨［J］. 湖南农业科学，2013，(3)：105-108.
[2] 吴霞. 生猪养殖物联网体系建设探讨［J］. 中国畜牧兽医文摘，2017，33（7)：108-108.
[3] 杨眉，熊倩华，时黛，等. 规模化生猪养殖场的物联网应用［J］. 江西畜牧兽医杂志，2016，(5)：7-9.
[4] 李娟. 发酵床不同垫料筛选及其堆肥化效应的研究［D］. 泰安：山东农业大学硕士学位论文，2012.
[5] 杨建军. 规模化生猪生产中的水安全［J］. 中国畜牧业，2015，(22)：60-60.
[6] 王文海. 生猪产业链健康发展的价值目标与条件研究［J］. 中国农业文摘-农业工程，2016，28（5).
[7] 孙忠超. 我国农场动物福利评价研究［D］. 呼和浩特：内蒙古农业大学博士学位论文，2013.
[8] 邓蓉. 中国肉禽产业发展研究［D］. 中国农业科学院农业经济研究所，2003.
[9] 易泽忠. 湖南生猪业发展及其风险管理研究［D］. 长沙：中南大学博士学位论文，2012.
[10] 丛树发. 第 1 讲：生猪饲养管理之 发酵床养猪猪舍建设及发酵床制作［J］. 黑龙江畜牧兽医，

2012，(4)：38.

[11] 赵许可. 规模猪场不同清粪方式对猪生产性能、舍内环境、粪污排放的影响 [D]. 杭州：浙江大学硕士学位论文，2014.

[12] 真一並木，方芝玫，田雨晨. 从育种角度看仔猪被压死 [J]. 国外畜牧学：猪与禽，2008，(6)：9-11.

[13] 游小燕，刘雪芹，肖融. 母猪踩压致新生仔猪死亡原因浅析 [J]. 四川畜牧兽医，2011，38 (12)：50-51.

[14] 赵松玮，彭彦昆，王伟，等. 猪肉瘦肉率和背膘厚度在线检测系统的研究 [J]. 食品安全质量检测学报，2012，3 (6)：589-594.

[15] 于华. 山东城镇居民收入与食品消费关系分析 [D]. 济南：山东大学硕士学位论文，2007.

[16] 李哲敏. 中国城乡居民食物消费及营养发展研究 [D]. 北京：中国农业科学院博士学位论文，2007.

第六章 “物联牧场”——奶牛关键技术与装备设计

奶牛养殖产业现已成为我国现代农业的重要组成部分[1]。养殖方式的落后极大影响了我国奶牛养殖业的发展，奶业食品安全事件加快了我国奶牛养殖由散户养殖模式向规模化养殖模式的转变[2]。奶牛的健康状况直接决定了奶产品的产量和品质，因此，及时获得奶牛个体状态及生理信息等参数对科学把握奶牛的生长状况和预防疫病等具有重要的意义。本章主要论述了自动环境信息采集、食料量检测、体温监测、智能挤奶、发情监测及瘤胃酸性调节等方面的技术与设备研发情况。

一、奶牛养殖控制技术与装备设计

“物联牧场”奶牛养殖控制技术装备包括：①能随时监测每只奶牛的喂食量与进食量，进而可为每只奶牛合理推荐喂食量的“物联牧场”食料量检测系统；②不打扰奶牛正常活动而移动监测个体体温，并根据体表温度识别病牛个体及其发病部位的“物联牧场”空中移动测温装置；③实时监测奶牛场环境变化，当温度或湿度过高时自动进行小苏打投放的“物联牧场”小苏打自动投放装置；④能全面、有效覆盖整个牛舍环境的“物联牧场”养殖环境信息采集装置。

（一）食料量检测系统

1. 背景技术

在我国的动物（如奶牛、羊只及禽类）养殖过程中，喂料过程是耗用人工劳动强度最大的环节之一[3]。以奶牛为例，处于不同养殖阶段的奶牛的进食量也不同。而在传统的养殖方式中，主要依靠人工判断食槽内的剩余食料量来判定奶牛的当日进食量，但若食料放置不够，即剩余食料量为零，则无法获取精准的奶牛进食量；同时，饲养员需根据料桶内连续几次的剩余食料量才能判断出奶牛的身体状态，如此，饲养员耗费精力大，且因人为操作误差或主观因素，无法及时判断奶牛是否处于疾病状态中。

奶牛养殖过程中大多使用干饲料，上述干饲料主要包括各种粉碎之后的干草料或者其他的粮食粉碎料，由于奶牛每天的进食量较大，单纯地采用人工进行饲喂会大大增加饲养员的劳动强度，饲喂效率低，也不利于养殖场向大型化、规模化发展；且若加料不均易洒出食槽外，容易造成饲料的二次污染，从而造成饲料的大量浪费。另外，由于饲养人员的频繁出入将会增加奶牛的感染频率。

“物联牧场”食料量检测系统通过进料装置给食槽投喂饲料，称重装置分别对奶牛进食前和进食后的饲料进行测量并通过食料量检测器上传至检测终端，从而能随时监测每只奶牛的喂食量与进食量，并绘制每只奶牛的饮食规律曲线，提高了奶牛疾病揭发率，有助于提高奶牛的产奶量及产奶品质，进而为每只奶牛合理推荐喂食量，设定喂食时间，提高喂食效率；且无需人工操作，省时省力，有助于降低生产成本，也有利于推动养殖场向大型化及规模化发展。

2. 装备设计

“物联牧场”食料量检测系统包括进料装置、食槽及设于食槽内的食料量检测器，其中，食料量检测器设于食槽的内侧壁上，且进料装置的饲料输出口朝向食槽使得饲料能落入食槽内；食槽的底部设有与食料量检测器连接的称重装置，其中，食料量检测器通过数据导线与称重装置连接，称重装置用于测量食槽内饲料的重量，并将重量信息通过食料量检测器上传至检测终端。食料量检测系统还包括用于固定安装食槽的支撑装置，支撑装置包括食槽护栏及多个用于支撑食槽护栏的护栏支架，食槽为矩形结构的壳体，食槽的上端固定在食槽护栏上。食槽护栏及护栏支架采用承载能力强、支撑力较高的钢结构。进料装置为进料斗，位于食槽的正上方，食槽可采用美国食品和药物管理局（Food and Drug Administration，FDA）食用级塑料或普通塑料或不锈钢或其他材质。食料量检测系统结构示意图，如图 6.1 所示。

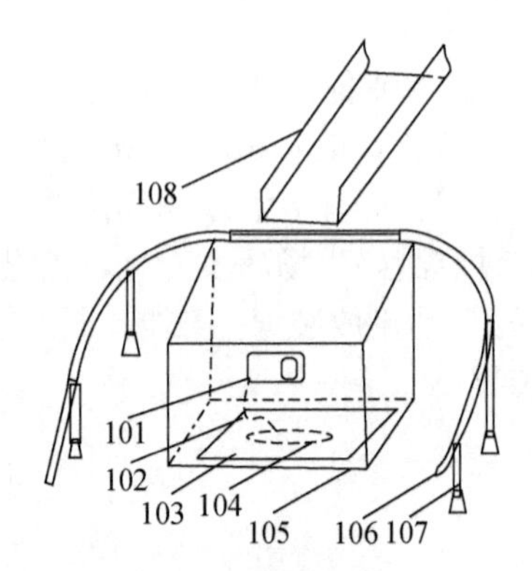

图 6.1　食料量检测系统结构示意图

101：食料量检测器；102：数据导线；103：计量底座；104：称重传感器；105：食槽；106：食槽护栏；107：护栏支架；108：进料装置

食料量检测器包括电源模块及分别与电源模块连接的控制器、发送模块和 RFID 射频模块，发送模块、RFID 射频模块及称重装置分别与控制器连接。具体地，RFID 射频模块、发送模块通过数据导线与控制器连接，电源模块与 RFID 射频模块、发送模块及控制器通过电源导线连接。食料量检测器还包括壳体，壳体用于放置电源模块、控制器、发送模块及 RFID 射频模块。具体地，RFID 射频模块镶嵌在封闭的壳体表面；电源模块、控制器、发送模块置于壳体里面。壳体可采用塑料或重量较轻的金属材料。称重装置包括计量底座及设于计量底座上的称重传感器，且计量底座设于食槽的底部；称重传感器通过数据导线与控制器连接。当通过进料装置投喂饲料时，饲料会落入计量底座上，通过称重传感器测得饲料重量，通过数据导线传输至控制器上，并通过发送模块上传至检测终端。称重传感器采用金诺专用称重传感器 0～200kg 压力传感器，且其灵敏度为 2.0±0.1mv/V；RFID 射频模块的工作频率为 860～960MHz 的超高频 RFID 高性能开发模块，支持 EPC global UHF/ISO 等标准协议格式标签的读取；发送模块为 cc2530 ZigBee 串口无线模块；控制器采用 MSP430 控制器；电源模块采用锂电池或 AA 镍氢充电电池。食料量检测器结构示意图，如图 6.2 所示；食料量检测器原理框图，如图 6.3 所示。

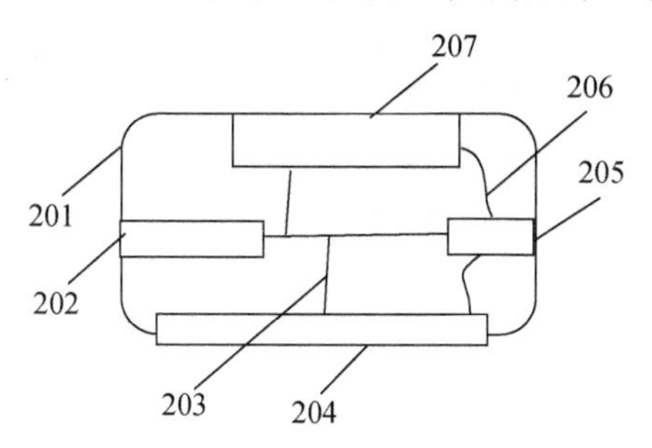

图 6.2 食料量检测器结构示意图

201：壳体；202：电源模块；203：电源导线；204：RFID 射频模块；205：控制器；206：数据导线；207：发送模块

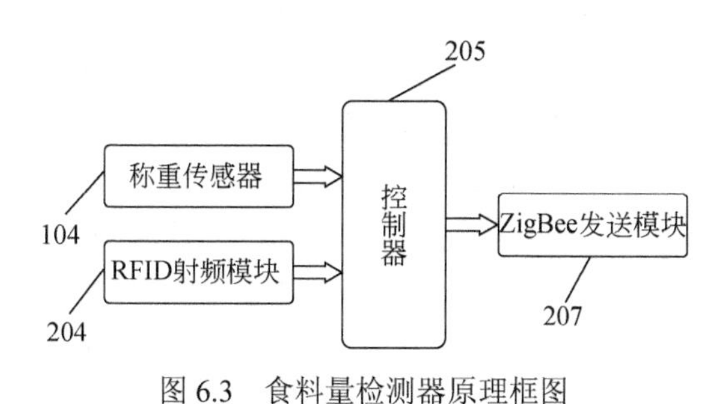

图 6.3 食料量检测器原理框图

104：称重传感器；204：RFID 射频模块；205：控制器；207：发送模块

3. 工作过程

“物联牧场”食料量检测系统的工作过程为：当一头奶牛走近食槽，食料量检测器中的 RFID 射频模块读取奶牛的个体编号信息并将其传输至控制器中；在进行进食过程中，称重传感器检测计量底座上饲料量的变化并将其传输至控制器中，进食完毕后，控制器通过发送模块将进食奶牛的个体编号、进食量、进食时间和进食槽等信息发送至检测终端；从而饲养人员能随时检测每只奶牛的喂食量与进食量，并绘制每只奶牛的饮食规律曲线，进而为每只奶牛合理推荐喂食量，设定喂食时间。

（二）空中移动测温装置

1. 背景技术

奶牛汗腺较少，高产奶牛对热应激十分敏感[4]，热应激可使产奶量下降 20%，暑期一般通过喷淋降低牛舍温度。但是奶牛喜欢干燥、干净的环境，暑期喷淋造成饲养环境潮湿，会提高奶牛乳房炎和常发蹄病等发病率。因此，急需一种空中移动奶牛测温装置，降温的同时，及早发现奶牛发病部位。

“物联牧场”空中移动测温装置利用无人机在牛场上空飞行，将红外热像仪安装在无人机上，以采集牛场内牛群的红外热像图，根据红外热像图识别并测量牛群中每头牛的体表温度，并根据每头牛的体表温度识别出其中的病牛个体及每头病牛个体的发病部位；降温除湿机构布设于牛场内，能够根据识别出的病牛个体和发病部位及时进行局部降温排湿，以避免奶牛受到热应激影响，在红外热像图上面的不同颜色代表被测物体的不同温度，通过分析奶牛不同部位的温度，及时预判发病奶牛及发病部位；此外，该装置能够在测温时不打扰奶牛的正常生活，且具有尺寸小、噪音小、稳定可靠和及时预判等优点；当及时发现病牛个体及其发病部位后，可以发出警报，并进行降温处理，降温效果不明显时，能通知工作人员前去处理，并记录此次警情。

2. 装备设计

“物联牧场”空中移动测温装置包括无人机、红外热像仪和降温除湿机构。无人机能在牛场上空飞行，红外热像仪安装在无人机上，用于采集牛场内牛群的红外热像图，降温除湿机构布设于牛场内。还包括控制终端，无人机和红外热像仪分别与控制终端信号连接，在控制终端的信号控制作用下，驱动机构能带动机体进行飞行动作的变化（如前进、后退、转向和空中停留等），从而带动红外热像仪在空中实施多位置拍照工作。无人机包括机体和驱动机构，驱动机构和红外热像仪分别安装在机体上，控制终端与驱动机构之间信号连接，在控制终端的信号控制作用下，驱动机构能带动机体进行飞行动作的变化。机体上安装有图传信号发送器，图传信号发送器与控制终端信号连接。红外热像仪通过云台安装在机体上，云台与控制终端之间信号连接，控制终端设有 GPRS 通信模块。降温除湿机构包括多个喷淋头和多个风机，多个喷淋头和多个风机分别均匀布设在牛场内。牛场内排列有多个牛栏，相邻的两个牛栏之间的隔离栏上设置有至少一个风机，各个牛栏的至少一端均设有至少一个喷淋头。喷淋头设置的高度为 D_1，风机设置的高度为 D_2，牛的头部高度为 d，则有 $d+3\text{cm}\geqslant D_1\geqslant d+8\text{cm}$，$d+30\text{cm}\geqslant D_2\geqslant d+70\text{cm}$。空中移动测温装置结构示意图，如图 6.4 所示。

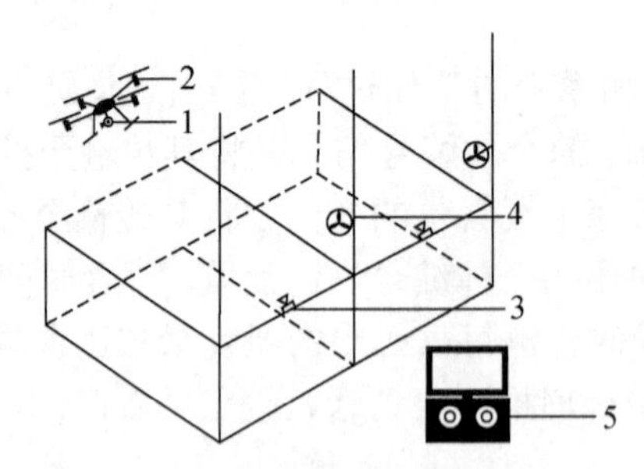

图 6.4　空中移动测温装置结构示意图

1：红外热像仪；2：无人机；3：喷淋头；4：风机；5：控制终端

3. 工作过程

空中移动测温装置在工作时，控制终端操控无人机起飞，在牛栏上方飞行，同时打开红外热像仪进行拍摄，通过无人机配置的 2.4G 图传信号发送器，把实时红外热像图传递给控制终端，并在控制终端的屏幕上显示出来；控制终端屏幕上显示的红外热像图标明了温度，当测得温度高于奶牛正常体温时，会在屏幕上进行提醒，并操控无人机进行悬停，对疑似体温高的奶牛（即疑似的病牛个体）进行再次拍摄确认，确认该奶牛体温确实高于普通奶牛后，将其设定为病牛个体，在控制终端的屏幕上发出警报，并对体温异常的奶牛耳标和牛栏位置进行拍照留存；对确认体温高的奶牛进行降温处理，通过控制终端打开相应位置的喷淋头和风扇，通过喷淋头进行喷水降温处理约 30s 后关闭，风机开始工作，吹风约 4.5min 后关闭，整个降温流程持续 5min，重复循环整个降温流程。无人机发现体温高的奶牛并打开降温设备后，对剩余奶牛进行继续拍摄，1h 后，回到喷淋头、风扇开启的牛栏，通过控制终端关闭喷淋头、风机，对体温高的奶牛进行拍摄，对获得的红外热像图进行分析，如果测得的体温在正常值范围内，则解除警报；如果测得的体温不在正常值范围内，则不解除警报，屏幕显示异常状况，通过控制终端设置的 GPRS 通信模块向饲养人员发送短信，短信包括牛栏位置、奶牛耳标信息，通知饲养人员前去处理，对奶牛身体健康状态进行诊断，并在控制终端中记录此次警情。

（三）奶牛场小苏打自动投放装置

1. 背景技术

呈碱性的小苏打可以中和奶牛瘤胃内的酸性物质，减少奶牛瘤胃酸中毒的危险[5]，增强奶牛对疫病的抵抗力，有利于增强瘤胃内有益菌的活性，提高奶牛的采食量。因此，为奶牛投放小苏打是常见的增加产奶量的手段。

在夏秋季节，国内奶牛养殖场为防止天气炎热导致奶牛产生热应激，一般会在奶牛室外活动场投放小苏打。但通行做法是将小苏打盛放在一个露天容器中，由奶牛自行食用。这种长时间露天放置会导致小苏打发潮起反应，而且遇大风和降雨天气需人工将容器搬至室内，造成极大的浪费和不便。目前缺少的是一种能够根据气温和降水等环境变化，自动投放小苏打的装置。

奶牛场小苏打自动投放装置，通过环境检测装置实时检测奶牛场环境变化，当温度或湿度过高时，会自动投放小苏打；当气候凉爽或出现大风和降雨天气时，会关闭小苏打投放箱。这样既能保证奶牛在天气炎热时能够食用小苏打，又能减少日常的浪费和自然损耗。

2. 装备设计

奶牛场小苏打自动投放装置包括气象监测单元和小苏打投放单元。气象监测单元包括雨量传感器、温度传感器、湿度传感器、风速传感器、信息处理器及支架，雨量传感器、温度传感器、湿度传感器、风速传感器均通过数据线与信息处理器连接；小苏打盛放箱包括箱体和箱盖，箱盖和箱体通过活页连接，箱体一侧设置有伸缩式液压杆，伸缩式液压杆一端固定在箱体的侧壁上，另一端连接箱盖，伸缩式液压杆通过导线连接液压杆控制器，液压杆控制器与信息处理器通过数据线连接，液压杆控制器上设置有手动开关按钮；支架包括固定在小苏打盛放箱的箱体后壁上的立杆，立杆顶部固定有横杆，雨量传感器、温度传感器、湿度传感器、风速传感器固定在横杆上，立杆顶部与横杆焊接，或用螺丝固定在一起，信息处理器固定在立杆上。小苏打盛放箱的箱盖下缘设置有盖沿，盖沿为箱盖下缘向外突出的一圈凸起，在盖沿内设置有密封垫圈，上缘设置有凹槽，在凹槽内设置有密封垫圈，底部设置有滑轮。奶牛场小苏打自动投放装置结构示意图，如图 6.5 所示。

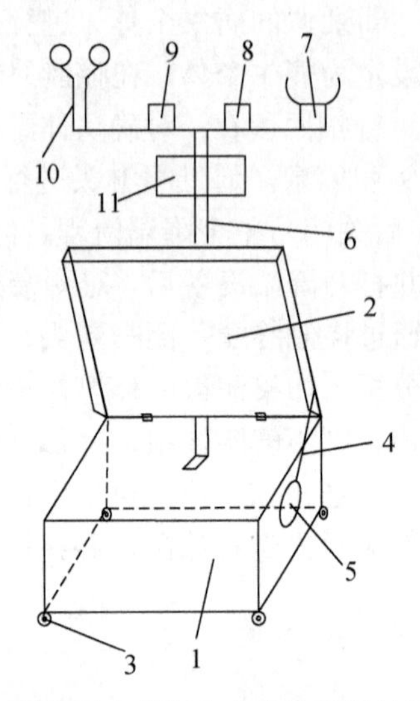

图 6.5　奶牛场小苏打自动投放装置结构示意图

1：箱体；2：箱盖；3：滑轮；4：伸缩式液压杆；5：液压杆控制器；6：支架；7：雨量传感器；8：温度传感器；9：湿度传感器；10：风速传感器；11：信息处理器

3. 工作过程

奶牛场小苏打自动投放装置的使用方法为：根据奶牛场奶牛的品种，设定防止奶牛出现热应激的安全温度范围和湿度范围，确定高温和高湿警戒线；设定风速和降雨安全范围，确定强风和降雨警戒线，将数据储存在信息处理器内。将小苏打倒入箱体中，在初始状态下，箱盖处于闭合状态。此时开启雨量传感器、温度传感器、湿度传感器、风速传感器、信息处理器，确保各传感器与信息处理器正常连接，开始自动监测环境信息。雨量传感器、温度传感器、湿度传感器与风速传感器将实时监测的降雨、温度、湿度及风速信息传输给信息处理器，信息处理器根据传回的信息与预先设定值进行比较和计算，并根据不同的环境信息组合向液压杆控制器发送开启或关闭的命令，液压杆控制器根据命令控制伸缩式液压杆的伸开与闭合，从而带动箱盖的开启和闭合。当信息处理器发现传回的实时温度或湿度高于设定警戒线，同时风速与降水都低于设定警戒线时，向液压杆控制器发送开启命令，液压杆控制器控制伸缩式液压杆伸开，从而带动箱盖打开，此时奶牛就可以食用盛放在箱体中的小苏打。当风速高于警戒线，或降雨高于设定警戒线，或温度与湿度同时低于设定警戒线，信息处理器向液压杆控制器发送关闭命令，液压杆控制器控制伸缩式液压杆缩回，从而带动箱盖关闭。还可以通过设在液压杆控制器上的手动开关按钮，手动控制伸缩式液压杆的开合。

（四）养殖环境信息采集装置

1. 背景技术

近几年来，我国畜牧业动物疾病频发，危害严重[6]。导致动物疾病的发生与传播的原因是多方面的，但是，饲养环境的质量特别是畜禽舍内的环境条件是一个重要而不可忽视的因素。奶牛养殖过程中，牛舍内温湿度、光照和有害气体浓度等的变化将影响奶牛的健康及最终畜禽产品的质量[7]。牛舍内空气质量差，特别是氨气（NH_3）、甲烷（CH_4）、二氧化碳（CO_2）和硫化氢（H_2S）等有害气体及污染物含量高，不仅会损害奶牛的健康，降低奶牛的抵抗力，而且还会直接导致奶牛疾病的发生与传播。

随着规模化养殖的发展，牛舍养殖环境的好坏对奶牛生长性能的影响越来越大，因此，对奶牛养殖环境的实时监测变得越来越重要。现有的养殖环境信息采集装置仅能采集一个位置的环境信息，无法对整个牛舍环境进行全面、有效的覆盖，除非在牛舍内的不同位置分别安装养殖环境信息采集设备，否则，总存在不能对整个牛舍养殖环境进行实时监测的问题。同时，养殖环境信息采集设备价格比较高，使用寿命比较短，若安装多个节点，建设成本和维护成本都很高。

“物联牧场”养殖环境信息采集装置解决现有装置只能采集一个位置的环境信息，不能对整个牛舍环境进行全面、有效覆盖的问题，节约了安装多个环境信息采集装置的成本。同时，该装置悬挂在畜禽舍内，易于安装，节省空间。

2. 装备设计

养殖环境信息采集装置包括移动装置、环境信息采集装置、远程控制器、固定连接件及轨道；轨道设置在牛舍内，用于支持移动装置行走；移动装置通过固定连接件与环境信息采集装置连接，用于带动环境信息采集装置沿着轨道行走；环境信息采集装置与远程控制器无线连接，用于采集牛舍内的环境信息，并将采集到的牛舍内的环境信息发送给远程控制器；远程控制器用于接收环境信息采集装置采集的环境信息，并发送控制指令给环境信息采集装置，以使环境信息采集装置采集牛舍内的环境信息，同时使环境信息采集装置控制移动装置在轨道上行走。环境信息采集装置可以根据控制指令控制移动装置带动环境信息采集装置沿着轨道持续移动或间断移动。

移动装置包括行走轮、驱动单元和与驱动单元固定连接的安装支架；行走轮安装在轨道里，轨道用于支持行走轮移动；驱动单元的输出端与行走轮连接，驱动单元的输入端与环境信息采集装置连接，驱动单元用于在环境信息采集装置的控制下驱动行走轮移动；安装支架上设有钻孔，安装支架通过其上的钻孔和固定连接件与环境信息采集装置固定连接。固定连接件可以为螺栓或其他固定元件，驱动单元可以为步进电机或者其他驱动元件。驱动单元的输出端与行走轮通过金属条连接，也可以通过绳索或其他方式进行连接，安装支架与驱动单元的输入端固定连接。

环境信息采集装置包括箱体、第一天线、设置在箱体外侧的环境信息采集传感器组及设置在箱体内部的行走控制电路板、信息采集电路板、电缆和蓄电池。蓄电池通过电缆与外接电源连接，以实现蓄电池充电；蓄电池用于为环境信息采集装置供电；环境信息采集传感器组与信息采集电路板连接，用于采集牛舍内的环境信息，并将采集到的牛舍内的环境信息上传到信息采集电路板；信息采集电路板通过第一天线将接收到的牛舍内的环境信息发送到远程控制器，并接收远程控制器发送的控制指令；信息采集电路板与行走控制电路板相连，用于将接收到的控制指令发送给行走控制电路板；行走控制电路板与驱动单元相连，用于通过驱动单元驱动行走轮在轨道上移动。第一天线通过磁性底座吸附在箱体的顶部。环境信息采集传感器组包括甲烷传感器、氨气传感器、二氧化碳传感器、硫化氢传感器、温湿度传感器、光照传感器和风速传感器中的至少两种。蓄电池通过电缆与220V外接电源连接，以实现蓄电池充电。信息采集电路板通过RS-485电缆分别与甲烷传感器、氨气传感器、二氧化碳传感器、硫化氢传感器、温湿度传感器、光照传感器和风速传感器中的至少两种连接。行走控制电路板通过RS-485电缆与信息采集电路板连接。远程控制器包括控制器盒和设置在控制器盒上的SIM卡插槽，SIM卡插槽用于安装SIM卡，对接收到的牛舍内的环境信息进行保存。超声波传感器安装在箱体位于移动方向上的前后侧，也可以安装在箱体的任意一侧，超声波传感器可以是一个或多个。养殖环境信息采集装置结构示意图，如图6.6所示。

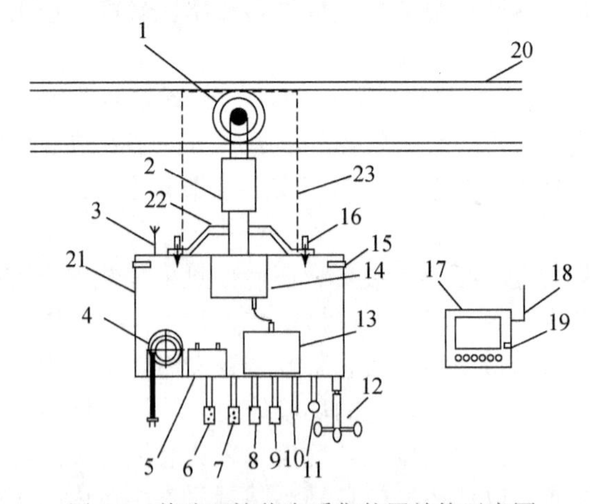

图6.6 养殖环境信息采集装置结构示意图

1：行走轮；2：驱动单元；3：第一天线；4：电缆；5：蓄电池；6：甲烷传感器；7：氨气传感器；8：二氧化碳传感器；9：硫化氢传感器；10：温湿度传感器；11：光照传感器；12：风速传感器；13：信息采集电路板；14：行走控制电路板；15：超声波传感器；16：固定连接件；17：远程控制器；18：第二天线；19：SIM卡插槽；20：轨道；21：环境信息采集装置；22：安装支架；23：移动装置

信息采集电路板上焊接有第一单片机、第一数据传输模块和第一电源。第一电源与第一单片机通过导线连接，为第一单片机供电；第一单片机与第一数据传输模块通过RS-232接口连接，进行串口通信；第一单片机通过RS-485电缆分别与甲烷传感器、氨气传感器、二氧化碳传感器、硫化氢传感器、温湿度传感器、光照传感器和风速传感器连接，用于读取传感器采集的牛舍内的环境信息。行走控制电路板上焊接有第二单片机、继电器和第二电源；第二电源与第二单片机通过导线连接，为第二单片机供电；第二单片机的输出端与继电器的输入端连接，继电器的输出端与驱动单元的输入端连接，通过继电器来控制驱动单元驱动行走轮在轨道上前进或后退；第一单片机通过RS-232电缆与第二单片机连接，向第二单片机发送控制指令。远程控制器包括ARM控制器、第二数据传输模块、第三电源和触摸屏；第二数据传输模块通过RS-232电缆和控制器连接，进行串口通信；触摸屏通过RS-232电缆和控制器连接，进行串口通信，用于向控制器发送触摸信号并对从控制器接收到的牛舍内的环境信息进行显示，控制器对接收到的触摸信号生成控制指令，并将牛内的环境信息发送给触摸屏；第三电源通过导线和控制器连接，为控制器供电；第二数据传输模块与第一数据传输模块无线连接，控制器通过第二数据传输模块向第一数据传输模块发送控制指令，同时，第二数据传输模块接收第一数据传输模块发送的环境信息采集传感器组采集的牛舍内的环境信息。第一单片机和第二单片机的型号为 STC12LE5A60S2；第一电源、第二电源和第三电源的型号为 AMS1086CM-3.3；第一数据传输模块和第二数据传输模块为 DTU 数据传输模块；继电器为型号是 G5LA 的功率继电器；控制器为 ARM 控制器；触摸屏为 7 寸电容屏。养殖环境信息采集装置的硬件框图，如图 6.7 所示。

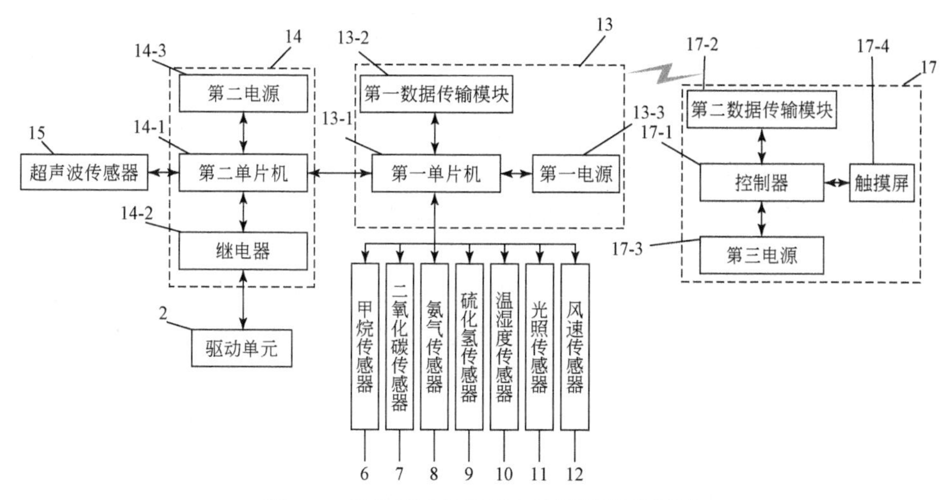

图 6.7 养殖环境信息采集装置的硬件框图

6：甲烷传感器；7：氨气传感器；8：二氧化碳传感器；9：硫化氢传感器；10：温湿度传感器；11：光照传感器；12：风速传感器；13：信息采集电路板；14：行走控制电路板；15：超声波传感器；17：远程控制器；13-1：第一单片机；13-2：第一数据传输模块；13-3：第一电源；14-1：第二单片机；14-2：继电器；14-3：第二电源；17-1：ARM 控制器；17-2：第二数据传输模块；17-3：第三电源；17-4：触摸屏

3. 工作过程

养殖环境信息采集装置，通过将移动装置安装在用于支持移动装置行走的轨道上，将环境信息采集装置与移动装置连接，通过远程控制器向环境信息采集装置发送控制指令控制移动装置在轨道上的行走来带动环境信息采集装置移动，同时控制环境信息采集装置对畜禽舍内的环境信息进行采集。环境信息采集传感器组采集牛舍内的环境信息，并将采集到的环境信息上传到信息采集电路板，信息采集电路板通过第一天线将接收到的牛舍内的环境信息发送到远程控制器。触摸屏通过 RS-232 电缆和控制器连接，向控制器发送触摸信号并对从控制器接收到的牛舍内的环境信息进行显示，控制器对接收到的触摸信号生成控制指令，并将牛内的环境信息发送给触摸屏。通过在箱体外侧设置超声波传感器，用于检测环境信息采集装置移动方向上的障碍物超声波信号，环境信息采集装置根据检测到的障碍物超声波信号来控制移动装置带动环境信息采集装置停止或后退。

二、奶牛挤奶监测技术与装备设计

“物联牧场”奶牛挤奶监测技术装备包括：①可自动把握挤奶时力度和精准度，并能够对牛奶进行灭菌保鲜及存储的“物联牧场”智能挤奶系统；②可以大范围移动，主动配合奶牛位置进行挤奶工作的“物联牧场”移动式电动双桶挤奶机。

（一）智能挤奶系统

1. 背景技术

挤奶设备除了要求遵守一般的机械原理外，更重要的是适合奶牛分泌乳汁的特点，近年来，国内外都在研制和改进各种形式的挤奶设备，其研究重点在于工作原理尽可能模仿犊牛自然吮吸动作，对乳头提供适度的刺激，动作柔和，真空曲线良好。

目前，国内诸多小型家庭牧场、中型牧场都采用人工挤奶或者半机械化挤奶生产牛奶的方式，程序过于繁琐，方法过于复杂[8]，需动用大量的人力物力，耗时费力，效率较低，更有可能因为人的不正规操作，或者用力过大，损伤牛乳甚至让牛乳感染细菌，降低牛奶产量，在挤奶过程中，还有可能因为人的疏忽，不小心将牛奶与外界污染物相接触造成牛奶的污染或者因为传统的杀菌方式杀菌不彻底，造成牛奶中含有过量的微生物，影响牛奶的新鲜程度，对饮用牛奶的人的健康也是一大影响。

“物联牧场”智能挤奶系统，消除了传统的人工挤奶作业及半机械化作业，避免了牧场员工耗费大量精力用手去完成一整套复杂繁琐的工作，易于操作，挤奶这一系列的重复动作都由机器来代替人类完成，挤奶杯可以把握挤奶时的力度、精准度，做到恰到好处，并且能够对牛奶进行灭菌保鲜和存储牛奶等一整套完整标准的流水化作业，实现了真正意义上的便捷。

2. 装备设计

“物联牧场”智能挤奶系统包括挤奶室、挤奶杯、奶杯架、抓取装置、杀菌处理装置、存储装置、控制装置及杀菌药液槽。挤奶室设有进口和出口，挤奶杯设于挤奶室内，奶杯架用于放置不被使用时的挤奶杯；抓取装置用于将挤奶杯从奶杯架上取下并将所述挤奶杯套设在动物乳头上；杀菌处理装置通过输送管连接于挤奶杯和存储装置之间；控制装置与抓取装置、杀菌处理装置和存储装置连接。挤奶室的顶面上还设有3D体况检测仪，控制装置与3D体况检测仪连接，杀菌药液槽设于挤奶室的地面上，且与3D体况检测仪相对设置。挤奶杯包括连接槽和套管，套管的数量为多个，多个套管与连接槽的底部连通且一一对应地套设于乳头上，套管的侧壁上设有排气口和清洗口，套管的底部设有主收集口和副收集口，主收集口通过输送管与杀菌处理装置连接，副收集口通过输送管连接废奶收集装置，排气口通过排气管道与抽气装置连接，清洗口与清洗装置连接；输送管和排气管道上均设有阀门，阀门与控制装置连接。抓取装置、杀菌处理装置、存储装置和废奶收集装置均设于挤奶室的外部，且挤奶室设有抓取窗口和取奶窗口，抓取装置从抓取窗口伸入到挤奶室对挤奶杯进行取放，输送管分别穿过取奶窗口与杀菌处理装置和废奶收集装置连接。进口和出口分别设于挤奶室的同一侧的两端，且进口和出口处均设有自动控制门，自动控制门与控制装置连接；进口和出口之间还设有喂食窗口，喂食窗口设有可调整高度的喂食槽；抓取窗口设于与喂食窗口相对的一侧。奶杯架包括固定架和旋转架，固定架固定于挤奶室的地面上，旋转架可翻转地设于固定架上。挤奶室内还设有地面清洗管和挤奶杯清洗管，挤奶室的地面设有与外部连通的排水通道。智能挤奶系统结构示意图，如图 6.8 所示。

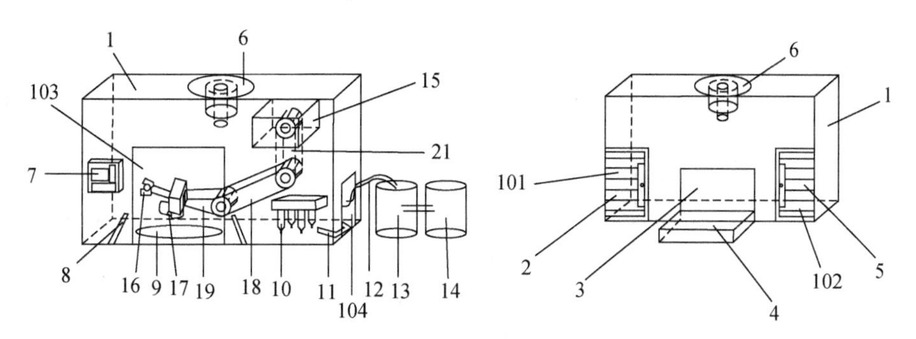

图 6.8 智能挤奶系统结构示意图

1：挤奶室；2：进口；3：喂食窗口；4：喂食槽；5：出口；6：3D 体况检测仪；7：控制装置；8：地面清洗管；9：杀菌药液槽；10：挤奶杯；11：挤奶杯清洗管；12：输送管；13：杀菌处理装置；14：存储装置；15：抓取装置；16：手爪；17：机械臂；18：机械臂；19：机械臂；20：转轴；21：机械臂；101：自动控制门；102：自动控制门；103：抓取窗口；104：取奶窗口

抓取装置包括机械臂和与机械臂连接的手爪，手爪可绕机械臂实现多自由度旋转，机械臂上还设有感应摄像探头。抓取装置结构示意图，如图 6.9 所示。

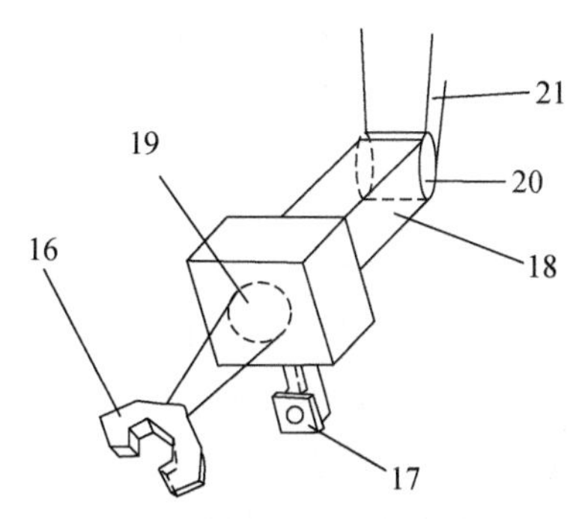

图 6.9 抓取装置结构示意图

16：手爪；17：机械臂；18：机械臂；19：机械臂；20：转轴；21：机械臂

3. 工作过程

养殖奶牛时，在奶牛的脖圈上安装感应器，感应器能够感应动物是否适合挤奶，感应器与控制装置连接，如适合挤奶，将奶牛赶进挤奶室，控制装置向 3D 体况检测仪内部微型电脑服务器端程序远程控制软件发出检测生物信号对动物身体状况作实时测量监控，3D 体况检测仪接收信号命令开始运行工作，可以对每头奶牛的身体状况及身高体重进行测试，并根据奶产量、奶脂肪、动物热量自动计算动物的食料量，并且在奶牛出现临床症状之前，能发现隐形乳房炎，确保奶牛乳房健康状况最佳，待检测完毕，再由控制装置操控关闭3D体况检测仪。控制装置控制抓取装置将挤奶杯从奶杯架上取出并套在动物乳头上进行挤奶，挤奶杯可以把握挤奶时的力度、精准度，做到恰到好处，挤出的鲜奶经挤奶杯进入到杀菌处理装置进行灭菌处理然后储存。

（二）移动式电动双桶挤奶机

1. 背景技术

随着我国人民生活水平不断提高，对奶制品的需求越来越大，此外，牛奶含有丰富的矿物质、钙、磷、铁、锌、铜、锰、钼。最难得的是，牛奶是人体钙的最佳来源，而且钙磷比例非常适当，利于钙的吸收。因此，为了保证牛奶的产量及在牛奶产业的竞争中获得优势，奶牛养殖场一直在设法提高牛奶的生产效率。在中小型奶牛养殖场中使用的传统的接电式挤奶机，移动十分不便，挤奶机的移动范围也十分有限，需要奶牛配合。

“物联牧场”移动式电动双桶挤奶机利用蓄电池作为动力来源，挤奶机移动范围扩大，可以主动配合奶牛位置进行挤奶工作，且在电力资源不足的情况下，可以利用蓄电池中所余电力进行工作，大大提升了挤奶的工作效率，具有移动便利、操作便捷、不受当前电力资源制约、挤奶效率高的优点，在中小型奶牛养殖场，尤其是30头奶牛左右规模的奶牛养殖场，甚至大型养殖场中，都具有重要的推广应用价值。

2. 装备设计

“物联牧场”移动式电动双桶挤奶机包括两套挤奶装置，挤奶装置包括三通、集奶器、集奶桶、真空泵和用于使集奶器获取牛奶的脉冲器，三通的三个端口分别连通集奶器、集奶桶和真空泵；电动机，用于带动真空泵运作，且通过联轴器与真空泵连接；蓄电池用于向电动机和脉冲器供电。三通包括主管和支管，主管的两端分别连通集奶器和真空泵，支管在与主管相接的一端设有用于引导集奶器获取的牛奶进入集奶桶内的瓣膜，另一端连通集奶桶，支管与主管之间的夹角为30°～60°。集奶桶的桶体设有夹层，夹层内设有蛇形管，蛇形管内设有冷却剂；集奶桶的桶体材质为不锈钢。真空泵的顶部设有用于检测其运行的压力表，压力表延伸至真空泵的内部；真空泵为旋片式真空泵，其最大压力为6×10^{-2} Pa，带有中空内腔的泵体、设于内腔里的旋片及偏心安装于内腔里的转子，转子设有转子槽，转子槽内设有用于使旋片顶端与内腔内壁保持接触的弹簧，泵体还设有进气通道和排气通道。脉冲器为二节拍式脉冲器，包括吸吮节拍与挤压节拍，且脉冲频率为50～60次/min；脉冲器通过电线与蓄电池连接；通过皮带与真空泵相连。蓄电池为锂离子电池，其输入电压和输入功率分别为220V和1.5kW，输出电压及输出功率分别为220V和0.75kW，其容量为50AH；蓄电池通过电线与电动机连接。每套挤奶装置设有四个集奶器，集奶器通过模拟牛犊的吸吮动作以获取牛奶。挤奶机还包括机架，集奶桶、真空泵、脉冲器、蓄电池和电动机均设于机架上，机架还设有手扶栏杆、刹车器和车轮。移动式电动双桶挤奶机结构示意图，如图6.10所示；真空泵结构示意图，如图6.11所示。

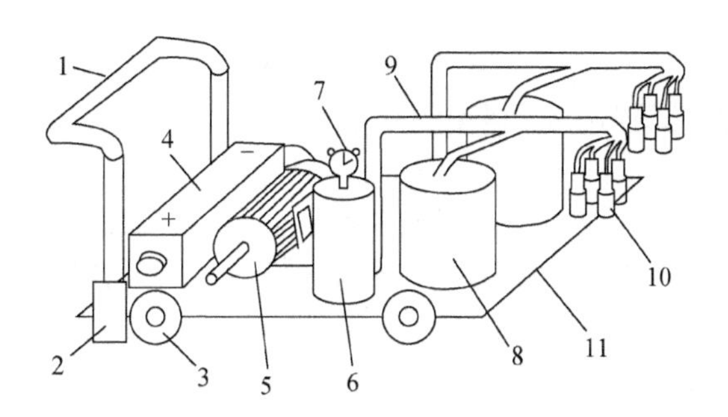

图 6.10 移动式电动双桶挤奶机结构示意图

1：手扶栏杆；2：刹车器；3：车轮；4：蓄电池；5：电动机；6：真空泵；7：压力表；8：集奶桶；9：三通；10：集奶器；11：机架

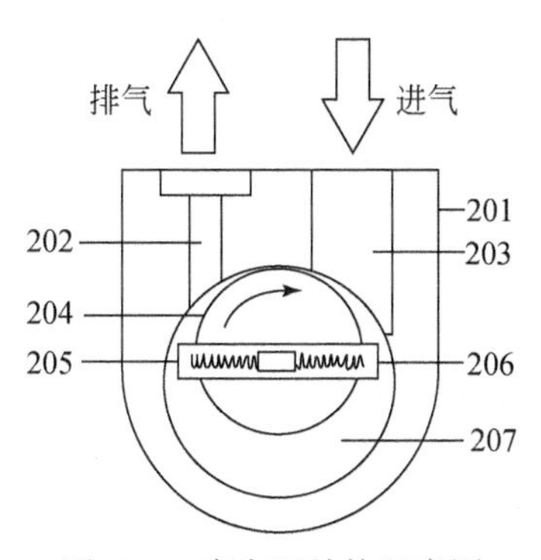

图 6.11 真空泵结构示意图

201：泵体；202：排气通道；203：进气通道；204：转子；205：旋片；206：弹簧；207：内腔

3. 工作过程

如图 6.12 所示，移动式电动双桶挤奶机工作过程如下：

第一步，打开开关，电动机由蓄电池提供电力开始运行，并通过联轴器带动真空泵及脉冲器运作；

第二步，真空泵的转子顺时针旋转，致使转子左侧容积减小，压强增高，进行排气，转子右侧容积增大，压强降低，进行吸气，以此抽出三通和集奶桶内的气体；

第三步，真空泵和脉冲器共同产生的脉冲真空作用，使集奶器模拟牛犊的吸吮动作以获取牛奶，然后通过三通将获取的牛奶，通过瓣膜引入集奶桶中；

第四步，挤奶结束后关闭电动机，还原挤奶装置。

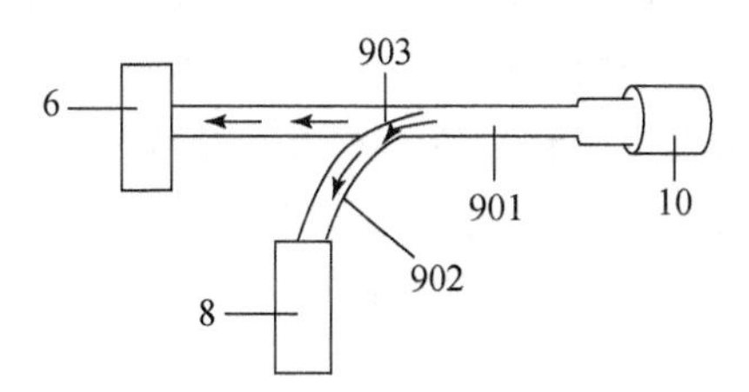

图 6.12 移动式电动双桶挤奶机的工作示意图

6：真空泵；8：集奶桶；10：集奶器；901：主管；902：支管；903：瓣膜

三、奶牛个体状态检测与评估装置

"物联牧场"奶牛个体状态检测与评估装置包括：①通过实时检测奶牛运动量，提高奶牛发情期揭发率的"物联牧场"奶牛发情探测项圈；②非接触式实时检测奶牛体温的"物联牧场"奶牛体温探测装置；③用于检测奶牛瘤胃环境状况的"物联牧场"电子药丸；④可实时检测每头奶牛的体温并对其及时进行降温处理的"物联牧场"可穿戴式降温装置；⑤采集奶牛躺卧时间，并对采集数据进行无线远程传输的"物联牧场"奶牛趟卧时间无线远程采集装置；⑥提高奶牛乳房炎诊断效率的"物联牧场"牛奶体细胞数在线测量装置；⑦能够实现非接触式采集奶牛个体体长、体重和体温等体征信息及图像信息的"物联牧场"非接触式奶牛体征信息采集装置；⑧能够自动检测奶牛生理参数信息的"物联牧场"奶牛生理信息展示装置。

（一）奶牛发情探测项圈

1. 背景技术

目前，基本采用人工观察方法对牛只，特别是奶牛发情进行初步诊断，然后经过直肠检查对发情的奶牛进行进一步确诊。人工观察方法主要依靠发情的奶牛接受其他奶牛爬跨后站立不动（即站立发情症状）来进行初步诊断，但由于其他奶牛爬跨发情奶牛的时间无法确定，故而奶牛的发情时间亦无法确定。除此之外，人工观察方法还容易出现遗漏观察，一是部分奶牛有隐性发情现象，二是不能保证所有发情奶牛都能被观察到[9]。

在奶牛养殖业中，奶牛在开始发情后12h左右配种的受胎率最高，因而能否准确判定发情开始的时间对提高奶牛的受胎率极为关键[10]。发情鉴定是牛场生产及繁育管理最为重要的环节之一，若无法及时发现奶牛发情，则会直接导致错过最佳的配种时间，从而会影响奶牛产犊产奶量，进而降低奶牛场的经济利益。

"物联牧场"奶牛发情探测项圈结构简单，方便实用，通过对奶牛运动量的实时检测，提高了奶牛发情期的揭发率，并能根据揭发的发情时间来决定最佳的配种时间，从而提高奶牛的产奶量，有利于经济性。与此同时，极大地降低了观测人员的劳动强度，节约了人力成本，也有利于提高判断准确率。

2. 装备设计

"物联牧场"奶牛发情探测项圈包括带状项圈本体及设于带状项圈本体上的发情探测装置。带状项圈本体上设有项圈卡扣及多个项圈卡孔，可采用牛皮或人造革或尼龙材质。发情探测装置包括依次连接的采集器、处理器、发情预警装置、供电电池及密封盒。供电电池、采集器及处理器设于密封盒内，发情预警装置设于密封盒的上表面。采集器为加速度传感器，处理器包括依次连接的记录模块、存储模块、分析模块及控制模块，采集器与记录模块连接，控制模块与发情预警装置连接，发情预警装置包括监控预警灯，监控预警灯为红绿双色LED灯，当奶牛处于发情状态，红色LED灯亮；当奶牛处于正常状态，绿色LED灯亮。奶牛发情探测项圈结构示意图，如图6.13所示；发情探测装置结构示意图，如图6.14所示。

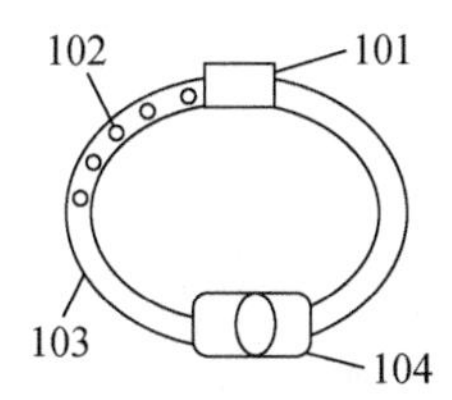

图 6.13 奶牛发情探测项圈结构示意图

101：项圈卡扣；102：项圈卡孔；103：带状项圈本体；104：发情探测装置

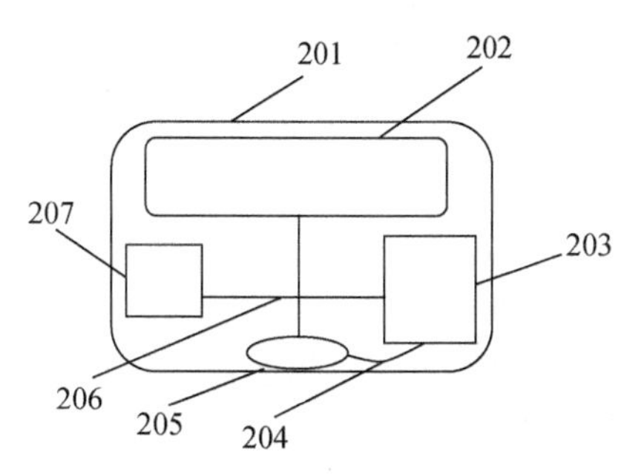

图 6.14 发情探测装置结构示意图

201：密封盒；202：供电电池；203：处理器；204：数据导线；205：监控预警灯；206：电源导线；207：采集器

通过奶牛活动量 $f(x)$ 与奶牛发情活动量阀值 S 的比值来控制红色 LED 灯亮或绿色 LED 灯亮；具体地，奶牛活动量 $f(x)$ 的计算公式为

$$f(x)=ax+b$$

式中，a 为奶牛年龄（单位为月）；b 为奶牛品种；x 为奶牛一天步数（单位为步）。

奶牛发情判断值 y 的判断条件为

$$f(x)\geqslant S,\ y=1;\ f(x)<S,\ y=0$$

当奶牛活动量 $f(x)$ 高于或等于奶牛发情活动量阀值 S 时，奶牛发情判断值 $y=1$，即奶牛处于发情状态，则红色 LED 灯亮；反之 $y=0$，即奶牛处于正常状态，则绿色 LED 灯亮。

3. 工作过程

如图 6.15 所示，采集器为三轴加速度传感器 MPU-6050，用来检测并收集奶牛的实时三维步态信息及三维加速度，用于获取奶牛活动量信息，采集器将采集得到的奶牛运动量的信息通过数据导线传输至记录模块，并通过存储模块、分析模块及控制模块对奶牛运动量的信息进行一系列的处理，从而对奶牛状态进行判别，用于判定奶牛处于正常状态或发情状态，并通过数据导线将判定结果传输至发情预警装置。发情预警装置的监控预警灯用于在接收到处理器发送的启动预警灯控制信号时，开启监控预警灯。当奶牛处于不同的状态时，监控预警灯处于不同的显示状态。监控预警灯为红绿双色 LED 灯，当奶牛处于发情状态时，红色 LED 灯亮；当奶牛处于正常状态时，绿色 LED 灯亮。

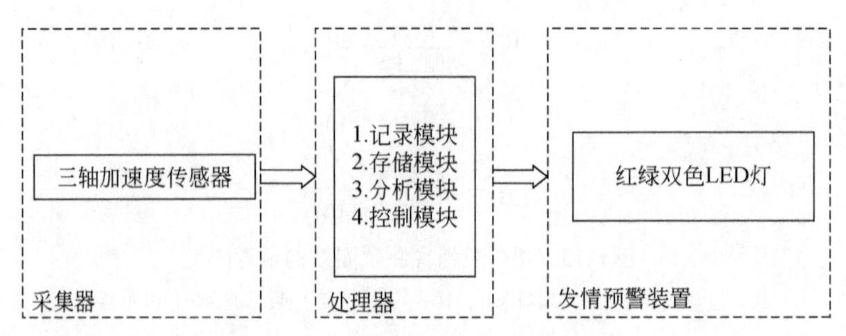

图 6.15　发情探测装置的探测原理图

（二）奶牛体温探测装置

1. 背景技术

在现代化的奶牛养殖中，高效、健康、规模化及动物福利均成为养殖企业追求的目标。这些指标不是相互孤立的，动物，特别指奶牛只有在舒适、健康的情况下才能更好地为养殖企业创造更大的经济效益。

体温是判断机体健康状态的基本依据和指标，监测并及时记录奶牛的体温变化，有利于及时发现、预防和诊治奶牛疾病[11]。然而，当前牧场基本采用温度计插入直肠测量奶牛体温，该操作方式极不方便，不能做到实时监测体温变化，且费时费力，同时还容易造成个体间疾病的交叉传播。

此外，奶牛体温的变化还能指示发情和分娩等其他生产活动。有研究表明，奶牛开始发情时体温会逐渐增高，发情盛期达到最高点，随后逐渐降低，至排卵时体温降到最低点。通过检测奶牛体温变化能科学地检测出奶牛是否处于发情状态，分娩时体温也会出现规律性的变化。

目前，已有一些奶牛体温自动采集装置，但这些装置精度不高、体积硕大、笨重、价格昂贵，往往不能满足各种类型牧场的需要，在生产实践中往往受到牧场实际条件限制，未能取得理想的效果。

奶牛体温探测装置通过红外温度传感器对奶牛进行非接触式测体温，有效避免了传统体温检测方式带来的动物应激反应，并通过显示模块读取体温，精度高。同时，能随时检测动物温度，有效提高了奶牛产犊产奶量，有助于提高养殖场的经济效益。

2. 装备设计

“物联牧场”奶牛体温探测装置包括壳体、微控制器、显示模块及与壳体连接的探头。探头包括红外温度传感器，微控制器位于壳体内部，显示模块安装于壳体外表面，红外温度传感器与显示模块分别与微控制器连接。还包括设于壳体外表面的蜂鸣器、双色 LED 指示灯及启动开关，蜂鸣器及双色 LED 指示灯分别与微控制器通过数据导线连接，微控制器通过对红外温度传感器测得的体温进行判定，若测得体温异常（体温偏高/偏低），则微控制器发出控制信号，使得蜂鸣器警报响起，同时双色 LED 指示灯中红灯亮起；若测得体温正常，则微控制器发出控制信号，使得双色 LED 指示灯中绿灯亮起，但蜂鸣器不响起。启动开关与电源模块连接。电源模块可采用聚合物锂电池或锂电池，电源模块设于壳体内部，微控制器、显示模块、蜂鸣器及双色LED指示灯分别与电源模块通过电源导线连接。电源模块与双色LED指示灯间设有电阻，电阻与电源模块及启动开关串联连接。探头可采用玻璃纤维或岩棉或硅酸盐或气凝胶毡或真空板材质。壳体与探头一体成型，壳体与探头连接后呈手枪状。显示模块为12864液晶显示模块。微控制器可采用STC89C52RC。奶牛体温探测装置结构示意图，如图6.16所示。

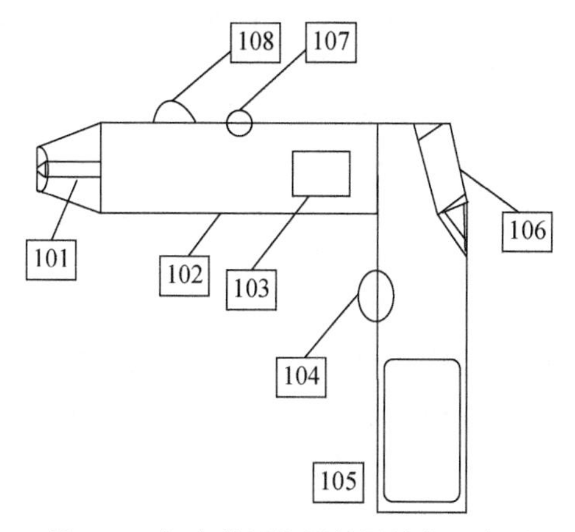

图6.16 奶牛体温探测装置结构示意图

101：红外温度传感器；102：壳体；103：微控制器；104：启动开关；105：电源模块；106：显示模块；107：双色LED指示灯；108：蜂鸣器

3. 工作过程

如图6.17所示，奶牛体温探测装置工作过程为：手持奶牛体温探测装置对准奶牛的身体某个部位，打开启动开关，用红外温度传感器读取奶牛的体温并传输给微控制器；微控制器对奶牛的体温数据进行处理、存取及判断奶牛体温是否异常，同时将奶牛的体温通过液晶显示模块显示出来，方便饲养人员及时读取奶牛的体温；当奶牛的体温正常时，蜂鸣器不响起，同时双色LED指示灯中的绿灯亮起，当奶牛的体温（偏高/偏低）出现异常时，蜂鸣器警报响起，同时双色LED指示灯中的红灯亮起；体温测试结束后，关闭启动开关，断开电源。

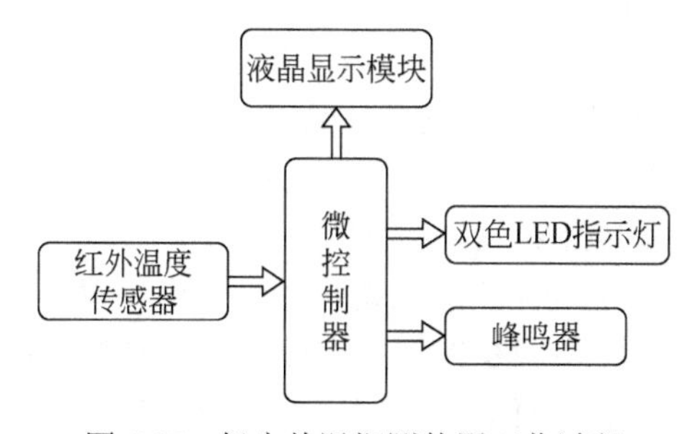

图6.17 奶牛体温探测装置工作过程

（三）电子药丸

1. 背景技术

近年来，奶牛养殖者一味地追求奶牛的产奶量，过度增加精料饲喂量，使营养性代谢病发病概率大大提高，SARA 就是其中的一种[12]。SARA 的临床症状主要表现为采食量、产奶量下降，精神不振，反刍行为减弱，以及间歇性腹泻等。某些临床症状是在奶牛患 SARA 几周后才表现出来的，而在这期间不仅造成反刍动物对干物质的采食量下降，更容易继发瘤胃代谢障碍、瘤胃炎和蹄叶炎等问题，严重影响奶牛的生产性能。

测定瘤胃液 pH 是诊断 SARA 的最有效方法，国内外多数文献研究奶牛瘤胃 pH 每天低于 5.6 的累计时间达到 3～5h，即可认为出现 SARA。现有的瘤胃 pH 检测装置应用牛鼻扣固定在奶牛鼻上，使酸度计保持在瘤胃中测定瘤胃的 pH。

现有的瘤胃 pH 检测装置不但会影响奶牛的正常活动，而且检测的数据准确度不高。电子药丸的壳体上设置有预设数量的窗口，通过预设数量的窗口中的两个窗口形成通道，可以保证设置在壳体内部的传感器组的探头通过探针插孔浸入通道中的瘤胃液，传感器组检测到的数据可以通过天线传输到无线接收装置。检测组件体积小，可以通过食道进入瘤胃中，检测数据准确；同时，不影响奶牛的正常活动，节约养殖成本。

2. 装备设计

电子药丸包括检测组件和无线接收装置；检测组件包括壳体、线路板、传感器组及天线。壳体为胶囊形状，分为壳帽和下壳体两部分，壳帽与下壳体旋转连接，壳体长度为 145mm，直径为 35mm。壳帽的材料为合金；下壳体的材料为高分子聚乙烯；壳体上设置有 2 个窗口，2 个窗口形成通道，通道的形状为圆形，通道的半径为 20mm，并且通道内设置有 5 个探针插孔；线路板、传感器组及天线均布置在壳体的内部，并且传感器组包含 pH 传感器、温度传感器、三轴加速度传感器、流速传感器、黏度传感器及氧化还原电位传感器，三轴加速度传感器设置在壳体的中部；pH 传感器、温度传感器、流速传感器、黏度传感器及氧化还原电位传感器的探针通过探针插孔布置在通道内；天线、传感器组均与线路板电连接；检测组件通过天线与无线接收装置通信连接。线路板包括电源管理电路、处理器、信号采集模块和通信模块。电源管理电路与处理器电连接；信号采集模块和通信模块均与处理器电连接。信号采集模块还与传感器组的多个传感器分别电连接。无线接收装置包括供电模块、存储模块、通信模块、显示屏、处理器及 PC 接口；供电模块、存储模块、显示屏、PC 接口和通信模块均与处理器电连接。电子药丸结构示意图，如图 6.18 所示；检测组件结构示意图，如图 6.19 所示。

3. 工作过程

电子药丸具体工作过程如下：

通过配套的注射枪将检测组件注射入奶牛的瘤胃中，由于壳帽的合金质地，壳帽端加重处于下端，浸入瘤胃液中，天线保持在上端。由于检测组件自身的重力，会保持在一定位置，不会随着奶牛的活动而改变位置。为了减少接收无效的检测数据，电子药丸设置在温度 35℃以上开始工作。传感器组的 pH 传感器、温度传感器、氧化还原电位传感器、流速传感器及黏度传感器检测奶牛胃内环境，三轴加速度传感器检测奶牛的运动状态，并将检测数据通过天线传输至无线接收装置。

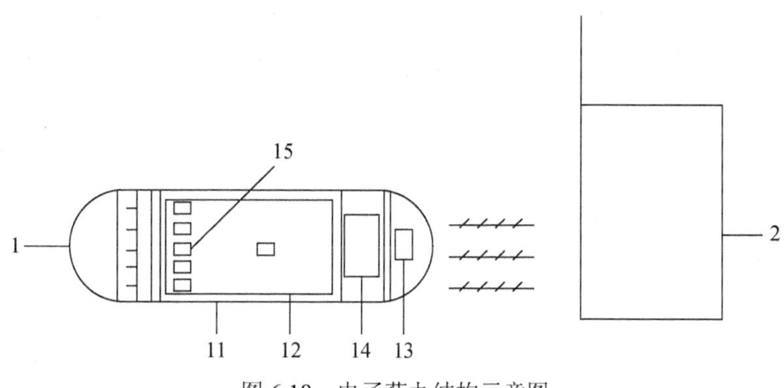

图 6.18 电子药丸结构示意图

1：检测组件；2：无线接收装置；11：壳体；12：线路板；13：天线；14：供电装置；15：传感器组

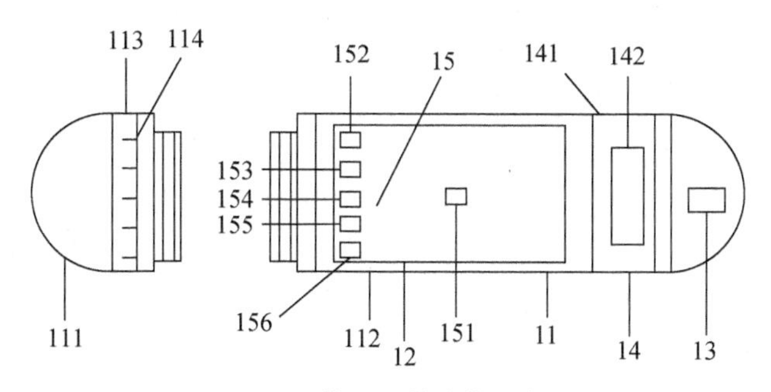

图 6.19 检测组件结构示意图

11：壳体；111：壳帽；112：下壳体；113：通道；114：探针插孔；12：线路板；13：天线；14：供电装置；141：电池盒；142：电池；15：传感器组；151：三轴加速度传感器；152：温度传感器；153：氧化还原电位传感器；154：pH 传感器；155：流速传感器；156：黏度传感器

（四）可穿戴式降温装置

1. 背景技术

可穿戴技术是近年来提出的创新技术，主要探索能直接穿在身上或是整合进用户衣服或配件的设备的科学技术。可穿戴式降温装置把可穿戴技术应用于为人或动物降温的技术领域，以对人或动物的身体温度情况进行及时检测、控制、统计及健康状况的改善。

奶牛是一种比较耐寒而怕高温的动物，容易因炎热导致热平衡破坏或失调，这种现象称为“热应激”反应[13]，不仅会使奶牛产奶量滞缓和繁殖率显著下降，而且会使奶牛抵抗力减弱，发病率增高，因此，夏季奶牛的饲养管理应以防暑降温为主。

奶牛养殖过程中，由于夏天光照强、气温较高，而奶牛汗腺不发达，本身散热能力有限，当牛舍内温度超过 30° 时，就会阻碍奶牛体表热量散发，新陈代谢发生障碍。因此，盛夏季节要常打开通风孔或门窗，促进空气流通，降低牛舍温度。天气炎热时每天下午挤奶后，用清水向牛体喷雾降温，增加牛的食欲。运动场上应搭设凉棚，以防奶牛遭到日晒雨淋，发现奶牛呼吸困难时，可煮绿豆汤冷却后饮服，并用“风油精”擦抹奶牛额角，两侧太阳穴利鼻端，提神解暑。在农场常见的奶牛降温装置主要包括风扇和渗淋等装置，但主要应用于大型牛场的降温，且成本较高，结构复杂，功耗大，不适用于小型牛场的应用，而且也不能实时、准确地检测每头奶牛的体温并对其及时进行降温处理，故现有的奶牛降温装置均不能满足大范围推广使用的要求。

2. 装备设计

可穿戴式降温装置包括穿戴降温主体，设置于待降温的目标对象上；穿戴降温主体包括穿戴本体和渗水装置，渗水装置分布在穿戴本体上，渗水装置包括注水管和渗水管，注水管的一端设有注水口，注水管的侧壁连接有多个渗水管，渗水管上布置有渗水孔。多个渗水管可对称布置在注水管的两侧，或者交叉布置于注水管的两侧，以使得渗水管能够在穿戴本体内部均匀延伸开来。通过向注水口内注水，水流依次流经注水管和渗水管，再由渗水孔渗出至穿戴本体内部，使穿戴本体保持湿润。穿戴本体采用背心式、马甲式或圆筒形，包括散热层，渗水装置均布在散热层的内部。散热层由聚酯纤维冷感材料制成。穿戴本体上设有固定装置，固定装置包括多根平行或交叉设置的具有弹力的安装带。穿戴降温主体还包括信息采集装置和客户端，信息采集装置分布在穿戴本体上；客户端设有第一无线通信模块，第一无线通信模块包括蓝牙模块或 WiFi 模块等，客户端通过无线协议与穿戴降温主体相连接；客户端包括手机、平板电脑和电脑等设备，第一无线通信模块可设置在客户端的内部，也可设置在客户端的外部，且客户端通过数据线等方式与第一无线通信模块相连接。可穿戴式降温装置示意图，如图 6.20 所示。

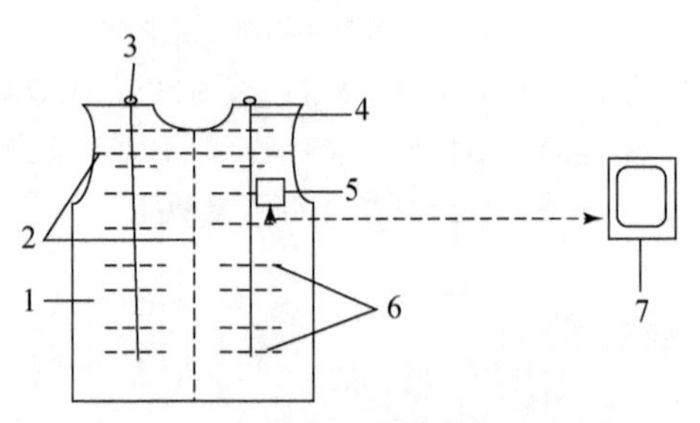

图 6.20 可穿戴式降温装置示意图

1：穿戴本体；2：固定装置；3：注水口；4：注水管；5：信息采集装置；6：渗水管；7：客户端

信息采集装置包括微控制器、传感器模块和第二无线通信模块。信息采集装置位于穿戴降温主体的右上方；微控制器通过数据线分别与传感器模块和第二无线通信模块连接，第二无线通信包括蓝牙模块或 Wi-Fi 模块等其他通信模块。信息采集装置还包括电源模块，电源模块为信息采集装置提供电源。传感器模块包括温度传感器、湿度传感器、压力呼吸传感器和三轴加速度传感器中的一种或多种。微控制器分别通过数据线与温度传感器、湿度传感器、压力呼吸传感器或三轴加速度运动传感器连接。信息采集装置示意图，如图 6.21 所示。

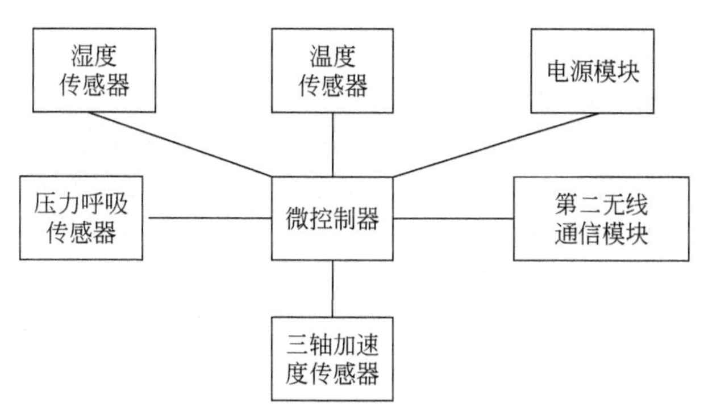

图 6.21 信息采集装置示意图

3. 工作过程

将穿戴降温主体固定于待测奶牛上，确保奶牛穿着舒适。压力呼吸传感器用于检测奶牛的呼吸率，当检测到奶牛的呼吸率较大时就会发出信号，并通过第二无线通信模块将信息传至客户端，客户端分析处理后发出信号，人为采取相应的降温措施；温度传感器用于检测奶牛体温，当检测到奶牛体温高于 28℃时，就会发出信号，并通过蓝牙模块将信息传至客户端，客户端分析处理后发出信号，人为进行注水，以降低奶牛体温；湿度传感器用于检测穿戴降温主体的湿度，当检测到穿戴降温主体的湿度较大时就会发出信号，并通过第二无线通信模块将信息传至客户端，客户端分析处理后发出信号，停止注水，保证奶牛体温处于平衡状态；三轴加速度传感器用于检测奶牛的姿态，当检测到奶牛行动迟缓时就会发出信号，并通过第二无线通信模块将信息传至客户端，客户端分析处理后发出信号，并采取相应的降温措施，多角度检测奶牛体温，人为采取相应的措施，以保证奶牛体温处于平衡。

（五）奶牛躺卧时间无线远程采集装置

1. 背景技术

在奶牛养殖过程中，奶牛泌乳量是影响奶农收益的关键。奶牛泌乳量受多种因素的影响，如遗传因素、环境因素和营养因素等[14]。其中，奶牛躺卧时间也是影响奶牛泌乳量的重要因素。调查研究显示，进入牧场的奶牛每天花更多的时间躺着会比那些一直待在圈舍中的奶牛分泌更多的乳汁。因此，有必要对奶牛躺卧时间进行测量，从而更加精确地进行奶牛饲养。

目前，农业物联网发展迅速，畜牧物联网市场上有很多对环境数据进行采集的装置，但并没有对奶牛躺卧时间进行采集的装置。奶牛躺卧时间无线远程采集装置，对奶牛躺卧时间采集，并对采集数据进行无线远程传输。

2. 装备设计

奶牛躺卧时间远程采集装置，包括壳体、主控电路板和电源。主控电路板设在壳体的内部，主控电路板设有数据处理芯片及与之相连接的红外发射器 1、红外接收器 1、红外发射器 2、红外接收器 2、计时器和无线网络传输装置；电源用于向数据处理芯片、红外发射器 1、红外接收器 1、红外发射器 2 和红外接收器 2 供电。壳体的材料为 PVC

版，形状为长、宽、高分别为 20cm、18cm、10cm 的长方体。数据处理芯片为 ARM 芯片，数据处理芯片包括 RF 收发器、微控制器内核、FLASH 闪存、RAM 存储器和 I/O 接口。红外发射器 1、红外接收器 1、红外发射器 2、红外接收器 2、计时器通过 I/O 接口与 ARM 芯片连接。红外发射器 1 与红外发射器 2，直径为 10mm，正向电压为 1.5V，功率为 50mW，发射角度为 15°，发射平均距离为 10m，波长为 850nm。红外线接收器 1 与红外线接收器 2，采用光电二极管，直径为 10mm，工作电压为 1.5V，工作电流为 0.8mA，接收距离平均为 10m。计时器为微型电子计时器，计时器置于壳体内部，用集成电路设计而成，体积为长、宽、高分别为 3cm、3cm、1cm 的长方形，与数据处理芯片相连。无线网络传输装置集成 TD-LTE 无线网络传输器、SCDMA2000、WSCDMA 无线网络传输器、TD-SCDMA 无线网络传输器、GPRS 无线网络传输器。电源为 2 节 1.5V 的 D 型电池供电，其电池高度为 59.0mm，直径为 32.3mm。电池串联，设电源开关一个，电源通过电线与各个设备相连。奶牛躺卧时间计算装置的连接框图，如图 6.22 所示。

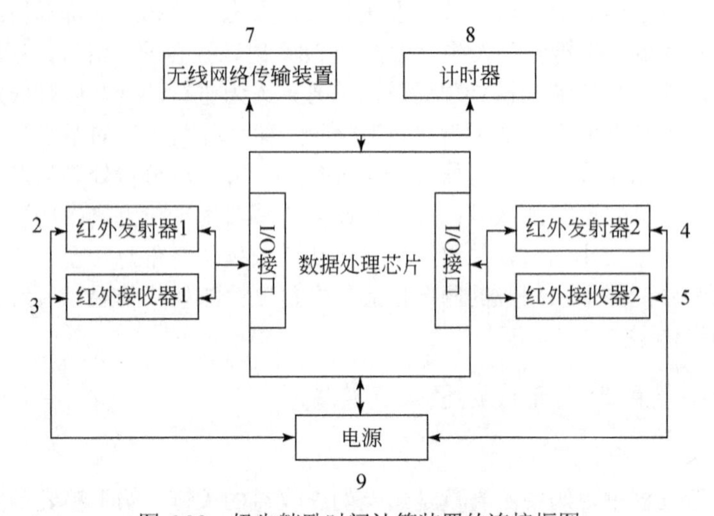

图 6.22 奶牛躺卧时间计算装置的连接框图

2：红外发射器 1；3：红外接收器 1；4：红外发射器 2；5：红外接收器 2；7：无线网络传输装置；8：计时器；9：电源

红外发射器 1 和红外发射器 2 固定于左牛栏上，红外发射器 1 距离地面 1.5m，红外发射器 2 距离地面 0.5m；红外接收器 1 和红外接收器 2 固定于右牛栏上，红外接收器 1 距离地面 1.5m，红外接收器 2 距离地面 0.5m。奶牛躺卧时间计算装置的实施框图，如图 6.23 所示。

3. 工作过程

奶牛躺卧时间计算装置的具体工作过程如下：

（1）启动设备。设备选择 1 号电池进行供电，用电线将各个设备连成通路，打开电源开关，启动设备。

（2）发送红外线。数据处理芯片内核嵌入微控制器，通过 I/O 接口按顺序向各红外发射器发射指令，向前方发射红外线。

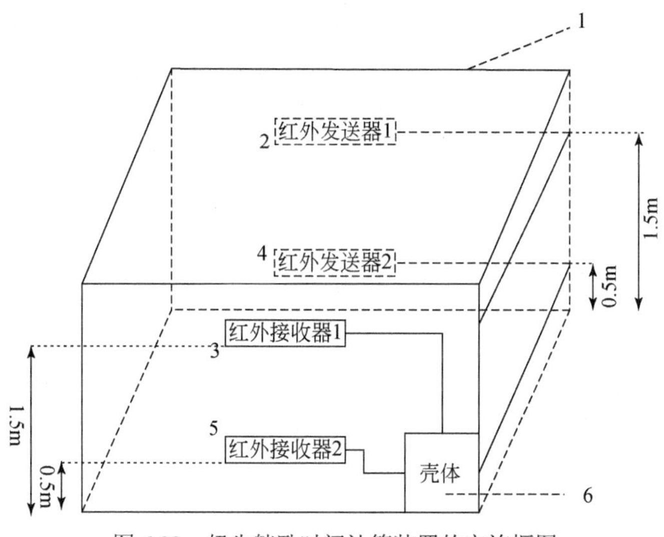

图 6.23 奶牛躺卧时间计算装置的实施框图

1：牛栏；2：红外发射器 1；3：红外接收器 1；4：红外发射器 2；5：红外接收器 2；6：壳体

（3）接收红外线。红外线发射之后，在奶牛躺卧时，红外发射器 1 前面没有障碍，则红外接收器 1 可以接收到红外信号，红外发射器 2 前面有障碍，则红外接收器 2 接收不到信号，此时计时器开始计时。在奶牛站立时或不在牛舍时，不能满足红外接收器 1 接收到信号且红外接收器 2 接收不到信号的条件，此时计时器停止计时，将计时的时间传到 ARM 芯片。

（4）发送信息。ARM 芯片将采集的信息临时存储在 FLASH 闪存中，以 GPRS 无线传输的方式定时发送数据。

（六）牛奶体细胞数在线测量装置

1.背景技术

奶牛乳房炎是奶牛养殖过程中最常见的疾病，也是给奶农造成经济损失最大的疾病[15]。发生乳房炎的奶牛，产奶量会减少，品质会下降，严重时泌乳功能会完全丧失，给奶牛养殖业造成了严重的危害。一直以来，如何有效地提前检测出乳房炎，防范乳房炎带来的风险，是奶牛养殖业的关键问题。现有的电导率检测法，测量结果会受到牛群种类、年龄、脂肪含量和采样时间等因素的影响，尤其容易受到温度的影响。因此，目前并没有得到普遍应用。

牛奶体细胞数在线测量装置，通过 RFID 阅读器和牛奶体细胞计数仪在线测量挤奶过程中奶牛的个体信息和产奶中体细胞个数信息，并上传服务器，提高了奶牛乳房炎的诊断效率和可靠性。

2. 装备设计

牛奶体细胞数在线测量装置包括嵌入式开发模块、卫生泵、牛奶体细胞计数仪、RFID 阅读器和 DTU 数据传输模块。嵌入式开发模块通过数据线分别与卫生泵、牛奶体细胞计数仪、RFID 阅读器和 DTU 数据传输模块连接；卫生泵通过透明软管分别与奶罐、牛奶体细胞计数仪连接；RFID 阅读器安装在挤奶器旁边；牛奶体细胞计数仪型号为 SCC—100；RFID 阅读器工作频率为 13.56MHz，工作电压为 5V DC；RFID 阅读器通过 RS-232 接口与嵌入式开发模块连接；RFID 阅读器型号为 C233013；DTU 数据传输模块通过 RS-232 接口与嵌入式开发模块连接。牛奶体细胞数在线测量装置结构示意图，如图 6.24 所示。

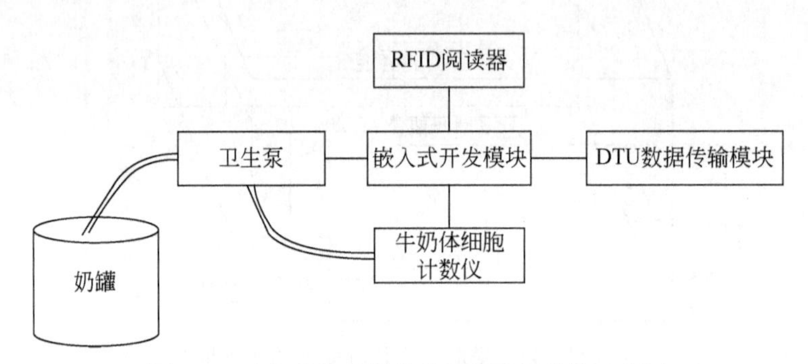

图 6.24　牛奶体细胞数在线测量装置结构示意图

嵌入式开发模块包括 S5PV210 嵌入式处理器、内存、闪存、USB 接口、RS-232 接口、稳压电源模块及 LCD 显示模块。优选地，内存为 512M DDR2 RAM 内存，闪存为 512M SLC NAND FLASH 闪存，RS-232 接口芯片为 SP3232，稳压电源芯片为 AMS1086CM-3.3。嵌入式开发模块的结构示意图，如图 6.25 所示。

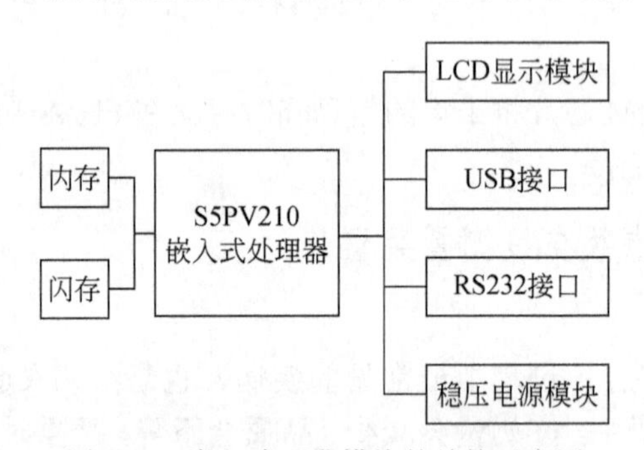

图 6.25　嵌入式开发模块的结构示意图

3. 工作过程

牛奶体细胞数在线测量装置的工作流程如下：

（1）对牛奶体细胞数在线测量装置开机；

（2）系统初始化，启动应用程序；

（3）读取 RFID 阅读器数据，判断是否正在给奶牛挤奶；

（4）如果是，启动卫生泵抽取牛奶样本至牛奶体细胞计数仪，开始测量；如果否，重复（3）；

（5）读取牛奶体细胞计数仪测量结果和 RFID 阅读器读取的奶牛个体编号信息，保存，并在 LCD 显示屏显示；

（6）将奶牛的个体信息和产奶中体细胞个数信息通过 DTU 数据传输模块上传到服务器。

（七）非接触式的奶牛体征信息采集装置

1. 背景技术

畜牧业是农业的重要组成部分，关系着国计民生，是引领我国农业实现现代化和可持续发展的战略产业[16]，预计到 2030 年，畜牧业占农林牧渔业总产值的比重将超过种植业，成为我国农业中的主导产业。

传统的奶牛个体体重和体尺等生长体征的测量一般是由人直接手工进行的。例如，对体长、体温和体高等体尺参数一般利用皮尺或者测杖及体温计等工具进行测量。直接测量方式一方面由人为因素导致一些人为误差，降低测量精度；另一方面，需将奶牛个体放置或驱赶到秤台上，发生接触，对奶牛个体应激较大，降低奶牛个体的福利水平。

目前，市场中缺乏一种非接触、无应激的奶牛个体体征参数采集装置及方法，无法进行长期定位检测奶牛个体的体征信息。

非接触式的奶牛体征信息采集装置，不仅能够实现非接触式采集奶牛个体体长、体高、体重和体温等体征信息及图像信息，还能够通过无线传输方式实时上传采集的信息，实现长期定位检测奶牛个体的体征信息。

2. 装备设计

非接触式的奶牛体征信息采集装置包括支撑板、信息处理传输装置、激光测量装置、图像采集装置、红外测温器、RFID 读卡器、红外线感应器，电子秤及荧光灯；支撑板包括顶板、斜板、竖板、底板和固定在底板两侧的第一挡板和第二挡板，顶板、斜板、竖板和底板顺次连接形成支撑结构，并通过螺丝对相互连接处进行固定；信息处理传输装置，设置在竖板外侧中部，通过数据线分别与激光测量装置、图像采集装置、红外测温器、RFID 读卡器、红外线感应器及电子秤连接；激光测量装置，包括激光发射器、激光接收器，激光发射器设置在第一挡板内侧第一直线滑台上，激光接收器设置在第二挡板内侧第二直线滑台上；图像采集装置，固定于顶板内侧；荧光灯设置在顶板内侧中间区域；红外测温器固定于斜板内侧；红外线感应器固定在竖板内侧；RFID 读卡器固定在竖板的内侧中部，位于红外测温器上方；电子秤安装在所述底板下面。第一挡板和第二挡板的内侧还设有隔离板。支撑板还包括固定在底板两侧的第一挡板和第二挡板，以及用于连接第一挡板与竖板一侧的第一连接板和用于连接第二挡板与竖板另一侧的第二连接板。优选地，顶板长、宽、高分别为 150cm、60cm、1.5cm，斜板长、宽、高分别为 60cm、60cm、1.5cm，竖板长、宽、高分别为 240cm、60cm、3cm，底板长、宽、高分别为 200cm、120cm、3cm；支撑板的第一档板和第二档板的长、宽、高分别为 240cm、150cm、2cm，第一挡板和第二挡板还通过块长、宽、高分别为 20cm、10cm、2cm 的连接板与竖板连接。顶板、斜板、竖板、底板、第一挡板、第二挡板及连接板，可选铝合金板。非接触式的奶牛体征信息采集装置还包括固定在底板与竖板内侧底部连接的条形槽。非接触式的奶牛体征信息采集装置结构示意图，如图 6.26 所示。

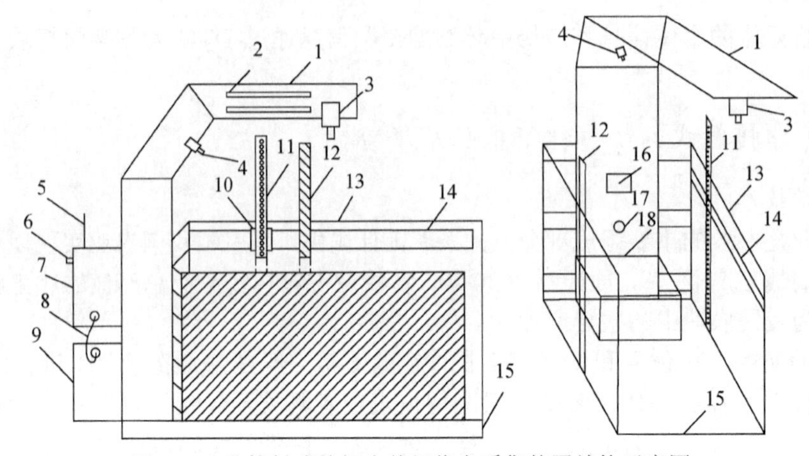

图 6.26　非接触式的奶牛体征信息采集装置结构示意图

1：支撑板；2：荧光灯；3：图像采集装置；4：红外测温器；5：无线天线；6：开关装置；7：信息处理传输装置；8：电源线；9：电源箱；10：第一滑动器；11：激光发射器；12：激光接收器；13：隔离板；14：第一直线滑台；15：电子秤；16：RFID 读卡器；17：红外线感应器；18：条形槽

信息处理传输装置包括保护箱、设置于保护箱上的开关装置及设置于保护箱内的信息采集与传输电路板。信息采集与传输电路板，包括信息处理器及与信息处理器连接的图像采集卡、RAM 内存器、无线传输模块、触发器和多个输入/输出端口；触发器通过控制总线与多个输入/输出端口连接，图像采集卡通过数据总线与多个输入/输出端口连接，多个输入/输出端口通过数据线分别与激光测量装置、图像采集装置、红外测温器、RFID 读卡器、红外线感应器及电子秤连接。信息处理传输装置还包括固定于保护箱上的无线天线，为全向型橡皮天线，2.4G 双频，与无线传输模块连接。无线传输模块包括 GPRS 模块、GSM 通信模块与 TD-SCDMA 模块；触发器优选 JK 触发器。数据线优选 RS-485 数据线，RS-485 数据线包括 2 条电源导线和 2 条数据导线；导线可为 2×24AWG 多股绞合镀锡铜丝，PE 绝缘介质，由铝箔/聚酯复合带 100%覆盖+镀锡铜丝 90%覆盖共二重屏蔽，附有独立接地导线，工业灰色 PVC 外护套。激光测量装置还包括滑动装置和激光测量控制器；滑动装置包括第一滑动器、第二滑动器、分别与第一滑动器和第二滑动器对应地固定在第一挡板内侧的第一直线滑台和固定在第二挡板内侧的第二直线滑台，第一直线滑台和第二直线滑台为滚珠丝杆型电动直线滑台，长为 200cm，平均运动速度为 0.2m/s。激光发射器设置于第一直线滑台上，激光接收器设置于第二直线滑台上；激光测量控制器设置在第一挡板或第二挡板上，激光测量控制器分别与激光发射器和激光接收器连接。激光发射器高高为 150cm，安装有 75 个激光二极管，波长为 671nm；激光接收器高为 150cm，安装有 75 个光敏二极管。信息采集与传输电路板结构示意图，如图 6.27 所示。

激光测量控制器包括壳体及设置在壳体内的激光测量控制电路板，包括测量处理器、Flash 存储器、计时器、记录器、第一继电器、第二继电器、激光测量信息输入/输出端口、激光接收信息输入端口；Flash 存储器、记录器、第一继电器、第二继电器及激光测量信息输入/输出端口分别与测量处理器连接，第一继电器与激光发射器的控制端连接，第二继电器与激光接收器的控制端连接，激光接收器的输出端与激光接收信息输入端口连接，记录器与激光接收信息输入端口和计时器连接，用于记录时间信息和激光接收器中接收的激光信息；测量信息输入/输出端口通过数据线与信息处理传输装置输入/输出端口连接。数据线可选为 RS-485 数据线。图像采集装置为红外相机。红外相机的分辨率为 1300 万像素，垂直固定于支撑板的顶板内侧上，与信息处理传输装置通过 RS-485 数据线连接。红外测温器与信息处理传输装置通过 RS-485 数据线连接；红外测温器 4 测温范围为-30～100℃，测量精度为±0.5℃或±0.5%。电子秤安装在支撑板底板下，电子秤配备有 4 个合金钢秤重传感器，电压为 12V，电流为 4Ah，分辨率为 3000e，最大量程为 2000 千克。荧光灯由 2 盏 5W 功率直管型荧光灯组成，固定于支撑板的顶板内侧中段。

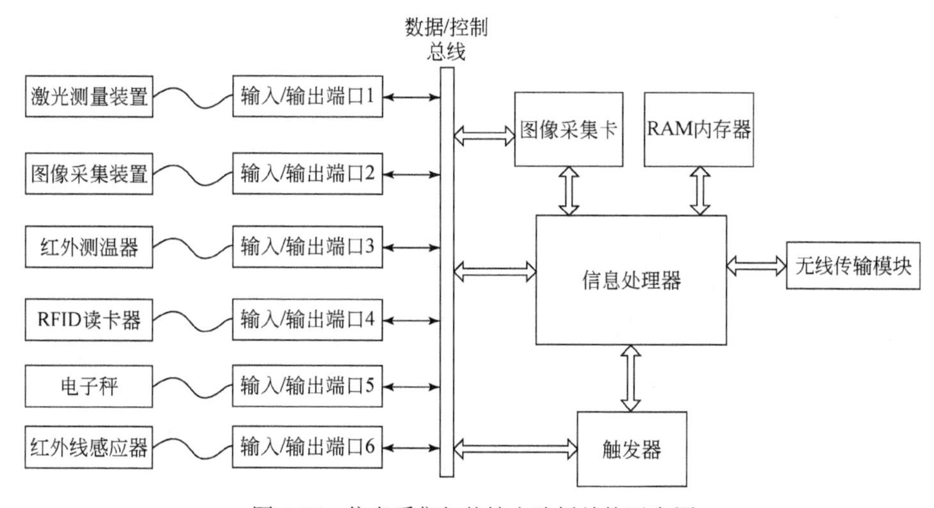

图 6.27 信息采集与传输电路板结构示意图

非接触式的奶牛体征信息采集装置还包括设置在竖板外侧的电源箱，包括电源保护箱及设置于电源保护箱内的蓄电池和与蓄电池连接的充电装置。蓄电池容量为 45AH，电压为 12V，与信息处理传输装置、滑动装置、激光测量装置、荧光灯、相机、红外测温器、RFID 读卡器、红外线感应器、电子秤通过电源线，提供稳定的电源电压；充电装置包括直流变压器、电源线、电源插头，可为蓄电池进行充电。激光测量控制电路板结构示意图，如图 6.28 所示。

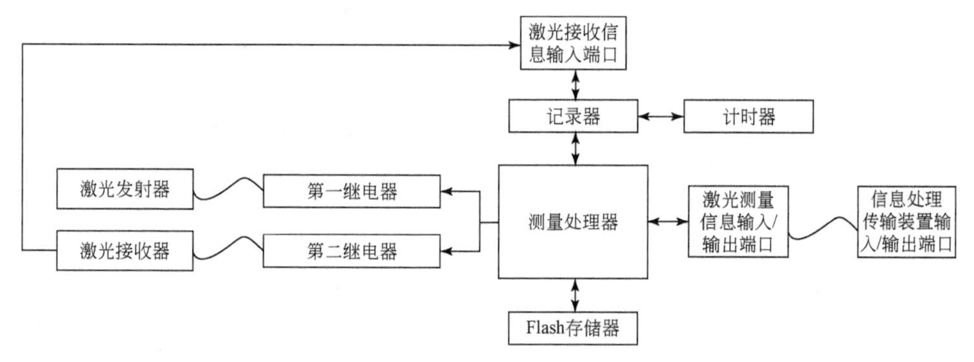

图 6.28 激光测量控制电路板结构示意图

如图 6.29 所示，基于非接触式的奶牛体征信息采集装置的奶牛体征信息采集方法包括：

S11，获取红外线感应器实时采集的奶牛个体的位置信息，根据位置信息判断采集区域内是否存在奶牛个体；

S12，当采集区域内存在奶牛个体时，触发信息处理传输装置，获取奶牛个体 RFID 读卡器读取的编码身份信息、红外测温器采集的体温信息、图像采集装置采集的图像信息、电子称采集的体重信息及激光测量装置采集的体高和体长信息；

S13，将奶牛个体的编码身份信息、体温信息、图像信息、体重信息及体高和体长信息上传到预设管理服务器。

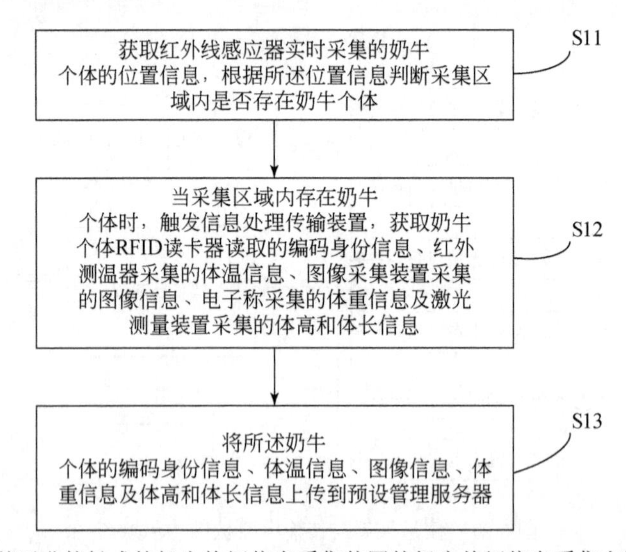

图 6.29　基于非接触式的奶牛体征信息采集装置的奶牛体征信息采集方法的流程图

其中，激光测量装置利用如下公式采集奶牛个体的体高信息，具体公式为

$$H = \sum_{i=1}^{n} N_i \times h_1 + h_2$$

式中，H 为奶牛个体的体高（cm）；N_i 为第 i 个激光接收器中没有接收到激光的光敏二极管；n 为激光接收器中没有接收到激光的光敏二极管数量（个）；h_1 为光敏二极管之间相隔的距离（cm）；h_2 为激光接收器中最底下第 1 个光敏二极管距离地面的高度。

激光测量装置利用如下公式采集奶牛个体的体长信息，具体公式为

$$L=（T_2-T_1）\times V$$

式中，L 为奶牛个体的体长（cm）；T_1 为激光接收器的光敏二极管存在没有接收到激光的时间（s）；T_2 为激光接收器的光敏二极管全部接收激光的时间（s）；V 为滑台的平均速度（cm/s）。

3. 工作过程

非接触式的奶牛体征信息采集装置具体工作过程如下：

（1）初始化。启动装置后，蓄电池为信息处理传输装置、滑动装置、激光测量装置、荧光灯、相机、红外测温器、RFID 读卡器、红外线感应器及电子秤供电；信息处理传

输装置与红外线感应器开始运行；

(2)判断奶牛个体是否在采集范围。当红外线感应器的红外线接收器接收到信号时，表明有奶牛个体进入装置内，在采集的范围，红外线感应器立即发送一个脉冲信号至信息处理传输装置的触发器；

(3) 采集奶牛个体体征信息。信息处理传输装置的触发器给RFID读卡器、红外测温器、激光测量装置、电子秤、相机发送触发信息并使其开始工作；RFID 读卡器采集奶牛个体的身份信息，红外测温器采集奶牛个体的体温信息，激光测量装置采集奶牛个体的体高与体长信息，电子秤采集奶牛个体的体重信息，相机采集奶牛个体的图像信息，并将采集的信息发送至信息处理传输装置；

(4)发送奶牛个体体征信息。信息处理传输装置接收到采集的奶牛个体体征信息后，通过无线传输模块发送信息，如果没有无线通信信号，则将信息临时存储至RAM存储器中。

(八) 奶牛生理信息展示装置

1. 背景技术

奶牛的体温是了解奶牛健康状况的一个重要依据。常规的奶牛体温检测只是定时地通过人工进行测量，无法实时地对奶牛的温度进行持续的采集监控，从而不能及时地发现奶牛健康异常状况。

奶牛的行为是了解奶牛健康状况的另一个重要依据[17]。早前生产中基本采用人工观察的方法进行奶牛发情的初步诊断，对规模较大的奶牛群体，人工观察方法依靠发情的奶牛接受其他奶牛爬跨后站立不动（站立发情症状）进行初步诊断，由于其他奶牛爬跨发情的时间无法确定，奶牛的发情时间亦无法确定。因此，人工观察方法很容易出现遗漏，而且不能判断开始发情的时间。由于确定发情开始的时间对奶牛配种受胎率影响很大，奶牛在开始发情后 12 小时左右配种的受胎率最高，因而确定发情开始的时间对提高奶牛的受胎率极为重要，在动物群体较大或技术人员责任心不强的情况下，一种自动的检测和显示装置尤为重要。

除此之外，心率和呼吸也是奶牛关键的生理指标。目前，针对奶牛的心率和呼吸研究较少，其中，大多数选用压电薄膜来测量奶牛的脉搏和呼吸，但奶牛皮厚毛多，振动感知非常微弱，测量难度较大。

奶牛生理信息展示装置和方法，能够自动检测奶牛的生理参数信息，实现畜牧业生产管理的自动化和智能化。

2. 装备设计

奶牛生理信息展示装置包括依次相连的信息采集器、控制器和显示器。控制器具体可为嵌入式系统，在嵌入式系统中，其中，数据处理控制模块的硬件包括但不限于单片机、CPU、ARM 嵌入式系统、GPU 处理器和 FPGA 系统等，其操作系统包括但不限于μC/OS、Linux、Android、Windows CE、iOS、Windows 及 Meego 等。显示器，用于接收并展示生理参数数字信息。显示器可以为液晶屏，优选 TFT/LCD 液晶显示屏。还包括设置于动物体表上的固定件，信息采集器和控制器固定在固定件上。固定件优选弹性绷带。信息采集器包括温度传感器模块、心率传感器模块、加速度传感器模块和呼吸传感器模块中的至少一种。呼吸传感器模块包括3个气囊和气压传感器，气囊设置于动物体表的腰部，气囊和气压传感器连通，气压传感器通过I/O数据线与嵌入式系统连接。将3个气囊通过软管相连，软管位于动物腹部的位置下引出一个Y形转换接头，接头的另一侧连接至气压传感器。加速度传感器模块为三轴加速度计，加速度传感器计优选ADI公司生产的三轴加速度计ADXL345；心率传感器模块为光电传感器。采用双波长红外发射管和接收管，根据脉搏跳动时血氧浓度的变化情况，对动物进行心率检测。心率传感器模块通过光电式传感器SON1303测得心率。温度传感器模块包括温度传感器和密闭盒，温度传感器的感温端设于密闭盒的第一端，密闭盒的第一端与动物体表接触。装置还包括电池，电池用于向信息采集器、控制器和显示器供电，电池可以为1个3.7 V锂电池。奶牛生理信息展示装置结构示意图，如图6.30所示。

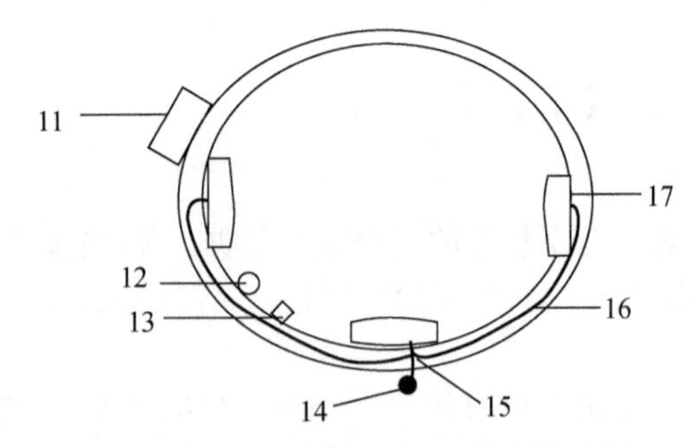

图6.30　奶牛生理信息展示装置结构示意图

11：外壳；12：心率传感器模块；13：温度传感器模块；14：气压传感器；15：转换接头；16：软管；17：气囊

奶牛生理信息展示装置还包括封闭塑料外壳，具有防水、防尘、防静电功能，其外嵌液晶显示屏用I/O数据线与嵌入式系统相连，封闭塑料外壳里面包含锂电池、嵌入式系统、加速度传感器模块及温度传感器模块，以及加速度传感器模块、心率传感器模块、呼吸传感器模块与嵌入式系统连接的四路传感器接口，锂电池通过供电导线为嵌入式系统、加速度传感器模块和液晶显示屏供电。封闭塑料外壳的内部结构示意图，如图6.31所示。

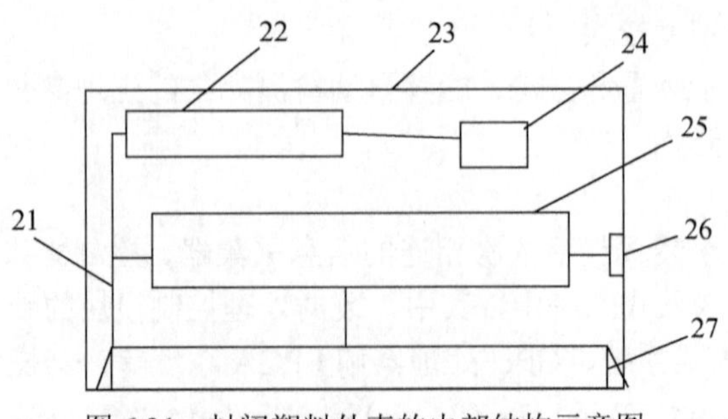

图6.31　封闭塑料外壳的内部结构示意图

21：供电导线；22：锂电池；23：封闭塑料外壳；24：加速度传感器模块；25：嵌入式系统；

26：传感器接口；27：液晶显示屏

3. 工作过程

如图 6.32 所示，奶牛生理信息展示方法流程如下：

（1）401，信息采集器采集奶牛的生理参数模拟信息，并将生理参数模拟信息发送至控制器；

（2）402，控制器接收生理参数模拟信息，对生理参数信息进行处理得到生理参数数字信息，将生理参数数字信息发送至显示器；

（3）403，显示器接收并展示生理参数数字信息。

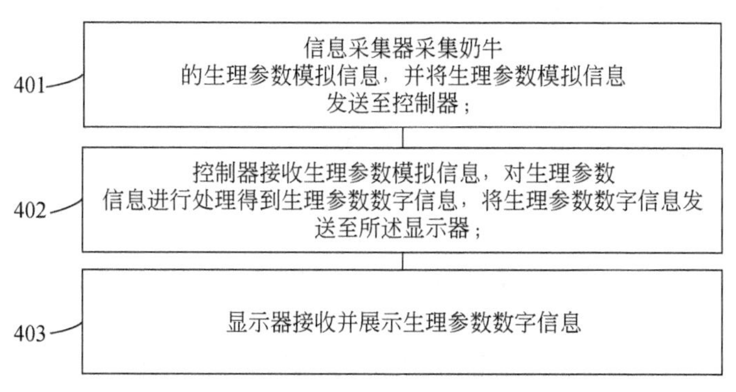

图 6.32 奶牛生理信息展示方法流程示意图

四、本章小结

本章分别对奶牛养殖中环境控制、挤奶监测和个体状态监测等方面的物联网应用技术进行了概述并介绍了相关的装备，主要包括三部分内容：①对奶牛养殖控制技术与装备设计进行了阐述，包括食料量检测、移动测温、瘤胃酸性调节及养殖环境信息采集等；②对奶牛挤奶监测技术与装备设计进行了介绍，主要为智能挤奶等；③对奶牛个体状态检测与评估装置进行了介绍，包括奶牛发情监测、趟卧时间监测及体温探测等。

物联网技术与奶牛养殖的结合将为我国奶牛养殖产业带来一个新的契机，从而极大地增加奶牛年产奶量，使奶牛养殖产业得到进一步发展。物联网技术将使奶牛养殖更加科学化、智能化、现代化。

参 考 文 献

［1］张建华，赵璞，刘佳佳，等. 物联网在奶牛养殖中的应用及展望［J］. 农业展望，2014，（10）：51-56.

［2］蒋帮镇. 物联网环境下奶牛育种优化研究［D］. 上海：上海交通大学硕士学位论文，2014.

［3］柳玉柱，李文彬，闫晓波，等. 奶牛场自动喂料系统试验效果研究［J］. 中国牛业科学，2010，36（6）：19-22.

［4］何德肆，胡述光，袁慧，等. 产奶量对热应激和非热应激期奶牛体内微量元素影响的研究［J］. 家畜生态学报，2006，27（1）：41-45.

[5] 鲁改儒，张洪德. 奶牛瘤胃酸中毒的防治［J］. 河南畜牧兽医：综合版，2004，25（4）：28.
[6] 李凯年. 我国畜牧业动物疫病频发原因分析［J］. 中国动物检疫，2004，21（2）：12-14.
[7] 王恩玲. 山东奶牛场的牛舍设计及环境控制［D］. 北京：中国农业大学硕士学位论文，2005.
[8] 张会娟，胡志超，吴峰，等. 我国奶牛挤奶设备概况与发展［J］. 农机化研究，2008（5）：236-239.
[9] 田富洋，王冉冉，宋占华，等. 奶牛发情行为的检测研究［J］. 农机化研究，2011，33（12）：223-227.
[10] 田富洋，王冉冉，刘莫尘，等. 基于神经网络的奶牛发情行为辨识与预测研究［J］. 农业机械学报，2013，44（S1）：277-281.
[11] 武彦，刘子帆，何东健，等. 奶牛体温实时远程监测系统设计与实现［J］. 农机化研究，2012，34（6）：154-158.
[12] 刘亮，王加启，刘仕军，等. 奶牛亚急性瘤胃酸中毒研究进展［J］. 中国畜牧兽医，2008，35（5）：72-75.
[13] 肖建兵. 浅谈夏季奶牛饲养管理［J］. 畜牧兽医科技信息，2010，（9）：58.
[14] 马发顺，牛建民. 影响奶牛产乳量及乳汁质量因素的分析［J］. 山东畜牧兽医，2007，28（4）：25-26.
[15] 富艳玲，刘爱玲，李旭东. 奶牛乳房炎防治技术研究进展［J］. 中国兽药杂志，2010，44（7）：51-54.
[16] 李德发. 科技是促进我国畜牧业转型升级的关键［J］. 中国食品，2016，695（7）：104-105.
[17] 尹令，刘财兴，洪添胜，等. 基于无线传感器网络的奶牛行为特征监测系统设计［J］. 农业工程学报，2010，26（3）：203-208.

第七章 “物联牧场”生产环境控制模型

生长环境严重制约着家禽、家畜的生长、健康状况、产蛋量、育肥状况及产奶量，研究家禽家畜的生长环境控制模型对其养殖具有重要意义，有利于减少因环境因素引起的疾病产生的损失，降低生产成本，增加效益，促进养殖业快速发展。本章旨在介绍家禽（肉鸡、蛋鸡、北京烤鸭）、生猪、奶牛的生产环境控制模型，主要从温度、湿度、光照强度、空气质量（有害气体）、风速、饲料供应、饮水质量及废弃物处理等方面进行阐述，梳理了不同畜禽种类、品种所需的最适宜生长环境标准，为养殖业智能化发展奠定理论依据。

一、家禽生产环境控制模型

家禽的品种、饲料、疫病和环境是制约家禽生产的四大技术要素。优良品种遗传潜力的发挥、饲料的转化效率及疫病的发生都与家禽所处的环境密切相关。在诸多环境因素中，温热环境是影响家禽的一个重要方面。温热环境通常包括温度、湿度、光照强度、有害气体和风速等气象因子，在密闭鸡舍中辐射和降雨可以忽略不计，主要是温度、湿度和风速的共同影响。本节主要介绍影响家禽（肉鸡、蛋鸡、北京烤鸭）生长的主要因素，以及其最适宜的生长环境控制模型。

（一）蛋鸡生长环境控制模型技术

1. 影响蛋鸡生长的温度

蛋鸡是恒温动物，在温热环境发生变化时，会通过调节产热和散热来维持体温恒定，因此，体温调节的变化是家禽反映温热环境舒适程度的重要指标[1]。总结、分析不同温热环境下家禽体温调节的变化规律，可为今后研究建立蛋鸡舒适环境模型，科学调控禽舍内温热环境提供参考。科技进步推动了养殖业发展，越来越多的养殖企业开始利用环境控制器控制鸡舍机械设备运转，将鸡舍环境管理变得自动化、智能化[2]。蛋鸡养殖过程中要保持温度稳定才能够保证获得最佳产蛋性能，不同的家禽种类、品种其生长温度不同，同一品种的家禽不同生长阶段其温度又有不同的要求，蛋鸡不同生长阶段温度控制详见表 7.1。

表 7.1 蛋鸡不同生长阶段温度控制

生长阶段	日龄（d）	温度（℃）
育雏期	0～10	34～36
	10～20	30～33

续表

生长阶段	日龄（d）	温度（℃）
育雏期	20～35	22～29
	35～150	20～22
产蛋期	150～500	15～22

2. 影响蛋鸡生长的湿度

蛋鸡生长过程中需要严格的湿度控制，湿度对其生长具有重要意义。湿度不适宜会引起蛋鸡疾病的发生，严重影响其产蛋量，降低经济效益。鸡舍最佳湿度为 55%～60%，湿度高于 65%时易造成蛋鸡体热散发困难，影响产蛋质量，夏天易造成蛋鸡中暑而死亡；湿度若低于 50%易造成空气质量不好，蛋鸡舍过于干燥，易引发蛋鸡呼吸道疾病，应采取措施对其进行加湿。因此，在蛋鸡的养殖过程中对其进行适宜的湿度控制非常重要，蛋鸡不同生长阶段湿度控制详见表 7.2。

表 7.2　蛋鸡不同生长阶段湿度控制

生长阶段	日龄（d）	湿度（%）
育雏期	0～10	60～70
	10～42	55～60
产蛋期	42～500	60～70

3. 影响蛋鸡生长的光照强度

光照强度是蛋鸡生长过程中的重要因素，鸡舍的光照强度不可过强、过长或过早，增加光照强度时采用早晚都增加，晚上多加早上少加的方法，早上增加光照强度时不可太早，否则易打乱蛋鸡的生理规律，易出现软皮蛋，降低产蛋量，制约经济效益。因此，合理控制光照强度对蛋鸡健康生长、产蛋具有重要意义。蛋鸡不同的生长阶段光照强度控制见表 7.3。

表 7.3　蛋鸡不同生长阶段光照强度控制

生长阶段	日龄（d）	光照强度（Lux）	光照时间（h）
育雏期	0～7	70	22～24
	8～42	50	10～12
产蛋期	42～500	30	9～10

4. 影响蛋鸡生长的有害气体

鸡舍中的有害气体主要有 CO_2、CO、NH_3 和 H_2S 等，其来源主要是鸡的呼吸、粪便的分解发酵。如果鸡舍环境控制不当，造成有害气体超过质量标准，易引发蛋鸡呼吸道损害，发生呼吸道病；通风不良条件下，有害气体含量过高将导致蛋鸡食欲不振、昏厥、滞蛋甚至死亡。因此，鸡舍有害气体的控制严重制约着蛋鸡的健康生长，降低经济效益，增加养殖者的经济损失。对鸡舍有害气体的控制具有严格的要求，不同的生长阶段要求不同，其要求详见表 7.4。

表 7.4 蛋鸡不同生长阶段有害气体控制

有害气体	1～42 日龄（mg/m^3）	42～500 日龄（mg/m^3）
CO_2	0～1500	0～1500
CO	0～8	0～10
NH_3	0～10	0～15
H_2S	0～2	0～10
PM_{10}浓度	0～4	0～4

5. 影响蛋鸡生长的风速

通风量不足，鸡舍小环境中 CO_2 或 NH_3 的含量增加，这是鸡群生长的最大障碍。最小通风系统用于冬季和其他季节的育雏期，不同的饲养方式和不同的鸡种可采用不同的最小通风方式，由排风风机、自动进风窗或进风风机及控制器组成。最小通风系统的作用为通风换气、减少热量浪费及通风除湿。风门进风风速与鸡舍结构有关，最重要的是鸡舍宽度。侧风门进风风速与鸡舍宽度对应关系见表 7.5。

表 7.5 侧风门进风风速与鸡舍宽度对应关系

鸡舍宽度（m）	侧风门进风风速（m/s）
10.4	3.55
10.9	4.06
12.2	4.57
13.2	5.08
15.7	5.59
18.3	6.10

6. 蛋鸡生长过程中的饲料供应

在保证其他外界环境适宜的情况下，合理健康的饲料供应是蛋鸡养殖过程中的重要因素，饲料供给不足或不均易造成蛋壳质量差，出现薄壳、软壳、砂壳及蛋大小不一等问题，因此，不同的时期要供给蛋鸡不同的营养原料，以保证蛋鸡的营养需要，有利于蛋鸡的生长，提高产蛋量增加效益。蛋鸡生长过程中不同阶段的营养需要及饲料供应量情况详见表 7.6、表 7.7。

表 7.6 蛋鸡生长过程中不同阶段的营养需要

项目	20～42 周	43～62 周	63～72 周	63 周后钙添加
代谢能（MJ/kg）	11.30	11.30	11.30	
组蛋白（%）	18	17	16	
钙（%）	3.8	4.0	4.2	50%的颗粒钙
有效磷（%）	0.45	0.45	0.45	

表 7.7 蛋鸡生长过程中不同阶段的饲料供应量

周龄	料（g/只·d）	周龄	料（g/只·d）
17	80	24	104
18	86	30	109
20	90	40	110
22	99	72	115

（二）肉鸡生长环境控制模型技术

1.影响肉鸡生长的温度

肉鸡生长过程对温度要求不同于蛋鸡，如果温度控制不当，严重影响肉鸡的生长育肥，高温易升高肉色 L^+值，影响肉品质，高温还可显著降低肉鸡血浆 T_3 水平，造成肉鸡产量下降，降低经济效益，给养殖者带来重大的经济损失。肉鸡不同生长阶段温度控制见表 7.8。

表 7.8 肉鸡不同生长阶段温度控制

生长阶段	日龄（d）	温度（℃）
育雏期	1～3	33～35
	4～7	30～33
	8～14	27～29
	15～21	24～26
	22～28	21～23
	29～43	20～21
育肥期	43～出栏	21

2.影响肉鸡生长的湿度

湿度是肉鸡养殖过程中的影响因素，肉鸡生长过程中湿度过高或过低均会造成肉鸡生长缓慢、肉质变次、口感差，严重影响出售价格。如果育肥期湿度控制不当，会造成肉鸡产量下降，降低经济效益，因此，在肉鸡生长过程中要严格控制湿度，肉鸡不同生长阶段湿度控制见表 7.9。

表 7.9 肉鸡不同生长阶段湿度控制

生长阶段	日龄（d）	湿度（%）
育雏期	1～4	70～75
	5～7	60～70
	8～14	60～65
	15～21	55～60
	22～43	50～60
育肥期	43～出栏	50～60

3.影响肉鸡生长的光照强度

肉鸡养殖过程中对光照强度在不同阶段不同日龄均有严格的要求。如果光照不足将降低肉鸡产量，影响肉质，对养殖者带来不必要的经济损失。肉鸡不同生产阶段光照强度控制详见表 7.10。

表 7.10 肉鸡不同生长阶段光照强度控制

生长阶段	日龄（d）	光照强度（Lux）	光照时间（h）
育雏期	1～3	75	24
	4～14	55	20
	15～28	35	16
	29～42	30	20～22
产蛋期	43～出栏	30	19～21

4.影响肉鸡生长的有害气体

肉鸡养殖过程中需要良好的空气质量，由鸡的呼吸、粪便发酵释放的有害气体（如 CO_2、CO、NH_3、H_2S 和可吸入粉尘等）严重影响肉鸡的健康生长。若有害气体超标，通风不良易降低肉鸡的胴体性状和免疫器官指数，增加肾脏和肝脏指数，影响腿肌脂肪酸含量，增加饱和脂肪酸含量，降低不饱和脂肪酸含量，严重影响肉鸡质量，使其肉质口感变差，给养殖者带来重大经济损失。因此，严格控制鸡舍内空气质量是工作重点，肉鸡不同生长阶段有害气体控制详见表 7.11。

表 7.11 肉鸡不同生长阶段有害气体控制

有害气体	1～42 日龄（mg/m^3）	43～出栏日龄（mg/m^3）
O_2	0～2500	0～2500
CO	0～8	0～10
NH_3	0～10	0～10
H_2S	0～3	0～8
PM_{10}浓度	0～3.4	0～3.4

5. 影响肉鸡生长的风速

鸡舍的通风目标是要保证良好的空气质量，同时调节鸡舍内的温度和湿度，使之维持在适宜的水平[3]。鸡舍内的气流速度不仅直接关系到鸡舍的通风量，而且还会形成风冷效应，而风冷效应在高温季节可以缓解热应激，在低温季节则会加重冷应激。因此，鸡舍内气流速度的控制同样要兼顾到低温季节鸡舍内的温度和空气质量。肉鸡不同生长阶段、不同季节风速控制见表 7.12。

表 7.12 肉鸡不同生长阶段不同季节风速控制

日龄（日）	夏季风速（m/s）	冬季风速（m/s）
1～7	≤1	≤0.08
15～21	≤1.5	≤0.2

续表

日龄（日）	夏季风速（m/s）	冬季风速（m/s）
35～42	≤2	≤0.3
43～出栏	≤2.51	≤0.5

（三）北京烤制鸭生长环境控制模型技术

1. 影响北京烤制鸭生长的温度

北京烤制鸭的养殖类似于蛋鸡、肉鸡，同样也需要适宜的温度[4]。在鸭的生长过程中，适宜的温度可促进鸭的健康成长，保证良好的肉质，提高经济效益。温度过高或过低均会制约鸭的生长状况，在鸭的养殖过程中，饲养员需合理控制鸭舍内的温度，以保证其健康生长。不同生长阶段的鸭生长需要不同温度，其温度标准见表 7.13。

表 7.13　北京烤制鸭不同生长阶段温度控制

生长阶段	日龄（d）	温度（℃）
雏鸭期	1～3	30
	4～6	24～26
	7～10	20～23
	10～25	20
中鸭期	25～35	20
大鸭期	36～47	20

2.影响北京烤制鸭生长的湿度

鸭舍内的湿度对北京烤制鸭的生长具有重要影响，鸭是戏水禽类，适宜的湿度对其健康生长具有极其重要的影响，湿度控制不良容易引起鸭生长滞缓，增加成本，给饲养者带来经济负担，降低经济效益。鸭养殖过程中需要合理的湿度，不同生长阶段湿度不同，其标准见表 7.14。

表 7.14　北京烤制鸭不同生长阶段湿度控制

生长阶段	日龄（d）	湿度（%）
雏鸭期	1～7	65
	8～14	60
	15～21	55
中鸭期	25～35	55～60
大鸭期	36～47	50～55

3.影响北京烤制鸭生长的光照强度

光照强度是鸭养殖过程中的重要影响因素，鸭舍的照明设备应均匀分布，以保证舍内每只鸭接受的光照强度都一样。冬季由于自然光照时间缩短，光照强度较弱会导致鸭生长滞缓、肉质变差，严重影响经济效益，带给养殖者巨大的经济损失。因此，在鸭的养殖过程中，要严格控制光照强度保证鸭的健康生长，其光照强度标准见表 7.15。

表 7.15 北京烤制鸭不同生长阶段光照强度控制

生长阶段	日龄（d）	光照强度（Lux）	光照时间（h）
雏鸭期	1～3	40	24
	4～7	35	23
	8～14	20	20
	15～25	10	15
中鸭期	25～35	10	8～9
大鸭期	36～47	5	5～7

（四）鸡舍废物处理

无论蛋鸡、肉鸡或北京烤制鸭除了需要合理控制如温度、湿度、光照、风速和有害气体等的禽舍环境因素外，还要搞好家禽场废弃物的合理管理，可以根据家禽的饲养规模和产生地在可控区域内加以利用。目前对家禽场粪便的处理一般可采取种养结合、利用禽粪生产沼气和多渠道化解废弃等方法[5]。

1. 种养结合，化解粪尿

一般情况下，1 只 1.4～1.8kg 的蛋鸡每天排粪尿为 0.14～0.16kg，全年排粪尿为 55kg 左右[6]。饲养 70 日日龄的肉鸡产生粪尿为 9.0kg 左右，而新鲜禽粪的养分含量为水分 58.8%、有机物 26.48%、氮（N）1.26%、磷（P_2O_5）1.31%、钾（K_2O）0.86%，按种植牧草每亩每年消耗氮肥 30kg 和谷物每亩每年消耗氮肥 20kg 计，可在周边建立合理规模的牧草种植区和谷物生产联动区，有效降解家禽粪尿。

2. 利用禽粪生产沼气

330 只蛋鸡一天的粪尿所产生的能量相当于 1L 的汽油[7]。因此，建立一定规模的沼气池，不仅可以部分解决养禽场的能源需求，而且可以利用沼气残渣作为肥料，建立新的生态平衡和整体良性循环的农业生产体系。

3. 多渠道化解废弃物

危害环境污染容易修复难，重视环保也就是重视生产，特别是近几年来居民对食品安全的重视。采取综合手段进行生态防护，严格投入品投放十分必要。生态防护重点要化解废弃物，而化解废弃物的途径有多种，如建立污水处理池、建立水生植物降解区、肥水鱼养殖利用、蚯蚓养殖、蝇蛆养殖和有机肥开发等。

二、生猪生长环境控制模型

猪舍内环境主要包括温度、湿度、光照、尘埃及 NH_3、H_2S 和 CO_2 等有害气体状况。温度主要影响猪的生长速率和饲料转化率，对生产性能产生直接影响[8]。猪舍湿度影响蒸发散热，保持猪舍干燥对猪群健康具有重要意义，猪舍适宜的相对湿度为 60%～80%。

高浓度 NH_3 作用于猪只可引起多发性神经炎和呼吸机能失调等；较低浓度的 NH_3 会降低生猪机体抵抗力，导致发育速度慢，易诱发重大疾病，甚至造成死亡。当猪舍内 CO_2 超过一定量时，猪会感到呼吸困难、头晕、心悸、慢性缺氧，精神萎靡，甚至呼吸逐渐停止，直至死亡。养殖环境的恶化不仅会影响猪的健康生长，还会对周围大气、土壤、水体造成污染。因此，为保证猪只健康的生长，要严格控制猪舍环境，以保障养殖者的经济效益，推动畜牧业的发展。

（一）生猪生长环境控制模型技术

1. 影响生猪生长的温度

温度在环境诸因素中起主导作用。适宜生长发育的临界温度为最适温度。一般小猪怕冷，大猪怕热。初生仔猪温度过低，常出现冻死现象；有些猪由于低温引起低血糖，抵抗力大大下降，成为易发病的猪群；哺乳仔猪如遇到低温，则容易引起消化不良及腹泻。高温会使母猪不发情或发情不明显，妊娠后期母猪死胎数量明显增加，严重者会因热量无法排出而致死亡，高温会影响哺乳母猪的采食量，奶水分泌减少。在寒冷季节对产房、哺乳仔猪舍和保育猪舍应添加增温、保温设施，如采用热风炉供暖系统、地板水暖供暖系统和仔猪保温箱等。在炎热的夏季，对成年猪要做好防暑降温工作，如采用湿帘纵向通风系统、喷雾通风系统和淋浴等措施，或者减少猪舍中猪的饲养密度，以降低舍内的热源[9]。生猪不同生长阶段温度控制详见表 7.16。

表 7.16　生猪不同生长阶段温度控制

生长阶段	日龄（d）	温度（℃）
仔猪	0～1	32～35
	1～3	30～32
	4～7	28～30
	7～14	25～28
	14～25	23～25
保育猪	26～63	20～22
生长猪	64～112	17～20
育肥猪	113～161	15～18
产仔母猪		18～22
妊娠空怀母猪		15～20

2.影响生猪生长的湿度

湿度大小对猪生产性能有一定影响，其和温度一起发生作用。如果环境温度适宜，即使湿度从 45%上升至 95%对猪的增重亦无明显影响[10]。在高温高湿的情况下，猪因体热散失困难，导致食欲下降，采食量显著减少，甚至中暑死亡。而在低温高湿时，猪体的散热量大增，猪就越觉寒冷，相应地猪的增重、生长发育就越慢。此外，空气湿度过高有利于病原性真菌、细菌和寄生虫的滋生；同时猪体的抵抗力降低易患疥癣、湿疹及呼吸道疾病。如果空气湿度过低，也会导致猪体皮肤干燥、开裂。猪舍湿度一般控制在 50%～75%。为了防止猪舍内潮湿，应设置通风设备，经常开启门窗，加强通风，以降低室内的湿度；对潮湿的猪舍要控制用水，尽量减少地面积水。

3.影响生猪生长的空气质量

规模化猪场由于猪的密度大，猪舍的容积相对较小而密闭，猪舍内蓄积了大量的 CO_2、NH_3、H_2S 和尘埃等有害气体[11]。空气污染超标往往发生在门窗紧闭的寒冷季节，猪长时间生活在这种环境中，极易感染或激发呼吸道疾病。污浊的空气还可引起猪的应激综合征，表现为食欲下降、泌乳减少、狂躁不安或昏睡、咬尾和咬耳等现象。为了降低猪舍内有害气体的浓度，一般采取通风措施。猪舍冬季通风量要求为 $0.35m^3$/（kg·h），如果通过屋顶风帽自然通风，一定要计算通风量是否满足要求，合理的猪舍通风要求既要满足猪所需要的通风量、具有一定的风速，还要使气流在猪舍内分布均匀。夏季采用纵向通风系统即可达到所需要求。消除或减少猪舍内的有害气体，除了注意通风换气外，还要搞好猪舍内的卫生环境，及时清除粪便、污水，以保证猪舍空气质量适宜。猪舍空气质量标准上限值详见表 7.17。

表 7.17　猪舍空气质量标准上限值

项目	单位	缓冲区	场区	圈舍内
NH_3	mg/m^3	2	5	25
H_2S	mg/m^3	1	2	10
CO_2	mg/m^3	380	750	1500
恶臭	稀释倍数	40	50	70
PM_{10} 浓度	mg/m^3	0.5	1	1
TSP①	mg/m^3	1	2	3

4.影响生猪生长的光照强度

开放式或有窗式猪舍的光照主要来自太阳光[12]，也有部分来自荧光灯或白炽灯等人工照明光源。无窗式猪舍的光照则全部来自人工照明光源。光照对猪有促进新陈代谢、加速骨骼生长、活化和增强免疫机能的作用。在其他条件相同的情况下，单纯改变猪舍内的光照强度和光照时间，就能大幅度提高猪的生产性能与养猪生产的经济效益。不同生长阶段的猪只对光照强度的要求有所不同，不同猪舍光照强度控制详见表 7.18。

表 7.18　不同猪舍光照强度控制

猪舍	光照强度（Lux）	光照时间（h）
母猪舍	50～100	14～18
后备猪舍	50～100	14～18
育肥猪舍	50	8～10

① TSP（total suspended particulate），即总悬浮颗粒物。

5. 影响生猪生长的噪声

猪舍的噪声主要来自外界传入、猪场内机械、人为操作及猪自身[13]。一般情况下，猪舍噪声不能超过 85～90dB。噪声对猪的休息、采食、生长、繁殖都有负面影响。例如，高强度噪声会使猪的死亡率增高，母猪受胎率下降，流产、早产现象增多，应保持猪舍环境安静，尽量降低噪声对猪群的影响。

6. 影响生猪生长的密度

饲养密度的大小直接影响猪舍的温度、湿度及空气质量，也影响猪的采食、饮水、排粪尿、活动和休息等行为[14]。夏季饲养密度过大，猪体散热多，不利于防暑。冬季适当增大饲养密度，有利于提高猪舍温度。春秋季饲养密度过大时，会因猪体散热水分多，增加细菌的繁殖，有害气体增多，使环境恶化。不同生长阶段的猪只养殖密度不同，不同猪舍条件猪只饲养密度详见表 7.19。

表 7.19　不同猪舍条件下猪只饲养密度

阶段	体重（kg）	每头猪所占面积（m^2）	
		非漏缝地板	漏缝地板
断奶仔猪	4～11	0.37	0.26
	11～18	0.56	0.28
保育猪	18～25	0.74	0.37
育肥猪	26～55	0.90	0.5
	56～105	1.2	0.8
后备母猪	113～136	1.39	1.11
成年母猪	136～227	1.67	1.39

（二）猪舍废弃物处理

猪养殖过程中，为保证猪只健康生长，除了要严格控制猪舍温度、湿度、有害气体、光照强度、噪声及饲养密度外，还要处理好猪舍废弃物，变废为宝，达到良性循环，节能环保，以促进养殖业的循环发展，为饲养者带来更多经济效益。猪舍废弃物处理主要包括以下 3 个方面：

1. 粪尿、污水无害化处理利用

猪场的环境重点在于猪场粪便和污水的无害化处理与利用[15]。粪尿分解是有害气体的主要来源，猪粪潮湿时更易产生臭气，干燥粪便因缺少微生物活动必要的水分而不能进行分解，故产生有害气体较少。采取农牧良性循环是规模猪场粪污处理的有效途径；另外，制作沼气用做燃料或发电，充分发挥能源循环利用也是解决的好办法。如果用固体粪便制作有机肥，最好采用干清粪工艺，即采取粪、尿（污水）分流，猪粪一经产生便由机械或人工收集。固体粪便直接腐熟堆肥，生产的有机肥用于蔬菜和果树等农作物；尿和污水经排污沟流入三级厌氧池处理，然后储存，再施肥灌溉农田，这种粪污处理及利用方式是最经济可行的。

2. 病死猪无害化处理

死猪是疫病传播和扩散的重要传染源，不仅会给养猪业带来重大的经济损失，而且还严重威胁人畜健康，所以应对病死猪进行安全有效的处理。病死猪无害化处理方法有掩埋法、窖化法、焚烧法、化制法、高温生物发酵法，规模猪场可根据自身实际情况采用不同的无害化处理方法。目前采用较多的是窖化法，即将病死猪投入化尸窖，同时加入一定量的烧碱等消毒剂和水，使尸体在密闭窖中发酵、分解。

3. 猪场环境绿化

环境绿化是改善猪场环境的最有效手段之一，合理的绿化不仅对猪场环境的美化和生态平衡有益，而且对生产也会有很大的促进。在猪场周围及隔离带种植香樟、桂花、白杨、梨树和苹果等植物，可以减少场区灰尘及细菌含量，吸收有害气体，调节猪场气温，净化空气和水源，减少噪声，改善猪场的小气候环境，为猪生长创造舒适的生产环境，提高生产效益。

三、奶牛生长环境控制模型

奶牛养殖是我国畜牧业的一大支柱产业，我国奶制品的来源均来自各大奶牛养殖场。奶牛养殖的生产效益不仅取决于奶牛的品种和科学的饲养管理，还取决于奶牛的饲养环境。奶牛的饲养环境是指奶牛周围的小气候，包括温度、湿度、光照、通风及空气质量等，建立合理的生长环境控制模型有利于减缓自然因素对奶牛饲养中的不利影响，保证牛只的健康，预防疾病，降低饲养成本，从而达到最佳的生产性能，提高生产效益等。

（一）奶牛生长环境控制模型

1. 影响奶牛生长的温度

温度是影响奶牛健康的主要因素之一，对奶牛的健康和生产性能都有显著影响，过冷或过热都会对奶牛的生长产生不利影响[16]。当夏季平均气温超过 25℃ 时，奶牛的采食量、日增重、产乳量都会明显下降，热应激现象明显；当冬季平均气温低于 5℃ 时，奶牛的生产性能随着温度的降低而下降，泌乳奶牛主要表现为产奶量下降和乳蛋白率降低，青年乳牛和犊牛则表现为日增重下降和饲料消耗量增加，不同生长阶段奶牛需要不同温度，其温度控制见表 7.20。

表 7.20 不同牛舍温度控制

牛舍	适宜温度（℃）	最佳温度（℃）
犊牛舍	10～24	17
青年乳牛舍	8～22	11～16
成年奶牛舍	5～21	10～15

2. 影响奶牛生长的湿度

控制湿度对奶牛的健康生长和牛舍的局部小气候有重要影响，牛舍适宜的相对湿度为 50%～75%。潮湿的环境不利于奶牛的健康，可以采取合理的排水系统及加强防潮管理等措施防止牛舍潮湿。牛舍湿度主要由通风和洒水来调节。一般情况下，牛舍湿度不会过低，只要控制不要过高就好。尤其是冬天，牛舍湿度要严格控制，不能太高，超过一定湿度容易造成奶牛采食量下降、产奶量下降和乳蛋白率降低等问题。因此，要严格控制牛舍湿度，不同的牛舍湿度控制不同，其湿度要求见表 7.21。

表 7.21　不同牛舍湿度控制

牛舍	夏天（%）	冬天（%）
犊牛舍	50～75	50～75
分娩室	50～70	50～75
成年奶牛舍	50～70	50～85
育成牛舍	50～75	50～85

3. 影响奶牛生长的光照强度

光照强度是牛舍环境气候的重要影响因素之一，如果光照强度不足将会引起奶牛发育迟缓和产奶量下降等问题，降低经济效益。敞开式牛舍一般以自然采光为主，白天将周围的卷帘卷起使阳光射入牛舍内。奶牛养殖过程中要提供合理的光照强度，一般在设计建造牛舍时要保证其有足够的采光面积，用采光系数来表示，奶牛舍的采光系数应为 1∶10～1∶12。为保证牛舍具有充足的采光面积，在建设牛舍时，要合理选址，条件不允许时，可偏向建设牛舍，以保证适宜的光照强度[17]。

4. 影响奶牛生长的有害气体

在封闭式牛舍，牛的呼吸、排泄及污物的腐败分解会产生一些对人、畜有害的气体，其主要包括 NH_3、H_2S、CO 和 CO_2。此外，还有由采食、活动及空气流通产生的尘埃。这些有害气体对奶牛的危害很大，可导致生产性能下降，免疫力降低，诱发呼吸系统疾病，严重时可造成奶牛死亡[18]。我国对奶牛场有害气体的含量有严格的规定，其具体标准见表 7.22。

表 7.22　牛舍有害气体控制标准

有害气体	最大浓度限度（mg/m^3）
CO_2	≤1500
NH_3	≤19.5
CO	≤1.0
PM_{10} 浓度	0.5～4
H_2S	≤15

5.影响奶牛生长的饮水条件

水对奶牛健康和泌乳性能尤为重要。奶牛每天需水量为 60～100L，是干物质采食量的 5～7 倍。良好的水质和饮水条件能提高泌乳量 5%～20%。奶牛的饮用水水质必须符合国家饮用水标准[19]，水质的常用指标主要包括感观指标、pH 和有毒有害物质等，水中有毒有害物质的种类很多，主要有重金属、硝酸盐及有害细菌等，水中重金属和硝酸盐的最高含量不能超推荐标准含量，大肠杆菌与沙门氏菌等有害细菌不得检出。奶牛的饮用水必须保持清洁，其质量标准详见表 7.23。

表 7.23 奶牛饮用水质量标准

项目	标准值
色度	≤30
浑浊度	≤20
臭和味	不得有异臭、异味
肉眼可见物	不得含有
总硬度（以 $CaCO_3$ 计）	≤1500mg/L
pH	6.5～8.5
氯化物（以 Cl^- 计）	≤1000mg/L
溶解性总固体	≤4000mg/L
硫酸盐（以 SO_4^{2-} 计）	≤500mg/L
总大肠杆菌群（个/100mL）	成年奶牛为 10、幼奶牛为 1
氟化物（以 F^- 计）	≤2.0mg/L
氰化物	≤0.2mg/L
总砷	≤0.2mg/L
总汞	≤0.01mg/L
铅	≤0.1mg/L
镉	≤0.1mg/L
铬（六价）	≤0.05mg/L
硝酸盐（以 N 计）	≤30mg/L

（二）牛场废弃物处理

奶牛养殖过程中，不仅要营造合理的生长环境，还要做好废弃物处理（如牛粪、尿及生产污水的处理）。废弃物能否正确处理也是制约规模化牧场发展的重要瓶颈之一[20]。目前我国已形成了一个完善的奶牛场循环经济模式的环保粪污处理系统，该系统的工艺流程主要包括收集、输送、分流、发酵、加工及利用等，其具体操作过程如下：首先，将牛舍内牛粪进行收集并采用刮板机械清粪；其次，将牛粪采用全封闭管道水力输送并严格实行雨、污分流；最后，采用半地下推流式发酵池，产生的沼气用来发电上网，发电余热为发酵池增温加热，发酵池出料经固液分离后，部分沼渣回填牛卧床做牛床垫料，部分深加工成固体有机肥，沼液作为液体有机肥还田，经过有机肥施肥的牧草和青储作物又作为奶牛的饲料。此系统无任何污染物排放，不仅符合环保要求还可以为养殖者带来巨大的经济效益。

此外，为营造良好养殖环境，还可在养殖场周边种植如大叶杨、垂柳、旱柳、钻天杨、醋栗、常绿针叶树、紫穗槐、河柳及榆叶梅等乔木和灌木混合林带，建立合理绿化带，起到防风固沙的作用。

四、本章小结

随着科技的快速发展，畜牧养殖业不断引进感知技术、传输技术和人工智能等高新技术，我国的畜牧业已逐步进入规模化、智能化的新阶段。畜禽的生长环境是畜牧养殖业的关键环节，本章针对不同的畜禽种类、品种，从与畜禽健康生长息息相关的温度、湿度、光照强度、空气质量（有害气体）、风速、饲料供应、饮水质量及废弃物处理等环境因素进行阐述，详细介绍了不同畜禽种类、品种在不同生长阶段所需要的温度、湿度、光照强度、风速适宜值及有害气体和水质等的标准范围，同时也阐述了畜禽场废物处理的方法与途径，以期为今后畜牧业智能化发展提供可靠的理论数据。

参 考 文 献

[1] 张兴广. 环境自动控制系统在蛋鸡生产中的应用［J］. 中国畜牧杂志，2010，(14)：29-30.
[2] 王进圣，吴晓萍，姜永彬. 鸡舍环境控制系统研究［J］. 中国家禽，2013，35（10)：2-5.
[3] 黄炎坤，王鑫磊，马伟，等. 肉鸡生产的通风与温度控制［J］. 中国家禽，2016，38（19)：61-64.
[4] 曹海龙. 鸭场环境条件控制应注意的问题［J］. 水禽世界，2013，(5)：10-11.
[5] 郗正林. 家禽生态防护的环境要求与营造［J］. 家禽科学，2007，(7)：14-15.
[6] 施振旦，麦燕隆，赵伟. 我国鸭养殖模式及环境控制现状和展望［J］. 中国家禽，2012，34（9)：1-6.
[7] 魏刚才. 防止鸡场恶臭及有害气体危害的措施［J］. 四川畜牧兽医，2001，(02)：45-47.
[8] 房佳佳，李海军. 规模化生猪养殖环境监控系统研究现状与发展趋势［J］. 黑龙江畜牧兽医，2017，(5)：115-119.
[9] 张腾. 规模化猪场的环境控制与保护措施［J］. 贵州畜牧兽医，2016，40（2)：57-60.
[10] 石新娥. 生猪养殖环境控制策略［J］. 兽医导刊，2015，(16)：18.
[11] 于福清，王树君，李竞前. 无公害生猪生产质量安全控制技术［J］. 养猪，2015，(6)：123-128.
[12] 秦裕荣，陈恩国. 无公害生猪生产质量控制技术措施的探讨［J］. 饲料与畜牧·规模养猪，2013，(5).
[13] 雷明刚. 影响生猪生产的主要环境因素及控制策略［J］. 北方牧业，2016，(22)：23.
[14] 许伟. 浅谈育肥猪养殖管理关键技术［J］. 畜禽业，2017，28（7)：69.
[15] 张雅燕，付莲莲. 生猪养殖户质量安全生产行为测评及影响因素研究［J］. 农林经济管理学报，2016，(1)：47-55.
[16] 徐虹，刘党标，杜雪峰. 敞开式奶牛舍的环境控制探析［J］. 河南畜牧兽医：市场版，2011，32（9)：17-19.
[17] 现代牧业，马鞍山. 大型奶牛养殖场粪污处理与泌乳牛舍饲养环境控制新技术的应用［C］//首届中国奶业大会. 2010.
[18] 王海彬，王洪斌，肖建华. 奶牛场的牛舍环境控制［J］. 黑龙江畜牧兽医，2008，(10)：101-102.
[19] 李丰香. 奶牛的饲养和环境温度管理［J］. 兽医导刊，2015，(22)：59.
[20] 廖国荣，朱煜飞. 奶牛规模养殖场标准化设计建设技术［J］. 畜禽业，2016，(2)：28-30.

第八章 “物联牧场”大数据技术研究

“物联牧场”采用感知技术对牧场的生产、经营、管理、服务的全要素、全过程和全系统进行实时监测，产生的数据具有数据量大、速度快和类型多等特点，涉及结构化数据、半结构化数据和非结构化数据，构成“物联牧场”大数据。对海量数据进行挖掘分析、开发利用，为畜牧业发展作出准确预测，指导畜牧业生产经营管理，是提升畜牧业管理水平的关键。

一、“物联牧场”大数据架构设计

“物联牧场”大数据架构包含数据采集与传输、数据存储与计算、数据处理与服务、数据分析和数据应用5个层次（图8.1）。数据采集与传输层通过布设在牧场的物联网设

图8.1 “物联牧场”大数据架构图

备实时获取畜禽养殖环境、健康状态、生长情况及行为活动等结构化、非结构化和半结构化海量数据信息，同时通过无线传感网络和 4G-LTE 等多种途径进行“物联牧场”大数据信息传递，并采用数据处理技术 ETL①对大数据进行初步处理[1]；数据存储与计算层采用分布式文件系统（hadoop distributed file system，HDFS）和分布式数据库系统 Hbase 实现“物联牧场”大数据的存储；数据处理与服务层对“物联牧场”大数据进行处理，并提供数据服务；数据分析层采用统计分析、数据挖掘、联机分析处理（OLAP）和深度学习等技术对“物联牧场”大数据进行挖掘分析，为数据应用提供相关服务；数据应用层利用分析层提供的服务，为用户提供养殖环境智能监控、精细喂养决策、育种繁育管理和动物疫病预警等服务。

（一）多源异构数据源接口设计

根据“物联牧场”产生数据的实际进行抽象，“物联牧场”大数据主要来源于以下 6 个方面，即养殖环境监测数据、畜禽生命体征监测数据、畜禽行为特征监测数据、畜禽编码数据、养殖基础信息数据、养殖户基本信息数据。

（1）养殖环境监测数据包含气象环境类传感器感知的温湿度、光照、降雨量和风速等，以及通过气体类传感器感知的氧气、氨气、硫化氢、二氧化碳、一氧化碳和甲烷等信息数据；

（2）畜禽生命体征监测数据包含通过红外测温技术、运动传感器技术和流量传感器技术等监测的畜禽生命本体信息；

（3）畜禽行为特征监测数据包含通过非接触式体温传感器、产奶量传感器、运动量传感器、饮水量传感器和饮食量传感器等监测的畜禽行为特征信息，以及通过视频、声音及图像等多媒体传感器技术感知动物的行为和声音特征等信息；

（4）畜禽编码数据包含每只牲畜的编码记录数据及其关联的牲畜的基本信息、系谱信息、事件信息、体重、提高、体况评分和外貌评定等信息数据；

（5）养殖基础信息数据包含养殖的规模、种类、数量、畜舍和饲养员信息等基础信息数据；

（6）养殖户基本信息数据包含养殖户自身相关的基本信息数据；

原始数据格式、存储形式及其演变图如图 8.2 所示。

“物联牧场”大数据资源整合方案将以数据流为核心，覆盖牧场的生产、经营、管理和服务环节，主要实现牧场的生产、经营、管理和服务数据互联互通，各信息管理系统实现无缝互联互通。在此基础上进行功能扩充：①完善日常管理的基本功能，数据流入后，通过事件引擎、数据池、数据加工、高级别信息存储和可视化报告环节，在实现行业常规信息管理的基础上，增加重点事件监测和深度透析特性；②增加创新发现功能，通过接入最新的数据分析模型和算法，发掘以往沉入池底数据的潜在价值。

① 抽取转换加载（extract-transform-load，ETL）

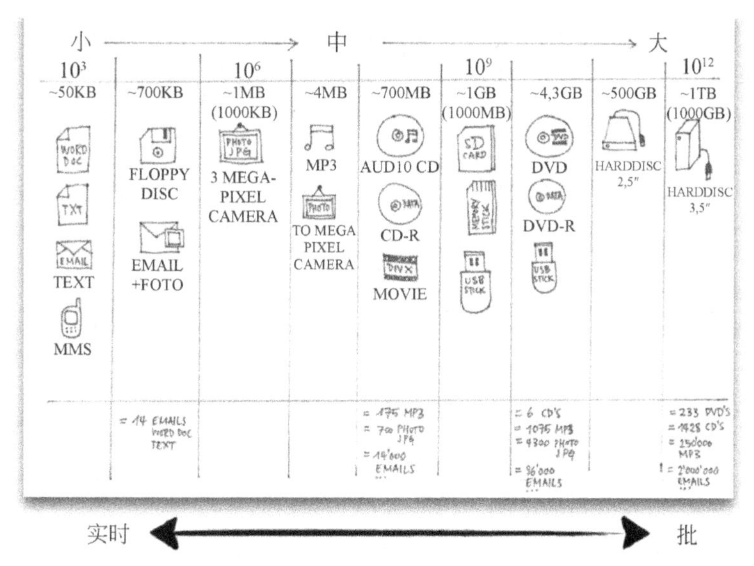

图 8.2　原始数据格式存储形式及其演变图

根据“物联牧场”大数据的主要来源分析可以得知，由于“物联牧场”数据源具有异构和异步的特征，数据融合和存储层的组件必须能够以各种频率、格式、大小和在各种通信渠道上读取数据，为了保证大数据的可用性，首先须完善数据预处理技术，实现从原始数据到高质量信息的转化。数据互联互通重点工作项目如表 8.1 所示，涉及的关键技术包括（图 8.3）[2]：

（1）高质量原始数据采集。用于从可靠的高质量数据源里，获得高质量的原始数据。为了确保数据源的质量，需要建立数据源输入关口自动标准化机制。然后，针对各种频率、格式、信道数据的特点，建立高质量的数据获取方法，包括数据的保质转换算法、数据精确性和一致性校验与纠错机制、数据缺值估计机制、数据的时效性检测和数据的真实性验证方案等。

（2）多源数据识别和分配。用于识别和合并相同的实体，区分不同的数据来源实体。为了高质量的数据集成奠定基础，必须解决来自多个数据源的实体识别问题。从各种数据源获取数据后，接收组件需智能化选择是否和在何处存储传入的数据。它必须能够确定数据在存储前是否应改动，或者数据是否可直接发送到业务分析层。

（3）数据清洗和自动修复。根据正确性条件和数据约束规则，清除不合理和错误的数据，对重要的信息进行修复，保证数据的完整性。需要建立数据关联模型和数据约束规则、数据错误模型和错误识别学习框架、针对不同错误类型的自动检测和修复算法、错误检测与修复结果的评估模型和评估方法等。

（4）高质量的数据整合。在数据采集和实体识别的基础上，进而实现数据到信息的高质量整合。需要建立多源态信息集成机制、异构数据智能转换模式、异构数据集成的智能模式抽取和模式匹配算法、自动的容错映射和转换模型及算法、整合信息的正确性验证方法。分析引擎将会确定所需的特定的数据格式。其中，主要难点在于容纳非结构化数据格式，如图像、音频、视频和其他二进制格式。

（5）数据演化跟踪。用于对数据演化过程进行跟踪和记录，以保证和控制数据的质量。使用数据追踪技术，主要包括时空、多粒度、多路径和不确定的海量信息演化的演化模型和演化描述方法等。

表 8.1 数据互联互通重点工作项目

序号	工作名称	实施内容
1	对接模式梳理元数据描述	各业务环节数据字典梳理、信息交叉点梳理、对接模式梳理
2	信息标准研制	建立数据产生、存储、传输、使用层标准
3	清洗及修复规则制定	数据关联和数据约束规则、错误识别学习框架、错误自动检测和修复算法等
4	标准化改造	对现行系统进行标准化改造
5	数据融合	异构数据集成的智能模式抽取和模式匹配算法、自动的容错映射和转换模型及算法、整合信息的正确性验证方法

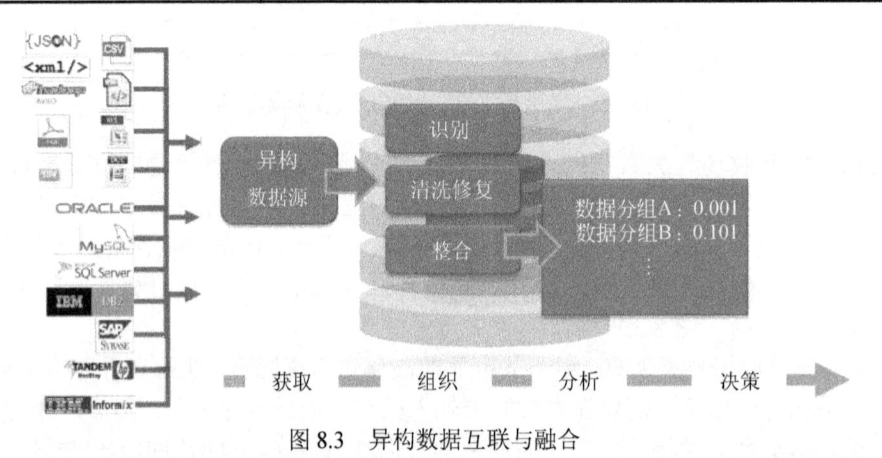

图 8.3 异构数据互联与融合

（二）存储管理架构设计

大数据时代重要特点就是迅速增长的庞大数据量，单个节点不能或者无法有效地处理这种数量级的数据。此外，数据增长速度非常快，这要求系统不但能处理已有的大数据，还要能快速地处理新数据。

“物联牧场”大数据给存储方面带来的挑战包括三个方面：①存储规模大，通常达到 PB（1 000TB）级甚至 EB（1 000PB）级。②存储管理复杂，需要兼顾结构化、非结构化和半结构化的数据。③数据服务的种类和水平要求高，上层应用对存储系统的性能及可靠性等指标有不同的要求，“物联牧场”大数据平台在存储方面系统设计也基于以上三类问题展开：

（1）采用分布式数据库适应庞大规模数据扩展和负载均衡。分布式文件系统所管理的数据存储在分散的设备或节点上，存储资源通过网络连接。数据规模和复杂度的增加往往非常迅速，所以，按需扩展系统规模是十分必要的。此外，大数据存储系统规模庞大，结点失效率高，因此，还需要实现一定程度上的自适应管理功能。系统必须能够根据数据量和计算的工作量估算所需要的结点个数，并动态地将数据在结点间迁移，以实现负载均衡；同时，结点失效时，数据可以通过副本等机制进行恢复，不对上层应用产生影响。

（2）采用多种存储形式应对存储管理复杂的情况。在存储数据库方面，传统存储数据库几乎全部是关系型数据库，数据规模和吞吐量的增长需求对传统的关系型数据库管理系统在并行处理、事务特性的保证、互联协议的实现、资源管理及容错等各个方面带来了很多挑战。传统信息系统数据库存储模式如图 8.4 所示。

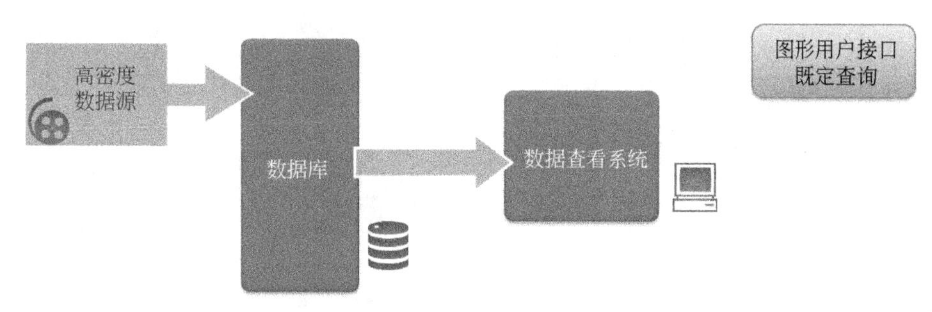

图 8.4 传统信息系统数据库存储模式

大数据时代数据规模增长，吞吐量上升，数据类型及应用多样化，因此，大数据环境下的存储与管理软件，需要对上层应用提供高效的数据访问接口，存取PB 甚至EB 量级的数据，并且能够在可接受的响应时间内完成数据的存取，同时保证数据的正确性和可用性；对底层设备，存储软件需要充分高效地管理存储资源，合理利用设备的物理特性，以满足上层应用对存储性能和可靠性的要求（图 8.5）。

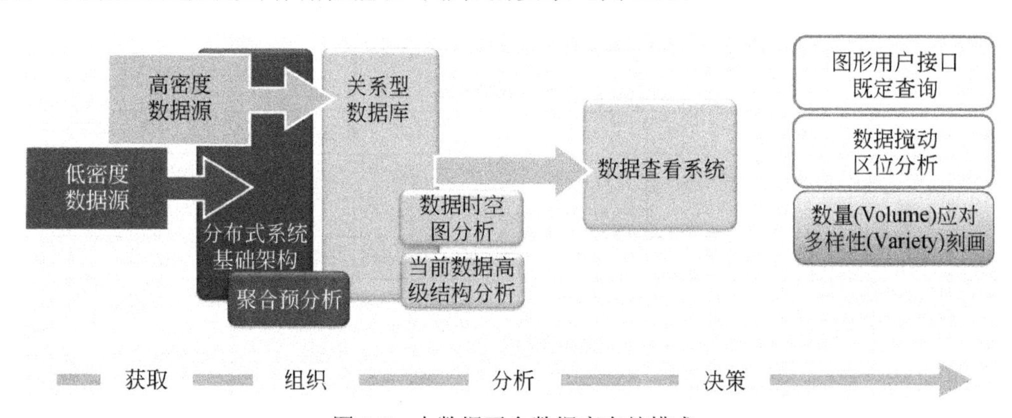

图 8.5 大数据平台数据库存储模式

大数据存储形式突破了关系型数据库的限制，存储形式包括基于键值（key-value）、基于文档（document）、基于列（column）、基于图表（graph）。

传统的大规模并行处理（MPP）数据库都使用关系模型，其查询语言为标准的结构化查询语言（SQL）。而图数据库有自己的查询语言，可以实现子图匹配和路径查询等功能。由 Apache 基金会所开发的分布式系统基础架构 Hadoop 本身使用的是分布式文件系统（HDFS），MapReduce 编程接口可以作为其访问接口。构建在 Hadoop 之上的类数据库系统则提供各自存储模型所对应的查询语言和访问接口。

（3）实时流数据处理系统应对实时数据流。实时流数据处理系统包括流数据的实时存储和流数据的实时计算。流式数据存储指快速高效的存储流式数据到数据库、数据仓库或者数据湖中；流式数据的实时计算注重对流数据的快速高效处理、计算和分析（图 8.6）。

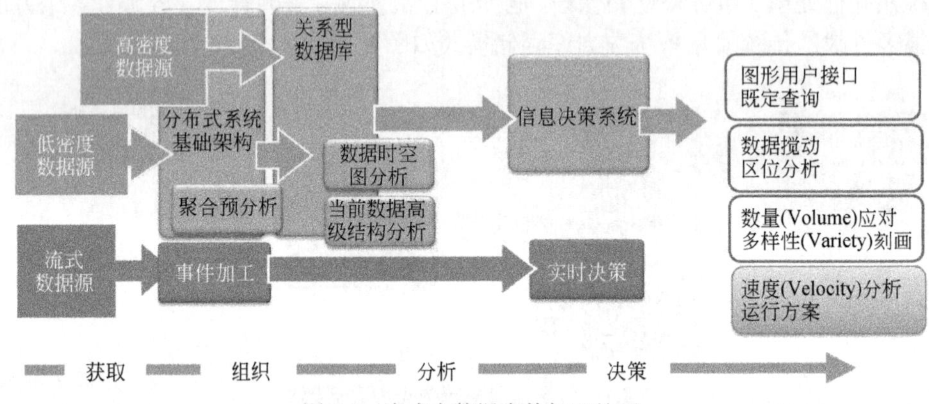

图 8.6　流式大数据事件加工处理

实时流式大数据系统中，数据通常以流的方式进入系统。需要高效可靠地将数据加载到大数据存储系统中，且降低延时。更重要的是对复杂事件进行加工处理。数据流中的数据源是多种多样的，数据格式也多种多样，而数据的转换、过滤和处理逻辑更是千变万化，因而，需要强大而又灵活的复杂事件处理引擎来适应各种场景下的需求。

另外，为了实现总体高效的数据处理，系统需要对流量进行控制和动态增加、删除节点。数据存储与管理重点工作项目如表 8.2 所示。

表 8.2　存储与管理重点工作项目

序号	工作名称	实施内容
1	“物联牧场”数据存量及增量流量分析	分析牧场的生产、经营、管理和服务数据存量及预计数据增量流量，为存储和管理方案提供基础依据
2	文件系统选型分布式/集中式	从众多分布式文件系统中选择最适合的存储系统及存储形式
3	存储数据库选型	根据业务需要，对数据库存储模式进行选型，如关系型数据库、图数据库和文档类数据库等
4	数据交互流分析，尤其是实时数据流	对牧场的生产、经营、管理和服务中需要实时存储和实时计算的流数据进行分析和设计
5	存储和管理功能实现	根据分析结果，集成不同环节的组件，开发完成中间件，实现种业大数据存储和管理

（三）分析模型库构建

“物联牧场”大数据平台的数据分析功能是将原始数据通过各种数据分析的手段转换成对用户有意义的信息。通过引用模型算法建立数据分析模型，利用 SQL、API 和第三方工具等，对流入的数据进行统计分析、多维分析、数据挖掘和自定义高级分析，最后可选择性调用数据报表模板进行分析结果输出（图 8.7）。

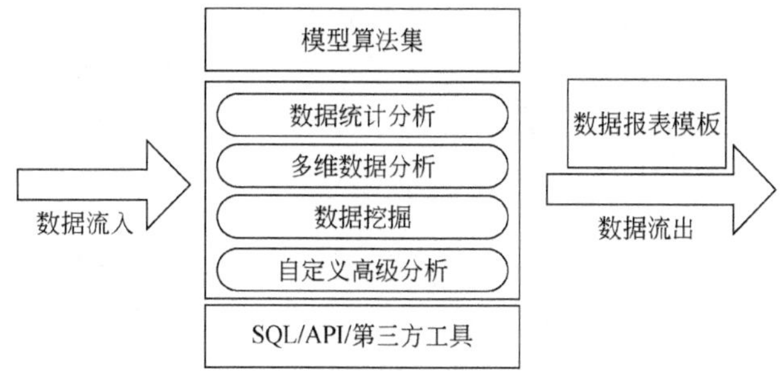

图 8.7 大数据分析基本流程

1. 数据统计分析

针对各种数据类型，提供相应的统计分析功能，包括频数分布分析、频率分布分析、分布特征分析、指数分析、参数估计分析、方差分析、相关与回归分析、时间序列分析及对实时数据的分析等。

对非数值型数据和数值型数据分别进行分类、分组，计算频数和频数密度，利用频数分布分析反映数据在总体中的分布状态和总体的绝对规模和绝对水平，如利用测度绝对数来展现畜禽养殖水平等；分布特征分析包括对数据集中趋势的度量，如众数、中位数、均值、调和平均数和几何平均数等，对离散程度的度量，如四分位差、取值范围、平均差、方差、标准差及离散系数等，对偏态和峰度的度量，如偏态系数和峰度系数；采用指数分析度量和分析多个指标综合变动和综合差异，开展畜禽养殖指数综合评判测定；对抽样数据进行参数估计分析，利用点估计评价一致性、无偏向和有效性，利用区间估计给出在一定置信程度下的总体参数取值区间；对数据变动的来源进行分解和检验，开展单因素和双因素的方差分析；使用相关与回归分析描述变量之间的不确定的数量依存关系，基于线性回归模型，开展相关系数显著性检验、一元线性回归和多元线性回归等；对时间序列数据开展描述性分析、长期趋势分析、季节变动分析和循环变动分析；使用实时流处理模型 Storm 进行实时数据分析，将数据以数据流的方式，并按照拓扑（Topology）的顺序，依次处理并最终生成结果，如实现对畜禽养殖环境的监测和预警等。

2. 多维数据分析

按业务需要定义维度指标，根据数据表之间的关联关系，建立分品种、分时间、分区域、分指标的多维数据模型，利用 OLAP 引擎工具进行多维数据分析，包括上卷（roll-up）、下钻（drill-down）、切片和切块（slice and dice）与转轴（pivot）等操作，实现平台的预测及趋势分析。

通过沿一个维的概念分层向上攀升或者通过维归约在数据立方体上进行聚集，实现上卷操作，如在区域维度中，分层“栋舍<养殖场”，上卷操作会沿着区域的分层，由栋舍层向养殖场层聚集数据，实现按养殖场对数据进行分组；下钻是上卷的逆操作，由不太详细的数据到更详细的数据，通过沿维的概念分层向下或引入附加维来实现，如养殖环境有分时间的时、日、月、季度、年数据，下钻操作由时间维

的分层结构向下，从年层到更详细的时层，使数据立方体列出每天的畜禽养殖环境状况；切片操作在给定立方体的一个维上进行选择，导致另一个数据子立方体，而切块通过在两个或多个维上进行选择定义子立方体，切片和切块操作实现数据立方体的多方位、多层次、多粒度的数据选择。转轴是转动数据视角，提供数据的替代表示，转变数据分析角度。

3.数据挖掘

在现有数据上进行基于各种算法的运算，实现平台数据的频繁模式、关联和相关性挖掘分析、分类与回归分析、聚类分析。

畜禽养殖各类数据中存在很多隐含的信息，通过建立关联规则，为参与分析的数据设置一个布尔变量，分析频繁项集、频繁子序列和频繁子结构。一方面，在大数据新型计算模式上实现更加复杂和更大规模的分析和挖掘是大数据未来发展的必然趋势。例如，养殖环境智能监控研究、精细喂养智能决策研究、育种繁育智能管理研究、畜禽疾病诊治与智能预警研究等。另一方面，在大数据上进行复杂的分析和挖掘，需要灵活的开发、调试和管理等工具的支持。面对大数据，分析和挖掘的效率成为此类大数据应用的巨大挑战。各种大数据分析和挖掘系统各有所长，其在不同类型分析挖掘下，会表现出非常不同的性能差异。目前迫切需要通过基准测试，了解各种大数据分析和挖掘系统的优缺点，以明确能够有效支持大数据实时分析和挖掘的关键技术，从而有针对地深入研究。

4.自定义高级分析

利用内置的机器学习等模型算法集，为用户提供友好的客户端接口。用户可结合应用需求将基础数据分析功能、机器学习及其他分析手段结合在一起组合成自定义工作流，由“物联牧场”大数据平台提供任务的调度与结果的展示。如运用 MapReduce/Yam 编程模型，开展数据处理分析等，从而实现分析功能的飞越，分析与挖掘工作包含的重点工作项目如表 8.3 所示。

表 8.3　分析与挖掘重点工作项目

序号	工作名称	实施内容
1	完善已有分析功能	对现行系统分析功能进行完善和丰富
2	建立分析机制	建立常规分析机制
3	完善跨部门深度分析能力	根据需要提出分析需求，并组织实施

（四）数据安全设计

数据的安全与隐私问题近年来一直是大数据应用重点关注的领域之一[3]。目前加密方法包括文件访问控制技术、基础设备加密、匿名化保护技术、加密保护技术、数据失真加密技术和可逆的置换算法等，需要在架构不同层级选用不同安全技术。

（1）文件访问控制技术：通过文件访问控制来限制呈现对数据的操作，在一定程度解决数据安全问题。

（2）基础设备加密：其本质是对大数据的存储设备进行安全防护，但不能解决大数据安全的本质问题。

（3）匿名化保护技术：匿名化保护技术适用于各类数据和众多应用，并且算法通用性高，能保证发布数据的真实性，实现简单。匿名化过程不可逆，如决策分类器的构建和聚类等应用及 k-匿名模型与 m-不变性算法等。但匿名化技术对隐私保护效果并不明显，使得隐私泄露可能性很大。

（4）加密保护技术：加密保护技术能够保证数据的真实性、可逆性和无损性，对隐私保护程度很高，主要应用于分布式下的数据挖掘和操作，如分布式关联规则挖掘算法和差分隐私等。但是，该技术的计算开销很大，对大数据的支持不大适用。

（5）数据失真加密技术：该技术可应用于关联规则的挖掘和隐藏等，如随机干扰、随机化、阻塞和凝聚等。数据失真技术的实现比较简单，但会造成数据的偏差，可能造成数据价值的丧失。

（6）可逆的置换算法：可逆的置换算法可以保证数据的真实性，并且效率比较高，常用于数据中心的大规模系统隐私保护，如位置变换和映射变化等。

在将数据传入进行处理、存储、分析和清除或归档时，需要强有力的指南和流程来监视、构建、存储和保护数据（表 8.4）。

表 8.4 数据加密核心因素和各部门重点任务

序号	工作名称	实施内容	实施单位
1	设定非结构化数据预处理策略	设定非结构化数据预处理策略，如需要遵照的标准和异常处理等	数据应用各部门
2	设定外部数据保留和使用策略	设定外部数据保留和使用策略，如保留时间、存储时间、销毁规则	数据应用各部门
3	设定数据归档和清除策略	设定数据归档和清除策略，如归档位置、周期和管理部门等	数据应用各部门
4	设定数据跨系统复制策略	设定数据跨系统复制策略，如复制权限等级、时限和有效期等	数据应用各部门
5	设定数据加密策略	设定数据加密策略	数据应用各部门
6	数据识别策略	以可接受的新鲜度提供数据的时间轴； 依照数据准确性规则来验证数据的准确性； 依据数据一致性验证规则； 满足数据规范和信息架构指南基础上的技术符合性	数据应用各部门
7	数据约束和限制条件策略	约束（如政策、技术和地区）和使用限制条件（如拷贝范围和使用时间等）	数据应用各部门

（五）系统服务及管理设计

系统服务及管理包括复杂定义数据质量和数据过滤器等内容：

（1）系统服务。主要包括：①完整地识别所有必要的数据元素；②以可接受的新鲜度提供数据的时间轴；③依照数据准确性规则来验证数据的准确性；④采用一种通用语言（数据元组满足使用简单业务语言所表达的需求）；⑤依据一致性规则验证来自多个系统的数据一致性；⑥满足数据规范和信息架构指南基础上的技术符合性；⑦标准过滤器会删除不想要的数据和数据中的干扰数据，仅留下分析所需的数据。

（2）系统管理。系统管理对大数据至关重要，因为它涉及跨企业集群和边界的许多系统。对整个大数据生态系统健康的监视包括：①管理系统日志、虚拟机、应用程序和其他设备；②关联各种日志，帮助调查和监视具体情形；③监视实时警告和通知；④使用显示各种参数的实时仪表板；⑤引用有关系统的报告和详细分析；⑥设定和遵守服务水平协议；⑦管理存储和容量；⑧归档和管理归档检索；⑨执行系统恢复、集群管理和网络管理；⑩策略管理。

二、“物联牧场”数据标准化处理

对不同属性“物联牧场”监测数据进行信息融合，首先要对最原始的数据进行数据标准化处理，利用标准化后的数据进行数据分析[4]。数据标准化即统计数据的指数化。数据标准化处理主要包括数据同趋化处理和无量纲化处理两个方面。

数据同趋化处理主要解决不同性质数据问题，对不同性质指标直接加总不能正确反映不同作用力的综合结果，需先考虑改变逆指标数据性质，使所有指标对测评方案的作用力同趋化，再加总才能得出正确结果。

数据无量纲化处理主要解决数据的可比性。数据标准化的方法有很多种，常用的有“最小-最大标准化”“z-score 标准化”和“按小数定标标准化”等。经过上述标准化处理，原始数据均转换为无量纲化指标测评值，即各指标值都处于同一个数量级别上，可以进行综合测评分析。

（一）min-max 标准化

min-max 标准化方法是对原始数据进行线性变换。设 $\min A$ 和 $\max A$ 分别为属性 A 的最小值和最大值，将 A 的一个原始值 x 通过 min-max 标准化映射成在区间［0,1］中的值 x^*，其公式为

$$x^* = \frac{x - \min A}{\max A - \min A}$$

式中，$\max A$ 为样本数据最大值；$\min A$ 为样本数据最小值。这种方法的缺陷是当有新数据加入时，可能导致 $\max A$ 和 $\min A$ 的变化，需要重新定义。

（二）log 函数转换

通过以 10 为底的 log 函数转换的方法同样可以实现归一，具体方法如下：

$$x^* \log_{10}(x) / \log_{10}(\max)$$

式中，max 为样本数据最大值，并且所有的数据都要大于等于 1。

（三）z-score 标准化

这种方法基于原始数据的均值（mean）和标准差（standard deviation）进行数据的标准化。将 A 的原始值 x 使用 z-score 标准化到 x^*。z-score 标准化方法适用于属性 A 的最大值和最小值未知的情况，或有超出取值范围的离群数据的情况。默认的标准化方法是 z-score 标准化。

$$x^* = \frac{x-\mu}{\sigma}$$

式中，μ为所有样本数据的均值；σ为所有样本数据的标准差。

（四）十进制换算小数定标标准化

这种方法通过移动数据的小数点位置来进行标准化。小数点移动多少位取决于属性 A 的取值中的最大绝对值。将属性 A 的原始值 x 使用十进制换算（decimal scaling）标准化到 x^*的计算方法是

$$x^* = x/(10\times j)$$

式中，j 为满足条件的最小整数。

（五）数据类型的一致化处理方法

一致化处理是将数据指标 x_1，x_2，…，x_m，（m>1）的类型进行统一。一般来说，在评价指标体系中，可能会同时存在极大型数据指标、极小型数据指标、居中型数据指标和区间型数据指标，它们都具有不同的特点。例如，产量、利润和成绩等极大型指标期望取值越大越好；而成本、费用和缺陷等极小型数据指标则期望取值越小越好；对室内温度和空气湿度等居中型数据指标，既不期望取值太大，也不期望取值太小，而是居中为好。

若指标体系中存在不同类型的数据指标，必须在综合评价之前将评价指标的类型做一致化处理。例如，将各类数据指标都转化为极大型数据指标或极小型数据指标。一般的做法是将非极大型数据指标转化为极大型数据指标。但是，在不同的指标权重确定方法和评价模型中，指标一致化处理也有差异。

极大型数据指标：期望取值越大越好；

极小型数据指标：期望取值越小越好；对某个极小型数据指标 x，则 $x'=\frac{1}{x}(x>0)$或 $x'=M-x$。

中间型数据指标：期望取值为适当的中间值最好；对某个中间型数据指标 x，则

$$x'=\begin{cases}\dfrac{2(x-m)}{M-m}, & m\leqslant x\leqslant \dfrac{1}{2}(M+m)\\[2mm] \dfrac{2(M-x)}{M-m}, & \dfrac{1}{2}(M+m)\leqslant x\leqslant M\end{cases}$$

区间型数据指标：期望取值落在某一个确定的区间内为最好。对某个区间型数据指标 x，则

$$x'=\begin{cases}1-\dfrac{a-x}{c}, & x<a\\ 1, & a\leqslant x\leqslant b\\ 1-\dfrac{a-x}{c}, & x>b\end{cases}$$

式中，[a，b] 为 x 的最佳稳定区间，c=max{a−m，M−b}，M 和 m 分别为 x 可能取值的最大值和最小值。

（六）数据指标的无量纲化处理方法

无量纲化，也称为指标的规范化，是通过数学变换来消除原始指标的单位及其数值数量级影响的过程。因此，有指标的实际值和评价值之分。一般地，将指标无量纲化处理以后的值称为指标评价值。无量纲化过程就是将指标实际值转化为指标评价值的过程。

在实际数据指标之间，往往存在着不可公度性，会出现“大数吃小数”的错误，导致结果的不合理。

1. 标准差法

$$x'_{ij}=\frac{x_{ij}-\overline{x}_j}{s_j}$$

式中，x'_{ij} 为标准化后的变量值；x_{ij} 为实际变量值；$\overline{x}_j$ 为变量均值，计算公式为 $\overline{x}_j=\frac{1}{n}\sum_{i=1}^{n}x_{ij}$，$s_j$ 为变量的标准差，计算公式为 $s_j=\left[\frac{1}{n}\sum_{i=1}^{n}(x_{ij}-\overline{x}_j)^2\right]^{1/2}$。

2. 极值差法

$$x'_{ij}=\frac{x_{ij}-m_j}{M_j-m_j}$$

式中，x'_{ij} 为标准化后的变量值；x_{ij} 为实际变量值；M_j 为变量的极大值，计算公式为 $M_j=\max\limits_{1\leqslant i\leqslant n}\{x_{ij}\}$；$m_j$ 为变量的极小值，计算公式为 $m_j=\min\limits_{1\leqslant i\leqslant n}\{x_{ij}\}$。

3. 功效系数法

$$x'_{ij}=c+\frac{x_{ij}-m_j}{M_j-m_j}\times d$$

式中，x'_{ij} 为标准化后的变量值，$x'_{ij}\in[0,1]$（i=1，2，…，n；j=1，2，…，m），x_{ij} 为实际变量值，M_j 为变量的极大值，计算公式为，$M_j=\min\limits_{1\leqslant i\leqslant n}\{x_{ij}\}$，$m_j$ 为变量的极小

值，计算公式为$m_j = \min\limits_{1 \leqslant i \leqslant n}\{x_{ij}\}$，$c$ 和 d 是已知正常数，其中，d 是对变换后的数值进行“放大”或“缩小”的倍数，c 是对变换后的数值做平移的平移量。

（七）模糊指标的量化处理方法

在实际中，很多问题都涉及定性或模糊指标的定量处理问题，如教学质量、科研水平、工作政绩、人员素质、各种满意度、信誉、态度、意识、观念和能力等因素有关的政治、社会及人文等领域的问题。

根据实际问题，构造模糊隶属函数的量化方法[5]是一种可行有效的模糊指标定量化处理方法。假设评价人对某项因素评价为 A、B、C、D、E 共 5 个等级$\{v_1, v_2, v_3, v_4, v_5\}$，分别为{很满意，满意，较满意，不太满意，很不满意}，5 个等级依次对应为 5、4、3、2、1，为连续量化，取偏大型柯西分布和对数函数作为隶属函数：

$$f(x)=\begin{cases}[1+\alpha(x-\beta)^{-2}]^{-1}, & 1 \leqslant x \leqslant 3 \\ a\ln x+b, & 3 < x \leqslant 5\end{cases}$$

式中，α、β、a、b 为待定常数。

当“很满意”时，隶属度为 1，即 f（5）=1；

当“较满意”时，隶属度为 0.8，即 f（3）=0.8；

当“很不满意”时，隶属度为 0.01，即 f（1）=0.01。

计算得α=1.1086，β=0.8942，a=0.3915，b=0.3699。

则 $f(x)=\begin{cases}[1+1.1086(x-0.8942)^{-2}]^{-1}, & 1 \leqslant x \leqslant 3 \\ 0.3915\ln x+0.3699, & 3 < x \leqslant 5\end{cases}$

根据该规律，对任何一个评价值，都可以给出一个合适的量化值。根据实际情况可以构造其他的隶属函数，如取偏大型正态分布等。

除上面提到的数据标准化外还有对数 Logistic 模式和模糊量化模式等，将数据标准化后，在数据库在存储数据时，都有自己独特的数据结构，每种数据在不同的数据库中可能数据格式不一，因此，在进行数据统一存储时，存在数据转换的问题。要将各数据库中的数据转换成新数据库中统一的格式，并设计接口，实现不同格式数据的实施转化。构建数据转换标准表，根据数据属性标准，构建不同数据之间的数据转化标准表，如将番茄统一转化成西红柿，使得不同数据库之间能够达到一致。

三、“物联牧场”信息平台

（一）信息平台框架结构

“物联牧场”信息平台采用“五横两纵”设计思路，横向上总体分为 5 个层次：①感知服务层实现牧场的生产、经营、管理和服务涉及的各类关键数据的监测与感知，通过各类网络链路高效传输并存储，为数据服务层提供数据来源；②数据服务层提供各类结构化、半结构化和非结构化的牧场生产、经营、管理和服务数据组织和集成方案及技术能力，为牧场管理智能化建设提供完备的数据资源；③平台服务层提供牧场管理智能化过程中的公共、基础和共性信息服务资源，包括基础服务组件和大数据分析服务组件；④服务接口层统一定制牧场管理智能化建设过程中的接口规范和设计规则，为各类应用系统建设提供一体化的开发接口服务资源，也可为相关部门和行业提供公共服务接口；⑤应用系统层基于提供的各类服务接口，结合业务应用特点和需求，研制各类业务应用软件，为规模畜禽养殖企业、养殖场、家庭农场和畜牧主管部门提供智能化养殖管理、监督管理和疫病防控“一站式”服务。同时，系统架构在纵向上分为2个部分，能够确保标准规范和安全保障贯穿于牧场管理智能化服务的各个层面（图8.8）。

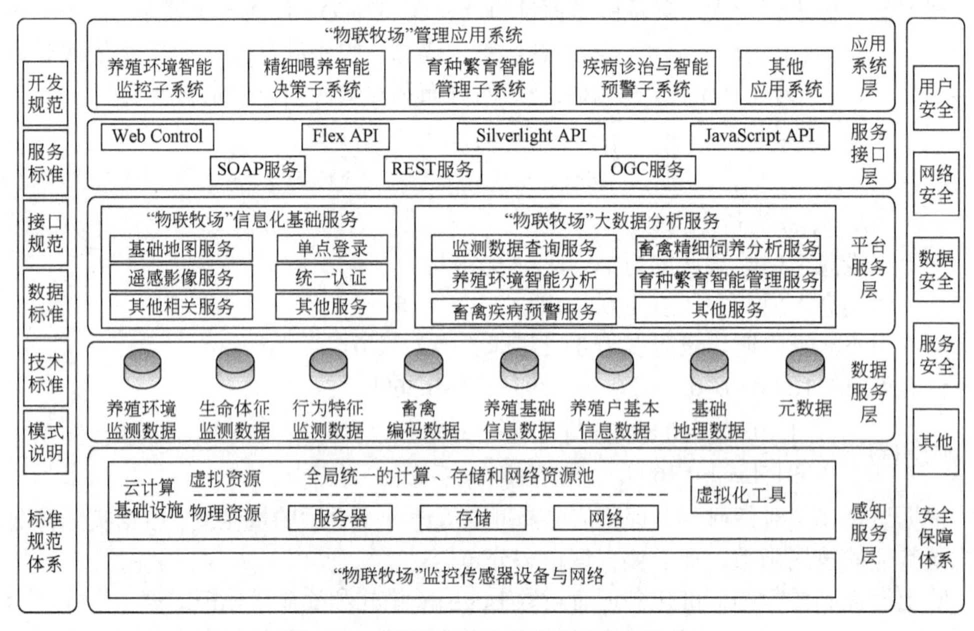

图8.8 “物联牧场”信息平台框架结构

（二）平台功能模块

“物联牧场”信息平台实现牧场的生产、经营、管理和服务环节涉及的数据存储、分析和管理；提供基于大数据智能分析和检索的养殖环境智能监控、精细喂养智能决策、育种繁育智能管理和疾病诊治与智能预警服务；提供权限管理功能。平台采用B/S结构，用户借助于互联网随时随地访问系统，具体包含如下4个子系统：

1. 养殖环境智能监控子系统

畜禽养殖环境监控子系统采用物联网技术进行畜禽养殖环境的实时在线监测和控制，实现对采集到的养殖环境各路信息的存储、智能分析和管理，提供驱动养殖舍控制系统的管理接口。系统能够实现养殖环境信息智能传感、养殖环境信息自动传输、养殖环境自动控制和养殖环境智能监控管理功能。主要包含如下功能。

（1）实时高精度采集环境参数。养殖环境舍圈内部署各种类型的室内环境传感器，并连接到无线通信模块，智能养殖管理平台便可以实现对二氧化碳数据、温湿度数据、氨气含量数据、H_2S 含量数据的自动采集。用户根据需要可随时设定数据采集的时间和频率，采集到的数据可通过列表和图例等多种方式查看。

（2）异常信息报警。当畜禽养殖环境参数发生异常时，系统会及时进行报警。例如，当畜禽圈舍的温度过高或过低，二氧化碳、氨气和二氧化硫等有害气体含量超标时，这些均会导致畜禽产生各种应激反应及免疫力降低并引发各种疾病，影响畜禽的生长。异常信息报警功能根据采集到的实时数据实现异常报警，报警信息可通过监视界面进行浏览查询，同时还以短消息形式及时发送给工作人员，确保工作人员在第一时间收到报警信息，及时进行处理，将损失降到最低。

（3）智能化的控制功能。控制系统以采集到的各种环境参数为依据，根据不同的畜禽养殖品种和控制模型，计算设备的控制量，通过控制器与养殖环境的控制系统（如红外、风扇和湿帘等）实现对接，控制各种环境设备。系统支持自动控制和手动控制两种方式，用户通过维护系统设定理想的养殖环境等参数，系统远程控制猪舍内风机、红外灯和湿帘，确保动物处在适宜的生长状态。

（4）随时随地互联网访问。管理人员随时随地访问，只要可以上网并且有浏览器或者客户端就可以随时随地访问监测猪舍内环境数据并实现远程控制。监控终端包括计算机、手机和触摸屏等。管理员设置开启联动控制功能，平台根据采集到的环境数据对环境进行自动控制，并将操作内容以短信息形式及时通知管理人员。

2. 精细喂养智能决策子系统

精细喂养智能决策子系统（以生猪养殖为例）将根据养殖场的生产状况、建立以品种、杂交类型、生产特点、生理阶段、日粮结构、气候和环境温湿度等因素为变量的营养需要量自动匹配并比对中心数据库同类生猪数字模型，进行生猪饲养过程的数字化模拟和生产试验验证，以影响生猪养殖过程需要量和生产性能，以不同环境因素为变量，模拟生猪的生产性能和生理指标的变化，从而达到数字化精细喂养。系统主要实现下列功能。

（1）饲料配方。精细喂养智能决策根据畜禽在各养殖阶段的营养成分需求，借助养殖专家经验建立不同养殖品种的生长阶段与投喂率、投喂量间定量关系模型。利用物联网技术，获取畜禽精细饲养相关的环境和群体信息，建立畜禽精细喂养决策。

（2）计量传感。目前，用于家畜精料自动补饲装置中的计量方式主要为容积式和称重式两大类[6]。称重式具有计量精度高、通用性好和对物料特性变化不敏感等特点，但计量速度慢、结构复杂、价格高。容积式是靠盛装物料的容器决定加料量，其计量精度主要取决于容器容积的精度、物料容量及物料流量的一致性，其结构简单、成本低、速度快于称重式。

称重式采用重量传感器和秤，其中，秤主要有机械式杠杆秤、电子秤和机械电子组合秤。从给料方式来看，有单级给料和多级给料。为了提高给料速度和计量精度，大都采用多级给料并一边给料一边称重的动态称量，通过粗给料器或粗细给料一起快速往称量料斗加入目标量的大部分（一般为 80%～95%），然后粗给料器停止给料，剩余的小部分通过给料器缓慢加入称量料斗，给料过程结束后，控制称量料头的投料机构打开投料门，完成投料。

（3）配料控制。科学饲料投喂智能控制系统，根据投喂模型，结合生猪个体实际情况，计算该猪当天需要的进食量，并进行自动投喂。物料从储料仓到称重器的控制方式是自动饲喂控制过程的关键所在。一般设计称重控制器的做法是，首先，启动喂料机开始喂料；其次，在喂料的过程中不断地检测喂料的重量。当理论用料量和当时的实际喂料量的差值小于喂料提前量时，关闭喂料器的喂料阀门，停止喂料，靠惯性和阀门关闭后的物料流量补足理论料量；若提前量太大，靠点动喂料完成。

通过高度的自动化管理，实现对生猪的个体化管理，避免人为因素对养猪生产造成的影响，使得养殖的整体经济效率大幅度提高。

3. 育种繁育智能管理子系统

在动物繁育过程中，智能化的繁殖监测管理是提高繁殖效率或畜牧生产效率的重要手段。畜禽育种繁育管理子系统主要运用传感器技术、预测优化模型技术、射频识别技术，根据基因优化原理，科学监测母畜发情周期，实现精细投喂和数字化管理，从而提高种畜和母畜繁殖效率，缩短出栏周期，减少繁殖家畜饲养量，进而降低生产成本和饲料占用量。下面以母猪繁育为例，说明育种繁育智能管理子系统的主要功能。

（1）母猪发情监测。母猪发情监测是母猪繁育过程中的重要环节，错过时间将会降低繁殖能力。要提高畜禽繁殖率，首先要清楚地监测畜禽发情期。如果仅仅依靠人工观察，或者凭一般的养殖经验来对畜禽发情期识别，不仅费时费力，而且会导致农场管理混乱，不能有效地鉴别畜禽的正常发情，造成错过畜禽的最佳配种时期，对提高繁殖率很不利。因此，实现自动化监测，及时发现发情期是提高畜禽繁殖能力的关键环节。

母猪发情监测子系统采用塑料二维耳标（RFID 电子标签）对猪个体进行标识，采用视频技术 24h 不间断监测母猪个体活动情况，通过传感器监测母猪体温；系统根据采集到的各种数据进行综合分析，当达到系统设置的发情指标后及时给出发情提示信息；系统会根据动物繁殖特点，综合各方面因素进行综合判断，从而给出配种时间，以指导管理人员在规定的时间内为动物配种。母猪发情监测子系统还需对配种和育种的猪圈进行环境监控，为动物繁殖提供最适宜的环境。

（2）母猪饲养智能化管理。以 RFID 为电子标签，在群养环境下对怀孕母猪进行单体精确饲喂，解决母猪精确喂料的问题。母猪饲养智能化管理子系统自动识别母猪的饲喂量，并根据母猪精细投喂决策模型，对母猪单独饲喂，确保母猪在完全无应激的状态下进食，而且达到精确饲喂，有效控制母猪体况，也减少饲料浪费。

（3）种猪信息化管理。建立种猪数据库，其数据包括体况数据、繁殖与育种数据、免疫记录和饲料与兽药的使用记录等，其主要功能包括对猪群结构、核心群的种猪进行历史配种、产仔和断奶性能的分析统计，对各种繁育状态和周期性参数的可视化分析，尤其是包括对繁殖母猪的精准喂养，通过对种猪进行信息化管理，将会提高繁殖母猪的繁殖效率和服务年限，降低种猪生产成本，提高仔猪成活率。同时，种猪数字化管理也为动物溯源系统提供了数据基础。

4. 疾病诊治与智能预警子系统

畜禽疾病诊治与智能预警子系统是针对畜禽疾病发生频率和经济损失较大等实际问题，从畜禽疾病早预防、早预警的角度出发，在对气候环境、养殖环境、病源与畜禽疾病发生的关系研究的基础上，确定各类病因预警指标及其对疾病发生的可能程度，根据预警指标的等级和疾病的危害程度，研究并建立畜禽疾病三级预报预警模型；根据多病因、多疾病的畜禽疾病发生与传播机理，提出了基于语义的畜禽病害远程诊断方法，为畜禽病害诊治提供科学的在线诊断和预警方法，实现畜禽养殖疾病精确预防、预警、诊治[7]。系统主要包括如下功能：

（1）畜禽疾病诊治。采用人工智能、移动互联、M2M和呼叫中心等现代信息技术，根据多病因、多疾病的疾病发生与传播机理，构建了“症状-疾病-病因”的因果网络模型，并转化为“症状-疾病”和“疾病-病因”的集合问题，采用模糊数学和覆盖集理论及现代化优化算法求解。该模型可以得到有效的疾病范围、疾病发生可能性和相应的病因分析，诊断结论可以指导用户有针对性地进行疾病防治。

畜禽疾病诊治系统由案例维护模块、诊断推理模块、数值诊断知识维护模块、用户界面四部分组成。其中，用户界面提供人机交互和诊断、治疗和预防结果显示等功能；案例维护和数值诊断知识维护模块是系统后台知识库的管理模块，这两部分是由系统管理员和疾病专家根据实际得到的案例、案例诊断过程中复用的案例和数值诊断的知识对其进行增加、修改和删除等操作；诊断推理模块是根据畜禽养殖用户通过界面输入的畜禽疾病症状信息，通过案例诊断和数值诊断，对疾病进行综合推理并得出结论，最后将诊断结果返回给用户。

（2）畜禽疾病预警。通过对畜禽疫病的流行病学、应用数学和预警科学等跨学科研究的基础上，分析畜禽疾病的特点。在分析畜禽疫病的产生、流行规律及其分布特征基础上，确定疫病监测指标及其获取方法、预警模型，为畜禽养殖提供一个有效的疫病预警信息平台。畜禽疫病预警系统的主要功能包括知识咨询模块、疫病预警模块和系统维护模块，每个功能模块又由若干个子模块组成（图8.9）。

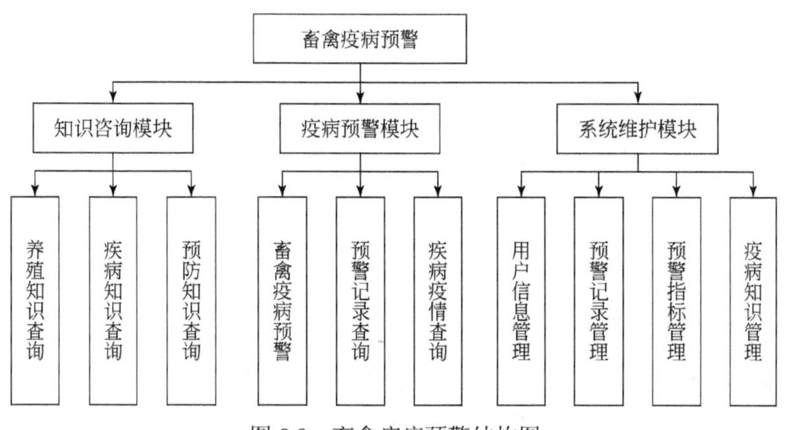

图8.9 畜禽疫病预警结构图

畜禽疫病预警模块中预警模型建立的基本步骤是：首先，通过文献分析和与专家交流的方式确定影响疫情发生的预警指标；其次，确定每个预警指标的权重大小；最后，建立预警警级与预警预案的知识库。当用户输入相应的疫情信息时，系统可以根据每一指标的权重和单个指标级别的对应关系得出综合警级大小的数值，然后通过查询所建的知识库得出预警警级和预警预案信息。

四、“物联牧场”信息管理系统

“物联牧场”信息管理系统是对畜禽养殖环境监测数据进行管理和可视化展示的平台。该信息管理系统的主要功能包括：①用户登录，根据用户的权限，设定用户可以查看的站点信息；②所有站点监测数据的汇总，包括所有“物联牧场”站点环境的实时监测数据；③所有站点信息的可视化展示，在地图上展示各“物联牧场”站点的分布和实时环境监测数据；④单个站点信息展示，包括站点名称、当前监测图片、地理位置信息、用户名称、建立时间、当前环境监测数据和历史监测数据；⑤监测数据的检索与展示，主要是对感兴趣历史时间段数据的检索、对比和展示。

该信息管理系统主要包括“用户登录”“实时数据”“站点信息”和“数据检索”四个模块。

“用户登录”模块，如图 8.10 所示，输入用户名和密码之后，点击“登录”按键，即可登录“物联牧场”信息管理系统。如果用户名不存在或密码错误，系统会提示“用户名或密码错误！”，如图 8.11 所示。

图 8.10　“物联牧场”信息管理系统用户登录界面

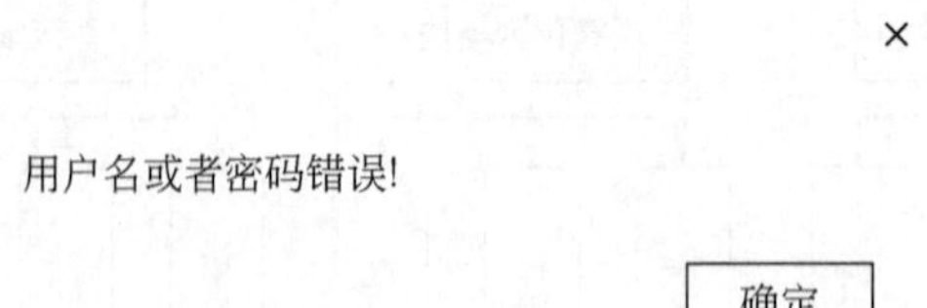

×

用户名或者密码错误!

确定

图 8.11　“物联牧场”信息管理系统登录失败界面

“实时数据”模块，用户可以查看站点的实时数据，如图 8.12 所示。主要显示的信息包括省份、县市、站点名称、时间、温度、湿度、光照、风速、风向、雨量、二氧化碳、氨气、甲烷、一氧化碳、氧气和硫化氢气体浓度。其中，温度显示范围为-40～120℃；湿度显示范围为 0～100 %RH；光照强度显示范围为 0～200 000 Lux；风速显示范围为 0～30m/s；雨量显示范围为 0～40mm/min；一氧化碳显示范围为 0～1000ppm；氨气显示范围为 0～100ppm；氧气显示范围为 0～30%；二氧化碳显示范围为 0～5000ppm；硫化氢显示范围为 0～100ppm；甲烷显示范围为 0～100% LEL。

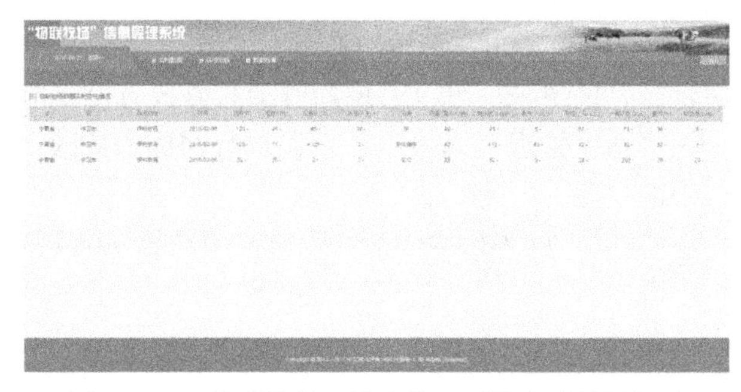

图 8.12 “物联牧场”信息管理系统实时数据界面

在“实时数据”模块，用户还可以在地图上查看“物联牧场”站点分布图和实时的监测数据。

在“站点信息”模块，左侧显示站点列表，点击相应的站点，右侧会展示站点图片、最新的气象类和气体类所有数据，同时在下面用折线图显示近期气象和气体数据变动情况，如图 8.13 所示。

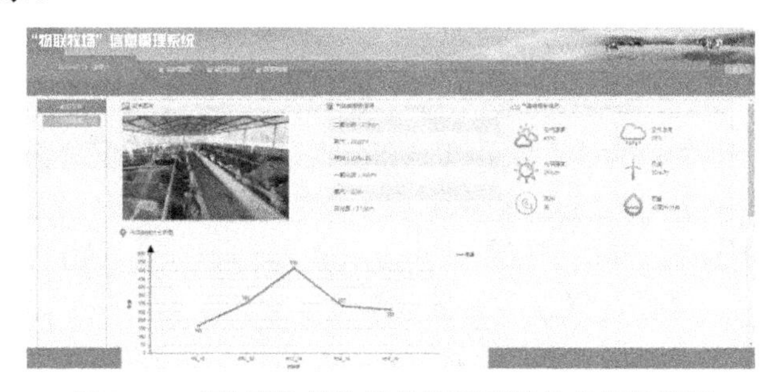

图 8.13 “物联牧场”信息管理系统站点信息界面

在“数据检索”模块，用户可以选择“站点”(站点是一个树形结构，依次为省、县、站点。可以多选，选择省，即默认选择该省所有的县和站点；选择县，即默认选择该县所有的站点)、“时间段”（精确到日)、“数据指标”（包括气象类和其他类所有指标，可多选)。设定好检索条件后，点击“检索”按钮。查询结果在表格中显示，并在下面用折线图显示。一个指标对应一个折线图，横轴是时间，纵轴是数值。不同的站点同一个指标用不同的折线在同一个图上表示。数据检索界面，如图 8.14 所示。

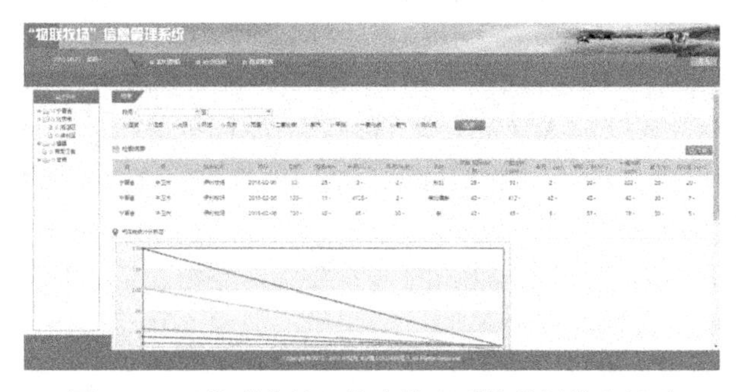

图 8.14 “物联牧场”信息管理系统数据检索界面

后台管理界面，如图 8.15 所示。后台管理系统包括“资源管理”模块和“系统管理”模块。在“资源管理”模块中，可以添加、删除和修改省份、地区、站点、气体类和气象类数据信息。在“系统管理”模块中，可以进行密码的修改，后台用户的添加、删除、修改及用户权限的设定。

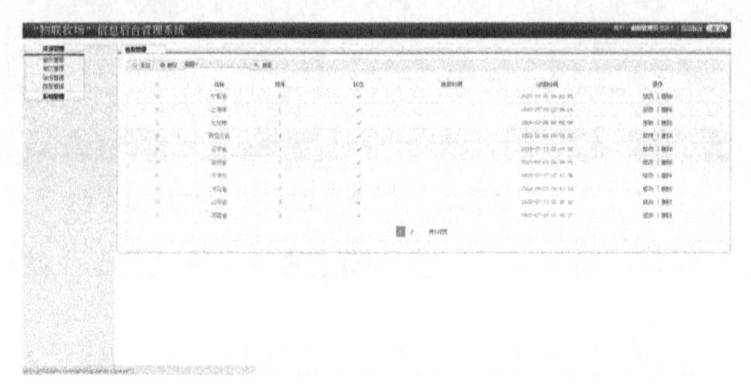

图 8.15 “物联牧场”信息管理系统后台管理界面

五、“物联牧场”移动终端程序

“物联牧场”移动终端程序又名手机 APP，它是一款针对畜禽养殖业的专用软件。该软件通过 Wi-Fi 网络或 GPRS 通信网络访问“物联牧场”后台服务器，可以实时查看“物联牧场”站点的气象、气体和视频信息，并可以远程控制“物联牧场”站点环境控制设备的启动和停止。其中，气象信息包括温度、湿度、光照强度、风速、风向和雨量信息；气体信息包括一氧化碳、氨气、氧气、二氧化碳、硫化氢和甲烷等气体浓度信息。该软件为畜禽饲养管理人员提供了便利，将极大提高畜禽的养殖管理效率，改善畜禽养殖环境，提高动物福利。

该软件的主要功能和特点如下：①系统登录，对用户账号和密码进行验证，确定用户权限并登录；②数据采集功能，采集“物联牧场”环境的气象和气体信息；③开关控制，控制“物联牧场”环境控制设备，如风机、电暖气、照明灯、电机、水帘和电磁阀等；④视频中心，实时查看“物联牧场”站点的视频监控数据；⑤系统设置，设置服务器的系统名称、IP 地址和端口号。

“物联牧场”移动终端程序的登录界面，如图 8.16 所示。输入用户名和密码后，点击“登录”可进入系统。

登录后，进入功能选择界面，如图 8.17 所示。系统的主要功能包括“数据采集”“开关控制”“系统设置”和“视频中心”，点击相应图标进入功能模块。

选定功能后，首先需要进行“物联牧场”站点的选择，如图 8.18 所示。选定站点后，会进入相应的模块界面。

“数据采集”模块实时显示已选择牧场的气象或气体数据，通过点击顶部“气象数据”和“气体数据”按钮，可以实现显示信息的切换，如图 8.19 和图 8.20 所示。其中，气象数据包括温度、湿度、光照强度、风速、风向和雨量信息。气体数据包括氧气、二氧化碳、一氧化碳、氨气、硫化氢和甲烷浓度信息。同时，界面底部设置“退出”和“返回”按钮，用于退出程序或返回到功能选择界面。

图 8.16 “物联牧场”手机 APP 登录界面

图 8.17 “物联牧场”手机 APP 系统功能界面

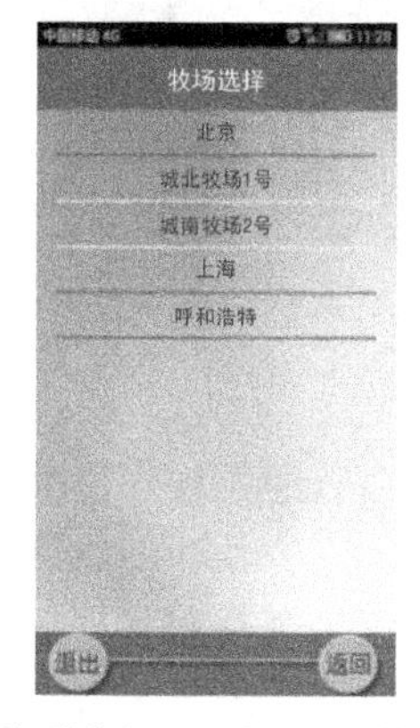

图 8.18 “物联牧场”手机 APP 牧场选择界面

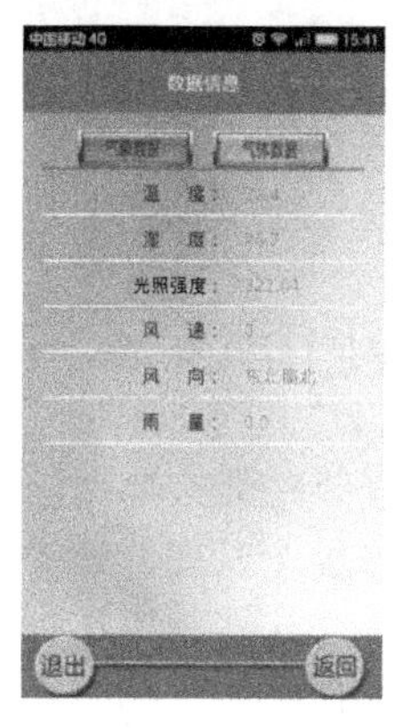

图 8.19 “物联牧场”手机 APP 气体数据展示界面

“开关控制”模块，用户可以发送控制指令到牧场，实现对风机、电暖气、照明灯、电机、水帘和电磁阀的远程控制。选定要打开或关闭的设备后，点击“发送”按钮，如图 8.21 所示。为防止误操作，软件会提示用户“您确定要发送控制吗？”如图 8.22

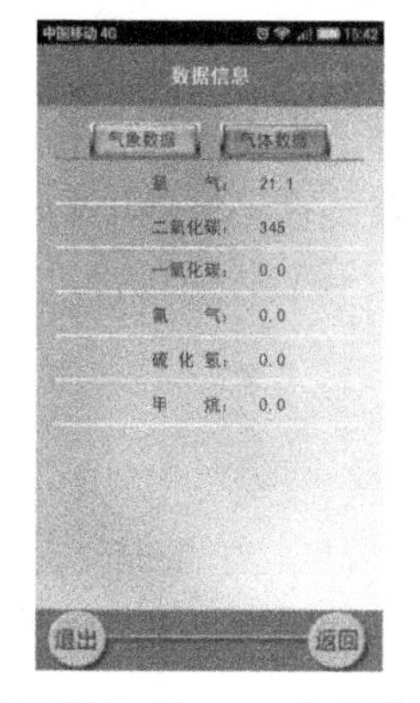

图 8.20 “物联牧场”手机 APP 气象数据展示界面

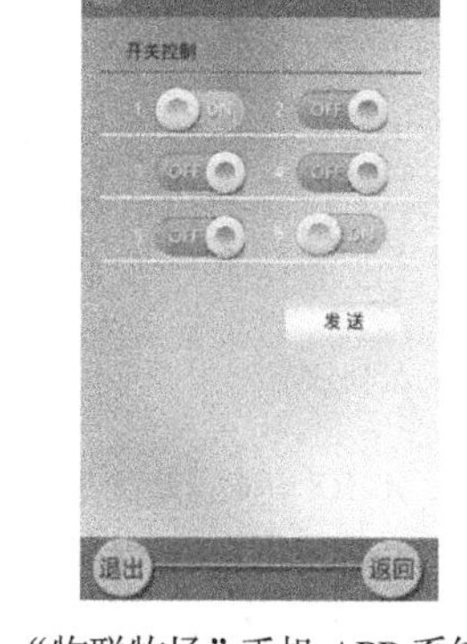

图 8.21 “物联牧场”手机 APP 系统远程控制界面

所示，用户进行再次确认后，发送控制指令到服务器。同时，界面底部设置“退出”和“返回”按钮，用于退出程序或返回到功能选择界面。

在“系统设置”模块，可以对服务器的 IP 地址、端口号和系统名称进行设定，如图 8.23 所示。

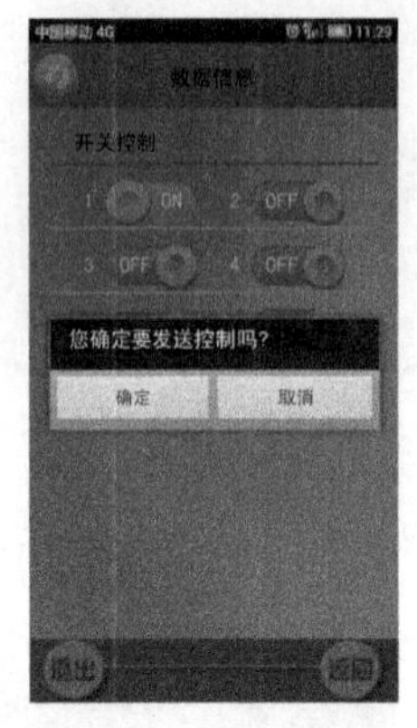

图 8.22 “物联牧场”手机 APP 远程控制确认界面

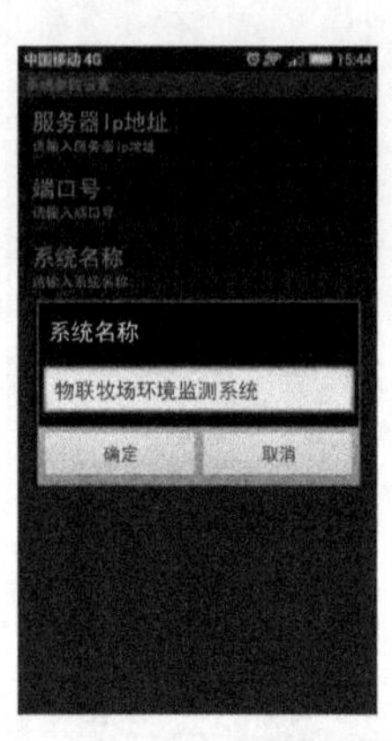

图 8.23 “物联牧场”手机 APP 系统设置界面

六、本章小结

对“物联牧场”大数据进行挖掘分析、开发利用，为畜牧业发展作出准确预测，指导畜牧业生产经营管理，是提升畜牧业管理水平的关键。本章介绍了“物联牧场”大数据技术，第一节从数据采集与传输、数据存储与计算、数据处理与服务、数据分析和数据应用 5 个层次设计“物联牧场”大数据架构，并详述“物联牧场”大数据架构的多源异构数据源接口设计、存储管理架构设计、分析模型库构建、数据安全设计和系统服务及管理设计；第二节从数据同趋化处理和数据无量纲化处理两个方面介绍了常用的“物联牧场”数据标准化处理方法；第三节介绍“物联牧场”信息平台的框架结构，详述养殖环境智能监控子系统、精细喂养智能决策子系统、育种繁育智能管理子系统和疾病诊治与智能预警子系统的功能设计；第四节和第五节分别介绍了 “物联牧场”信息管理系统和移动终端程序建设实例。

“物联牧场”大数据建设依托数据采集、存储、处理、分析挖掘和展现等技术构建信息平台，用户通过信息管理系统和移动终端程序实现畜禽及养殖环境的实时监控和自动控制、精细喂养智能决策、育种繁育智能管理和动物疫病的智能预警，为畜牧生产规模化、集约化、市场化和产业化提供技术支撑。

参 考 文 献

[1]蒋邵岗，谭杰. RFID 中间件数据处理与过滤方法的研究[J]. 计算机应用，2008，28(10)：2613-2615.

[2] 周国亮，朱永利，王桂兰，等. 实时大数据处理技术在状态监测领域中的应用 [J] . 电工技术学报，2014，(S1)：432-437.

[3] 冯登国，张敏，李昊. 大数据安全与隐私保护［J］. 计算机学报，2014，37（1）：246-258.
[4]马立平. 统计数据标准化——无量纲化方法——现代统计分析方法的学与用(三)[J]. 北京统计，2000，（3）：34-35.
[5] 张灵莹. 定性指标评价的定量化研究［J］. 系统工程理论与实践，1998，18（7）：99-102.
[6] 奚传模. 国外畜牧业机械化发展概况［J］. 国外畜牧科技资料，1978，（4）：1-17.
[7] 何勇，聂鹏程，刘飞. 农业物联网技术及其应用［M］. 北京：科学出版社，2016.

第九章 “物联牧场”示范与推广

“物联牧场”技术建立了以物联网为实现手段的现代畜禽高效智能化饲养新模式，着重提升畜禽饲养管理的精准化、智能化和信息化水平，提高劳动效率、管理效率和资源利用效率。通过“物联牧场”示范与推广，用农业物联网技术与农业信息化技术武装畜禽生产工艺，实现畜禽养殖的机械化、自动化与智能化、信息化的有机结合，改善动物福利，能较大程度提升畜牧业产业现代化发展水平，加快养殖产业提质增效和转型升级，实现畜牧养殖的高产、优质、高效、生态、绿色、健康、循环、安全目标。

一、家禽“物联牧场”示范与推广

（一）蛋鸡养殖环境信息感知与控制系统示范及应用

1. 实施背景与必要性

多年来，养鸡厂的生产实践和相关经验结果表明，蛋鸡的生长、繁殖和生产率都会受到鸡舍环境的影响，影响蛋鸡生产的环境因素主要有物理因素和化学因素两方面[1]。

在物理因素方面，主要包括温湿度、光照、粉尘和鸡舍构造等。夏季、冬季不利的鸡舍环境将导致蛋鸡生产能力下降高达10%～20%，在很大程度上影响了蛋鸡健康和生产能力。在高温环境下，蛋鸡体温调节中枢的机能降低，一方面使得散热减少，另一方面，外界环境热能还通过辐射、对流进入体内，从而导致体温升高。高温导致采食量下降，环境温度每上升1℃，采食量下降 4.6%。由于采食量下降，蛋鸡体组织中蛋白质、维生素和矿物质含量不足，从而使产蛋量下降[2]。在高温高湿环境下，蛋鸡机体主要靠蒸发散热，如果此时鸡舍内湿度较大，则蛋鸡散热较慢，加剧高温环境对蛋鸡生产能力的影响；在低温高湿情况下，由于潮湿空气导热性大，体表热阻减少，蛋鸡失热增加，容易引起肺炎和感冒等多种疾病。此外，潮湿的环境有利于微生物的生长和繁殖，使蛋鸡呼吸道、皮肤病、消化道疾病增加。反之，低湿环境也容易使蛋鸡水分蒸发过大、皮肤及外露黏膜干裂和呼吸道疾病增加等。光照强度是非常重要的环境参数之一，和养殖环境有重要的关系。适当的光照强度对动物繁殖和健康有帮助，然而，当光线过强时，动物为了防止内部组织被灼伤，关闭气孔，保护内部组织，从而使得身体温度过高，影响了动物的新陈代谢活动；当长时间光线过弱时，动物也会生长发育不健康。

在化学因素方面，包括鸡舍内的二氧化碳和一些有害气体（氨气、硫化氢）等。蛋鸡养殖属于高密度的封闭式养殖，对密闭式鸡舍，由于密集禽畜的粪尿、呼吸、腐败饲料残渣和生产过程中有机物分解等原因，有害气体成分要比开放式环境禽畜舍中和舍外有害气体成复杂、数量较多。其中，主要的有害气体包括二氧化碳、氨气和硫化氢。二氧化碳是无毒性的，但是，在浓度很高的情况下会引起动物缺氧现象，长期生活在缺氧环境里的动物会出现食欲不振、精神萎靡、疾病抵抗能力减、生产能力下降和易得传染病等不良后果。氨气是一种碱性物质，其溶解度非常高，常被溶解或吸附在蛋鸡的黏膜、潮湿的墙壁和地面上，对皮肤组织具有强烈的腐蚀性和刺激性，它能破坏细胞膜的结构。如果牲畜在短期内吸入少量氨气，会被体液所吸收，最终变成尿素排出体外，但在一定的程度上会降低禽畜的体质和日增重；如果牲畜长期处在高浓度氨气环境中，身体组织会受到强烈刺激，引起皮肤组织的灼伤，使组织坏死、溶解，还会引起中枢神经系统的麻痹、心肌损伤和中毒性肝病等病症。硫化氢是无色有味的可燃性气体，与空气混合爆炸极限体积比为 4.3%～46%，植物和动物蛋白质在细菌的作用下都可分解产生硫化氢。硫化氢属于神经性的毒剂（窒息性气体），其毒性能破坏动物的中枢神经系统和呼吸系统，对动物健康危害程度取决于接触浓度的高低和接触时间的长短。

综上所述，在蛋鸡养殖环境方面，目前，养殖环境中的温度、湿度、光照强度和风速等自然环境，以及氨气、硫化氢、一氧化碳和甲烷气体浓度等有害气体，这些自然环境的变化及有害气体含量超标，会导致蛋鸡产生疾病，造成蛋鸡体质变弱，免疫力下降。蛋鸡养殖过程中信息化水平较低，蛋鸡养殖生产过程中相应的技术与设备缺乏，往往采用人工方式查看养殖环境的感知与判断，严重影响蛋鸡健康、生长发育、繁殖及最终蛋鸡产品质量。在蛋鸡养殖管理方面，养殖的生产环节如通风、调温、调湿和调光等，需要人工参与的环节较多，加重了人工劳动的负担；同时，也会影响蛋鸡的正常生长。因此，统一的蛋鸡养殖环境信息监测与自动控制对蛋鸡的健康生产显得尤其重要。

拟基于物联网技术，构建统一的蛋鸡养殖环境信息感知与远程调控系统，用于获取蛋鸡养殖过程中的环境变化，实现养殖环境的实时监测，并通过无线远程控制装置对养殖环境管理步骤实现远程自动控制，实现蛋鸡养殖的自动化、智能化管理，提升蛋鸡养殖效率，改善动物福利，实现蛋鸡养殖的高产、优质、高效、生态、安全目标。

2. 实施地点及规模

北京市平谷区某个蛋鸡养殖场占地面积 140 余亩[①]，拥有标准化蛋鸡舍 4 栋，年饲养规模达到 14 万只。鲜蛋生产过程，采用自动喂料、饮水、清粪、集蛋和通风降温等设施设备。养殖场自建立以来，严把质量关，严格按照国家无公害农产品、绿色食品标准进行生产，每年向社会提供优质鲜蛋达 2500 多吨。近年来，养殖场坚持生产与科研相结合，并与相关企业、养殖场户积极开展科技活动，实施推广健康养殖技术，带动广大农民提高科学素质，掌握科学生产劳动技能，为北京市蛋鸡生产标准化、产业化建设发挥了较好的示范带头作用。目前，养殖场所生产的优质鲜鸡蛋产品供不应求。要在“生态健康养殖”的经营理念指导下，拥有一支业务精通、技术操作能力强的骨干队伍，用一流的服务和真诚来换取行业的信任与支持，互惠互利，共创双赢。

3. 实施内容

（1）蛋鸡养殖舍外环境实时监测装置集成。针对蛋鸡养殖舍外环境信息采集的需

① 1 亩≈666.67m^2。

求，集成包括温湿度、光照强度、降雨量、风速、风向、大气压、$PM_{2.5}$ 和 PM_{10} 等传感器，以及环境信息采集器与无线发射装置，在蛋鸡养殖舍外建设成蛋鸡养殖舍外环境信息监测站，为了满足监测站野外工作的供电需求，监测站配备了太阳能和蓄电池供电系统，确保蛋鸡养殖舍外自动供电，实现蛋鸡养殖舍外环境信息的实时采集与发送。

（2）蛋鸡养殖舍内环境实时监测装置集成。针对蛋鸡养殖舍内封闭环境信息采集的需求，集成包括温度、湿度、光照强度、大气压、$PM_{2.5}$、PM_{10}、O_2、CO_2、CO、NH_3 和 CH_4 等传感器，并采用小型化与紧凑化设计，尽量不妨碍蛋鸡养殖与饲喂，在蛋鸡养殖舍内建设成蛋鸡养殖舍内环境信息监测站，实现蛋鸡养殖舍内环境信息的实时采集与发送。

（3）蛋鸡养殖舍外与养殖舍内视频装置集成。围绕蛋鸡养殖生产过程的实时监控，采用高清摄像机与标清摄像机覆盖蛋鸡养殖重点区域，确保蛋鸡养殖舍内、养殖场出入口、饲料加工、粪便清理和鸡蛋存放等区域的重点监测，并通过有线或 Wi-Fi 方式传输视频信息，确保视频信息连续传输，实现蛋鸡养殖过程的视频信息实时查看。

（4）蛋鸡养殖无线远程智能控制装置集成。基于 PLC 可编程控制器和无线信息接收装置，结合 GPRS、3G 网络、4G 网络和 Wi-Fi 等可选择的无线传输方式，集成蛋鸡养殖无线远程智能控制装置，实现远程控制蛋鸡养殖场的风机、照明灯和加热器等设备的启动或停止，同时，该装置也能提供人工现场控制，确保蛋鸡养殖的最佳环境，同时节约生产成本，减轻劳动力负担，降低能耗。

（5）蛋鸡养殖环境信息实时监测与远程控制平台研发。使用 Java 语言和数据库技术，开发蛋鸡养殖环境信息实时监测与无线远程控制平台，建立蛋鸡养殖环境数据库，对不同站点监测信息的查询、统计、下载与可视化展示，便于及时掌握蛋鸡养殖环境动态。同时，开发手机 APP 实现随时随地查询环境监测信息，并增加无线远程控制单元，通过手机 APP 远程控制牧场设备如风机、照明灯、加热器、电机和电磁阀等设备的启动、停止，而且手机 APP 中还能实时 24h 监控蛋鸡养殖的视频信息。

（6）具体配置清单。主要包括：①信息采集。主要负责采集温湿度传感器数据、视频摄像头数据、RFID 数据、孵化设备数据、PDA 数据和 GPS 数据等。②数据传输。通过无线传感网、GPRS、3G 网络、以太网把各类数据传到企业服务器进行分析处理。③数据处理。数据处理包括数据计算、数据存储、数据交换和数据分发，完成终端数据与前端应用数据的交换过程。④信息应用。通过处理的数据根据需要分发至各种应用系统，触发自动控制或者供生产业务系统使用。

监测设备安装现场如图 9.1 所示。

4. 社会经济效益

项目的实施，可为养殖场年节本增效约，经济效益可观；且为本地区蛋鸡养殖行业的提档升级提供了新思路，树立了好典型。具体如下：

（1）极大地降低生产人员的劳动强度。通过统一的蛋鸡养殖环境信息监测与智能控制平台，把传统的饲养员由劳动密集型工种升级为观察员，观察员的日常工作简化为观察鸡群、保持鸡舍卫生；而且鸡舍空气质量的大大提高，也极大地改善了一线生产人员的工作环境，增加了一线生产的幸福指数，有利于和谐企业、和谐社会的构建；极大地解放了蛋鸡生产管理人员的劳动强度，可以远程控制鸡舍的各项生产数据，并通过相关程序化操作复制到同一生产条件的鸡舍。

图 9.1 监测设备安装现场

（2）节省投入成本。较之传统模式，有效节约人工成本；采用先进的环境系统，对蛋鸡养殖舍温度和湿度的控制，雏鸡养殖舍年节约加热用燃气费用；冬季蛋鸡养殖舍温度相对稳定，减少御寒性采食，每日节约饲料。良好的环控系统，极大地改善了鸡群的生存条件，鸡群不生病，不用药，年节约用药成本。

（3）提高产量，增加效益收入。良好的环境监测与控制系统，形成的舒适生存条件，直接反映在产蛋性能上，鸡只均产蛋大幅提升。

（4）提高鸡群成活率。通过先进的环境监测与控制系统，育雏阶段淘汰率可控制在1.5%以内，产蛋淘汰率大幅下降。

（5）提高涉农涉禽人员收入。设施、设备的提档升级促进从业人员的专业技能提升，进而实现了传统养殖行业从业人员的待遇提高。

（6）提高产品质量和销售价格。优良的生存环境极大地改善了鸡群的健康状况，鸡群不生病、不用药，杜绝药物残留，提升了蛋品品质。优质的蛋品价格较之市场流通的一般蛋品价格约高出不少。

（7）社会效益和生态效益。优良的环控平台，将带来鸡群的健康，减少药物的使用，以确保蛋品安全，保障了菜篮子的放心，减轻病死鸡处理带来的环境代价，具有显著的社会效益和生态效益。

总之，“物联牧场”技术示范应用，提高了蛋鸡养殖场的节本增效，经济效益可观；且将为本地区蛋鸡养殖行业的提档升级提供新思路、树立好典型，基本形成可应用、可复制、可推广的应用模式。

（二）肉鸡养殖环境信息感知系统示范与应用

1. 实施背景

在鸡舍进行养殖的过程中，影响鸡舍内环境的主要因素是空气的质量、光照的时长及强弱、湿度大小和温度高低等，这些因素的好坏将直接影响到鸡类的健康状况，利用物联网对鸡舍内的各项环境指标进行集中信息化调控显得尤为必要。鸡舍内环境的信息化调控方式，主要利用各种传感器（温度、湿度、气体传感器或智能传感器等）作为信息的拾取装置，将感应拾取的各环境因素信息传输给服务器端，与养殖环境当中指标的标准数据库中的知识比较，利用智能的控制技术对鸡舍内影响环境的主要因素进分析，通过控制技术使鸡舍内的环境状况达到鸡自身所需的现状，进而在计算机控制系统下做出相应的调控措施，获得最佳鸡舍内环境。这种鸡舍环境的智能化调控功能，不仅可以使鸡舍内的环境调控到最佳状态，还可以降低电能的消耗，有利于鸡场进行数字化的生产管理，可有效提高肉鸡养殖的生产效率。

因肉鸡养殖集约化程度高、养殖密度大，仅仅靠人工标识识别，难度高、效率低，而且缺乏对畜舍内环境参数长时间动态监测量化的指标，鸡舍内温度和氨气浓度等指标都不利于肉鸡生长，且容易造成安全事故。通过传感器对鸡舍的温度、湿度、氨气浓度和光照强度等进行掌控，可以实时监控记录，并通过系统设定的舍内环境参数，自动启停风机、湿帘、热风炉和灯光等设备。物联网技术在肉鸡养殖中的应用，可实现肉鸡养殖的精细化管理和全程的可追溯，提高过程中的效率和产品质量，规避其中的养殖风险。肉鸡物联网养殖技术涉及肉鸡养殖过程中的每一个环节，同时也包含了养殖生产安全和智能化养殖等过程，这些对肉鸡规模化、智能化发展有积极的作用。

2. 实施地点及规模

北京市诚凯成柴蛋鸡养殖专业合作社现有成员 155 户，带动非成员 65 户，遍布 9 个镇，年存栏柴蛋鸡达 20 万只，产蛋达 150 余万千克，销售收入可达 1214 万元。2006 年，合作社注册了“凯诚”商标；完成了有机和无公害的认证；同年被评为“北京市先进农民专业合作社”。2007～2010 年先后被评为“密云县先进农民专业合作社”“北京市科委蛋鸡示范基地”“农业部农民专业合作社项目实施单位”“北京市农民专业合作社示范社”。

3. 建设内容

肉鸡养殖包括网上平养、笼养、地面平养和散养等养殖方式，由于网上平养方式为主要方式，本项目针对网上平养方式开展肉鸡养殖环境物联网监控技术示范与推广，具体技术图像如图 9.2 所示。

（1）肉鸡养殖舍内养殖环境立体式环境信息感知。针对网上平养的饲养方式，推广网上、网中、网下三层立体式环境信息感知布局技术，监控肉鸡生长环境中的温度、湿度、光照强度、大气压、$PM_{2.5}$、PM_{10}、O_2、CO_2、CO、NH_3 和 CH_4 等指标，实现肉鸡养殖舍内环境信息的实时采集与发送，并通过在肉鸡养殖舍外安置 LED 屏实时显示当前鸡舍的环境信息，让养殖者实时掌控鸡舍环境变化，提高肉鸡适应环境信息的准确感知能力。

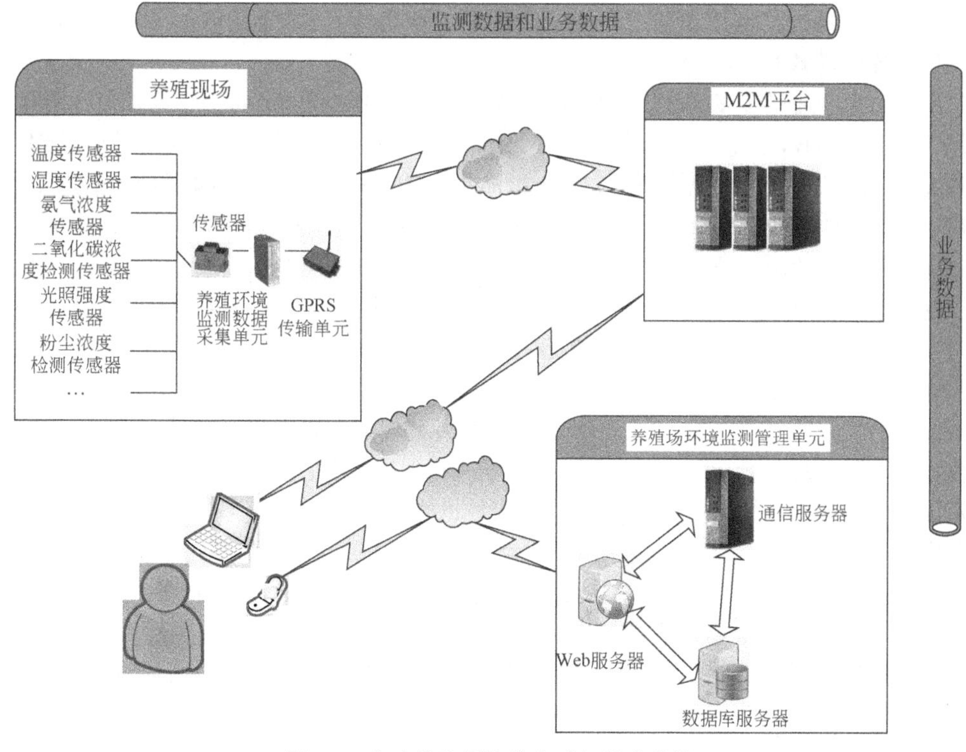

图 9.2 肉鸡养殖环境信息感知技术路线

（2）肉鸡养殖全过程实时视频监控。围绕肉鸡养殖生产过程的实时监控，采用高清摄像机与标清摄像机覆盖肉鸡养殖重点区域，确保肉鸡养殖舍内、养殖场出入口、饲料加工、粪便清理和鸡蛋存放等区域的重点监测，并通过有线或 Wi-Fi 方式传输视频信息，确保视频信息连续传输，实现肉鸡养殖过程的视频信息实时查看。

（3）肉鸡环境控制模型技术。育雏期环境控制模型（1～42 日龄）。饲养温度：在 1～3 日龄时温度控制在 33～35℃；在 4～7 日龄时温度控制在 30～33℃，在 8～14 日龄时温度控制在 27～29℃；在 15～21 日龄时，温度降至 24～26℃，在 22～28 日龄时，温度降至 21～23℃，在 29 日龄后，温度降至 20～21℃。饲养湿度：在 1～4 日龄时湿度为 70%～75%；在 5～7 日龄时湿度为 60%～70%；在 8～14 日龄时湿度为 60%～65%；在 15～21 日龄时湿度为 55%～60%，22 日龄后湿度为 50%～60%。饲养光照：在 1～3 日龄时光照时间为 24h；在 4～14 日龄时光照时间为 20h；在 15～28 日龄时光照时间为 16h；在 29～42 日龄光照时间为 20～22h。育肥期环境控制模型（43 日龄～出栏）。饲养温度：保持 21℃；饲养湿度：50%～60%；光照时间：19～21h，每天早晚各增加 2h 光照。

（4）肉鸡养殖温湿度实时调控。围绕不同日龄肉鸡对温度、湿度的适应能力差异，通过推广封闭环境的温度、湿度实时调控技术，实现远程控制肉鸡养殖场的风机、照明灯和加热器等设备的启动或停止，同时，该装置也能提供人工现场控制，确保肉鸡养殖的最佳环境，同时节约生产成本，减轻劳动力负担，降低能耗。针对肉鸡养殖温湿度实时调控技术在实际试点应用中出现的问题，开展技术升级研究，使家禽养殖环境监测与控制技术及设备的稳定性和实用性进一步得到提高。

4. 社会经济效益

我国家禽产业稳步发展，家禽养殖户、企业的数量不断增加，养殖产业规模不断扩大，家禽产量逐年攀升，产值不断增加，已成为世界最大的生产国之一。而传统养殖管理技术效率低下，大多通过人工现场查看、手工纸质记录的方式收集养殖环境数据，数据不易长期保存，不方便整合、统计分析，养殖企业无法直观快速了解家禽舍环境的真实情况。

基于“物联牧场”技术的家禽养殖环境信息感知与远程调控技术可为家禽养殖管理者呈现科学、准确、直观的生产情况，提高家禽舍养殖过程信息和环境信息的实时监测及调控力度，提升畜禽饲养管理的精准化、智能化和信息化水平，减少人工操作，节省投入成本，提高产品产量、质量和销售价格。具体体现在以下几个方面：

（1）节省投入成本。减少人工操作，节约用工成本；采用先进的环境系统，对家禽养殖舍温度和湿度的控制，节约加热用燃气；冬季家禽养殖舍温度相对稳定，减少御寒性采食，节约饲料；良好的环控系统，极大地改善了鸡群的生存条件，鸡群不生病，无须用药；

（2）提高产量，增加效益。良好的环境监测与控制系统，形成的舒适生存条件，直接反映在产蛋性能上，鸡只均产蛋增加；

（3）提高鸡群成活率。通过先进的环境监测与控制系统，育雏阶段淘汰率可控制在1.5%以内，产蛋淘汰率可控制在5%以内；

（4）提高涉农涉禽人员收入。设施、设备的提档升级促进从业人员的专业技能提升，进而实现了传统养殖行业从业人员的待遇提高，幅度达到50%以上；

（5）提高产品质量和销售价格。优良的生存环境极大地改善了鸡群的健康状况，鸡群不生病、不用药，杜绝药物残留，提升了蛋品品质，销售价格明显提升；

（6）社会效益、生态效益。优良的环控平台，将带来鸡群的健康，减少药物的使用，以确保蛋品安全，保障了菜篮子的放心，减轻病死鸡处理带来的环境代价，具有显著的社会效益和生态效益。

（三）北京烤制鸭养殖环境信息感知系统示范与应用

1. 实施背景

随着北京烤制鸭养殖规模的不断扩大和养殖数量的增加，国内养殖业主要依靠人工养殖，这样的方法已经难以扩大规模，其经济效益低[3]。目前国内鸭舍建筑新旧不等，设计各种各样，供暖、排风降温等各设备生产厂家及技术指导人员不了解鸡舍环境控制的整体要求，结果造成鸭舍与设备、设备与设备使用之间的不匹配，从而造成物资浪费及生产性能低下。我国的环境控制技术与国外技术相比还比较落后，最近几年才真正实现计算机自动控制，目前我国的环境控制硬件系统基本达到国际同步的水平[4]。可见，将农业专家系统应用于鸭舍的疾病诊断和饲料配方是鸭舍控制技术的一个发展趋势。其发展潜力及应用空间很大，对养殖专业户有很重要的指导意义。采用嵌入式系统旨在提高鸭舍系统网络支持、并发处理及功能升级能力，降低系统开发难度，满足计算机控制系统日益复杂化的需要，计算机控制系统需要长时间连续运行，大部分节点分布在不同的地方，要求功耗低、体积小、抗干扰能力高。鸭舍控制系统要求对鸭舍内外各种环境因子进行监测、处理、控制、优化。传统的集中控制难以完成，不能给鸭群提供最佳的生长环境。

传统的DCS（集散型控制系统）的分散度不够，不能完全满足鸭群生产过程的需要，而基于智能仪表的现场总线技术，能满足生产过程完全分散控制的要求，它真正构成了一种全分散的体系结构，具有协议简单、容错能力强、实时性高和成本低等特点，具有很广阔的发展前景。随着计算机的不断发展，信息技术在养殖业已被广泛应用，将人工智能、计算机自动化监控和传统养鸭业相结合，使鸭舍控制技术朝着智能化、网络化、分布式、多样化和综合性应用的方向发展。实现完全自动化、无人化的方向是鸭舍控制技术发展的必然趋势。开放数字精细养殖技术，是未来北京烤制鸭生产的发展方向。

2. 实施地点及规模

北京市大营宏光肉鸭专业合作社成立于2004年5月，以增强农民抗风险能力，带领农民与市场对接，走共同致富道路为目标。合作社现有入社农户246户，社员遍布大兴区黄村、礼贤村、安定村、庞各庄村、榆垡村5个镇的15个自然村，合作社年销售肉鸭达100多万只（3200吨），年产值达2500万元。该合作社深入开展调研工作，以养殖户的实际技术需求入导，开展科技试验示范和技术知识推广工作，辅导农民学技术、懂技术、用技术，开阔思路，提高农民动手动脑能力。实验示范基地基础设施齐全，鸭舍建筑规范，在推广新品种、新技术、新工艺的普及推广方面奠定了坚实的技术基础。

3. 实施内容

北京市烤制鸭的养殖主要有地面平养与异位发酵床饲养方式，本研究主要针对异位发酵床饲养方式开展北京市烤制鸭物联网监控与管理。在北京市大兴区某规模化填鸭养殖场进行技术示范与推广。技术框架图如图9.3所示。

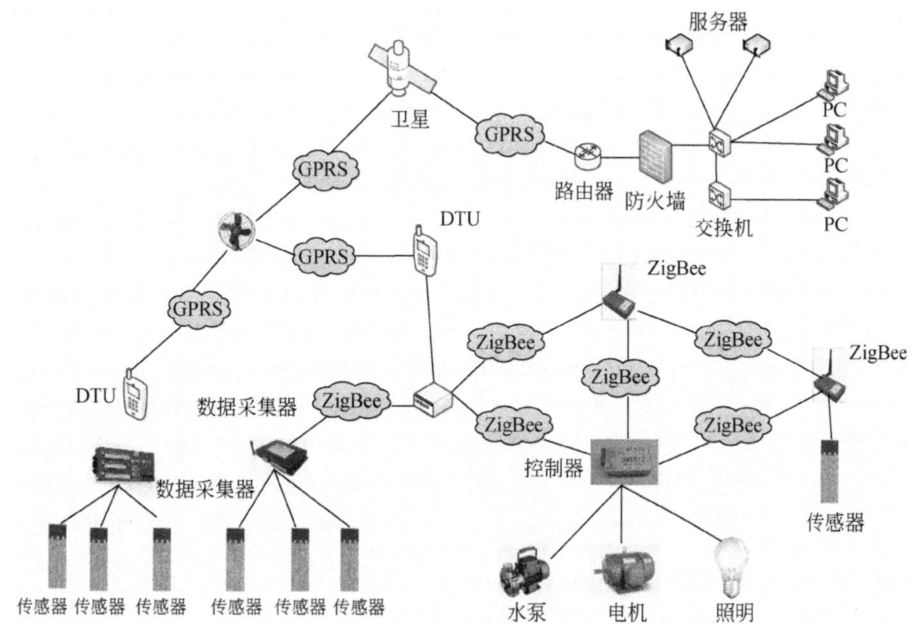

图9.3 技术框架图

（1）北京市烤制鸭活动区域环境信息监测预警。选择“畜禽密闭养殖环境信息监测仪”在家禽舍内推广，监测内容包括空气温度、空气湿度、光照强度、大气压、$PM_{2.5}$、PM_{10}、O_2、CO_2、CO、NH_3和CH_4等信息，从传感器发射功率、发射频率和能量供给方面入手，提高传感器采集、感知、传输、应用的效率和效果；同时，通过高清红外摄像机，实时获取北京市烤制鸭图像与视频，可远程观测北京市烤制鸭的活动现状，对有异常行为的北京市烤制鸭可及时发现与诊断，为及时的疾病防治提供支持。

（2）北京市烤制鸭发酵床环境因子实时变化感知与预警。选择“发酵床环境信息监测仪”在养殖舍内的发酵床即垫料与网下区域的监测，监测内容包括空气温度、空气湿度、O_2、CO_2、CO、NH_3、CH_4、垫料温度和垫料湿度等指标，对发酵床中垫料的状态进行监控，可对该区域的发酵程度和环境状态等及时掌控，针对异常状态进行预警，启动垫料翻抛机运行，改善发酵床环境。为提高技术的精度与效率，缩短相关技术的响应时间，同时，进一步加强设备的信号抗干扰能力，解决恶劣自然环境条件下设备适应性不强的问题，以及在设备操作界面进行人性化设计，提供设备的易用性。

（3）北京市烤制鸭生长环境智能调节与管理。选择“养殖环境信息智能控制器”进行推广，将养殖环境信息智能控制器与北京市烤制鸭养殖舍中的光照设备和通风设备等进行连接。在监测到北京市烤制鸭活动区域的环境信息超出正常范围时，远程启动相对应的控制设备，直至相关指标回到正常区间，实现北京市烤制鸭生长所需要的环境调节及光照的自动供给，以提升北京市烤制鸭智能养殖管理效率，减少人工操作。

（4）北京市烤制鸭环境控制模型。一是雏鸭期环境控制模型（1～24 日龄）。饲养温度：1～3 日龄，温度保持在 30℃，4～6 日龄，温度保持在 24～26℃，7～10 日龄 20～23℃，以后保持在 20℃左右恒定。饲养湿度：1～7 日龄，湿度保持在 65%，8～14 日龄，湿度保持在 60%，15～21 日龄，湿度保持在 55%。饲养光照：1～3 日龄，光照强度为 40Lux，光照时间为 24h；4～7 日龄，光照强度为 35Lux，光照时间为 23h；8～14 日龄，光照强度为 20Lux，光照时间为 20h；15～45 日龄，光照强度为 10Lux，光照时间为 15h。二是中鸭期环境控制模型（25～35 日龄）。饲养温度：20℃；饲养湿度：55%～60%；饲养光照：光照强度为 10Lux，光照时间为 8～9h；三是大鸭期环境控制模型（36～47 日龄）。饲养温度：20℃；饲养湿度：50%～55%；饲养光照：光照强度为 5Lux，光照时间为 5～7h。

4. 社会经济效益

（1）创造性地利用包括肉鸭养殖场的舍内环境监测、舍外环境监测、全过程视频监测、手持式采集、无线远程控制及智能环境调控等“物联牧场”关键技术与北京市烤制鸭生产实际相结合，优化肉鸭养殖生产中的环境控制管理，用物联网技术与信息化技术武装肉鸭养殖场生产工艺，实现肉鸭养殖的机械化、自动化与智能化、信息化的有机结合。

（2）构建了北京市烤制鸭不同生长周期的环境控制模型（温度、湿度、光照强度与光照时间及有害气体控制范围等），并将其与无线远程控制技术相结合，根据模型中的环境参数相应启动或关闭养殖舍中的风机、光照、温湿度调控器和水帘等控制设备，实现北京市烤制鸭密闭养殖环境的智能控制，可使养殖舍中的北京市烤制鸭生长在最佳环境中，将有效提高北京市烤制鸭的生产产量与质量，进一步减少人工劳动，节约生产成本。

（3）本研究将“物联牧场”技术应用在北京市烤制鸭养殖，有效覆盖了北京市的家禽养殖场，将传统大尺度粗放饲养转变为小尺度精细化饲养，建立了以物联网为实现手段的现代北京市烤制鸭高效智能化饲养新模式，提升北京市烤制鸭饲养管理的精准化、智能化和信息化水平，提高劳动效率、管理效率和资源利用效率。在新的养殖模式下，将为该地区北京市烤制鸭养殖行业的提档升级提供新思路，树立好典型，基本能够形成可应用、可复制、可推广的应用模式。

二、生猪“物联牧场”示范与推广

（一）生猪环境实时监测及视频监控系统示范与应用

1. 实施背景

当前我国生猪养殖对物联网技术的需求突出表现在以下七个方面：①猪舍环境缺乏有效、及时的监测和控制手段；②部分养殖场猪舍已配备空气温度湿度和氨气等传感器，但还不能完全满足封闭式全面控制的需求，对性价比高的传感器需求强烈；③生猪养殖疫病呈多发态势，常见生猪疫病的及时诊断对减少养殖企业损失意义重大，因此，有关疫病的防控受到重点关注；④生猪养殖场缺乏对生猪个体的远程视频监测系统，难以实时自动监测生猪活动状况；⑤生猪喂养过程中缺乏针对生猪个体的信息统计，无法实现精细饲喂和产品追溯，且缺乏相关的饲喂模型；⑥生猪粪便对环境污染严重，需要实现自动清理；⑦缺乏生猪养殖环境感知、传输、控制和应用的相应标准。

2. 实施地点及规模

广东省广垦畜牧集团股份有限公司，是一个集种猪生产销售、商品猪饲养销售于一体的畜牧行业龙头企业，也是当地的种猪基地。目前，公司拥有 5 座生产工艺先进、设施装备精良的种猪场，1 个猪人工授精中心，1 间全价饲料厂。公司加合作社，年上市生猪合计 10 万头。近年来，随着新技术的陆续出现，特别是物联网技术的兴起，公司在生产与管理中逐步引入物联网技术，包括 RFID 技术、种猪自动控制与管理技术和自动喂料系统等，建造了国际一流的智能化现代化种猪场，其中运用了大量与养殖有关的物联网技术，从种源入手，控制整个生产链的全过程，包括饲料营养、饲养生产管理、养殖环境控制、粪污处理、投入品的安全检测与监测和违禁药品的检测与管控等。基于物联网技术打造的现代化猪场，成为一座智能化的猪场，其让生产管理更有序，让管理者在第一时间掌控猪场内的一切。

3. 实施内容

种、料、病及管是生猪养殖的四个重要环节，加强四个环节的管理是生猪健康养殖的关键。运用环境监测、视频图像传感器、自动控制及网络信息技术，构建全覆盖 24h 实时视频采集和存储系统、全封闭猪舍内智能化环境控制系统。转变传统的生猪饲养模式，实现猪场生产单元内的视频监控、全封闭猪舍内智能化温控功能和全过程信息化管理功能，改善动物福利，提高仔猪成活率，有效地降低饲料消耗和能源消耗，节省劳动力，降低工人劳动强度，提高管理水平。其技术框架如图 9.4 所示。

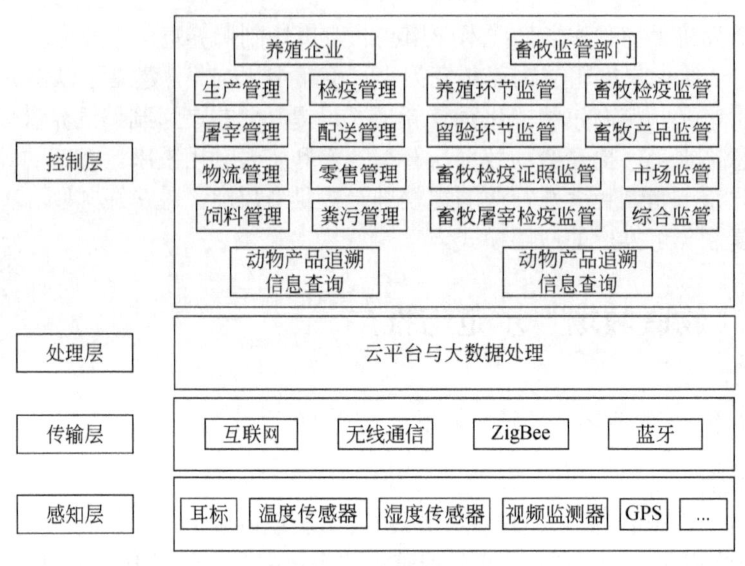

图 9.4　技术框架

（1）全封闭猪场视频监控系统。在全封闭生猪养殖场中安装 11 路视频监控器的视频采集和录像系统，24h 全天候对生产全过程进行监测与存储，掌握全场实时动态的数据。维持监控系统还包括显示器在内的一系列终端控制装置，这些设备均是整个物联网得以正常运转不可或缺的设施设备。

（2）猪舍环境智能温控系统。生猪养殖环境是生猪饲养中的关键环节，良好的生存和生产环境是生猪健康成长的必要条件，其所起到的作用约占 20%～30%的比重。适宜的养殖环境是投入饲料少、产出多、猪肉质量好、猪肉安全性高的重要保证，可以通过调控温度、湿度、密度和通风换气等手段改善生猪养殖环境。建立全封闭猪舍环境智能温控系统，通过对猪舍内环境的温度、湿度进行实时监测、图像视频监控，借助于曲线显示、数据保存和数据处理等功能，实现养殖舍内环境（包括光照度、温度及湿度等）的集中、远程、联动控制。系统根据舍内温湿度信息电脑控制箱控制执行控制箱，各种设备能够自动化通风换气、自动化增温、自动化水帘降温来调节好猪舍内小环境。

（3）种猪生产管理系统。根据种猪场的生产实际，研发种猪生产全过程管理系统，采用传统的数据采集方式，对种猪生产的对象和全过程进行信息化和可视化的表达、设计、监控和管理。系统由猪场数据维护等 7 个功能组组成生产管理功能组，具有每日智能提示等 13 个模块。繁殖育种功能组可以随时产生每头在群母猪的资料卡，决定母猪的最佳淘汰时间。饲料配方功能组具有配方原料管理等模块。疾病防疫功能组提供了猪常见病资料管理、疾病检测与治疗、检疫和免疫、驱虫监测、疾病监测、免疫监测和兽药进销存等模块。通过该生产管理软件的研制与应用，充分实现种猪的精细饲养和猪场生产管理的全面信息化与智能化。

4. 社会经济效益

通过物联网示范基地的建设，运用视频监控、温湿度自动控制，完成了“养猪场自动监控系统、温控系统和信息化管理系统”。颠覆传统的生猪饲养模式，实现猪场生产单元内的视频监控功能、全封闭猪舍内智能化温控功能和全过程信息化管理功能；改善猪舍环境，提高仔猪成活率，有效地降低饲料消耗和能源消耗，节省劳动力，降低工人劳动强度，提高管理水平。

（1）采用了微电脑技术、传感器技术、自动控制技术，自动监测猪舍内的温度、湿度，通过计算机对猪舍内环境的温度、湿度进行实时监测、视频监控、曲线显示和数据处理等管理功能，同时根据监测的信息对环境进行控制，使猪只生长在适宜的环境中，提高生产效率。

（2）为猪场的信息化管理带来全新的概念和视角，实现了生猪生产全过程的精细化，有利于实现猪场的信息化管理。该系统是根据猪场实际量身订制的专业化与智能化的系统，功能强大，操作便携。

（3）采用 RFID 电子耳牌的识别技术，在群体饲喂环境下对测定个体（测定猪或羊）进行识别，并在此基础上对测定猪的相关数据（如采食时间、采食量和体重等）进行精确测定。通过对硬件系统所采集的数据进行综合处理，生成灵活多样的数据报告和图表，供管理人员、技术人员和公司的决策层使用。

（二）生猪环境监控及质量追溯系统示范与应用

1. 实施背景

我国生猪养殖业正处于从传统养殖向现代化养殖转变的重要时期，面临着资源消耗大、投入产出比高和劳动效率低等问题[5]。“降成本”和“提质增效”始终是生猪养殖供给侧结构性改革的重中之重，是生猪养殖转型升级的必经之路，而生猪福利养殖和精细化、智能化的饲养技术相对落后[6]。

生猪在生长过程中，其个体的生长状态（如身高、体重、年龄和体温等）会发生巨大的变化，针对不同的个体生长状态，采用适合不同个体生长的饲料配方，对生猪进行精细化饲养管理，才能更有效地促进生猪生长，进而提高生猪产量和质量[7]。在生猪物联网中，通过生猪体征指标传感器（如压力传感器、红外传感器），实时搜集生猪个体生理状态数据，并将数据及时传输到服务器，集合畜牧精细饲喂模型，对畜牧饲料配方进行科学配比，从而保证畜牧生长所需各种营养成分，节约生产成本，提高畜牧产品产量和质量；同时，监测畜牧个体数据异常情况，将数据及时反馈给生产者，做到实时监测、实时反馈、实时处理。疫病是影响生猪产量的重要因素，尤其是传染病，对生猪养殖是一种极大的威胁。动物疫病在发生前都有征兆，物联网技术的发展为生猪疫病的监测与预警提供了技术支撑。

通过对生猪个体情况的实时监测，及时了解个体生长状态，传感器将生猪个体的生理数据（如体重和体温等）通过传输网络传到数据库，应用程序通过监测数据库中的实时数据，了解生猪生长的实时信息，并将生猪生长信息与最新的生猪疫病数据相对比，及时监测生猪生长状况，对疫情进行严格控制。

2. 实施地点及规模

山东省聊城市东昌府区绿源养猪场，养殖 2000 头在栏生猪，其中，母猪为 190 头，仔猪为 350 头。种猪舍采用地面圈养，种猪舍为砖石棉瓦结构共 6 间，按每间 6 平方米室内面积和 9 平方米室外活动场设计，室外活动场围墙高为 0.8 米，母猪单间饲养。育肥猪舍为砖石棉瓦结构共 3 间，按每间 12 平方米室内面积和 18 平方米室外活动场设计，室外活动场围墙高为 0.8 米。

3. 实施内容

（1）猪舍环境信息监测。猪舍环境监控通过在猪舍内部署二氧化碳、氨氮、硫化氢、温度和湿度等各类室内环境监测传感器，将各类传感器节点进行连接构成监控网络，通过各种环境传感器采集养殖场所的主要环境因子数据，并结合季节、猪品种及生理等特点，制定有效的猪舍环境信息采集及调控程序，达到自动完成环境控制的目的。基于物联网的环境感知测控技术与养殖场的环境控制装备结合，可有效提升养殖场管理及技术水平（图 9.5）。

（2）猪舍环境远程控制。生猪物联网远程控制系统使得养殖户可以通过手机 APP 远程控制牧场设备（如风机、照明灯、水泵、加热器、电机和电磁阀等）的启动和停止。畜牧物联网远程控制系统支架安装有风扇、加热器、照明灯、电机、水泵和电磁阀。该支架移动方便，适合小型牧场使用。生猪物联网远程控制系统控制箱，控制面板上安装设备的硬件开关，可以和远程控制系统手机 APP 同时使用（图 9.6）。

图 9.5　生猪环境信息监测设备图

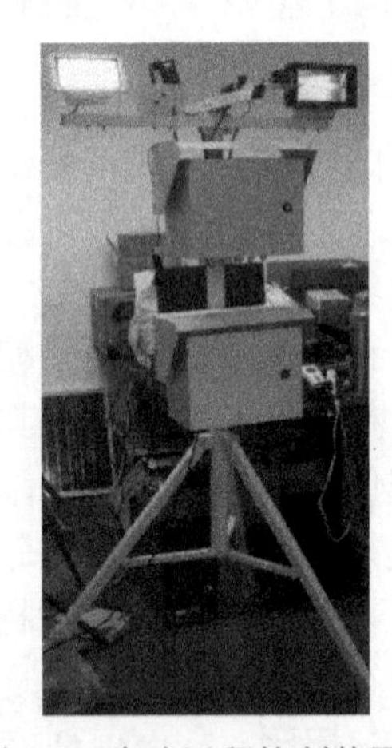

图 9.6　生猪远程控制装置图

（3）生猪个体行为视频监测。对与生猪个体行为进行自动视频监控，是分析和发现生猪养殖过程中的异常状况，判断个体生猪发情、进食和生病等行为的有效技术手段。猪舍视频监控主要实现对猪舍环境的远程自动监测管理。视频监控适应于现代集约化养猪场对养猪过程封闭管理的要求，有利于生猪的安全生产，可有效降低现有养殖模式中养殖人员介入过多对生猪生长的不利影响。为方便及时观测生猪个体的行为，需在养殖场布设固定或者可移动视频检测设备，利用视频摄像头的动态可视化特点，将生猪养殖过程予以实时监控。生猪个体行为视频监测主要涉及视频数据的采集、视频数据的传输、视频数据的分割、边缘提取、形态识别和跟踪等处理过程，用以得到猪只的不同行为与生长状况等信息。视频数据通过网络发送到计算机及手机等终端用以实现养殖场的异地实时监测（图 9.7）。

图 9.7 生猪饲养视频监控

（4）生猪粪便自动清理。生猪排泄物较多，对环境污染严重，建立生猪粪便自动清理模块，能够降低粪便对环境的污染，实现集中粪污处理，对提高疫病控制和污染治理非常重要。生猪粪便自动清理技术涉及关键技术包括：①粪便自动收集，宜采用机械类设备对粪便进行收集，不仅可以节省清洗猪舍的人力与用水，而且可以消除养猪场的臭味，实用方便，效果良好；②猪舍空气自动净化，根据猪舍环境的实际情况，对猪舍空气进行净化，可降低全封闭猪舍微生物浓度。同时该模块与环境监控系统可以有效结合，保持良好的猪舍环境。

（5）系统配置。主要包括：①信息采集系统，二氧化碳、氨气、硫化氢、空气温湿度、光照强度、气压和粉尘等各类传感器，采集信息参数；②无线传输系统，可远程无线传输采集数据；③自动控制系统，包括天窗、水帘、风机；④视频监控系统，查看畜禽的成长生活状况，密切关注疫情的发生、防治；⑤软件平台，包括远程数据实时查看参数和自动控制功能、各类报警功能、进入智能专家系统功能。

4. 社会经济效益

（1）保护生态环境。农业物联网技术改变了过去基于感性经验的生猪管理方式，通过精确、科学的数字化控制手段进行农业生产和管理，可以有效避免用药行为的过度化和滥用，从而避免对生态环境的破坏，起到保护生态环境的目标。药物滥用会对农业生态系统中其他生物的生存带来危机。基于准确数字化控制的物联网生猪养殖技术的应用，可以避免和减少这种生态环境破坏问题。

（2）保障食品安全。畜牧物联网技术的应用实现了生猪生产管理的精准化，可以有效控制投入的饲料添加剂等危害健康的物质残留问题。

（3）节约能源资源。“物联牧场”技术所带来的能源资源节约除了具有节约经济成本的经济效益外，从能源和资源保护的视角看，也具有积极的社会效益。

（4）实现“人”的“在场”解放。“物联牧场”技术实现了生猪生产管理的远程化和自动化，减少了饲养人员从业者到生产现场进行作业的必要性。

三、肉牛及奶牛的“物联牧场”示范与推广

（一）肉牛环境监控及质量追溯系统示范与应用

1. 实施背景

肉牛的生长环境对肉牛产品产量和质量的影响尤为重要。在肉牛养殖环境参数的感知方面，主要是对肉牛生产中产生的有害气体（氨气、硫化氢、一氧化碳、二氧化碳和甲烷）浓度的监测，以及对肉牛周围环境中的温度、湿度、光照强度、风速、风向、降雨量和大气压等参数的监测[8]。肉牛业产生的有害气体是农业生产污染气体的主要来源，这些有害气体含量超标和周围环境变化会导致肉牛产生各种应激反应，造成肉牛体质变弱，免疫力下降，严重影响肉牛健康、生长发育、繁殖及最终的肉牛产品质量。

我国现阶段大部分养殖场都无法做到对肉牛养殖环境进行精确控制，因此，难以进一步提高肉牛产品的产量和质量；而物联网技术为肉牛生长环境的自动控制、精确模拟提供了必要的路径[9]。通过光照、温湿度和气体传感器等采集牧场环境信息，将采集到的信息通过无线传输技术和移动通讯技术（如蓝牙、Wi-Fi、ZigBee 和 3G 技术等）传输到服务器，应用程序将收集到的数据与数据库中的标准数据进行对比，集合专家系统及肉牛生长模型等模型系统，科学准确地计算出肉牛养殖环境数据，可以对肉牛生长环境进行精确监测与预警，从而提供一个良好的肉牛生长环境，促进肉牛畜产品产量和质量的提高。

2. 实施地点及规模

实施地点为阳信县，分别为 5 个肉牛养殖公司，即鸿安优质肉牛养殖基地、鑫源畜牧养殖有限公司、阳信亿利源清真肉类有限公司、阳信华阳集团有限公司、阳信华盛华胜清真肉类有限公司集团。这 5 家肉牛养殖公司是以肉牛产业为主的省级农业产业化重点龙头企业、省级企业技术中心、市级企业重点实验室依托单位，也是全国民族特需商品定点生产企业和山东省著名畜牧生产企业，多次评为优秀品牌企业。

3. 实施内容

（1）肉牛养殖舍外环境实时监测。针对肉牛养殖舍外环境信息采集的需求，集成包括温湿度、光照强度、降雨量、风速、风向和大气压等传感器，以及环境信息采集器与无线发射装置，在肉牛养殖舍外建设成肉牛养殖舍外环境信息监测站，为了满足监测站野外工作的供电需求，监测站配备了太阳能和蓄电池供电系统，确保肉牛养殖舍外自动供电，实现肉牛养殖舍外环境信息的实时采集与发送。

（2）肉牛养殖舍内环境实时监测。针对肉牛养殖舍内封闭环境信息采集的需求，集成包括温度、湿度、光照强度、大气压、PM_{10}、氧气、二氧化碳、一氧化碳、氨气和甲烷等传感器，并采用小型化与紧凑化设计，尽量不妨碍肉牛养殖与饲喂，在肉牛养殖舍内建设成肉牛养殖舍内环境信息监测站，实现肉牛养殖舍内环境信息的实时采集与发送。

（3）肉牛养殖舍外与养殖舍内视频监测。围绕肉牛养殖生产过程的实时监控，采用

高清摄像机与标清摄像机覆盖肉牛养殖重点区域，确保肉牛养殖舍内、养殖场出入口、饲料加工、粪便清理和饲料存放等区域的重点监测，并通过有线或 Wi-Fi 方式传输视频信息，确保视频信息连续传输，实现肉牛养殖过程的视频信息实时查看。

（4）肉牛养殖无线远程智能控制。基于 PLC 可编程控制器和无线信息接收装置，结合 GPRS、3G 网络、4G 网络和 Wi-Fi 等可选择的无线传输方式，集成肉牛养殖无线远程智能控制装置，实现远程控制肉牛养殖场的风机、照明灯和加热器等设备的启动或停止，同时，该装置也能提供人工现场控制，确保肉牛养殖的最佳环境，并且节约生产成本，减轻劳动力负担，降低能耗（图 9.8）。

图 9.8 肉牛养殖的物联网设备

4. 实施结果

山东省阳信县肉牛养殖场的监测时间是从 2016 年 3 月 22 日至 2016 年 4 月 5 日，共计 15 天，采集数据的频率为 10min/次，监测的肉牛环境信息包括温度、湿度、光照强度、风速、氨气、硫化氢、甲烷及二氧化碳。肉牛养殖场的气象监测信息如图 9.9 所示，肉牛养殖场的温度、湿度每天变化幅度较大，温度变化为 9～18℃，湿度为 25～85RH，光照强度为 1～3kLux，风速为 0.5～6m/s，由于养殖场是开放式结构，场内的温度、湿度会随着天气的变化而变化，而且所在地为北方，早晚的温差和湿差相对较大，光照充足、风速适中，这样的环境对肉牛养殖比较适宜。

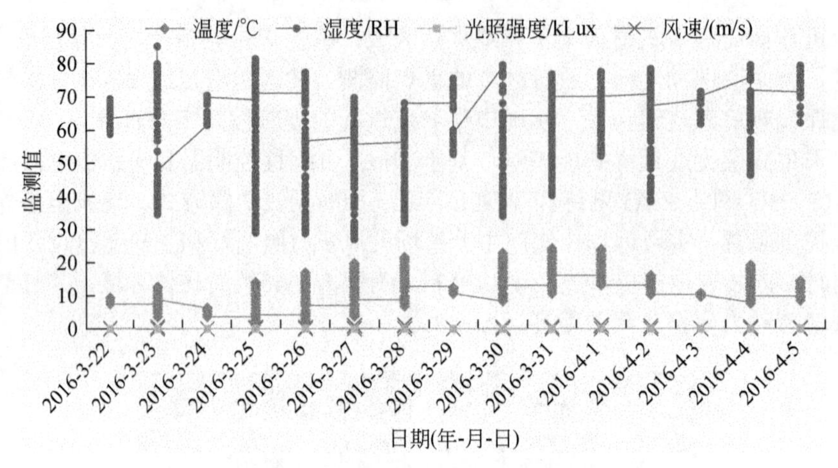

图 9.9　肉牛养殖场的气象监测信息

肉牛养殖场的气体监测信息如图 9.10 所示，肉牛养殖场的二氧化碳浓度每天变化幅度相对较大，为 410～760pmm，氨气、硫化氢和甲烷浓度变化幅度不大，为 0～1.5pmm。肉牛养殖场为开放式结构，所以，场内的气体浓度变化幅度都不大。

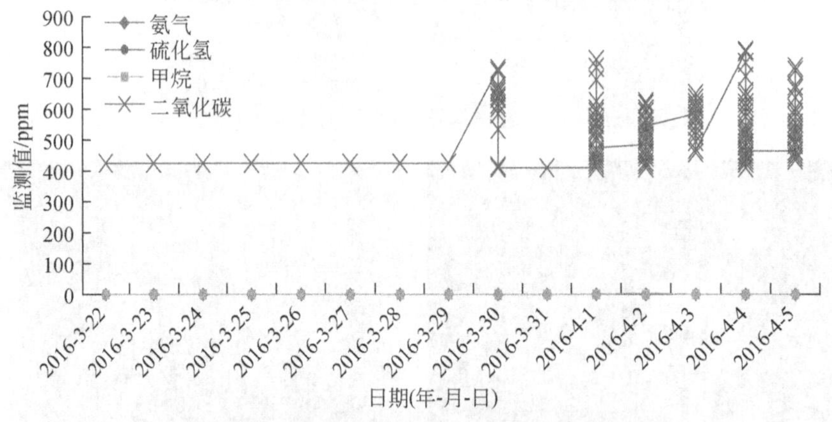

图 9.10　肉牛养殖场的气体监测信息

通过肉牛养殖场的试点应用，可实时监测肉牛养殖环境中的温度、湿度、光照强度、风速、氨气、硫化氢、甲烷及二氧化碳等信息，有效解决了肉牛养殖环境实时远程监测的难题，改善了肉牛生长环境，实现了肉牛生产的节本增效，为肉牛集约化、智能化管理提供了支撑。

（二）奶牛环境监控及质量追溯系统示范与应用

1. 实施背景

伴随着时代的进步，我国奶牛养殖产业也在不断地发展。2013 年，我国牛奶产量达 3531.42 万吨，奶制品销售额达 2831.59 亿元，占 2013 年第一产业增加值的 4.97%[10]。奶牛养殖产业现已成为我国现代农业的重要组成部分。然而，随着我国经济增长、居民收入提高及居民食物消费行为和消费方式的改变，乳制品的刚性需求仍将持续增加。如何发展奶牛养殖产业，以满足国内持续增加的需求，是我们当前面临的一个重要问题。受土地资源的制约，我国必须发展资源利用节省型的畜牧业，奶牛业是目前资源利用最为节省的畜牧业。就奶牛业自身而言，进一步提高资源利用率的主要途径是提高单产水平，这也是奶牛养殖企业能否赢利和赢利多少的关键。目前，世界奶牛单产水平最高的国家——以色列全国平均单胎产量超过 12t，而我国平均不足 4t[11]。

物联网技术与奶牛养殖的结合将为我国奶牛养殖产业带来一个新的契机。通过应用物联网技术，我们可以感知奶牛养殖的各个环节，从而获取奶牛生长环境信息、生理信息，监测奶牛发情，检测奶牛疾病，以及对奶牛进行精细饲喂等。物联网技术与奶牛养殖的结合，将使奶牛养殖更加科学化、智能化、现代化，从而极大地增加奶牛年产奶量，使奶牛养殖产业得到进一步发展。

2. 实施内容

以“物联牧场”技术体系为基础，从感知层、网络层和应用层，构建奶牛的个体识别与养殖环境监测、视频监测、自动饲喂、生产管理于一体的网络化管理平台，实现奶牛的高效、安全、绿色养殖。其技术框架图如图 9.11 所示。

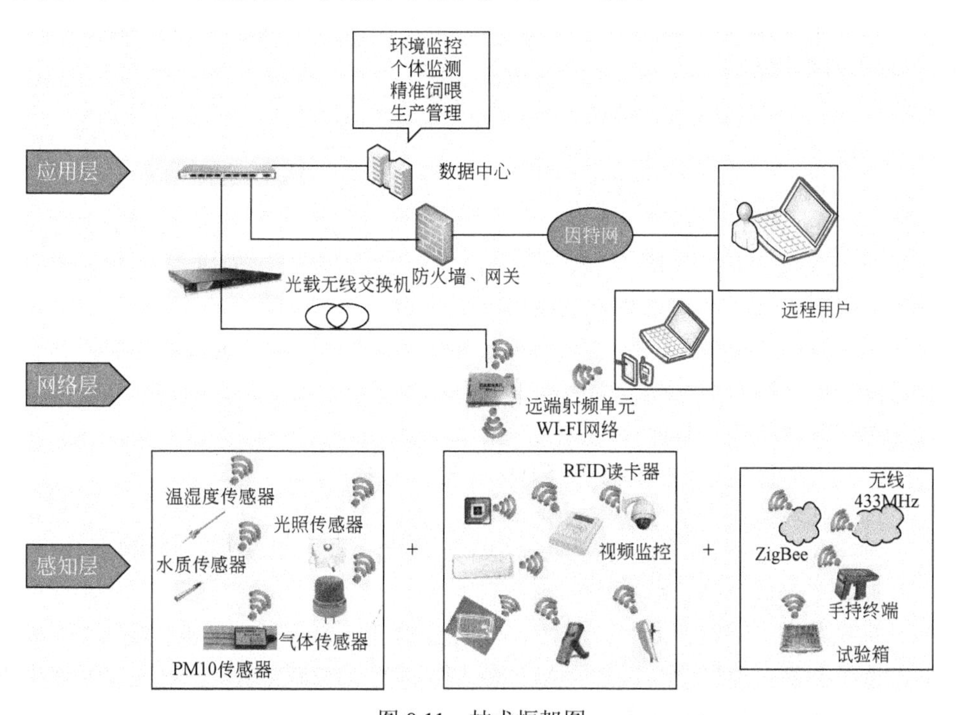

图 9.11 技术框架图

（1）监测功能系统。根据无线传感网络与无线通信模块实时获取奶牛生长环境信息（如空气温度、空气湿度、光照强度、风速、风向、大气压、硫化氢气体浓度、二氧化碳气体浓度和甲烷气体浓度等信息），并利用中间汇聚节点，实现奶牛生产环境的信息传输、及时通信与数据的临时存储，并能通过获取的环境信息实时掌控奶牛生产环境的动态，并经过分析与处理提供预警信息，通知管理员某一参数超出了阈值，应该启动或关闭相应的控制设备，实施远程控制。

畜牧养殖场物联网系统采用组合式传感器。主要包括：①前端数据采集部分。前端数据的采集是整个系统的前沿部分和基础。系统将简单的奶牛生产环境参数、信息实时搜集，将数据实时传输给中继器。前端数据采集设备采用无线多路采集器。②网络传输部分。网络传输主要承担将前端数据采集器发送过来的数据传送给服务器，并接收服务器下达的指令提供给控制器，是整个系统数据的传输主干道。网络传输设备采用无线中继器。③无线控制部分。现场采集到的数据通过平台分析，与系统设置的阀值进行对比，参数超过阀值后下达指令，自动打开相应的设备。

（2）全天候图像与视频监控系统。“物联牧场”的基本概念是实现畜牧的智能化饲喂与控制，以及畜牧养殖环境与设备的物物相连的关系网络。通过多维信息与多层次处理，实现畜牧养殖的最佳生长环境控制及饲喂管理。但是，作为管理畜牧工作人员而言，仅仅数值化的物物相连并不能完全营造畜牧个体最佳生长条件。视频与图像监控为物与物之间的关联提供了更直观的表达方式。视频与图像监控的引用，直观地反映了畜牧生长发育的实时状态，引入视频与图像处理，既可以直观反映一些奶牛个体生长长势，特别是小牛犊的生长发育，也可以侧面反映出奶牛整体状态及健康水平，可以提供更加科学的养殖决策理论依据。

奶牛养殖舍视频与图像监控系统采集奶牛活动及生长态势，兼管养殖场生产和安防的功能，由网络摄像机、前端视频采集器、无线网桥、硬盘录像机组成。主摄像机采用高清网络一体机（球机），安装在大棚内，主要观察动物生长态势；副摄像机采用高清红外网络摄像机。机功能是生产及监控，主要安装在出入口、道路和周界防护地带，所有视频信号进行图片高清上传、监视、录像，服务器对上传的画面进行图像处理、分析，实现奶牛生长状态观察及疫病监测和诊断。

（3）奶牛养殖控制系统。由奶牛养殖舍内传感器采集奶牛养殖舍内部的立体温度信息，并通过加权平均的方法构建奶牛养殖舍中的温度分布曲线，智能判断当前的温度信息是否符合奶牛生长的最佳区间，如果超出临界值，则启动相应的控制单元（如场内风机、喷雾及加热等装置），用以快速调节相应的环境参数。

（4）信息传输。利用蓝牙和 ZigBee 技术等搭建畜牧养殖舍内的无线传感网络，实时感知养殖舍的环境信息，并通过设定中间传输装置，实时汇集与传输感知网络的环境信息，并经过无线通信传输模块，传输至服务器中。

（5）信息控制。采用自动控制模式，同时兼容了手动控制，集成了触摸的 LED 显示屏，整合了监测数据显示与操作控制状态，衔接了无线通信模块，可以实现奶牛养殖场中的卷帘和风机等的及时控制。

（6）应用平台。采集到的数据通过终端设备展示给用户，使用户能够了解奶牛养殖基地的实时环境信息。用户可以通过各种终端（如个人电脑、手机、手持终端和触摸式一体机等）实时了解奶牛养殖舍内与养殖舍外环境信息并实施及控制操作。同时，应用平台还包括奶牛个体身份识别；每挤奶班次产奶量、电导率、运动量和体重等个体数据的自动采集；实时温度、湿度、风力和风向等环境数据的自动采集；发情、乳腺炎和其他疾病的自动检测；抗生素和初乳的挤奶安全控制；育种参数优化计算、冷热应激智能计算、TMR饲料配方优化计算、个体营养精准计算；精料自动补饲、三方向自动分群、风扇喷淋自动控制；自动脱杯和电子脉动器自动控制；挤奶数据和补饲数据定量分析；远程数据传输和数据同步；奶牛基本信息、系谱信息、产奶信息、繁殖信息和疾病信息管理等。系统设备配置见表9.1。

表9.1 系统设备配置表

序号	产品名称	备注
1	养殖舍外采集设备	实时采集空气温度、空气湿度、风速、风向、二氧化碳和光照强度
2	养殖舍内采集设备	实时采集空气温度、空气湿度、氨气、硫化氢、甲烷和光照强度
3	远程控制装置	远程控制养殖舍的卷帘机、通风、光照
4	高清网络体机（球机）	高清红外网络摄像机
5	物联网软件平台	通过互联网客户端实时查看奶牛养殖舍内外环境数据和奶牛个体健康状况，并结合无线远程控制，实现奶牛的智能化管理
6	客户端软件	通过手机客户端APP程序查看奶牛养殖舍内外环境数据和奶牛个体健康

3.经济效益

（1）生产效率提升。实现了奶牛生产管理的远程化、自动化。利用现代信息的技术手段，加强奶牛的精细化饲喂和环境的控制，使得奶牛的生产管理更加科学合理，大幅降低生产成本及节约相关的资源，提高了生产效率。

（2）循环流转成本降低。实现了奶牛养殖各循环流转环节的远程化、数字化和智能化，使得奶牛产品信息发布和对接更加便利，甚至可以实现奶牛养殖与电子商务的直接对接，为减少其流通环节提供了重要契机，也为降低流通环节中信息的不对称性提供了有力保障，从而为交易成本的降低提供了较大空间。

（3）能源资源的成本节约。奶牛的无线远程监测与控制系统，减少了奶牛养殖人员到达现场的必要性，为降低基于人的实体流动而产生的能源资源消耗提供了条件。

（4）牛奶经济附加值的增加。奶牛养殖生产和管理精确可控，饲料和水等用量精确科学可控，而畜产品安全溯源技术为食品安全提供技术保障，从而从牛奶的生产源头做起，加强奶制品的安全可靠，经济附加值得到提高。

四、本章小结

信息技术的示范与推广是关键技术与设备进行熟化与提升的重要过程，是技术体系与行业生产实践相结合的必要手段，是畜禽养殖机械化、自动化与智能化、信息化的有机结合。本章通过“物联牧场”技术体系在家禽、生猪、肉牛和奶牛的示范与推广，建立了7个品种的畜禽物联网示范应用基地，并针对不同畜禽品种、养殖规模、饲养条件提出了有针对性和个性化的物联网解决方案，集成了不同类型的感知器件与无线控制单元，设计了畜禽养殖信息化系统平台，以提升畜禽饲养管理的精准化、智能化和信息化水平及提高劳动效率、管理效率与资源利用效率为目标，能较大程度提升畜牧养殖场的现代化发展水平，加快畜牧养殖产业的提质增效和转型升级。同时，通过示范与推广应用还总结了不同畜禽品种的信息化养殖模式和经营模式，可为同地区的其他养殖户与养殖企业提供参考。

参考文献

[1] 连京华，李惠敏，孙凯，等. 基于物联网的家禽养殖环境远程监控系统的设计［J］. 家禽科学，2015，（7）：7-10.

[2] 刘艳昌，张志霞，蔡磊，等. 基于 FPGA 的畜禽养殖环境智能监控系统的设计［J］. 黑龙江畜牧兽医，2017，（11）：127-131.

[3] 应胜斌，雷必成，周坤，等. 基于物联网的禽畜智能养殖监控系统的设计［J］. 电子测量技术，2014，37（11）：86-89.

[4] 张伟，何勇，刘飞，等. 基于物联网的规模化畜禽养殖环境监控系统［J］. 农机化研究，2015，（2）：245-248.

[5] 周茁，朱幸辉，李振波. 生猪养殖物联网体系建设探讨［J］. 湖南农业科学，2013，（3）：105-108.

[6] 朱虹，李爽，郑丽敏，等. 基于粒子群算法的生猪养殖物联网节点部署优化研究［J］. 农业机械学报，2016，47（5）：254-262.

[7] 刘楷. 基于物联网的生猪质量安全追溯服务平台研究［J］. 热带农业工程，2014，38（6）：6-10.

[8] 温永春，李凌云，李元哲. 物联网 RFID 技术为基础的肉牛饲养质量安全追溯系统的研究［J］. 内蒙古科技与经济，2013，（24）：62-63.

[9] 姜德科，昝林森，谢毅超，等. 基于物联网的牛肉生产加工全过程质量溯源及一站式供销服务系统研发［J］. 中国牛业科学，2015，41（6）：39-45.

[10] 张建华，赵璞，刘佳佳，等. 物联网在奶牛养殖中的应用及展望［J］. 农业展望，2014，（10）：51-56.

[11] 姚强，陈丽丽，王穆峰，等. 物联网环境下奶牛育种优化探究［J］. 中兽医学杂志，2015，（12）：99.

第十章　结论与展望

畜牧业物联网技术应用为畜牧产业的转型升级带来了新的动力。科学分析畜牧业物联网发展面临的机遇与挑战，准确把握畜牧业物联网的趋势和需求，针对性制定推进畜牧业物联网发展的相关对策，对推动我国现代化畜牧业的发展具有重要意义。本章阐述了我国畜牧业物联网的机遇与挑战，预测了未来一个时期内的发展趋势和需求，以及对推进畜牧业物联网的发展提出了对策与建议。

一、“物联牧场”发展面临的机遇与挑战

现代畜禽养殖是一种“高投入、高产出、高效益、高风险”的产业。为了规范产业的健康发展，国家相关部门提出要将降低资源浪费、减少环境污染、降低投入成本、保障安全供应作为实现畜禽产业现代化的首要目标。“物联牧场”为实现畜牧业的信息化、产业化提供了前所未有的机遇，但同时中国畜牧业物联网技术的应用与产品的开发还处于初级研究阶段，“物联牧场”的发展还存在许多挑战性的问题。

（一）“物联牧场”发展面临的机遇

“物联牧场”在畜禽养殖业领域应用发展前景广阔。随着畜牧养殖模式逐渐向集约化、现代化方向发展，畜牧业为物联网技术装备的应用提供了广阔的平台。随着信息技术和计算机网络技术的发展，物联网已经走进了畜牧养殖业的各个领域。物联网新技术的应用是对传统畜牧业的催化剂，是向现代畜牧业转变的必经之路。“物联牧场”的发展正迎来前所未有的发展机遇。

一是国家高度重视信息化与农业现代化建设，尤其是农业信息化的推进，“物联牧场”符合当下国家对社会经济发展的要求。同时，在国家战略规划中也高度重视物联网、云计算和大数据等新技术的引领作用，在《“十三五”国家信息化规划》中多次提到物联网的支撑作用；2015年国务院办公厅印发《关于加快转变农业发展方式的意见》强调，推广成熟可复制的农业物联网应用模式，加快农业发展方式转变。2016年印发的《关于落实发展新理念加快农业现代化实现全面小康目标的若干意见》指出，大力推进“互联网+”现代农业，应用物联网等现代信息技术，推动农业全产业链改造升级。国务院印发的《全国农业现代化规划（2016-2020年）》提出，对大田种植等进行物联网改造。近年来，国务院出台了一系列强有力的政策措施推动物联网的发展，包括国家发展和改革委员会、科技部和农业部等在内的各个部委及省市纷纷启动物联网项目的研究与实施，这些都为畜牧业物联网的发展提供了难得的历史机遇和良好的发展环境[1]。

二是美国和欧洲的一些发达国家相继开展了畜禽养殖领域的物联网应用示范研究，

为“物联牧场”的发展应用提供了可借鉴的经验（如澳大利亚、新西兰、美国和加拿大等国家的畜牧养殖业物联网模式）。研究西方发达国家的畜牧养殖业物联网技术装备应用情况，将有力地促进我国畜牧养殖业的升级转型，推动我国畜牧养殖业与国际接轨，更早实现畜牧养殖业的自动化、信息化与智能化[2]。

三是物联网技术的发展，为实现畜牧养殖业的信息化、产业化提供了基础，“物联牧场”面临发展机遇。物联网的出现打破了人们的传统思维，被业界称为继互联网和移动通信之后的第三次信息革命[3]。将物联网技术应用于畜禽饲喂中（如在畜禽饲喂养殖生产环节通过瘤胃式生命体征监测装置、RFID 电子标签和电子项圈等实现畜禽个体的生命本体信息监测，并通过无线远程控制系统实施智能饲喂等），主要体现在养殖环境的监控、畜禽精细饲料的投喂、动物繁育的全程监控，以及畜禽疾病诊断预警和健康管理等[4]。

四是随着现代畜牧养殖业的推进，“物联牧场”应用需求增加所面临的市场机遇。我国是养殖大国，随着畜牧养殖业的发展，畜禽养殖对科学管理、精细养殖的要求也越来越高。养殖模式的逐渐转变，使畜牧养殖业为物联网产业的发展提供了广阔的应用平台。畜牧养殖业生产情况繁杂，易发生技术问题；兽医主管部门防疫任务重、人手紧，养殖场过于分散；畜产品安全监管，使消费者安心购买等方面都亟须畜牧业物联网技术的支持[5]。

（二）“物联牧场”发展面临的挑战

尽管“物联牧场”的技术研究顺应养殖模式的转型与政府监管的要求，从软件、硬件的开发到解决方案的实施，形成了一批产品，获得了一批自主知识产权，得到了不同程度的应用，但从物联网系统的技术环节本身而言，“物联牧场”的应用与产品的开发还处于初级研究阶段[1]。技术研发与推广应用等方面需有进一步突破，其在养殖业中的应用主要集中在养殖过程中的环境监控、智能化精细养殖、畜禽疾病诊断和废弃物清理等方面。“物联牧场”的应用也面临着新的挑战。

1. 关键技术待成熟

目前，“物联牧场”还处于初级阶段，关键技术还不够成熟，产品在稳定性、可靠性和低功耗等性能参数方面也有待提高。特别是在装备研发方面，畜禽用智能传感器品种多、国产化率低、成本偏高，RFID 等感知设备还主要依赖进口，能选用的产品价格高，大范围的投入应用会增加畜禽养殖企业的成本，给企业造成压力。高通量、低资费的通信技术没有整体解决途径，如果采用市面上的 3G 或 4G 通信技术对畜禽养殖行业而言属于高消费[6]。畜禽的养殖规模、养殖管理模式、现代化程度、地理位置各不相同，因此，在物联网技术形成的技术方案中，需要融合畜禽养殖技术、畜禽疫病防疫技术、畜禽营养技术和畜禽配种技术等协同，才能使物联网技术系统具有智能化、智慧化、综合化的特性。

2. 实施成本待降低

“物联牧场”技术的推广可有效提升畜禽饲喂的生产品质与效率，节约养殖场与养殖企业的生产运维成本和人力成本，提高养殖企业的综合利用实施效益。但是，畜禽养殖业应用的传感器比其他普通传感器所在环境更为恶劣，感知的信息需要不间断的发送，对传感器的感知芯片、外观材料、电子电路设计都有更严格的要求，因此，在“物联牧场”技术体系实施过程中，实施成本与运维成本相对较高，造成养殖企业和养殖场不愿意投入。而对较大型的养殖企业，畜禽饲喂规模大，在群体养殖中的单个个体投入电子标签、瘤胃式监测装置和电子项圈等，会造成“物联牧场”的投入成本与管理成本居高不下，导致许多畜禽养殖企业对“物联牧场”技术望而却步。

3. 推广应用规模待扩大

“物联牧场”作为处于初期阶段的新兴事物，养殖户对其了解不多，尤其是对其应用后对收益产生的影响不了解，多持观望态度。畜禽养殖业生产基地多远离城市，不少地区还缺乏公用的信息通信基础设施，不便于数据的传输，限制了设备的使用，影响“物联牧场”的推广。“物联牧场”技术作为一项多学科、多技术、多层次相互交叉融合的新型技术，从事该技术应用的管理员与技术员需要对相关的知识和技术通过培训和实践实现比较成熟的掌握，而这些理论知识和科学技术与传统的畜禽饲喂技术存在较大的不同，传统畜禽养殖专家或者普通推广应用人员处理难度较大，因此，造成大规模与较大区域的推广应用难以开展。

4. 标准体系待完善

目前畜禽的相关物联网应用标准和个体编码标准都需进一步完善、修订与制定，尽快与国际标准相对接，实现国际标准与国家标准、行业标准、地方标准的无缝对接。就地方标准（DB31/T341-2005，DB65/T3209-2011）而言，尽管考虑了与国际标准的接轨及 RFID 技术的应用，但在编码上对中国没有全局性。在畜禽生产环境信息监测标准方面，不同系统采集的信息编码、信息长度、信息单位、信息类型、信息频率都各有不同，数据的一致性和共享性较差，造成很对数据的重复采集与资源的浪费，需要将目前的无约束状态转变成具有标准的统一状态。因此，需要从畜牧养殖的各个环节及技术管理等方面进行综合考虑，形成标准化、统一化的数据格式标准、采集规范、数据接口标准和数据处理方法与模型等，为畜牧业物联网采集数据的相互共享与交互打通桥梁。虽然国家、地方及物联网生产企业都在合力制定畜牧业物联网标准，但畜牧业本身的复杂性与物联网实施应用的专业性，造成目前的标准制定远远落后，需要进一步完善“物联牧场”标准。

二、“物联牧场”发展需求与趋势

中国畜牧养殖业的发展将从传统畜牧养殖逐渐向现代畜牧养殖转变，畜牧养殖业的自动化、信息化、智能化水平将大幅提升，其对信息化监测装置、智能化控制和数据分析科学决策等技术需求将会快速增长。因此，“物联牧场”的理论与关键技术也需要紧跟时代潮流，加强与现代高新技术融合，向更高层次发展。

（一）感知设备向微型化、智能化、低成本化方向发展

随着传感器向多样、智能、低耗、微型发展，畜牧业物联网传感器种类和数量也将快速增长。微电子和微控制器等新兴技术不断发展，技术越发成熟，传感器体积越发小巧，物联牧场感知设备将向微型化、智能化发展，传感器与微控制器的结合进一步提升了畜牧业传感器的智能化程度[7]。随着智能手机、平板电脑和定制设备等智能移动设备

的迅速发展，与之相关的软件产品和硬件产品发展迅猛，成本不断降低，产品性能也在不断提升，这在很大程度上改变了人类的生产、生活方式[8]。

（二）数据网络传输将更加便捷

畜牧养殖业现场环境复杂，不同设备之间更加全面有效的互联互通是未来畜牧业物联网信息传输的发展趋势。以 4G、IPv6 为代表的新一代通信和互联网技术为“物联牧场”的发展提供了更加可靠、安全、高效的传输网络[9]。伴随着传感终端的大量使用，畜牧业物联网数据传输也呈现出新的特征，数据传输精度越来越高，数据传输频率越来越快，数据传输密度越来越大，数据综合程度越来越强。针对数据资源往往存在的不一致、缺省、含噪声和维度高等特点，从数据标准化与格式化处理出发，充分分析不同来源数据历史数值的规律，结合大数据的清洗、集成、变换与规约理论，构建畜牧业多源异构数据处理平台，实现数据标准化与归一化，确保畜牧业养殖环境数据可以进行高效可靠的信息交互与传输。

（三）技术集成更优化

畜牧业物联网是一个复杂系统，涉及的设备多种多样，软件、硬件系统存在异构性。农业物联网系统集成效率是用户服务体验的关键。云计算和 M2M 等集成技术的不断发展，能够实现畜牧业物联网所需的计算及存储等资源的按需获取[10]。随着“物联牧场”监测信息的大量获取与采集，海量数据的存储与并行计算处理技术需要进一步加强，“物联牧场”技术加快建设分布式存储的云平台与大型并行计算处理架构，优化“物联牧场”的不同数据链条和不同层级之间的相互关系，使得控制与分析处理更加紧密，感知与数据的传输与计算融合，有效提升“物联牧场”的整体性与统一性。

（四）向智慧服务发展

“物联牧场”最终的应用是提供智慧的畜禽养殖服务，未来畜牧业物联网的应用将呈现多样化、泛在化的趋势[11]。畜牧业物联网具有许多不确定性和不精确性，对其信息的实时分析是一个难点。研究畜牧养殖大数据的采集、存储、处理、分析及应用等关键技术，应用 GIS 空间分析技术，探索某种畜牧养殖的流量流向与区域畜禽饲养量、特定动物疫病爆发的相关关系并构建分析模型，研究并判断畜产品中兽药残留风险、动物疫病爆发趋势，挖掘畜牧养殖大数据中蕴含的特征、规律和知识，全面提升畜牧养殖大数据创新应用能力，提高畜牧养殖智能化决策与控制水平。

三、“物联牧场”发展对策与建议

（一）将统一应用标准体系作为未来工作的重点

我国已制定了一些畜牧业物联网标准，但是，相关工作标准、管理标准和技术标准缺乏，无法构成完整的应用标准体系，不能有效支撑畜牧业物联网良性发展。缺乏统一的应用标准体系已成为影响畜牧业物联网发展的首要问题，制约物联网在现代畜禽养殖领域的发展。构建畜禽物联网标准体系，将极大加快畜禽物联网产业的产品生产与大面积推广应用，降低企业的使用成本。随着我国畜牧业物联网技术的不断发展，相关应用标准会逐步制定并完善，进而形成健全的应用标准体系。

（二）加大政策扶持及推广力度

当前我国畜牧养殖分散、信息化水平低、基础设施投资不足，且应用企业引进的管理系统以单机版为主，因各系统缺乏统一的接口而互不通用，造成信息孤岛，致使已有的信息化投入不能产生规模效应[12]。目前发展智慧畜牧养殖业产业基础比较薄弱，特别是畜牧业物联网建设方面表现更为明显。在这种背景下，认真落实国家各种扶持政策，将有限的财政资金发挥最大的效益，是加快畜牧业物联网发展的必然选择[13]。因此，迫切需要政府加大扶持力度，加强政策与规划指引，推动畜牧业物联网相关产业协同建设。加快制定并实施畜牧业物联网相关技术研发与生产的税收减免与优惠政策，建立畜牧业物联网发展专项资金，形成长期有效的财税与工商政策等保护促进机制。拓宽畜牧业物联网产业的投融资渠道，改进畜牧业物联网推进与实施的投融资配套措施，引进风险投资和金融机构的投资。

（三）降低畜牧业物联网实施成本

与工业领域不同，畜禽养殖业所生产的对象均为生物体，生产过程具有一个较漫长的过程，资金周转比较慢。动辄十几万到上百万的物联网建设投入，只会让人望而却步。自主研发符合畜牧业生产应用的高可靠、低成本、适应养殖环境的畜牧业物联网专用传感器，并依托现有的工业传感器等成熟技术，选择性能相对稳定、功耗低的传感器，通过补贴和统一批量采购等形式，实现定制专用外壳来达到防水、防晒和耐高温等目的，以及引入光伏发电单元来实现太阳能自给电源等功能，迅速形成规模效益，达到降低传感器价格的目的[14-15]，进一步降低畜牧业物联网的实施成本。

（四）加强畜牧业物联网人才培养

“全能型”的家庭农场职业人员，不仅要懂计算机和专业感应设备的操作，还要掌握饲料营养、机械和兽医等相关知识，才能胜任智能化畜牧养殖业的需求。加快推进畜牧业物联网人才培养，分别在畜牧业物联网技术的研发、集成、推广应用积累人才，结合研究性高等院校、科研单位与大型企业，打造畜牧业物联网人才培养基地，为相关产业的发展和畜牧养殖业的推广应用提供高端研发和低端应用的现代化人才基础，促进该产业的大规模发展。同时，开展畜牧养殖专业培训、新型职业农民教育、科技下乡活动，切实提高畜牧养殖户的科学文化素质，使畜禽养殖者接受畜牧业物联网这一新兴事物，为畜牧业物联网的可持续发展提供强大的人才支撑[15]。

（五）加快关键技术和产品研发

畜牧业物联网应用是畜牧养殖业信息化应用的扩展和延伸，实现畜牧养殖业生产过程的高度智能化是其主要目标之一。以问题和需求为导向，从畜牧养殖业生产、加工、流通和消费等各环节及动物饲养、疫病控制与质量安全等各领域出发，对畜牧业物联网技术和设备研制提供需求与方向；针对物联网的共性技术、关键技术，开展基础研究和应用基础研究，加快低功耗、小型化传感器研发，在物联网技术应用上，各地进行了大量探索实践，与畜牧养殖业的农艺农技相结合，加快畜牧养殖业的转型升级和节本增效，建立可应用、可复制、可推广的基本模式。形成云、网、端的技术路线，构建包括理论方法、关键技术及产品装备、人才队伍在内的畜牧业物联网体系，从而在根本上推进我国畜牧信息化、畜牧现代化进程。

四、本章小结

畜牧业物联网正面临前所未有的发展机遇，同时也面临关键技术不够成熟、实施成本有待降低、推广应用规模待扩大和标准体系待完善等一系列挑战。畜牧业物联网的感知设备向微型化、智能化、低成本化发展，数据网络传输更加便捷，技术集成更优化，向智慧服务发展。国家高度重视物联网的发展，中国畜牧养殖业向标准化、规模化与智能装备化发展的态势也迫切需要物联网技术的支撑。“物联牧场”是将传统畜牧养殖业转变为现代畜牧养殖业的主要动力，也将为畜牧业物联网应用相关新技术及其产业发展带来新的商机。

参 考 文 献

[1] 熊本海，杨振刚，杨亮，等. 中国畜牧业物联网技术应用研究进展［J］. 农业工程学报，2015，31（S1）：237-246.

[2] 韩红莲，张敏. 发达国家畜牧业物联网模式对我国的启示［J］. 黑龙江畜牧兽医，2015，（10）：27-29.

[3] 刘楷华，李雄. 物联网应用现状及发展机遇［J］. 电脑知识与技术，2011，7（5）：1007-1008+1022.

[4] 王冰. 关于物联网在肉牛养殖行业的应用及其所带来变革之探索研究［C］. 第十一届中国牛业发展大会论文集. 2016.

[5] 陈新文，温希军，王琼，等. 物联网技术在畜牧业中的应用［J］. 农业网络信息，2012，（7）：8-9.

[6] 熊本海，杨亮，潘晓花. 我国畜牧业信息化与物联网技术应用研究进展［C］//中国畜牧兽医学会信息技术分会学术研讨会，2015.

[7] 郭雷风，钱学梁，陈桂鹏，等. 农业物联网应用现状及未来展望——以农业生产环境监控为例［J］. 农业展望，2015，（9）：42-46.

[8] 许世卫. 我国农业物联网发展现状及对策［J］. 中国科学院院刊，2013，（6）：686-692.

[9] 吕连生. 农业物联网发展大趋势与安徽省对策研究［J］. 科技创新与生产力，2013，（2）：4-8.

[10] 王家农. 农业物联网技术应用现状和发展趋势研究［J］. 农业网络信息，2015，（9）：18-22.

[11] 李道亮. 农业物联网导论［M］. 北京：科学出版社，2012.

[12] 刘阳. 我国农业物联网发展问题浅析与对策研究［J］. 物联网技术，2016，（2）：90-91.

[13] 李灯华，李哲敏，许世卫. 我国农业物联网产业化现状与对策［J］. 广东农业科学，2015，42

（20）：149-157.
［14］赵域，梁潘霞，伍华健. 物联网在广西农业生产中的应用现状、前景分析及发展对策［J］. 南方农业学报，2012，43（5）：714-717.
［15］赵杰，汪远，张宏伟. 农业物联网发展中存在的问题与对策［J］. 上海农业科技，2016，（6）：9-10.